EL LIBRO DE LA FÍSICA

EL LIBRO DE LA FÍSICA

DEL BIG BANG HASTA LA RESURRECCIÓN CUÁNTICA, 250 HITOS DE LA HISTORIA DE LA FÍSICA

Clifford A. Pickover

Librero

Título original: The Physics Book

Esta edición se ha publicado en colaboración con Sterling Publishing Co., Inc.,
387 Park Ave. S., Nueva York, NY 10016, EE UU

Producción edición española: Cillero & de Motta Traducción
Traducción: Cillero & de Motta Traducción

Diseño de la portada: Elixyz Desk Top Publishing, Holanda

Printed in China
Impreso en China

ISBN 978-90-8998-166-0

"Todos empleamos la física a diario. Cuando nos miramos en un espejo o nos ponemos las gafas, utilizamos la óptica. Cuando ponemos en hora el despertador, medimos el tiempo; cuando consultamos un mapa, navegamos por el espacio geométrico. Nuestros teléfonos móviles nos conectan mediante invisibles hilos electromagnéticos con satélites que surcan el cielo... Hasta la sangre que fluye por nuestras venas lo hace de acuerdo con las leyes de la física, la ciencia del mundo físico."

—Joanne Baker, *50 cosas que hay que saber sobre física.*

"Las grandes ecuaciones de la física moderna constituyen un ingrediente esencial del conocimiento científico, que tal vez sobrevivan incluso a las magníficas catedrales de épocas anteriores."

—Steven Weinberg, en *Fórmulas elegantes: grandes ecuaciones de la ciencia moderna*, de Graham Farmelo.

Sumario

Introducción

El alcance de la física

> *"A medida que la isla del conocimiento se va expandiendo, la superficie colindante con el misterio se acrecienta. Cuando las teorías fundamentales quedan refutadas, lo que considerábamos conocimiento cierto desaparece y el saber entra en contacto con el misterio de un modo distinto. Tal vez la nueva revelación de lo que desconocemos resulte humillante y descorazonadora, pero ese es el coste de la verdad. Los científicos, filósofos y poetas más creativos habitan en las riberas de esa frontera."*
>
> —W. Mark Richardson, «A Skeptic's Sense of Wonder», *Science*

La Sociedad Estadounidense de Física (APS, American Physical Society), la principal asociación profesional de físicos de la actualidad, se fundó en 1899 cuando 36 físicos se reunieron en la Universidad de Columbia con el cometido de promover y difundir el conocimiento de la física. Según la sociedad:

> La física es esencial para comprender el mundo que nos rodea, el de nuestro interior y el que queda más allá de nosotros. Es la ciencia más básica y fundamental. La física pone a prueba nuestro sentido común con conceptos como el de la relatividad o la teoría de cuerdas y propicia descubrimientos maravillosos, como los ordenadores o el láser, que han transformado nuestras vidas. La física comprende el estudio del universo, desde las galaxias más inmensas hasta las partículas subatómicas más diminutas. Además, es fundamento de muchas otras ciencias como la química, la oceanografía, la sismología o la astronomía.

En efecto, los físicos actuales escrutan todos los rincones del mundo para estudiar una variedad inmensa de temas y leyes fundamentales con el fin de comprender el comportamiento de la naturaleza, el universo y el tejido mismo de la realidad. Los físicos especulan con múltiples dimensiones de la realidad, con universos paralelos y con la posibilidad de que los agujeros de gusano nos permitan entrar en contacto con otras regiones del espacio-tiempo. Como indicaba la APS, los descubrimientos de los físicos suelen dar lugar a nuevas tecnologías e, incluso, transforman nuestro modo de pensar y contemplar el mundo. Para muchos científicos, por ejemplo, el principio de incertidumbre de Heisenberg afirma que el universo físico no existe literalmente en sentido determinista, sino que más bien es un conjunto de probabilidades. Los avances realizados en el campo del electromagnetismo desembocaron en la invención de la radio, la televisión y los ordenadores. El conocimiento de la termodinámica llevó a la invención del automóvil.

Como quedará patente a medida que se vaya examinando este libro, el alcance exacto de la física no se ha establecido con el paso de los años, ni tampoco es fácil de delimitar. Mi propósito ha sido adoptar una perspectiva bastante amplia e incluir temas rayanos en la ingeniería o la física aplicada, avances recientes en la comprensión de los objetos astronómicos y también algunos otros aspectos con marcado carácter filosófico. Pese a que la perspectiva es muy general, casi todas las áreas de la física comparten una acusada dependencia de un aparato matemático que permita a los científicos realizar indagaciones, experimentos y predicciones acerca del mundo natural.

Albert Einstein señaló en una ocasión que «lo más incomprensible del mundo es que es comprensible». De hecho, parece que vivimos en un cosmos que se puede describir o abordar mediante expresiones matemáticas y leyes físicas escuetas. Sin embargo, más allá del descubrimiento de las leyes de la naturaleza, los físicos suelen indagar en los conceptos más profundos y alucinantes jamás concebidos por los seres humanos; temas que abarcan desde la relatividad o la mecánica cuántica hasta la teoría de cuerdas o el Big Bang. La mecánica cuántica nos brinda un atisbo del mundo tan profundamente contrario a la intuición que plantea dudas sobre el espacio, el tiempo, la información y la relación causa-efecto. No obstante, pese a las misteriosas implicaciones que comporta la física cuántica, este campo de estudio encuentra aplicaciones en infinidad de ámbitos y tecnologías, como el láser, el transistor, los microchips o las imágenes obtenidas mediante resonancia magnética.

Este libro también se ocupa de las personas responsables de buena parte de las grandes ideas de la física. La física constituye los cimientos de la ciencia moderna y ha fascinado a hombres y mujeres desde hace siglos. Algunos de los intelectos más fabulosos y enigmáticos, como los de Isaac Newton, James Clerk Maxwell, Marie Curie, Albert Einstein, Richard Feynman o Stephen Hawking, han sido determinantes en los avances de esta disciplina. Estos individuos han contribuido a que modifiquemos nuestra forma de contemplar el cosmos.

La física es una de las ciencias más arduas. La descripción del universo que elaboramos basándonos en la física no deja de ampliarse, pero nuestras destrezas mentales y lingüísticas siguen siendo muy rígidas. El paso del tiempo revela nuevas modalidades de física, pero nos hacen falta otras formas de pensar e interpretar. Cuando al físico teórico Werner Heisenberg (1901-1976) le preocupó el hecho de que quizá los seres humanos jamás comprendieran auténticamente los átomos, el físico danés Niels Bohr (1885-1962) le insufló cierto optimismo. A principios de la década de 1920 le espetó: «creo que todavía podemos ser capaces de lograrlo, pero para conseguirlo tal vez tengamos que aprender lo que significa en realidad el término "comprender"». Hoy en día utilizamos los ordenadores para razonar más allá de las limitaciones de la intuición.

En realidad, los experimentos con ordenadores conducen a los físicos a teorías e intuiciones con las que jamás se soñó antes de que el ordenador fuera un objeto omnipresente.

En la actualidad hay una serie de destacados físicos que postulan la existencia de universos paralelos al nuestro, como si fueran capas de una cebolla o burbujas en la espuma de un batido. Según algunas teorías de universos paralelos, estos podrían detectarse gracias a las filtraciones de gravedad entre universos contiguos. La luz de las estrellas remotas, por ejemplo, podría estar distorsionada por la fuerza gravitatoria ejercida por objetos invisibles localizados en universos paralelos a tan solo unos milímetros de distancia. La mera idea de que hay múltiples universos no es tan estrafalaria como podría parecer. Según una encuesta realizada por el investigador estadounidense David Raub entre 72 físicos y publicada en 1998, el 58 por ciento de los físicos (incluido Stephen Hawking) cree en alguna modalidad de la teoría de los universos múltiples.

El libro de la física contiene desde los aspectos más teóricos hasta otros eminentemente prácticos o curiosidades y aspectos inquietantes. ¿En qué otro libro de física se podría encontrar desde la hipótesis de 1964 sobre la partícula subatómica conocida como «la partícula de Dios» hasta las súper bolas de goma, comercializadas como juguete en 1965 y que desataron una fiebre que recorrió Estados Unidos de punta a punta? Nos toparemos con la misteriosa energía oscura, que tal vez algún día desgarre las galaxias y ponga fin al universo mediante una espantosa grieta cósmica, o con la ley de radiación de los cuerpos negros, que supuso el punto de arranque para la ciencia de la mecánica cuántica. Cavilaremos sobre la paradoja de Fermi, que lleva implícita la comunicación con formas de vida extraterrestre, y examinaremos un reactor nuclear prehistórico descubierto en África que lleva funcionando 2.000 millones de años. Tendremos noticias de la carrera para producir el color más negro jamás conseguido: ¡más de cien veces más negro que la pintura de un automóvil negro! Este «negro absoluto» se podría utilizar algún día para captar energía solar con mayor eficacia o para diseñar instrumental óptico extremadamente sensible.

Todas las entradas de este volumen contienen tan solo unos pocos párrafos. Este formato permite que el lector se introduzca enseguida en un tema sin tener que pasar por explicaciones extensas. ¿Cuándo fue la primera vez que los seres humanos atisbaron la cara oculta de la luna? Recurramos a la entrada «La cara oculta de la luna» para leer una introducción somera. ¿En qué consiste el enigma de las antiguas baterías de Bagdad y qué son los diamantes negros? En las páginas que siguen abordaremos estos y otros temas estimulantes. Nos preguntaremos si acaso la realidad podría no ser más que un mero constructo artificial. A medida que vamos descubriendo más sobre el universo y a medida que somos capaces de simular por ordenador universos más y más complejos, hasta los científicos más rigurosos empiezan a poner en duda la naturaleza de la realidad. ¿Podríamos estar viviendo en una simulación informática?

En nuestro pequeño rincón del universo, ya hemos logrado construir ordenadores capaces de simular comportamientos similares a los de la vida valiéndonos de programas informáticos y reglas matemáticas. Tal vez algún día creemos seres pensantes que vivan en entornos profusamente simulados, en ecosistemas tan complejos y vibrantes como los bosques tropicales de Madagascar. Tal vez consigamos simular la propia realidad... y quizá haya seres más evolucionados que ya lo estén haciendo en otras regiones del universo.

Objetivos y cronología

Vivimos rodeados de concreciones de principios de la física. El objetivo que me propuse al escribir *El libro de la física* es ofrecer al público no especializado un manual sobre los físicos y las ideas de la física más relevantes, que contuviera entradas lo bastante breves para poder asimilarlas en unos minutos. La mayoría de estas entradas son las que más me interesaban personalmente. Pero, por desgracia, para evitar que fuera demasiado voluminoso, el libro no contiene todos los grandes hitos de la física. Por tanto, para celebrar las maravillas de la física en un libro tan breve me he visto obligado a omitir muchos acontecimientos importantes. En todo caso, creo que he conseguido incluir la mayoría de los que revisten significación histórica y han ejercido mayor influencia en la física, la sociedad o el pensamiento humano. Algunas entradas tienen un cariz más práctico e, incluso, divertido, pues exponen temas que abarcan desde las poleas, la dinamita o el láser hasta los circuitos integrados, los bumeranes o la plastilina *Silly Putty*. De vez en cuando he introducido algunos conceptos filosóficos extraños o chocantes, o rarezas que en todo caso son relevantes, como la inmortalidad cuántica, el principio antrópico o los taquiones. A veces se repite algún fragmento en distintas páginas para que cada entrada se pueda leer de forma independiente. Además, el epígrafe «véase también» al pie de cada texto permite vincular entradas susceptibles de conformar una telaraña de interconexiones y ayudar al lector a navegar por el libro en una travesía azarosa en pos de descubrimientos.

El libro de la física refleja mis propias deficiencias intelectuales y, pese a que intento estudiar todos los ámbitos de la física que soy capaz de abordar, resulta difícil dominar todas sus facetas. Este libro refleja a todas luces mis intereses y mis puntos fuertes y débiles personales, puesto que soy responsable de la selección de las entradas fundamentales incluidas en él y, como es natural, de posibles errores e infortunios. En lugar de ser una disertación más académica y completa, pretende conformar una lectura recreativa tanto para estudiantes de ciencias y matemáticas como para personas interesadas sin más en estos aspectos. Agradeceré los comentarios y sugerencias de los lectores para mejorarlo, ya que lo considero un proyecto en curso y una obra hecha con afán de mejorarse.

Las entradas del libro están ordenadas con un criterio cronológico que hace corresponder cada tema con un determinado año. En la mayoría de ellas he utilizado las fechas asignadas al descubrimiento de un concepto o principio. Sin embargo, en los apartados «Montando el escenario» y «Abajo el telón» he asociado la datación del tema a un suceso real (o hipotético), como los acontecimientos cosmológicos o astronómicos.

Como es natural, cuando ha sido más de una persona quien ha realizado la aportación científica considerada, la datación puede estar sujeta a variaciones. Normalmente he utilizado la fecha más antigua cuando así parecía recomendable pero, de vez en cuando, después de consultar a colegas y científicos, he decidido emplear la fecha correspondiente al momento en que un determinado concepto adquiría una relevancia particular. Por ejemplo, podríamos haber asociado varias fechas distintas a la entrada «Los agujeros negros», puesto que ciertos tipos de agujeros negros pudieron formarse nada menos que en el momento del Big Bang, hace unos 13.700 millones de años. Sin embargo, el término *agujero negro* no se acuñó hasta 1967 y fue el físico teórico John Wheeler quien lo hizo. En última instancia, he utilizado la fecha en que la inventiva humana permitió por primera vez a los científicos formular con rigor el *concepto* de agujero negro. Por consiguiente, la entrada lleva asociada la fecha de 1783, el momento en que el geólogo John Michell (1724-1793) reflexionó sobre el concepto de un objeto tan inmenso que la luz no pudiera escapar de él. De manera similar, he asignado la fecha de 1933 a la entrada «La materia oscura», ya que fue ese año cuando el astrofísico suizo Fritz Zwicky (1898-1974) observó la primera evidencia que avalaba la posible existencia de unas partículas misteriosas y no luminosas. Se ha asignado el año 1998 a la entrada «La energía oscura» no solo porque en esa fecha se acuñó dicha expresión, sino porque también se corresponde con el momento en que la observación de determinadas supernovas hizo pensar que la expansión del universo se estaba acelerando.

Buena parte de las fechas más antiguas de este libro, incluidas las correspondientes a la era anterior a Cristo, no son más que aproximadas (por ejemplo, las correspondientes a la batería de Bagdad, el tornillo de Arquímedes u otras). En lugar de citarlas anteponiendo la abreviatura «c.», informo aquí al lector de que tanto las fechas más antiguas como las del futuro más remoto no son más que estimaciones aproximadas.

Tal vez los lectores reparen en que hay un buen número de descubrimientos físicos básicos que han contribuido a reducir el sufrimiento de la humanidad y a salvar vidas propiciando la aparición de todo un abanico de instrumental médico. El divulgador científico John G. Simmons señala que «la medicina debe a la física del siglo XX la mayor parte de los aparatos con los que obtiene imágenes del cuerpo humano. Pocas semanas después de que se descubrieran en 1895, los misteriosos rayos X de Wilhelm Conrad Roentgen ya se empleaban en diagnósticos médicos. Algunas décadas más tarde, la tecnología láser era una consecuencia práctica de la mecánica cuántica. Los ultrasonidos fueron un derivado de la resolución del problema de la detección submarina de objetos y el escáner o Tomografía Axial Computerizada surgieron de la tecnología informática. La tecnología médica más reciente e importante de las empleadas para visualizar el interior del cuerpo humano con relieve tridimensional es la de obtención de imágenes mediante resonancia magnética (MRI, Magnetic Resonance Imaging).

El lector también apreciará que hay una proporción importante de hitos alcanzados en el siglo XX. Para situar las fechas en la perspectiva adecuada es preciso recordar la revolución científica que se desarrolló en el periodo comprendido entre los años 1543 y 1687 aproximadamente. En 1543, Nicolás Copérnico hizo pública su teoría heliocéntrica del universo y los movimientos planetarios. Entre 1609 y 1619, Johannes Kepler formuló las tres leyes que describían la trayectoria de los planetas en torno al Sol y, en 1687, Isaac Newton dio a conocer sus leyes fundamentales del movimiento y la gravitación. Entre 1850 y 1865 se produjo una segunda revolución científica al introducirse y matizarse algunos conceptos relativos a la energía y la entropía. Fue entonces cuando empezaron a prosperar campos de estudio como el de la termodinámica, la mecánica estadística y la teoría cinética de los gases. En el siglo XX, la teoría cuántica y las teorías de la relatividad especial y general supusieron algunas de las ideas más importantes con las que la ciencia contribuyó a transformar nuestra concepción de la realidad.

En las entradas de este libro se cita a veces a periodistas científicos o investigadores célebres, pero en aras de la concisión no aporto la referencia de la fuente ni las credenciales del autor. Me disculpo de antemano por haber adoptado un criterio restrictivo; en todo caso, las referencias aportadas al final del libro contribuirán a desvelar la identidad del autor.

Como las entradas están ordenadas cronológicamente, es preciso recurrir al índice final cuando vayamos en busca de algún concepto específico, pues podría estar desarrollado en alguna entrada que lleve otro nombre. El concepto de mecánica cuántica, por ejemplo, es tan rico y diverso que no hay una única entrada que lleve el nombre de «La mecánica cuántica». En cambio, el lector encontrará aspectos inquietantes y fundamentales en otras entradas como «La ley de Planck de la radiación de los cuerpos negros», «La ecuación ondulatoria de Schrödinger», «El gato de Schrödinger», «Universos paralelos», «El condensado de Bose-Einstein», «El principio de exclusión de Pauli», «El teletransporte cuántico» y algunos otros.

¿Quién sabe lo que nos deparará el futuro de la física? A finales del siglo XIX, el insigne físico William Thomson, también conocido como Lord Kelvin, anunció la muerte de esta disciplina. Jamás podría haber imaginado la aparición de la mecánica cuántica y la relatividad, ni los espectaculares cambios que esas áreas de conocimiento producirían en el campo de la física. A principios de la década de 1930, el físico Ernest Rutherford dijo de la energía atómica que «quien espere obtener una fuente de energía de la transformación de los átomos no dice más que tonterías». En resumen: predecir el futuro de las ideas y aplicaciones de la física es difícil, cuando no imposible.

Para terminar, señalaré que los descubrimientos de la física nos ofrecen un marco en el que explorar los dominios subatómicos y supergalácticos, y que los conceptos físicos permiten a los científicos realizar predicciones sobre el universo. Es un campo en el que las especulaciones filosóficas sirven de estímulo para las innovaciones científicas. Por consiguiente, los hallazgos expuestos en este libro forman parte de los logros más importantes de la humanidad. Desde mi punto de vista, la física cultiva un espíritu de asombro permanente acerca de los límites de las ideas, el funcionamiento del universo y el lugar que ocupamos en el inmenso paisaje espacio-temporal que denominamos nuestro hogar.

Agradecimientos

Quiero dar las gracias por sus comentarios y sugerencias a J. Clint Sprott, Leon Cohen, Dennis Gordon, Nick Hobson, Teja Krašek, Pete Barnes y Paul Moskowitz. También me gustaría dar las gracias especialmente a Melanie Madden, mi editora para este libro.

Mientras investigaba en los hitos y momentos fundamentales de la física para elaborar esta obra, consulté un buen puñado de manuales y páginas web maravillosas, muchos de los cuales aparecen en el capítulo «Notas y lecturas complementarias» incluido al final de este libro. Entre esas referencias se encuentran *50 cosas que hay que saber sobre física*, de Joanne Baker, *The Nature of Science*, de James Trefil y *The Science Book*, de Peter Tallack. A los lectores les puede resultar útil un recurso de Internet como la Wikipedia (*wikipedia.org*), que constituye un valioso punto de partida y que se puede utilizar como plataforma de lanzamiento para obtener más información.

También me gustaría señalar que otros libros míos anteriores, como *De Arquímedes a Hawking: Las leyes de la ciencia y sus descubridores*, han suministrado información para algunas entradas relacionadas con leyes de la física y se recomienda al lector consultar esta obra para obtener información adicional.

«Yo te diré lo que fue el Big Bang, Lestat. Fue cuando las células de Dios empezaron a dividirse.»

—Anne Rice, *Tale of the Body Thief*

El Big Bang

Georges Lemaître (1894–1966), **Edwin Hubble** (1889–1953), **Fred Hoyle** (1915–2001)

A principios de la década de 1930, el sacerdote y físico belga George Lemaître expuso lo que acabó por denominarse «teoría del Big Bang», según la cual el universo surgió de una masa extremadamente caliente y densa sin que el espacio haya dejado de expandirse desde entonces. Se cree que el Big Bang se produjo hace 13.700 millones de años y, en la actualidad, casi todas las galaxias siguen alejándose unas de otras. Es importante comprender que las galaxias no son como la metralla lanzada por la explosión de una bomba; es el espacio mismo el que se expande. Las distancias entre galaxias se acrecientan del mismo modo que unos puntos negros pintados sobre la superficie de un globo se separan cuando lo inflamos. Da igual el punto negro en el que nos encontremos para poder apreciar la expansión. Situándonos sobre cualquiera de ellos veríamos cómo se van alejando todos los demás.

Los astrónomos que estudian galaxias remotas observan en directo esta expansión, detectada por primera vez por el astrónomo estadounidense Edwin Hubble en la década de 1920. Fred Hoyle acuñó la expresión *Big Bang* en un programa de radio emitido en 1949. Tuvieron que pasar 400.000 años desde el Big Bang para que el universo se enfriara lo suficiente para permitir que protones y electrones se combinaran para constituir hidrógeno con carga neutra. El Big Bang produjo helio y otros elementos ligeros en los primeros minutos de existencia del universo, lo que suministró la materia prima necesaria para la primera generación de estrellas.

Marcus Chown, autor de *The Magic Furnace*, apunta que poco después del Big Bang empezaron a solidificarse amalgamas de gases y que, entonces, el universo empezó a iluminarse como un árbol de Navidad. Esas estrellas vivieron y murieron antes de que naciera nuestra galaxia.

El astrofísico Stephen Hawking calcula que, si la tasa de expansión del universo en el primer segundo transcurrido desde el Big Bang hubiese sido menor, aunque solo fuera una cien mil billonésima menor, el universo se habría colapsado de nuevo y no habría podido evolucionar ningún tipo de vida inteligente.

VÉASE TAMBIÉN La paradoja de Olbers (1823), La ley de expansión del universo de Hubble (1929), La violación CP (1964), La radiación de fondo de microondas (1965), Inflación cósmica (1980), El telescopio Hubble (1990), El gran desgarramiento cósmico.

IZQUIERDA: *Según la antigua cosmogonía finesa, los cielos y la Tierra surgieron del huevo de un ave.* DERECHA: *Representación del Big Bang (parte superior). El transcurso del tiempo se representa de arriba a abajo. El universo atraviesa un periodo acelerado de expansión inicial (hasta la esfera roja). Las primeras estrellas aparecen al cabo de unos 400 millones de años (indicado por la esfera amarilla).*

Diamantes negros

«Dejando a un lado el titilar de las estrellas en el firmamento nocturno» escribe el periodista Peter Tyson «hace mucho que los científicos saben que en el cielo hay diamantes [...] El espacio exterior podría ser también el lugar de origen de los misteriosos diamantes negros denominados carbonados».

Hoy día se siguen debatiendo diversas hipótesis sobre la formación de los diamantes carbonados; entre ellas, que fuera el impacto de un meteorito lo que produjera la presión extrema necesaria para desencadenar la formación de diamantes en un proceso llamado *metamorfismo de impacto*. En el año 2006, los investigadores Stephen Haggerty, Jozsef Garai y otros colegas suyos dieron a conocer un estudio sobre la porosidad de los carbonados, la presencia en ellos de diversos minerales y elementos químicos, la aparente fundición de su capa externa y otros aspectos, lo que les llevó a pensar que tal vez se formaran en la explosión de estrellas ricas en carbono, las denominadas supernovas. Estas estrellas pueden producir unas condiciones de altas temperaturas análogas a las utilizadas en los procesos de *deposición química de vapor* mediante los que se fabrican diamantes sintéticos en laboratorio.

Los diamantes negros tienen entre 2.600 y 3.800 millones de años y podrían haber alcanzado la Tierra procedentes del espacio exterior en forma de gran asteroide, en la época en que América del Sur y África formaban un único continente. En la actualidad, muchos de esos diamantes se encuentran en la República Centroafricana y en Brasil.

Los carbonados tienen la dureza tradicional de los diamantes, pero son opacos, porosos y se componen de infinidad de cristales amalgamados. A veces se utilizan para cortar otros diamantes. Los brasileños descubrieron estos inusuales diamantes negros en torno a 1840 y los llamaron carbonados por su aspecto carbonizado o quemado. En la década de 1860 se utilizaron para recubrir los taladros empleados para perforar rocas. El carbonado de mayor tamaño que se ha encontrado tiene una masa equivalente a unos 650 gramos (3.167 quilates, sesenta más que el mayor diamante transparente).

Hay otras variedades naturales (no carbonadas) de «diamantes negros» de aspecto más tradicional, con una coloración oscura y ahumada producida por la inclusión de óxidos de hierros o compuestos de azufre que nublan el mineral. La pieza de diamante negro pulido más grande del mundo es el magnífico «Espíritu de Grisogono», de 62,4 gramos (312,24 quilates).

VÉASE TAMBIÉN La nucleosíntesis estelar (1946).

Según una teoría, las explosiones estelares denominadas supernovas crearon un entorno con las altas temperaturas y el carbono necesarios para la formación de carbonados. En la foto, la nebulosa del cangrejo, un residuo de la explosión de una supernova.

Un reactor nuclear prehistórico

Francis Perrin (1901–1992)

«No es fácil generar una reacción nuclear —escriben los especialistas del Departamento de Energía de Estados Unidos—. En las centrales nucleares esto requiere dividir átomos de uranio, un proceso que libera energía en forma de calor y neutrones que provocaran la división de otros átomos. Este proceso de división se denomina "fisión nuclear". En una central nuclear, mantener el proceso de división atómica exige la participación de muchos científicos y técnicos.»

En realidad, hasta finales de la década de 1930 los físicos Enrico Fermi y Leó Szilárd no vislumbraron que el uranio sería el elemento capaz de alimentar una reacción en cadena. Szilárd y Fermi realizaron experimentos en la Universidad de Columbia y descubrieron que utilizando uranio podían obtener una producción relevante de neutrones (partículas subatómicas, lo que demostró que la reacción en cadena era posible y permitió la fabricación de armas nucleares. La noche del descubrimiento Szilárd escribió estas palabras: «tengo muy pocas dudas de que el mundo se encamina hacia el dolor.»

Dado que se trata de un proceso muy complejo, en 1972 el mundo quedó estupefacto cuando el físico francés Francis Perrin descubrió que dos mil millones de años antes de la aparición de la especie humana, la naturaleza había creado en el subsuelo de Oklo, en Gabón, África, el primer reactor nuclear del mundo. Este reactor nuclear se formó al entrar en contacto un depósito de minerales rico en uranio con las aguas subterráneas, que moderaron la expulsión de neutrones (partículas subatómicas) del uranio de modo que podían reaccionar con otros átomos y dividirlos. El calor desprendido hizo evaporarse el agua lo que ralentizó provisionalmente la reacción en cadena. Así, el entorno se enfriaba, el agua volvía a acumularse y el proceso se repetía.

Los científicos calculan que este reactor prehistórico estuvo activo varios centenares de miles de años, dando como resultado los diversos isótopos (variantes de átomos) habituales tras este tipo de reacciones que los científicos detectaron en Oklo. Las reacciones nucleares del uranio de las vetas subterráneas consumieron unas cinco toneladas de uranio-235 radiactivo. Aparte de los reactores de Oklo, no se ha encontrado ningún otro reactor nuclear natural. En su novela *Bridges of Ashes*, Roger Zelazny especula con la posibilidad de que una estirpe alienígena fundara la mina de Gabón para producir mutaciones que desembocaran en el origen de la especie humana.

VÉASE TAMBIÉN El neutrón (1932), La radiactividad (1896), La energía del núcleo atómico (1942), Little Boy: la primera bomba atómica (1945).

La naturaleza creó el primer reactor nuclear del mundo en África. Miles de millones de años después, Leó Szilárd y Enrico Fermi registraron la patente estadounidense número 2.708.656 de su reactor nuclear. El tanque 355 está lleno de agua y su misión es actuar de escudo contra la radiación.

May 17, 1955 E. FERMI ET AL 2,708,656

NEUTRONIC REACTOR

Filed Dec. 19, 1944 27 Sheets-Sheet 25

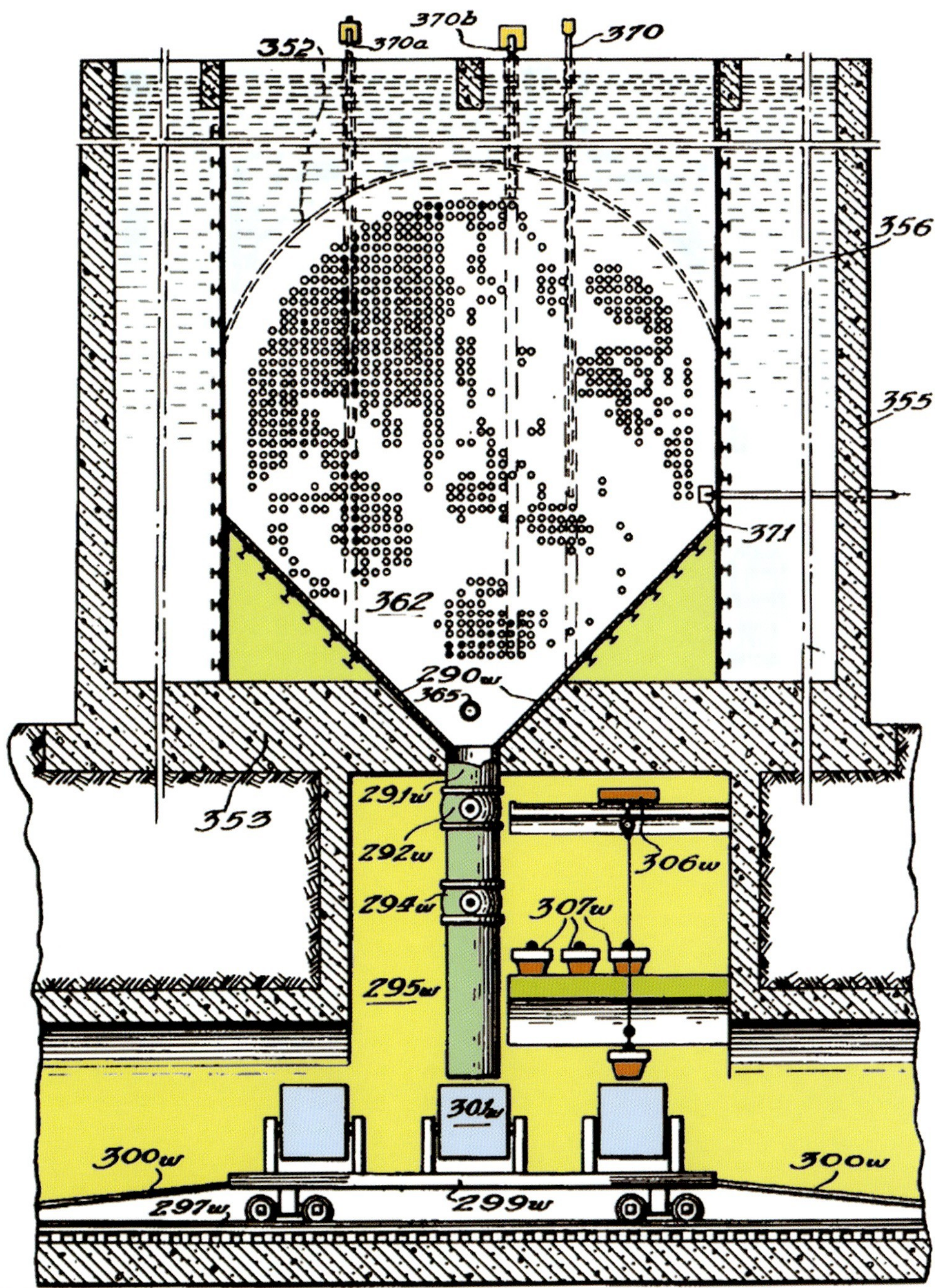

Witnesses:
Herbert E. Metcalf

FIG. 38.

Inventors:
Enrico Fermi
Leo Szilard

3000 a. C.

El átlatl o lanzadardos

Antiguas culturas de diferentes lugares de todo el mundo descubrieron un mecanismo físico para cazar utilizando un ingenioso dispositivo denominado *átlatl*. El utensilio parece un simple listón o vara de madera con una cazoleta o un espolón en un extremo, que, sirviéndose del mecanismo de la palanca y otros principios físicos sencillos, permite a sus usuarios lanzar un gran dardo o flecha contra un blanco situado a gran distancia (más de 100 metros) a más de 150 kilómetros por hora. En cierto sentido, el *átlatl* actúa como un segmento de brazo adicional.

En Francia se descubrió un *átlatl* de asta de reno fabricado hace 27.000 años. Los indígenas americanos lo empleaban ya hace 12.000 años. Los aborígenes australianos lo llamaban «woomera». Los habitantes del este de África y los indígenas de Alaska también empleaban utensilios semejantes al *átlatl*. Mayas y aztecas, interesados en todo tipo de instrumentos, fueron quienes de hecho lo bautizaron con el nombre que hoy conocemos. Los conquistadores españoles comprobaron con estupor que con ayuda del *átlatl*, los aztecas podían atravesar por entero sus corazas metálicas. Los cazadores prehistóricos pudieron haberlo utilizado para cazar incluso animales del tamaño de un mamut.

Hoy día, la Asociación Mundial del Átlatl celebra competiciones de ámbito nacional e internacional que atraen a ingenieros, cazadores y a todas aquellas personas interesadas en comprender los secretos de la tecnología prehistórica.

El aspecto habitual de un *átlatl* es el de una vara de unos sesenta centímetros de longitud, aunque experimentó mejoras tecnológicas con el paso del tiempo. En la cazoleta o espolón situado en uno de los extremos del *átlatl* se aloja un dardo (de 1,5 metros aproximadamente) que se coloca paralelo al listón. El usuario del *átlatl* lanza el dardo con un movimiento amplio del brazo acompañado de un giro de la muñeca, de forma parecida a como se ejecuta un saque de tenis.

Con la evolución del *átlatl* se descubrió que los dispositivos flexibles almacenaban y liberaban energía con más eficiencia (como los trampolines) y se le añadieron pequeños contrapesos de piedra. La finalidad de las piedras se ha debatido durante años. Muchos opinan que los contrapesos confieren estabilidad y recorrido al lanzamiento ajustando la sincronización y la flexibilidad. También es posible que los contrapesos reduzcan el sonido para que el lanzamiento pase más inadvertido.

VÉASE TAMBIÉN El latigazo supersónico (1927), La ballesta (341 a. C.), El fundíbulo (1200).

Imagen del códice azteca de Fejérváry-Mayer, de México central, donde aparece una deidad que sostiene tres flechas y un átlatl. El códice se remonta a una época anterior a 1521, la fecha en que Hernán Cortés destruyó la capital azteca de Tenochtitlán.

El bumerán

Recuerdo una canción de mi infancia del cantante inglés Charlie Drake (1925-2006). Hablaba de un pobre aborigen australiano que se lamentaba porque «el bumerán no va a volver». En la práctica, no habría supuesto ningún problema, pues los bumeranes empleados para cazar canguros o en acciones guerreras eran unas varas muy curvadas que se lanzaban con la intención de romper algún hueso de una presa y no se esperaba que regresaran. En una cueva de Polonia se encontró un bumerán de caza que data de una fecha próxima al año 20.000 a. C.

Hoy, cuando pensamos en un bumerán, lo hacemos otorgándole la forma de letra V. Esa forma seguramente es una evolución desarrollada a partir de los bumeranes que no volvían; tal vez los cazadores repararon en que los que tenían cierta forma de rama volaban con más estabilidad o se desplazaban describiendo una trayectoria más interesante. Los bumeranes que volvían se utilizaban de hecho para asustar aves en vuelo, aunque no sabemos cuándo aparecieron por primera vez. Cada uno de los brazos de estos bumeranes tiene perfil de plano aerodinámico, semejante a las alas de un avión, más redondeado en un canto y más plano en el otro. El aire se desplaza con mayor rapidez por una de las caras del ala que por la otra, lo que contribuye a proporcionarle empuje. A diferencia del ala de un avión, el bumerán tiene el «borde de ataque» en los cantos opuestos de la V, puesto que gira mientras vuela. Eso significa que los planos aerodinámicos encaran el aire en diferente sentido en el caso del brazo delantero y el brazo trasero.

El bumerán se lanza ligeramente hacia arriba, con la abertura de la V hacia adelante y ligeramente inclinada. A medida que va girando en la dirección que se le ha imprimido, el ala superior avanza más deprisa que la inferior, lo que también contribuye a darle impulso. Cuando se lanza adecuadamente, el movimiento de precesión asociado al cambio de orientación del eje de rotación de un cuerpo permite que el bumerán regrese a la posición del lanzador. De la combinación de todos estos factores resulta la compleja y circular trayectoria de vuelo de un bumerán.

VÉASE TAMBIÉN La ballesta (341 a. C.), El fundíbulo (1200), El giroscopio (1852).

El bumerán se ha utilizado como arma y en competiciones deportivas. La forma que adopta varía dependiendo de su territorio de origen y de su función.

3000 a. C.

El reloj de sol

«No ocultes tus talentos. Se hicieron para usarlos. ¿De qué sirve un reloj de sol en la sombra?»

—Ben Franklin

Durante siglos, las gentes se han preguntado por la naturaleza del tiempo. La filosofía de la Grecia clásica se preocupó por comprender el concepto de eternidad y el tema del tiempo ocupa un lugar central en todas las religiones y culturas del mundo. Angelus Silesius, un poeta místico del siglo XVII, llegó a sugerir que el control mental era capaz de interrumpir el fluir del tiempo. «El tiempo es invención nuestra, su reloj marca el tic-tac en nuestra cabeza. Cuando dejamos de pensar, el tiempo también se detiene.»

Uno de los dispositivos más antiguos para registrar el paso del tiempo es el reloj de sol. Tal vez los seres humanos de la antigüedad repararan en que la sombra que proyectaban sus cuerpos era larga al despuntar la mañana, disminuía progresivamente y, más tarde, volvía a alargarse cuando se aproximaba el ocaso. El primer reloj de sol conocido data aproximadamente del año 3300 a. C. y está grabado sobre una piedra del denominado «Gran túmulo de Knowth», en Irlanda.

Se puede construir un reloj de sol primitivo clavando una vara en el suelo. En el hemisferio norte, la sombra describe en torno a la vara un giro en sentido de las agujas del reloj y su posición se puede utilizar para indicar el paso del tiempo. La precisión de un instrumento tan rudimentario mejora si la vara se inclina de tal forma que apunte al polo norte celeste o, más o menos, hacia la Estrella Polar. Con esta modificación la sombra del puntero no varía con el paso de las estaciones. Una de las variantes más corrientes de reloj de sol tiene una esfera *horizontal* que, en ocasiones, se emplea como adorno para jardines. Como la sombra no se desplaza de manera uniforme en torno a ese reloj de sol, las marcas de cada hora no son equidistantes. Los relojes de sol no son muy precisos por diversas razones, entre las que se encuentra la variabilidad de la velocidad de la Tierra en su órbita en torno al sol, las modificaciones aplicadas en los horarios de verano e invierno o el hecho de que en cada uno de los husos horarios de la Tierra las horas en punto se mantienen artificialmente invariables. Antes de que aparecieran los relojes de pulsera, las personas llevaban a veces en el bolsillo un reloj de sol portátil que incluía una pequeña brújula para localizar el norte.

VÉASE TAMBIÉN El mecanismo de Anticitera (125 a. C.), El reloj de arena (1338), El reloj de péndulo de torsión (1841), Viajes en el tiempo (1949), Los relojes atómicos (1955).

Los pueblos siempre se han preguntado por la naturaleza del tiempo. Uno de los instrumentos más antiguos para registrar el paso del tiempo es el reloj de sol.

GROW
ALONG
OLD
IS YET

2500 a. C.

El armazón

Los armazones son estructuras generalmente compuestas de piezas triangulares hechas con barras de madera o metal unidas por juntas o codos. Si todos los elementos del armazón se encuentran en el mismo plano, se le llama «armazón plano». Durante siglos, gracias a los armazones los ingenieros construyeron robustas estructuras de forma económica, tanto en lo relativo a costes como a uso de materiales. La constitución rígida de un armazón le permitía abarcar grandes distancias.

La forma triangular resulta particularmente útil, ya que el triángulo es la única figura geométrica que no sufre ningún cambio de forma a menos que se altere la longitud de alguno de sus lados. Esto significa que una estructura triangular de vigas resistentes unidas mediante nudos rígidos no se puede deformar. (Un cuadrado, por ejemplo, podría adoptar la forma de un rombo si los nudos se aflojasen accidentalmente). Otra ventaja del armazón es que se puede determinar su estabilidad sabiendo que las barras sufren principalmente en términos de tensión y compresión y que estas fuerzas recaen sobre los nudos. Si una fuerza tiende a alargar la barra, es una *fuerza tensora*. Si la fuerza tiende a acortar la barra, es una *fuerza compresiva*. Dado que los nudos de un armazón son firmes, la suma de todas las fuerzas ejercidas en cada nudo es igual a cero.

A principios de la Edad del Bronce, en torno al año 2500 a. C., se utilizaban ya armazones de madera en antiguas viviendas lacustres. Los romanos empleaban armazones de madera para construir puentes. A partir del siglo XVIII los armazones se utilizaron de forma generalizada en los puentes cubiertos de Estados Unidos, donde se presentaron infinidad de patentes de armazones de distintas formas. El primer puente con armazón de hierro en Estados Unidos fue el puente de Frankfort, sobre el Canal de Erie, construido en 1840, y el primero con armazón de acero cruzaba el río Missouri en 1879. Tras la Guerra de Secesión se popularizaron los puentes ferroviarios con armazón de metal, puesto que ofrecían mayor estabilidad que los puentes colgantes cuando se veían sometidos al desplazamiento de carga de los pesados trenes.

VÉASE TAMBIÉN El arco (1850 a. C.), El perfil en doble T (1844), La tensegridad (1948), La pila de libros (1955).

Desde hace siglos los armazones a base de módulos triangulares han permitido la construcción de estructuras robustas de forma eficaz y poco costosa.

1850 a. C.

El arco

En arquitectura, un arco es una estructura curva que abarca un determinado espacio al tiempo que soporta un peso. El arco se ha convertido también en una metáfora de la gran durabilidad que proporciona la interacción de elementos muy simples. El filósofo romano Séneca escribió que «la sociedad humana es como un arco, a salvo del derrumbe por la presión que sus elementos ejercen entre sí». Según un antiguo proverbio hindú, «un arco nunca duerme».

El arco más antiguo todavía en pie por el que se accede a una ciudad es la Puerta de Ascalón, en Israel, construida con bloques de adobe y de piedra calcárea en torno al año 1850 a. C. Los arcos de ladrillo mesopotámicos son aún más antiguos, pero fue en la antigua Roma donde el arco adquirió una preponderancia singular, empleándose en muy diversos tipos de construcciones.

En una edificación, los arcos son capaces de soportar cargas pesadas que, desde la parte superior, se transmiten mediante fuerzas horizontales y verticales a las columnas que lo soportan. Los arcos suelen construirse a base de bloques con forma de cuña llamados dovelas, encajados con gran precisión. Las superficies en contacto de los bloques contiguos transmiten la carga de manera uniforme. La dovela central, en la cima del arco, se llama clave. Para construir un arco se suele utilizar un armazón de sustentación de madera hasta que se finaliza con la colocación de la clave, que fija el arco en su posición. Una vez encajada, el arco se sustenta por sí solo. Una de las ventajas del arco frente a otras estructuras de sustentación es la sencillez de su construcción a base de dovelas, fáciles de transportar, y la cobertura que ofrece a grandes aberturas. Otra ventaja es que las fuerzas de gravedad se distribuyen por todo el arco y se convierten en fuerzas prácticamente perpendiculares a las caras inferiores de cada dovela. Sin embargo, esto supone que la base del arco quede sometida a fuerzas laterales, que deben contrarrestarse con elementos (por ejemplo, un muro de ladrillo) situados en los extremos inferiores del arco. La mayor parte del peso soportado por el arco se convierte en fuerzas de compresión sobre las dovelas, fuerzas que soportan con facilidad materiales como la piedra o el cemento. Los romanos construyeron sobre todo arcos de medio punto, aunque también utilizaron otras formas. En los acueductos romanos, las fuerzas laterales de los arcos contiguos se contrarrestaban entre sí.

VÉASE TAMBIÉN El armazón (2500 a. C.), El perfil en doble T (1844), La tensegridad (1948), La pila de libros (1955).

El arco permite transformar grandes cargas en fuerzas horizontales y verticales. Los arcos suelen estar hechos con bloques en forma de cuña llamados dovelas que encajan a la perfección, como en los antiguos arcos turcos que se muestran en la imagen.

La brújula olmeca

Michael D. Coe (nacido en 1929), **John B. Carlson** (nacido en 1945)

Durante siglos, los navegantes han utilizado brújulas con agujas magnéticas para determinar la posición del polo norte terrestre. Tal vez la *brújula olmeca* de Mesoamérica sea la más antigua que se conoce. Los olmecas fueron una civilización precolombina que habitó el centro y sur de México entre los años 1400 y 400 a. C., famosa por sus colosales obras de arte con forma de cabeza talladas en roca volcánica.

El astrónomo estadounidense John B. Carlson, aplicando técnicas de datación basadas en el **carbono 14** en estratos significativos de unas excavaciones, determinó que una pieza aplanada, pulida y oblonga de hematita (óxido de hierro) databa de entre los años 1400 y 1000 a. C. Carlson ha aventurado que tal vez los olmecas utilizaran este tipo de objetos como indicadores de dirección en astrología y geomancia, además de para orientar enterramientos. La brújula olmeca es un trozo pulimentado de piedra imán (mineral imantado) con una hendidura longitudinal que tal vez sirviera de mira. Es preciso apuntar que los chinos inventaron la brújula poco antes del siglo II y que se empleó para navegar desde el siglo XI.

En su artículo «Brújula de piedra imán: ¿primicia china u olmeca?», Carlson escribió lo siguiente:

> Teniendo en cuenta la singular morfología del artefacto M-160 (una barra pulida con un surco deliberadamente tallado) y su composición (mineral magnético con vector de momento magnético en el plano de flotación) y sabiendo que los olmecas fueron un pueblo sofisticado que poseía conocimientos avanzados y expertos en el uso de minerales de hierro, sugeriría que se tuviera en cuenta la posibilidad de que el artefacto M-160 del período Formativo Temprano se fabricara y utilizara como lo que he denominado una «brújula orden cero», cuando no como una brújula de primer orden. Queda totalmente abierto a la especulación si semejante aguja mineral se habría utilizado para señalar a algún punto astronómico (como brújula de orden cero) o para marcar el eje magnético norte-sur (como una brújula de primer orden).

A finales de la década de 1960, Michael Coe, arqueólogo de la Universidad de Yale, encontró la barra olmeca en San Lorenzo, en el estado mexicano de Veracruz y Carlson la sometió a sus pruebas en 1973. Carlson la hizo flotar en mercurio o en agua sobre una plancha de corcho.

VÉASE TAMBIÉN *De Magnete* (1600), La ley del electromagnetismo de Ampère (1825), El galvanómetro (1882), El carbono 14 (1949).

Según la definición más genérica, una piedra de imán es un mineral imantado de forma natural, como los fragmentos que los pueblos de la antigüedad empleaban para construir brújulas magnéticas.

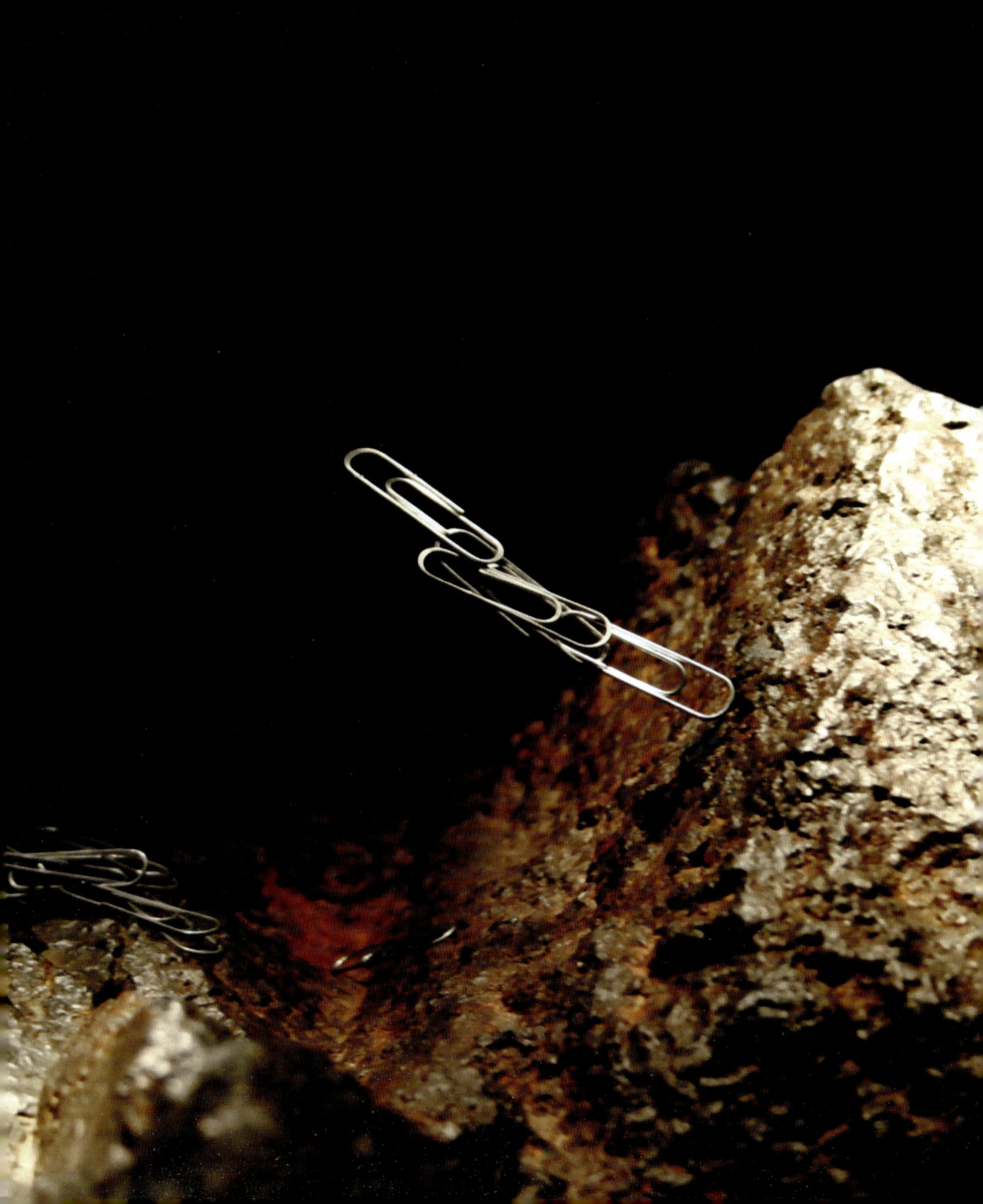

La ballesta

Durante siglos, la ballesta fue un arma que se servía de las leyes de la física para atravesar armaduras y causar estragos en la batalla. La ballesta cambió los destinos de muchas victorias bélicas en la Edad Media. Uno de los primeros usos documentados fiables de la ballesta en la guerra se remonta a la batalla de Ma-Ling (341 a. C.), en China, pero en algunos enterramientos chinos se han hallado ballestas incluso más antiguas.

Las primeras ballestas solían ser arcos montados sobre listones o mangos de madera. El proyectil corto y pesado, semejante a una flecha, encajaba en un pestillo que recorría una muesca o guía hecha a lo largo del listón. A medida que el arma fue evolucionando se utilizaron diversos mecanismos para tensar la cuerda y fijarla hasta el momento del disparo. Las primeras ballestas tenían unos estribos donde el ballestero introducía el pie para tirar de la cuerda con ambas manos o con un gancho.

La física contribuyó a mejorar esta máquina mortal en varios aspectos. El arco y la flecha tradicionales requerían que el arquero fuera lo bastante fuerte como para tensar el arco y sostenerlo mientras apuntaba. Sin embargo, con una ballesta, cualquier otro más débil podía utilizar los músculos de las piernas para ayudarse al tensar la cuerda. Posteriormente se emplearon diversos tipos de palancas, engranajes, poleas y manivelas para multiplicar la fuerza del ballestero en el momento de cargarla. En el siglo XIV, las ballestas europeas eran de acero e incorporaron el *cranequín*, una rueda dentada montada sobre una manivela que el arquero hacía girar para tensar la cuerda.

La fuerza de penetración de una ballesta y un arco ordinarios procede de la energía acumulada al combar el arco. Igual que un muelle que se mantiene comprimido, la energía se almacena en forma de energía potencial elástica. Cuando se dispara, la energía potencial se convierte en energía cinética. La potencia de disparo que el arco ofrece depende de *la potencia de las palas* (la fuerza necesaria para tensarlo) y de *la apertura o longitud de flecha* (la distancia entre la cuerda en posición de tiro y en posición de descanso).

VÉASE TAMBIÉN El *átlatl* o lanzadardos (30000 a. C.), El bumerán (20000 a. C.), El fundíbulo (1200), La conservación de la energía (1843).

En torno al año 1486, Leonardo da Vinci realizó varios bocetos de una colosal ballesta. El arma se cargaba sirviéndose de engranajes. Uno de sus mecanismos de disparo consistía en una clavija de sujeción que se accionaba golpeando ésta con una maza.

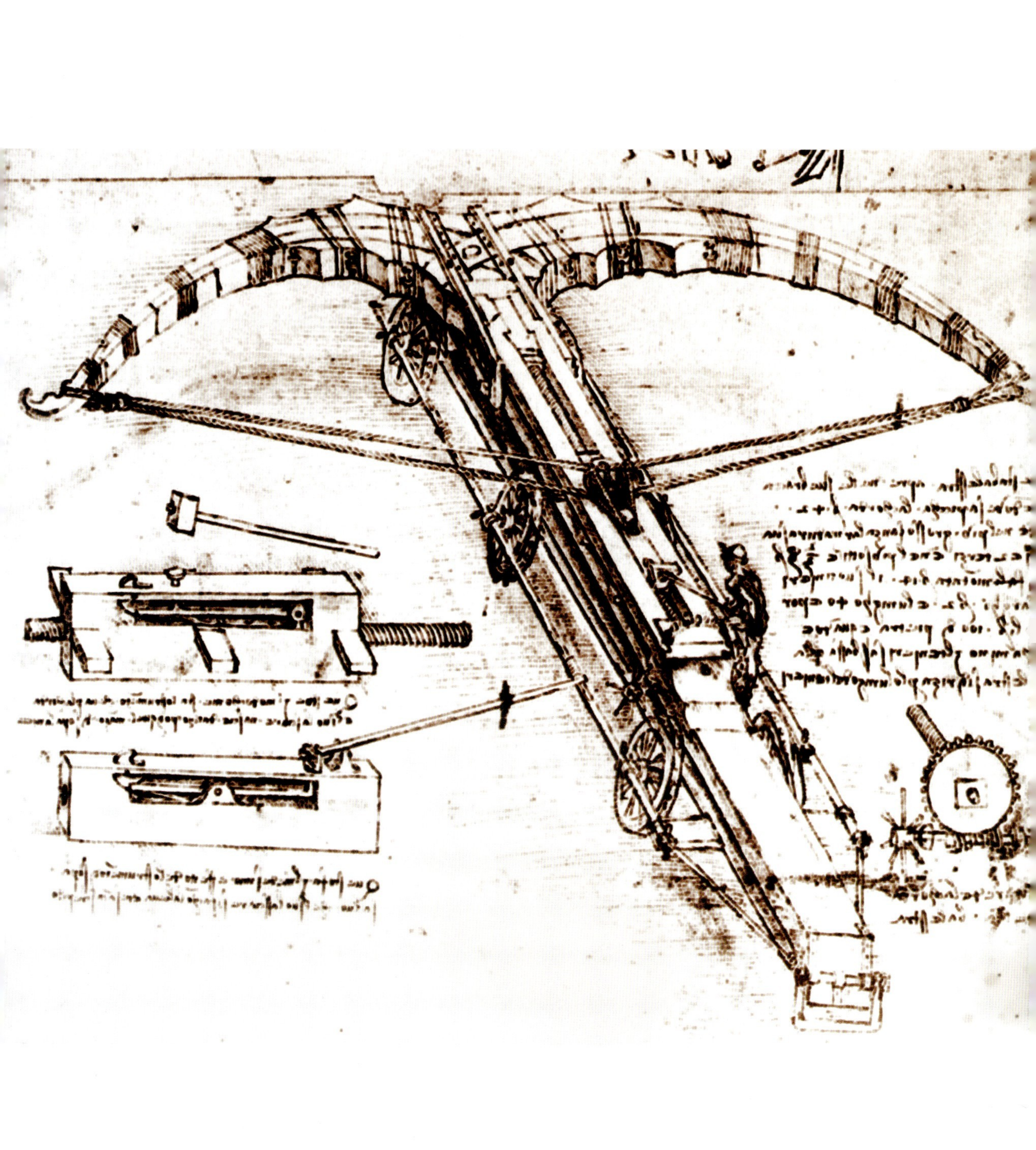

250 a. C.

La batería de Bagdad

Alessandro Giuseppe Antonio Anastasio Volta (1745–1827)

En 1800, el físico italiano Alessandro Volta inventó lo que tradicionalmente se considera la primera pila eléctrica cuando apiló varios pares de discos de cobre y zinc en orden alterno separados por un tejido empapado en agua salada. Cuando se conectaban con un cable los extremos superior e inferior de la pila, empezaba a circular una corriente eléctrica. Sin embargo, el hallazgo de ciertos objetos arqueológicos podría hacer pensar que las pilas eléctricas anteceden en más de un milenio al descubrimiento de Volta.

«Irak dispone de un rico patrimonio nacional» dicen los informativos de la BBC. «Se dice que el Jardín del Edén y la Torre de Babel se encontraban en aquella tierra ancestral.» En 1938, el arqueólogo alemán Wilhelm König descubrió una vasija de 14 centímetros que contenía un cilindro de cobre dentro del cual, a su vez, había una barra de hierro. La vasija exhibía signos de corrosión y parecía haber contenido antiguamente algún ácido ligero, como vinagre o vino. König creía que los recipientes eran pilas galvánicas, elementos de una batería, utilizados quizá para recubrir con oro objetos de plata mediante galvanoplastia. La solución ácida actuaría como electrolito o elemento conductor. Hay muchas dudas sobre la datación de estos objetos. König los situaba entre los años 250 a. C. y 224 d. C., mientras que otros especialistas proponen el periodo comprendido entre los años 225 y 640 d. C. Hay investigadores que han demostrado que las réplicas modernas de la batería de Bagdad realmente consiguen producir corriente eléctrica cuando se rellenan con mosto o vinagre.

En el año 2003, el profesor de metalurgia Paul Craddock señaló refiriéndose a estas baterías que «son excepcionales. Por lo que sabemos, nunca se ha encontrado nada semejante. Son objetos extraños; son uno de los enigmas de la vida». Se han apuntado otros posibles usos para la batería de Bagdad, desde que podrían haberse empleado para producir corriente eléctrica en prácticas de acupuntura hasta que habrían servido para impresionar a los idólatras. Si alguna vez se descubrieran otras baterías antiguas con cables o conductores eléctricos, el hallazgo avalaría la idea de que se utilizaban como pilas eléctricas. Como es natural, aun cuando las vasijas produjeran corriente eléctrica, no significa que los pueblos de la antigüedad entendieran realmente cómo funcionaban.

VÉASE TAMBIÉN El generador electrostático de Von Guericke (1660), La pila de Volta (1800), La pila de combustible (1839), La botella de Leiden (1744), La célula fotoeléctrica (1954).

El sifón

Ctesibio (285–222 BC)

Un sifón es un tubo que permite trasvasar líquido de un depósito a otro lugar. Algún punto intermedio del tubo puede estar incluso en una cota más alta que el depósito pero, aún así, el sifón funciona. No es preciso disponer de una bomba para que el flujo de líquido se mantenga una vez que este ha comenzado gracias a la diferencia de presión hidrostática.

El descubrimiento del principio de funcionamiento del sifón se suele atribuir al inventor y matemático griego Ctesibio.

El líquido de un sifón puede ascender por el tubo antes de caer, en parte porque el peso del líquido en el «tubo de agua» (más largo) se ve empujado hacia abajo por la gravedad. Algunos experimentos fascinantes han demostrado que los sifones pueden funcionar en el vacío. La altura máxima de la «cresta» de un sifón tradicional está limitada por la presión atmosférica debido a que si la cresta es muy alta, la presión del líquido puede caer por debajo de la presión de vapor del líquido, haciendo que se formen burbujas en la cresta del tubo.

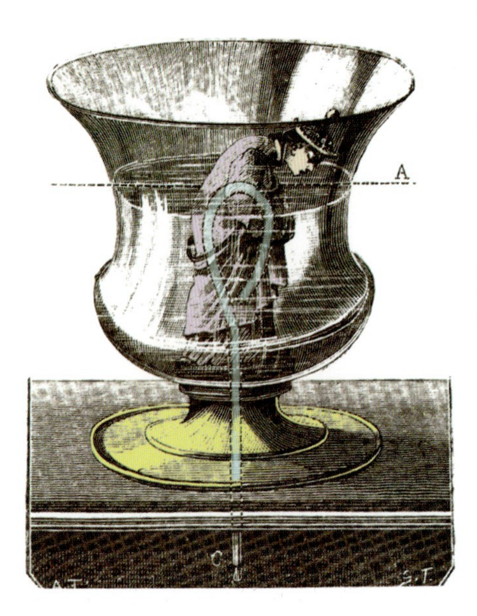

Curiosamente, el desagüe del sifón no tiene por qué encontrarse por debajo de la boca de entrada, basta con que se encuentre por debajo de la superficie del agua del depósito. Aunque los sifones se emplean en incontables aplicaciones prácticas de extracción de líquidos, mi predilecta es el ingenioso vaso de Tántalo. Según una de sus variantes, en el interior de un vaso colocamos una figura de un hombre en miniatura en cuyo interior se oculta un sifón cuya cresta está a la altura del mentón. Cuando se vierte líquido en el vaso, el nivel sube hasta la altura del mentón y, a continuación, la copa empieza a evacuar de inmediato la mayor parte de su contenido a través del extremo de desagüe del sifón, oculto en el fondo. Por consiguiente, Tántalo siempre está sediento...

VÉASE TAMBIÉN El tornillo de Arquímedes (250 a. C.), El barómetro (1643), El principio de Bernoulli (1738), El pájaro bebedor (1945).

IZQUIERDA: *Vaso de Tántalo, que oculta un sifón destacado en color azul.* DERECHA: *Sifón común que transfiere líquido entre dos recipientes.*

250 a. C.

El principio de Arquímedes

Arquímedes (c. 287 a.C.–c. 212 a.C.)

Imaginemos que queremos pesar un objeto, como un huevo fresco, que está sumergido en el fregadero de una cocina. Si lo hacemos ayudándonos de una balanza, ésta nos indicará que el huevo pesa menos dentro del agua que cuando se saca del fregadero. El agua ejerce un empuje ascendente que contrarresta parcialmente el peso del huevo. Esta fuerza se hace más evidente si realizamos el mismo experimento con un objeto de menor densidad, como un trozo de corcho, que flota y solo queda sumergido parcialmente en el agua.

A la fuerza ejercida por el agua sobre el corcho se le llama fuerza de sustentación y, en el caso de un corcho que mantuviéramos bajo el agua, el empuje ascendente es mayor que su peso. La fuerza de sustentación depende de la densidad del líquido y del volumen del objeto, pero no de su forma ni del material de que esté hecho. Por consiguiente, en nuestro experimento no importaría que el huevo tuviera forma de esfera o de dado. Un centímetro cúbico de huevo o de madera experimentarían idéntica fuerza de sustentación en el agua.

Según el principio de Arquímedes, así bautizado en honor al matemático e inventor griego célebre por sus investigaciones geométricas e hidrostáticas, un cuerpo total o parcialmente sumergido en un líquido experimenta un empuje ascendente igual al peso del líquido que desaloja.

Pensemos en otro ejemplo: imaginemos una bolita de plomo en una bañera. La bola pesa más que la minúscula cantidad de agua que desaloja, de manera que se hunde. Una barca de remos de madera se sustenta gracias a que la enorme cantidad de agua que desaloja pesa mucho, por lo que flota. Un submarino que navega sumergido sin hundirse hasta el fondo desplaza un volumen de agua que pesa exactamente lo mismo que el submarino. Dicho de otro modo: el peso total del submarino, incluidos la tripulación, el casco de metal y el aire que contiene, es idéntico al peso del agua marina que desplaza.

VÉASE TAMBIÉN El tornillo de Arquímedes (250 a. C.), La lámpara de lava (1963), La ley de Stokes (1851).

IZQUIERDA: *Un huevo sumergido en el agua experimenta un empuje ascendente igual al peso del agua que desaloja.* DERECHA: *Cuando los plesiosauros (reptiles ya extinguidos) flotaban dentro del mar, su peso total equivalía al del agua que desalojaban. Quizá los gastrolitos hallados en la región estomacal de algunos esqueletos de plesiosauro les ayudaban a controlar la flotabilidad.*

El tornillo de Arquímedes

Arquímedes (c. 287 a. C.–c. 212 a. C.), **Marco Polión Vitrubio** (c. 87 a. C.–c. 15 a. C.)

A Arquímedes, el geómetra de la antigua Grecia, se le considera el matemático y científico más fabuloso de la antigüedad y uno de los cuatro matemáticos más importantes de la historia, junto con Isaac Newton, Leonhard Euler y Carl Friedrich Gauss.

La invención del tornillo de Arquímedes para hacer ascender agua y regar cultivos fue atribuida a Arquímedes por el historiador griego Diodoro Sículo en el siglo I a. C. El ingeniero romano Vitrubio ofrece una descripción detallada de su funcionamiento para hacer ascender agua que requería de unas palas helicoidales entrelazadas. Para hacer ascender el agua, el extremo inferior del tornillo se sumerge en un estanque y el giro del tornillo hace ascender el agua desde el depósito hasta un lugar situado en una cota superior. Arquímedes también pudo haber sido el inventor de una bomba helicoidal similar, un aparato con forma de sacacorchos empleado para achicar el agua del fondo de una embarcación grande. Algunas sociedades sin acceso a tecnologías avanzadas siguen utilizando hoy en día el tornillo de Arquímedes, que funciona adecuadamente aun cuando el agua contenga residuos. También suele minimizar los perjuicios para la vida acuática. En la actualidad se usan mecanismos semejantes al tornillo de Arquímedes para bombear aguas residuales en las plantas de depuración de agua.

Heather Hassan afirma que «hay agricultores egipcios que todavía usan el tornillo de Arquímedes para regar sus campos. El diámetro de estos aparatos va desde los 0,6 centímetros hasta los 3,7 metros. El tornillo también se utiliza en los Países Bajos y en otros lugares donde es preciso drenar el agua sobrante de la superficie del terreno».

No obstante, hay otros ejemplos modernos más llamativos. Para bombear aguas residuales en una planta de tratamiento de Memphis, en Tennessee, se utilizan siete tornillos de Arquímedes. Cada uno de ellos tiene un diámetro de 2,44 metros y puede desalojar unos 75.000 litros por minuto. Según el matemático Chris Rorres, un aparato de circulación asistida que mantiene la circulación sanguínea durante un ataque cardiaco o en diversos tipos de operaciones quirúrgicas cardiovasculares se sirve de un tornillo de Arquímedes del diámetro de un lapicero.

VÉASE TAMBIÉN El principio de Arquímedes (250 a. C.), El sifón (250 a. C.).

El tornillo de Arquímedes. Enciclopedia Chambers, 1875.

JOCELYN N.Y.

240 a. C.

Eratóstenes y la medición de la Tierra

Eratóstenes de Cirene (c. 276 a. C.–c. 194 a. C.)

Según Douglas Hubbard, «el primer mentor de la medición hizo algo que, en su época, muchos seguramente consideraban imposible. Un griego de la antigüedad llamado Eratóstenes realizó la primera medición documentada de la circunferencia terrestre [...] No empleó equipos de medición precisos y, como es lógico, no disponía de láser ni de satélites...». Sin embargo, Eratóstenes conocía un pozo particularmente profundo en Asuán, una ciudad situada en el sur de Egipto. Sabía que un día concreto al año el sol de mediodía iluminaba por completo el fondo del pozo; por lo tanto, se encontraba exactamente sobre su vertical. También reparó en que en ese mismo momento, en la ciudad de Alejandría, los objetos proyectaban sombra, lo que le hizo pensar que la Tierra era redonda, y no plana. Considerando que los rayos del sol son, en esencia, paralelos, y sabiendo que la sombra mencionada formaba un ángulo equivalente a la cincuentava parte de un círculo, Eratóstenes resolvió que la circunferencia terrestre debía medir aproximadamente cincuenta veces la distancia que separaba Alejandría de Asuán. Debido a la conversión a unidades modernas de las unidades de medida antiguas que empleó Eratóstenes y a otros factores, la valoración de la precisión de Eratóstenes no es uniforme, pero se suele considerar que sus mediciones tenían un margen de error muy reducido con respecto a la medida real. No cabe duda de que su estimación fue más precisa que muchas otras realizadas en su época. Hoy día sabemos que la circunferencia terrestre en el Ecuador es de unos 40.000 kilómetros. Curiosamente, si Colón no hubiera desconocido los resultados de Eratóstenes –lo que le llevó a subestimar el tamaño de la circunferencia terrestre–, habría considerado inviable el objetivo de llegar a Asia navegando con rumbo al oeste.

Eratóstenes nació en Cirene (en la actual Libia) y fue director de la magna biblioteca de Alejandría. También es célebre por haber creado la cronología científica (un sistema que aspiraba a fijar las fechas de los sucesos destacados según unos intervalos adecuadamente establecidos y proporcionados), y por haber diseñado un algoritmo sencillo para determinar los números primos (como el 13, divisible únicamente por uno y por sí mismo). Cuando envejeció, Eratóstenes se quedó ciego y se dejó morir de inanición.

VÉASE TAMBIÉN Las dimensiones del Sistema Solar (1672), El efecto de gota negra en el tránsito de Venus (1761), La paralaje (1838), El nacimiento del metro (1889), La polea (230 a. C.).

El mapa del mundo de Eratóstenes (según una reproducción de 1895). Eratóstenes midió la circunferencia terrestre sin salir de Egipto. Los sabios de la Antigüedad y de la Europa medieval solían creer en la esfericidad de la Tierra, aunque desconocían la existencia de América.

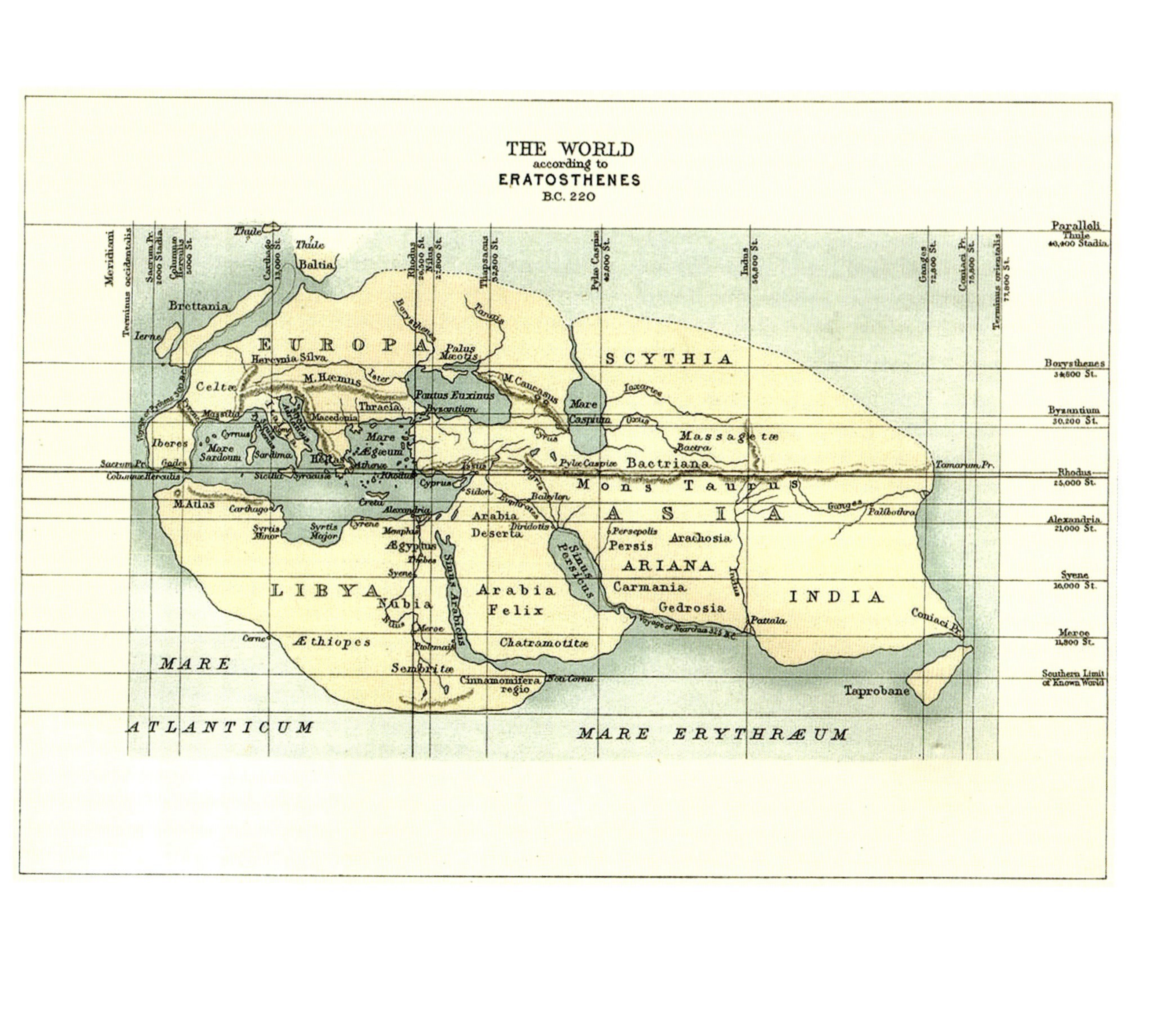
THE WORLD
according to
ERATOSTHENES
B.C. 220
Paralleli
EUROPA
SCYTHIA
ASIA
LIBYA
INDIA
ARIANA
MARE ATLANTICUM
MARE ERYTHRÆUM

230 a. C.

La polea

Arquímedes (c. 287 a. C.–c. 212 a. C.)

Una polea es un mecanismo que habitualmente consiste en una rueda montada sobre un eje. Una cuerda recorre el canto de la rueda de tal modo que la polea invierte el sentido de la fuerza aplicada para, por ejemplo, ayudar a un ser humano o a una máquina a izar o tirar de cargas pesadas. La polea también facilita mover una carga porque reduce la cantidad de fuerza que es necesario utilizar.

Probablemente la polea nació en épocas prehistóricas, cuando alguien lanzó una soga por encima de la rama horizontal de un árbol y la empleó para izar un objeto pesado. Kendall Haven ha señalado que «en el año 3000 a. C. ya existían en Egipto y Siria poleas hechas con una rueda que tenía una muesca en el canto (para impedir que la cuerda se saliera). Se atribuye al matemático e inventor griego Arquímedes la invención en torno al año 230 a. C. de la polea compuesta [...] en la que se combinan una serie de ruedas y sogas para izar un único objeto [...] con el fin de multiplicar la fuerza de una persona. Los modernos polipastos son ejemplos de polea compuesta».

La polea parece casi mágica por el modo en que permite reducir el grosor y la resistencia de la soga a emplear, así como la fuerza necesaria para izar objetos pesados. De hecho, según la leyenda y los escritos del historiador griego Plutarco, Arquímedes debió de utilizar una polea compuesta para mover pesadas embarcaciones con un esfuerzo mínimo. Como es lógico, no se viola ninguna ley de la naturaleza. El trabajo, que se define como el producto de la fuerza por el espacio recorrido, sigue siendo el mismo; las poleas nos permiten tirar con menos fuerza alargando la distancia del desplazamiento. En la práctica, el aumento del número de poleas incrementa el rozamiento y, por tanto, un sistema de poleas puede perder eficacia cuando se sobrepasa cierto número de ellas. Cuando se realizan cálculos para determinar la fuerza que es necesaria aplicar utilizando un sistema de poleas, los ingenieros suelen dar por hecho que la polea y la soga pesan muy poco comparado con el peso que hay que desplazar. A lo largo de la historia los polipastos han sido particularmente habituales en los barcos, donde no siempre se disponía de equipos motorizados.

VÉASE TAMBIÉN El átlatl o lanzadardos (30000 a. C.), La ballesta (341 a. C.), El péndulo de Foucault (1851).

Primer plano de un sistema de poleas de un yate de época. Las sogas de las poleas pasan por las ruedas de tal forma que el aparato invierte la dirección de aplicación de la fuerza y facilita izar una carga.

El espejo ustorio

Arquímedes (c. 287 a. C.–c. 212 a. C.)

El episodio de los espejos ustorios de Arquímedes ha fascinado a los historiadores durante siglos. Se cuenta que en el año 212 a. C., Arquímedes creó un «rayo mortal» disponiendo una serie de espejos que concentraron la luz solar sobre los barcos romanos hasta hacerlos arder. Algunas personas que han hecho pruebas con espejos semejantes afirman que es poco probable que Arquímedes lo consiguiera. Sin embargo, David Wallace, ingeniero mecánico del MIT, animó a sus alumnos en el año 2005 a construir una réplica en roble de un barco de guerra romano, sobre el que concentrarían la luz solar sirviéndose de 127 espejos planos de 30 centímetros de longitud. El barco se encontraba a unos treinta metros. Al cabo de diez minutos de exposición a la luz focalizada... ¡se incendió!

En 1973, un ingeniero griego utilizó 70 espejos planos (de aproximadamente 1,5 por 0,9 metros cada uno) con el fin de concentrar la luz solar sobre una barca de remos. En este experimento la barca también comenzó a arder muy pronto. Sin embargo, aunque sea posible prender fuego a un barco utilizando espejos, la tarea debió de ser muy complicada para Arquímedes con los barcos en movimiento.

El relato «Un ligero caso de insolación», de Arthur C. Clarke, constituye una acotación interesante al respecto; en él se exponen los destinos de un árbitro de fútbol poco apreciado. En un momento en que el colegiado toma una decisión muy protestada, los espectadores concentran la luz del sol sobre el árbitro utilizando el papel brillante del programa del partido que tienen en la mano. La superficie reflectante actúa como el espejo de Arquímedes y el pobre hombre termina carbonizado.

Arquímedes también desarrolló otras armas. Según el historiador griego Plutarco, en el asedio del año 212 a. C. se utilizó con eficacia armamento balístico contra los romanos diseñado por Arquímedes. Plutarco escribió que «cuando Arquímedes empezó a manipular sus ingenios, lanzó de inmediato toda clase de proyectiles contra las tropas, sobre las que cayeron con un estruendo y violencia inusitados una ingente cantidad de piedras ante la que no había hombre capaz de mantenerse en pie, ya que caían sobre ellos a montones...».

VÉASE TAMBIÉN La fibra óptica (1841), El láser (1960), La célula fotoeléctrica (1954), Habitaciones que no se pueden iluminar (1969).

IZQUIERDA: *Xilograbado de un espejo ustorio, extraído de* The Wonders of Optics *(1870) de F. Marion.*
DERECHA: *El horno solar más grande del mundo se encuentra en Odeillo, Francia. Un conjunto de espejos planos (que no se muestra en la imagen) refleja la luz solar sobre un enorme espejo cóncavo que concentra la luz en una pequeña zona que alcanza temperaturas de 3.000 ºC.*

125 a. C.

El mecanismo de Anticitera

Valerios Stais (1857–1923)

El mecanismo de Anticitera es un antiguo dispositivo de cálculo que se utilizaba para determinar posiciones astronómicas y que ha dejado perplejos a los científicos durante más de un siglo. Encontrado en torno a 1902 por el arqueólogo Valerios Stais entre los restos de un naufragio frente a la costa de la isla griega de Anticitera, se cree que fue construido entre los años 150 y 100 a. C. La periodista Jo Marchant ha apuntado que «entre los objetos recuperados que posteriormente se embarcaron rumbo a Atenas, había un bloque amorfo en el que nadie reparó en un principio hasta que se desmenuzó, saliendo a la luz engranajes, agujas de bronce e inscripciones minúsculas en griego [...] Era una maquinaria sofisticada y precisa compuesta de cuadrantes, manecillas y, como poco, treinta engranajes interconectados, de una complejidad nunca descrita en ningún documento histórico hasta más de un milenio después, hasta la época del desarrollo de los relojes astronómicos en la Edad Media europea».

Una esfera situada en el frontal del aparato debía de alojar al menos tres manecillas, una de las cuales indicaba la fecha y las otras dos, las posiciones del Sol y la Luna. Es muy probable que el aparato también se empleara para registrar las fechas de celebración de los Juegos Olímpicos de la antigüedad, predecir eclipses solares e indicar otros movimientos planetarios.

El mecanismo dedicado a la Luna incorpora una serie de engranajes de bronce que entusiasman especialmente a los físicos. Dos de ellos están unidos a un eje de compensación para señalar la posición de la Luna y sus fases. Como es sabido desde que se formularon las **leyes de Kepler** sobre los movimientos planetarios, la Luna se desplaza a diferente velocidad en diferentes fases de su órbita en torno a la Tierra (más rápido cuando está más cerca de la Tierra) y esa diferencia de velocidad se ajusta a lo reproducido por el mecanismo de Anticitera aun cuando los antiguos griegos no tuvieran noticia de que la órbita lunar era en realidad elíptica. Podemos añadir que también la Tierra se desplaza más deprisa en su órbita cuando está más cerca del Sol que cuando está más lejos.

Marchant proseguía: «Al accionar la manivela de la caja se podía hacer avanzar o retroceder al tiempo para ver cuál sería la situación del cosmos hoy, mañana, el martes pasado o dentro de cien años. Quienquiera que fuese el propietario de este aparato debió de sentirse el amo del firmamento».

VÉASE TAMBIÉN El reloj de sol (3000 a. C.), El engranaje (50), Las leyes de Kepler (1609).

El mecanismo de Anticitera es un antiguo instrumento de cálculo con engranajes que se empleaba para determinar posiciones astronómicas. El análisis del aparato con rayos X ha permitido conocer algunos aspectos de su configuración interna. (Fotografía por cortesía de Rien van de Weijgaert.)

La eolípila de Herón

Herón de Alejandría (c. 10–c. 70), **Marco Polión Vitrubio** (c. 85 a. C.–c. 15 a. C.), **Ctesibio** (c. 285–c. 222 a. C.).

La historia de los cohetes espaciales modernos, jalonada de incontables experimentos, se remonta hasta Herón de Alejandría, el matemático e ingeniero de la antigua Grecia que inventó algo parecido a un cohete que se llamaba eolípila y que estaba propulsado por vapor. El aparato de Herón consistía en una esfera instalada sobre una caldera de agua, bajo la cual se situaba una llama. Mediante unos conductos se hacía llegar al interior de la esfera el vapor de agua, que salía a través de dos tubos en forma de L situados en puntos opuestos de la esfera, proporcionando el empuje suficiente para que la esfera girara. Debido al rozamiento en los puntos de sujeción de la esfera, la fuente de Herón no gira cada vez más y más rápido, sino que alcanza una velocidad estacionaria.

Tanto a Herón como al ingeniero romano Vitrubio, así como a su predecesor el inventor griego Ctesibio, les fascinaban este tipo de aparatos accionados mediante vapor. Los historiadores de la ciencia no están seguros de si la máquina de Herón se concibió con algún propósito práctico en su época. Según la *Quarterly Journal of Science* de 1865, «pasada la época de Herón no volvemos a oír hablar de las aplicaciones del vapor hasta comienzos del siglo XVII. En una obra publicada en torno a 1600 se recomienda la utilización de la máquina de Herón para hacer girar los asados, con la seguridad de que los invitados pueden confiar en que "el cocinero (en ausencia de la vigilancia de la señora de la casa) no ande toquiteando el asado por el placer de lamerse luego los dedos manchados"».

Los motores de los aviones a reacción y los cohetes se basan en la tercera ley de Newton, según la cual toda acción (fuerza ejercida en una dirección) tiene una reacción igual y opuesta (fuerza en sentido opuesto). Se puede apreciar este principio cuando soltamos un globo inflado con la boquilla sin anudar. El primer avión a reacción fue el aparato alemán *Heinkel He* 178, que realizó su primer vuelo en 1939.

VÉASE TAMBIÉN Las leyes del movimiento y la gravitación universal de Newton (1687), La ley de Charles y Gay-Lussac (1787), La ecuación del cohete de Tsiolkovski (1903).

John R. Bentley creó y fotografió una réplica de la fuente de Herón que gira silenciosamente a 1.500 r.p.m. con una presión de vapor inferior incluso a un kilo por cm^2 y, asombrosamente, arroja muy pocos gases de escape.

El engranaje

Herón de Alejandría (c. 10–c. 70 a. C.)

Los engranajes giratorios, con sus dientes acoplados, han desempeñado un papel fundamental en la historia de la tecnología. No solo son importantes por acrecentar la fuerza de giro que se aplica, el denominado par de torsión, sino que también son muy útiles para modificar la velocidad y la dirección de la fuerza. Una de las máquinas más antiguas es el torno de alfarero y, seguramente, los engranajes primitivos asociados con este tipo de tornos tienen varios miles de años de existencia. En el siglo IV a. C., Aristóteles escribió acerca de las ruedas que aprovechan el rozamiento entre superficies lisas para transmitir movimiento. Construido en torno al año 125 a. C., el **mecanismo de Anticitera** disponía de ruedas dentadas para determinar posiciones astronómicas. Una de las primeras referencias documentales a las ruedas dentadas la hizo Herón de Alejandría hacia el año 50 a. C. Los engranajes han tenido protagonismo a través de los tiempos en molinos, relojes, bicicletas, automóviles, lavadoras y taladradoras. Como son tan eficaces para intensificar fuerzas, los primeros ingenieros los utilizaban para izar cargas pesadas en labores de construcción. La capacidad que tienen los sistemas de engranajes para transformar velocidades se aprovechó en los primeros telares mecánicos, cuando obtenían la energía de caballos de tiro o del agua. La velocidad de giro de estas fuentes de energía solía ser insuficiente, por lo que se empleaban conjuntos de engranajes de madera para aumentar la velocidad e incrementar la producción de tejidos.

Cuando dos engranajes se acoplan, la relación entre las velocidades de rotación s_1/s_2 es sencillamente la inversa del cociente del número n de dientes de los dos engranajes $s_1/s_2 = n_2/n_1$. Por tanto, un engranaje pequeño gira más deprisa que su pareja de mayor tamaño. La relación del par tiene una correspondencia contraria. La rueda más grande experimenta un par mayor y, cuanto mayor es el par, menor es la velocidad. Resulta muy útil para los destornilladores eléctricos, donde el motor produce un par muy pequeño a velocidades altas pero se pretende obtener una velocidad de salida lenta con un mayor par.

Entre los engranajes más sencillos están los *engranajes de dientes rectos*. Los *engranajes helicoidales*, en los que los dientes presentan un determinado ángulo, ofrecen la ventaja de ser más silenciosos y girar con mayor suavidad y suelen ser capaces de soportar pares mayores.

VÉASE TAMBIÉN La polea (230 a. C.), El mecanismo de Anticitera (125 a. C.), La eolípila de Herón (50).

Los engranajes han desempeñado un papel fundamental en la historia. Los sistemas de engranajes pueden incrementar la fuerza aplicada o par y también sirven para modificar la dirección de una fuerza y la velocidad.

El fuego de San Telmo

Gayo Plinio Cecilio Segundo (Plinio el Viejo) (23–79)

«Todo estaba en llamas» exclamó Charles Darwin a bordo de su barco velero, «en el cielo había rayos y en el agua partículas luminosas, e incluso los propios mástiles estaban coronados con una llama azul». Lo que Darwin vivió fue el fuego de San Telmo, un fenómeno natural que ha alimentado supersticiones durante milenios. El filósofo romano Plinio el Viejo, en torno al año 78, hace referencia al «fuego» en su obra *Historia Naturalis*.

Descrito a menudo como una llama fantasmal y bailarina de tonos blancos y azulados, es en realidad un fenómeno meteorológico eléctrico en el que un **plasma** o gas ionizado incandescente emite luz. El plasma es originado por la electricidad de la atmósfera y el misterioso resplandor suele hacerse visible con tiempo tormentoso en los extremos de los objetos puntiagudos, como las torres de las iglesias o los mástiles de los barcos. San Telmo era el santo patrón de los marineros del Mediterráneo, que consideraban que su fuego era un buen augurio porque el resplandor solía ser más brillante cuando se aproximaba el fin de una tormenta. Los objetos acabados en punta favorecen la formación del «fuego» porque los campos eléctricos se intensifican en las zonas con curvatura muy pronunciada. En las superficies puntiagudas se producen descargas a un voltaje inferior que en las superficies redondeadas. El color del fuego lo producen el nitrógeno y el oxígeno del aire y la fluorescencia asociada. Si la atmósfera fuera de neón, el fuego sería de color anaranjado, como muchas **luces de neón**.

«En las noches tormentosas y oscuras —escribe el científico Philip Callahan— el fuego de San Telmo es seguramente responsable de más historias y cuentos de aparecidos que cualquier otro fenómeno natural». En *Moby Dick*, Herman Melville describe el fuego durante un tifón: «Todos los penoles tenían puntas de un pálido fuego y, tocados en cada uno de los extremos trifurcados de los pararrayos por tres puntiagudas llamas blancas, los tres mástiles ardían silenciosamente en ese aire sulfuroso, como tres gigantescos cirios de cera ante un altar [...] "¡Que san Telmo tenga misericordia de todos nosotros!" [...] En todos mis viajes, raramente he oído un juramento vulgar cuando el ardiente dedo de Dios se posa sobre el barco».

VÉASE TAMBIÉN La aurora boreal (1621), La cometa de Benjamin Franklin (1752), El plasma (1879), La fluorescencia de Stokes (1852), Las luces de neón (1923).

«El fuego de San Telmo sobre el mástil de un buque en el mar», extraído de The Aerial World, del profesor G. Hartwig, Londres, 1886.

1132

El cañón

Niccolò Fontana Tartaglia (1500–1557), **Han Shizhong** (1089–1151)

El cañón, que por lo general dispara proyectiles pesados valiéndose de la pólvora, centró el interés de los intelectos más brillantes de Europa en las cuestiones relativas a las fuerzas y las leyes del movimiento. «En última instancia, fueron los efectos de la pólvora en la ciencia, y no en la guerra, los más determinantes para desencadenar la Era de la Máquina» escribió el historiador J. D. Bernal. «La pólvora y el cañón no solo hicieron saltar por los aires el mundo medieval desde el punto de vista político y económico, sino que fueron las fuerzas fundamentales que destruyeron su sistema de ideas». Jack Kelley subraya que «tanto los artilleros como los filósofos de lo natural ansiaban saber qué le sucedía a la bala de cañón una vez que abandonaba el cilindro del arma de artillería. La búsqueda de una respuesta concluyente costó cuatrocientos años y comportó la creación de ámbitos científicos enteramente nuevos».

El primer uso documentado de la artillería con pólvora en la guerra data del año 1132: la conquista de una ciudad en Fujian, China, por parte del general Han Shizhong. En la Edad Media los cañones se convirtieron en el arma habitual y más efectiva contra soldados y fortificaciones. Posteriormente, los cañones transformaron las batallas navales. Durante la Guerra de Secesión estadounidense los obuses tenían un alcance efectivo de más de 1,8 kilómetros, y en la Primera Guerra Mundial fueron los responsables de la mayor parte de las muertes en acto de guerra.

En el siglo XVI se comprendió que en realidad la pólvora despedía gran cantidad de gases calientes que ejercían presión sobre la bala de cañón impulsándola. El ingeniero italiano Niccolò Tartaglia contribuyó determinando que una elevación de 45 grados daba al cañón su mayor alcance de tiro (que hoy sabemos que no es más que una aproximación, dada la resistencia que ofrece el aire). Los estudios teóricos de Galileo demostraron que la gravedad imprimía a la caída de todo cuerpo una aceleración constante, lo que implicaba un modelo de trayectoria con forma de parábola, que toda bala de cañón describe con independencia de su masa o del ángulo de disparo. Aunque la resistencia del aire y otros factores complican el estudio del disparo de proyectiles. En palabras de Kelly, el cañon «proporcionó un foco para la investigación científica de la realidad que corrigió errores de muchos años y sentó los cimientos de la era de la razón».

VÉASE TAMBIÉN El *átlatl* o lanzadardos (30000 a. C.), La ballesta (341 a. C.), El fundíbulo (1200), La ecuación del cohete de Tsiolkovski (1903), Los hoyuelos de las pelotas de golf (1905).

Cañón medieval sobre la muralla de la ciudadela de Gozo, en Malta.

Las máquinas de movimiento perpetuo

Bhaskara II (1114–1185), **Richard Phillips Feynman** (1918–1988)

Pese a que la fabricación de supuestas máquinas de movimiento perpetuo pueda resultar un tema extraño para un libro dedicado a los hitos de la física, a veces, en importantes avances científicos, pueden involucrarse ciertas ideas situadas en los márgenes de la física; sobre todo cuando los científicos se esfuerzan en determinar por qué un aparato quebranta sus leyes.

La construcción de máquinas de movimiento perpetuo se ha planteado como reto durante siglos, como cuando en 1150 el astrónomo y matemático Bhaskara describió que, a su juicio, una rueda con compartimentos llenos de mercurio giraría eternamente porque el mercurio se movería en su interior y la haría más pesada en uno de los lados del eje. En términos más generales, el movimiento perpetuo suele aludir a cualquier tipo de sistema o dispositivo que o bien 1) produzca siempre más energía de la que consume (lo que incumpliría el principio de **conservación de la energía**) o 2) obtenga calor de su entorno de forma espontánea para producir un trabajo (contradiciendo el **segundo principio de la termodinámica**).

Mi máquina de movimiento perpetuo favorita es el denominado trinquete de Brown, concebido por Richard Feynman como experimento teórico en 1962. Imaginemos un minúsculo mecanismo de carraca unido a una rueda con palas sumergida parcialmente en el agua, como la de los barcos de vapor. Como el mecanismo de carraca funciona solo en una dirección, cuando las moléculas chocan aleatoriamente con la rueda, ésta gira solo en un sentido y, eventualmente, podría utilizarse para realizar un trabajo, como levantar un peso. Por tanto, utilizando una simple carraca, que podría consistir en un gatillo engarzado en los dientes de un engranaje, la pala giraría eternamente. ¡Asombroso!

Sin embargo, el propio Feynman demostró que su móvil perpetuo debía de tener una pala diminuta para poder reaccionar a las colisiones moleculares. Si la temperatura *T* de la carraca y del gatillo era idéntica a la del agua, el minúsculo gatillo dejaría de funcionar intermitentemente y no se produciría ningún movimiento fluido. Si la temperatura *T* era inferior a la del agua, se podría hacer avanzar a la rueda en una única dirección pero, al hacerlo, extraería energía del gradiente de temperatura, lo que no contravendría el segundo principio de la termodinámica.

VÉASE TAMBIÉN El movimiento browniano (1827), La conservación de la energía (1843), El segundo principio de la termodinámica (1850), El demonio de Maxwell (1867), Superconductividad (1911), El pájaro bebedor (1945).

Portada del número de octubre de 1920 de la revista Popular Science, *realizada por el ilustrador estadounidense* Norman Rockwell *(1894-1978), donde se muestra a un inventor trabajando en una máquina de movimiento perpetuo.*

OCTOBER
Reg. U.S. Pat. Off.
25 CENTS
Popular Science
Founded
MON
Perpetual Motion?
See page 26
INVENTION
Norman Rockwell

1200

El fundíbulo

Al temible fundíbulo le bastaba con unas sencillas leyes físicas para sembrar el caos. En la Edad Media, este aparato, semejante a una catapulta, se utilizaba para asediar y lanzar proyectiles por encima de las murallas, aplicando el principio de la palanca y la fuerza centrífuga para mantener tensa una honda. A veces, con el propósito de propagar enfermedades, se lanzaban por encima de las murallas de los castillos cadáveres de soldados muertos o animales en descomposición.

Los fundíbulos o *trabuquetes de tracción*, que requerían de varios hombres que tiraran de una soga de lanzamiento, se empleaban ya en el siglo IV a. C. en Grecia y en China. El fundíbulo *de contrapeso* (al que a partir de ahora llamaremos simplemente *fundíbulo*) sustituyó a los hombres con un pesado contrapeso y no apareció en China, con certeza, hasta aproximadamente 1268. El fundíbulo tiene una parte que parece un balancín. En un extremo se coloca una carga pesada. En el otro hay una soga con una honda que alberga el proyectil. Cuando el contrapeso desciende, la honda asciende describiendo un arco hasta alcanzar la vertical, momento en el que un mecanismo libera el proyectil en dirección al blanco. Este diseño es mucho más poderoso que las catapultas tradicionales sin honda, tanto por la velocidad como por la distancia que alcanza el proyectil. Algunos fundíbulos situaban el contrapeso más cerca del fulcro (o eje) del balancín con el fin de obtener mayor eficacia mecánica. Como la fuerza ejercida por el contrapeso es muy grande y la carga es pequeña, es como dejar caer un elefante en un extremo del balancín y transmitir la energía rápidamente a un ladrillo situado en el otro extremo.

En diferentes momentos de la historia, el fundíbulo lo han utilizado los cruzados y los ejércitos islámicos. En 1421, el futuro rey de Francia, Carlos VII, ordenó a sus ingenieros construir un fundíbulo capaz de lanzar una piedra de 800 kilos. El alcance medio era de unos 300 metros.

Los físicos han estudiado la mecánica del fundíbulo porque, si bien parece simple, el sistema de ecuaciones diferenciales por el que se rige su movimiento es no lineal y nada fácil de resolver.

VÉASE TAMBIÉN El *átlatl* o lanzadardos (30000 a. C.), El bumerán (20000 a. C.), La ballesta (341 a. C.), El cañón (1132).

Fundíbulo del castillo de Castelnaud, una fortaleza medieval situada en Castelnaud-la-Chapelle, que se asoma al río Dordogne en el Perigord, en el sur de Francia.

1304

Qué es el arco iris

Abu Ali al-Hasan ibn al-Haytham (965–1039), **Kamal al-Din al-Farisi** (1267–c. 1320), **Teodorico de Freiberg** (c. 1250–c. 1310)

«¿Quién no ha admirado la majestuosa belleza del arco iris enmarcando calladamente la estela de una tormenta? —escribieron Raymond Lee hijo y Alistair Fraser—. La imagen, vívida y conmovedora, nos trae recuerdos de la infancia, del folklore más venerable y, quizá, algunas enseñanzas científicas que recordamos a medias [...] Algunas sociedades consideran que el arco iris es una amenazadora serpiente atravesando el cielo, mientras que otras imaginan que es un puente tangible entre los dioses y la humanidad». El arco iris abarca territorios donde se difuminan las fronteras entre las artes y las ciencias.

Hoy sabemos que los llamativos colores del arco iris son producidos por la luz del sol que, primero, se refracta (cambia de dirección) cuando atraviesa la superficie de las gotas de agua, para luego reflejarse en la parte trasera de las gotas en dirección al observador antes de volver a refractarse por segunda vez cuando sale de la gota de agua. La descomposición de la luz blanca en diferentes colores se produce porque las distintas longitudes de onda, correspondientes a los diferentes colores, se refractan con ángulos distintos.

La primera explicación acertada del fenómeno del arco iris, que supone dos refracciones y una reflexión de la luz, la ofrecieron de forma independiente más o menos en la misma época, Kamal al-Din al-Farisi y Teodorico de Freiberg. Al-Farisi fue un científico musulmán de Persia que nació en Irán y realizó experimentos sirviéndose de una esfera translúcida llena de agua. Teodorico de Freiberg, un teólogo y físico alemán, concibió un experimento similar.

Es fascinante cómo se producen hallazgos simultáneos en grandes cuestiones de la ciencia y de las matemáticas. Por ejemplo, distintas personas desarrollaron al mismo tiempo varias leyes de los gases, la cinta de Möebius, el cálculo infinitesimal, la teoría de la evolución o la geometría hiperbólica. Lo más probable es que estos de descubrimientos simultáneos se produjeran porque «había llegado la hora» de realizarlos dado el conocimiento acumulado por la humanidad en el momento en que se realizaron. A veces, dos científicos que trabajan de forma independiente se sienten inspirados por la lectura de las mismas investigaciones preliminares. En el caso del arco iris, tanto Teodorico como al-Farisi se basaron en el *Libro de Óptica* del sabio islámico Alhazen (Ibn al-Haytham).

VÉASE TAMBIÉN La ley de la refracción de Snell (1621), El prisma de Newton (1672), La dispersión de Rayleigh (1781), El rayo verde (1882).

IZQUIERDA: *En la Biblia, Dios muestra a Noé el arco iris en señal de la alianza de Dios (cuadro de Joseph Anton Koch [1768-1839]).* DERECHA: *Los colores del arco iris nacen de la refracción y la reflexión de la luz del Sol en las gotas de agua.*

El reloj de arena

Ambrogio Lorenzetti (1290–1348)

El escritor francés Jules Renard (1864-1910) escribió en una ocasión que «el amor es como un reloj de arena, en el que el corazón se va llenando conforme se vacía el cerebro». Los relojes de arena miden el tiempo sirviéndose de una arena fina que va pasando desde un depósito superior a otro inferior a través de un cuello muy estrecho. El intervalo de tiempo que pueden medir depende de diversos factores, como la cantidad de arena, la forma de los depósitos, el orificio de paso del cuello y el tipo de arena empleada. Aunque seguramente ya se utilizaban en el siglo III a. C., la primera evidencia documentada de su existencia no aparece hasta el año 1338, en el fresco *Alegoría del buen gobierno*, del pintor italiano Ambrogio Lorenzetti. Como curiosidad, los barcos de Fernando de Magallanes llevaban 18 relojes de arena cada uno en su viaje de circunnavegación del globo terrestre. Uno de los mayores relojes de arena —de 11,9 metros de altura— se construyó en Moscú el año 2008. A lo largo de la historia, los relojes de arena se han utilizado en lugares como las fábricas o las iglesias, donde se empleaban para medir la duración de los sermones.

En 1996, unos investigadores británicos de la Universidad de Leicester demostraron que el flujo de arena depende exclusivamente de lo que sucede en una zona de muy pocos centímetros situada por encima del cuello del reloj, y no de la masa de arena situada por encima de él. También descubrieron que las pequeñas cuentas de vidrio denominadas *ballotini* proporcionaban resultados más fáciles de reproducir e interpretar. «Con un volumen fijo de *ballotini* —escribieron— el periodo de tiempo se controla mediante su tamaño, el tamaño del orificio y la forma del depósito superior. Suponiendo que la medida de la abertura es, al menos, cinco veces superior al diámetro de las partículas, el periodo de tiempo P viene determinado por la fórmula $P = KV(D-d)^{-2,5}$, en la que P representa el tiempo en segundos, V es el volumen de la masa de *ballotini* en mililitros, d es el diámetro máximo de cada cuenta en milímetros [...] y D es el diámetro de un orificio circular en milímetros. Los diferentes valores de la constante de proporcionalidad K dependen de la forma del depósito.» Así, los investigadores obtuvieron diferentes valores de K para distintas formas cónicas del depósito y del reloj de arena. Cualquier perturbación sufrida por el reloj de arena alarga el periodo de tiempo medido, pero los cambios de temperatura no ocasionan efectos apreciables.

VÉASE TAMBIÉN El reloj de sol (3000 a. C.), El reloj de péndulo de torsión (1841), Viajes en el tiempo (1949), Los relojes atómicos (1955).

Seguramente, en el siglo III ya se utilizaban relojes de arena. Cada uno de los barcos de la expedición de Fernando de Magallanes alrededor del Mundo navegaba con 18 de ellos.

El universo heliocéntrico

Nicolás Copérnico (1473–1543)

«De todos los descubrimientos y teorías» escribió en 1908 el erudito alemán Johann Wolfgang von Goethe «tal vez ningún otro haya tenido mayores consecuencias sobre el espíritu humano que la doctrina de Copérnico. Apenas acababa de conocerse que la Tierra era redonda y completa cuando se le pidió que renunciara al inmenso privilegio de ser el centro del universo. Nunca, quizá, se formuló una exigencia mayor a la humanidad, pues al reconocer el hecho hubo muchas cosas que se desvanecieron en la bruma y el humo. ¿Qué iba a ser de nuestro Edén, de nuestro mundo de inocencia, piedad y poesía, del testimonio de los sentidos o de la convicción de una poética fe religiosa?»

Nicolás Copérnico fue el primero que expuso una teoría heliocéntrica completa según la cual la Tierra no era el centro del universo. Su libro, *De revolutionibus orbium coelestium (Sobre las revoluciones de los orbes celestes)* se publicó en 1543, año de su muerte, y presentaba la teoría de que la Tierra giraba alrededor del Sol. Copérnico fue un matemático, físico y erudito de los clásicos nacido en Polonia; solo se dedicaba a la astronomía en su tiempo libre, pero fue en este campo donde transformó el mundo. Su teoría descansaba sobre una serie de supuestos: que el centro de la Tierra no es el centro del universo, que la distancia de la Tierra al Sol es minúscula comparada con la distancia a las estrellas, que la rotación de la Tierra explica el movimiento diario aparente de las estrellas y que el movimiento de traslación de la Tierra es la causa del movimiento retrógrado aparente de los planetas (según el cual, en determinados momentos parecen detenerse e invertir su trayectoria cuando se observan desde la Tierra). Aunque las órbitas y epiciclos circulares que Copérnico proponía para los planetas no eran correctos, su obra llevó a otros astrónomos, como Johannes Kepler, a investigar las órbitas planetarias y, posteriormente, a descubrir su naturaleza elíptica.

Curiosamente, la Iglesia Católica no proclamó que la teoría heliocéntrica de Copérnico era falsa y «absolutamente contraria a las Sagradas Escrituras» hasta muchos años después, en 1616.

VÉASE TAMBIÉN *Mysterium Cosmographicum* (1596), El telescopio (1608), Las leyes de Kepler (1609), Las dimensiones del Sistema Solar (1672), El telescopio Hubble (1990).

Los antiguos planetarios eran artefactos que mostraban la posición y el movimiento de los planetas y sus lunas en una maqueta del Sistema Solar. En la imagen, planetario construido en 1766 por Benjamin Martin (1714-1779) para enseñar astronomía en la Universidad de Harvard. Se exhibe en la Putnam Gallery del Harvard Science Center.

1596

Mysterium Cosmographicum

Johannes Kepler (1571–1630)

Durante toda su vida, el astrónomo alemán Johannes Kepler atribuyó sus ideas y motivaciones científicas al afán de tratar de comprender la mente de Dios. En su obra *Mysterium cosmographicum* (*El secreto del universo*) escribió, por ejemplo: «Creo que la Providencia Divina intervino de tal modo que por casualidad descubrí lo que jamás pude obtener por mi propio esfuerzo. Lo creo aún más porque no he dejado de rogar a Dios para conseguirlo».

La concepción inicial de Kepler del universo se apoyaba en el estudio de los objetos tridimensionales conocidos como sólidos platónicos o poliedros regulares. Siglos antes de Kepler, el matemático griego Euclides (325 a. C.- 265 a. C.) demostró que solo hay cinco poliedros regulares: el cubo, el dodecaedro, el icosaedro, el octaedro y el tetraedro. Aunque la teoría de Kepler en el siglo XVI nos resulte extraña hoy día, trató de demostrar que la distancia de los planetas al Sol se podía determinar mediante el estudio de un modelo de esferas anidadas en el interior de estos poliedros regulares, encajadas unas figuras dentro de otras como capas de una cebolla. La pequeña órbita de Mercurio, por ejemplo, está representada por la esfera interior de sus maquetas. Los otros planetas conocidos en su época eran Venus, la Tierra, Marte, Júpiter y Saturno.

Concretamente, una esfera exterior envuelve a un cubo. En el interior del cubo hay otra esfera, a la que sigue un tetraedro, otra esfera, un dodecaedro, otra esfera, un icosaedro, otra esfera y, por último, un pequeño octaedro en el interior. Se suponía que un planeta estaba confinado en una esfera que definía su órbita. Realizando una serie de ajustes muy sutiles, el modelo de Kepler funcionaba bastante bien como aproximación a lo que en aquella época se sabía de las órbitas planetarias. Owen Gingerich ha escrito que «aunque la idea principal de *Mysterium cosmographicum* era errónea, Kepler se erigió en el primer científico [...] que exigió explicaciones físicas a los fenómenos celestes. Pocas veces en la historia un libro errado ha tenido un carácter tan seminal en la orientación del curso futuro de la ciencia».

VÉASE TAMBIÉN El universo heliocéntrico (1534), Las leyes de Kepler (1609), Las dimensiones del Sistema Solar (1672), La ley de Bode (1766).

La visión inicial que Kepler tenía del universo se basaba en su análisis de los cuerpos tridimensionales denominados sólidos platónicos. El dibujo procede de su obra Mysterium Cosmographicum, *de 1596.*

TABVLA III. ORBIVM PLANETARVM DIMENSIONES, ET DISTANTIAS PER QVINQVE REGVLARIA CORPORA GEOMETRICA EXHIBENS.
ILLVSTRISS°. PRINCIPI, AC DÑO. DÑO. FRIDERICO, DVCI WIRTENBERGICO, ET TECCIO, COMITI MONTIS BELGARVM, ETC. CONSECRATA.
Excudebat Tubingæ Georgius Gruppenbachius Aº M. D XCVII.

1600

De Magnete

William Gilbert (1544–1603)

De Magnete, el libro de William Gilbert publicado en 1600, está considerado como la primera gran obra de ciencias físicas elaborada en Inglaterra. Una parte importante de la ciencia europea tiene sus raíces en las teorías iniciales de Gilbert y su afición por los experimentos. Gilbert, médico personal de la reina Isabel I, es uno de los padres fundamentales de las ciencias de la electricidad y el magnetismo.

«En el siglo XVI —en palabras del escritor e ingeniero Joseph F. Keithley— abundaba la convicción profunda de que el conocimiento era dominio de Dios y, por consiguiente, los seres humanos no debían husmear en él. Se creía que los experimentos eran peligrosos para la vida moral e intelectual [...] Sin embargo, Gilbert rompió con las formas de pensamiento tradicionales y perdía la paciencia» con aquellos que rechazaban hacer experimentos para investigar el funcionamiento del mundo físico.

En sus investigaciones sobre el magnetismo terrestre, Gilbert construyó un imán esférico de unos 30 centímetros de diámetro al que llamó *terrella* (pequeña Tierra). Desplazando por la superficie de la *terrella* una pequeña aguja magnética unida a un eje demostró que en la esfera había un polo norte y un polo sur, y que la aguja se inclinaba cuando se acercaba a cualquiera de los dos polos, a imitación de la inclinación de la aguja de una brújula en las proximidades de los polos terrestres. Postulaba que la Tierra era como un imán gigantesco. Las embarcaciones británicas dependían de las brújulas magnéticas para navegar, pero su funcionamiento era un misterio. Algunos pensaban que la causa real de la atracción ejercida sobre la aguja de la brújula era la Estrella Polar. Otros creían que en el Polo Norte había una gran montaña o isla magnética que arrancaría los clavos de hierro de las embarcaciones que se acercaran. Los científicos Jacqueline Reynolds y Charles Tanford escribieron que «la demostración de Gilbert de que era la Tierra, y no los cielos, la que ejercía la fuerza trascendió el ámbito del magnetismo e influyó en la concepción general del mundo físico».

Gilbert sostenía acertadamente que el centro de la Tierra era de hierro. Creía erróneamente, en cambio, que los cristales de cuarzo eran una forma sólida del agua, algo parecido a hielo comprimido. Gilbert murió en 1603, muy probablemente a causa de la peste bubónica.

VÉASE TAMBIÉN La brújula olmeca (1.000 a. C.), El generador electrostático de Von Guericke (1660), La ley del electromagnetismo de Ampère (1825), Gauss y el monopolo magnético (1835), El galvanómetro (1882), La ley de Curie (1895), El experimento de Stern y Gerlach (1922).

William Gilbert sugirió que la Tierra generaba sus propios campos magnéticos. Hoy sabemos que en torno a la Tierra se forma una magnetosfera, representada aquí en forma de burbuja violeta, cuando las partículas cargadas del Sol interactúan con el campo magnético terrestre, que las desvía.

El telescopio

Hans Lippershey (1570–1619), **Galileo Galilei** (1564–1642)

El físico Brian Greene escribió que «la invención del telescopio, junto al trabajo y las subsiguientes mejoras realizadas por Galileo, supusieron el nacimiento del moderno método científico y establecieron el escenario sobre el que realizar una espectacular revisión del lugar que nos correspondía en el cosmos. Este aparato tecnológico reveló de forma concluyente que en el universo hay muchas más cosas que las que pueden percibir nuestros sentidos desprovistos de ayudas». El experto en computación Chris Langton va más lejos y señala que «nada rivaliza con el telescopio. Ningún otro aparato ha desencadenado un cambio tan profundo en nuestra visión del mundo. Nos ha obligado a aceptar que la Tierra (y nosotros) no somos más que una pequeña parte del inmenso cosmos».

En 1608, es posible que fuera el fabricante de lentes germano-holandés Hans Lippershey el primero en construir un telescopio. Un año después, el astrónomo italiano Galileo Galilei construyó otro de unos tres aumentos. Más adelante fabricó otros de hasta 30 aumentos. Aunque los primeros telescopios se concibieron para observar objetos lejanos sirviéndose de luz visible, actualmente hay un amplio abanico de aparatos capaces de aprovechar otras regiones del espectro electromagnético. Los *telescopios de refracción* utilizan lentes para formar la imagen, mientras que los *telescopios de reflexión* emplean un conjunto de espejos dispuestos para tal fin. Los *telescopios catadióptricos* combinan espejos y lentes.

Curiosamente, muchos hallazgos astronómicos relevantes realizados con telescopio han sido en buena medida inesperados. El astrofísico Kenneth Lang publicó lo siguiente en *Science*: «Galileo Galilei dirigió su recién construido catalejo a los cielos y dio comienzo para los astrónomos la era del telescopio para explorar un universo que es invisible al ojo carente de ayuda. La búsqueda de lo que no se ve ha dado lugar a muchos importantes descubrimientos imprevistos, como las cuatro grandes lunas de Júpiter, el planeta Urano, Ceres —el primer asteroide—, las inmensas velocidades de recesión de las nebulosas espirales, las emisiones de radio de la Vía Láctea, las fuentes de rayos X cósmicos, **las erupciones de rayos gamma**, los púlsares de radio, el púlsar binario con su huella de radiación gravitatoria o la **radiación de fondo de microondas**. El universo observable constituye una mínima parte de otro mucho más vasto e ignoto aún pendiente de descubrir, a menudo del modo más inesperado».

VÉASE TAMBIÉN El universo heliocéntrico (1534), El descubrimiento de los anillos de Saturno (1610), *Micrografía* (1665), La paralaje estelar (1838), El telescopio Hubble (1990).

IZQUIERDA: *Una de las antenas del observatorio VLA (Very Large Array), empleada para estudiar las señales de radio procedentes de galaxias, cuásares, púlsares y otros objetos.* DERECHA: *Personal del observatorio subido al telescopio refractor Thaw de 30 pulgadas de la Universidad de Pittsburg, justo antes de que concluyera su construcción en 1913. El hombre encaramado en lo alto actúa de contrapeso para mantener en equilibrio el descomunal telescopio*

Las leyes de Kepler

Johannes Kepler (1571–1630)

«Aunque hoy día Kepler es recordado especialmente por sus tres leyes de los movimientos planetarios» escribió el astrónomo Owen Gingerich, «esas leyes no fueron más que tres elementos de una indagación mucho más amplia en pos de la armonía cósmica [...] Dejó [a la astronomía] con un sistema heliocéntrico unificado y físicamente razonado cien veces más preciso».

Johannes Kepler fue un astrónomo, teólogo y cosmólogo alemán; célebre por unas leyes con las que describió las órbitas elípticas que trazan la Tierra y los demás planetas en torno al Sol. Para formularlas tuvo que deshacerse primero de la idea dominante de que el círculo era la curva «perfecta» con la que describir el cosmos y las órbitas planetarias. Cuando Kepler presentó sus leyes no tenía justificación teórica para ellas; simplemente ofrecían un medio elegante con el que describir las trayectorias orbitales obtenidas a partir de datos experimentales. Unos setenta años después, Newton demostró que las leyes de Kepler eran consecuencia de su *Ley de la Gravitación Universal.*

La primera ley de Kepler (la Ley de las Órbitas, de 1609) indicaba que todos los planetas de nuestro sistema solar describen órbitas elípticas en uno de cuyos focos se encuentra el Sol. Su segunda ley (la Ley de las Áreas, de 1618) mostraba que cuando un planeta está lejos del Sol se mueve más despacio que cuando está cerca, de tal modo que una línea imaginaria que uniera el planeta con el Sol barrería áreas idénticas en intervalos de tiempo iguales. Con las dos primeras leyes podían calcularse las órbitas y las posiciones planetarias con una facilidad y una precisión que corroboraban las observaciones.

La tercera ley de Kepler (la Ley de los Periodos, de 1618) establecía que dado cualquier planeta, el cuadrado del periodo de su revolución en torno al Sol es proporcional al cubo de la longitud del semieje mayor de su órbita elíptica. Así pues, los planetas más alejados del Sol tienen años muy largos. Las Leyes de Kepler se encuentran entre las primeras leyes científicas formuladas por el ser humano y, al unificar astronomía y física, fueron un estímulo para que científicos posteriores intentaran expresar el comportamiento de la realidad mediante fórmulas sencillas.

VÉASE TAMBIÉN El universo heliocéntrico (1534), *Mysterium Cosmographicum* (1596), Las leyes del movimiento y la gravitación universal de Newton (1687), El telescopio (1608).

Representación artística del Sistema Solar. Johannes Kepler fue el astrónomo, teólogo y cosmólogo alemán célebre por formular las leyes que explicaban las órbitas elípticas de la Tierra y los demás planetas alrededor del Sol.

El descubrimiento de los anillos de Saturno

Galileo Galilei (1564–1642), **Giovanni Domenico Cassini** (1625–1712), **Christiaan Huygens** (1629–1695)

«Los anillos de Saturno parecen casi inmutables» escribe la periodista científica Rachel Courtland. «Estas joyas planetarias, talladas con pequeñas lunas y moldeadas por la gravedad, pueden perfectamente haber tenido el mismo aspecto ahora que hace miles de millones de años... pero solo desde muy lejos.» En la década de 1980 se produjo un suceso misterioso que, de repente, deformó los anillos interiores del planeta convirtiéndolos en una retorcida espiral, «como los surcos de un disco de vinilo». Los científicos formularon la hipótesis de que la sinuosidad de la espiral podría haber sido causada por un objeto muy grande, como un asteroide, o por una alteración climatológica espectacular.

En 1610 Galileo Galilei se convirtió en la primera persona que observó los anillos de Saturno; sin embargo, los describió como «orejas». No fue hasta 1655 cuando Christiaan Huygens pudo, utilizando un telescopio de calidad muy superior, ser la primera persona que describió su forma como la de un auténtico anillo en torno a Saturno. Por último, en 1675, Giovanni Cassini estableció que el «anillo» de Saturno estaba compuesto en realidad por varios subanillos que guardaban cierta distancia entre sí. Dos de estos huecos entre anillos han sido cincelados por las órbitas de pequeñas lunas, pero para los demás sigue sin haber una explicación. Las *resonancias orbitales*, fruto de influencias gravitatorias periódicas de las lunas de Saturno, también afectan a la estabilidad de los anillos. Cada subanillo orbita a diferente velocidad en torno al planeta.

Hoy sabemos que los anillos están compuestos por pequeñas partículas, casi en su totalidad de hielo, roca y polvo. El astrónomo Carl Sagan señaló que eran «una inmensa multitud de diminutos mundos de hielo, cada uno con su propia órbita, y todos vinculados a Saturno por la fuerza gravitatoria del gigantesco planeta». El tamaño de las partículas va desde el de un grano de arena hasta toda una casa. La estructura del anillo también tiene una fina capa de atmósfera compuesta de oxígeno. Tal vez se formaran con los desechos de la desintegración de alguna luna, cometa o asteroide anteriores.

En el año 2009, los científicos de la NASA descubrieron alrededor de Saturno un anillo casi invisible que es tan grande que serían necesarios mil millones de planetas como la Tierra para ocuparlo (o unos 300 planetas como Saturno alineados).

VÉASE TAMBIÉN El telescopio (1608), Las dimensiones del Sistema Solar (1672), El descubrimiento de Neptuno (1846).

Imagen de Saturno y sus anillos elaborada a partir de 165 fotografías tomadas por la cámara de gran angular de la sonda espacial Cassini. Los colores de la imagen se obtuvieron empleando, entre otras, fotografías ultravioletas e infrarrojas.

El «copo de nieve de seis puntas» de Kepler

Johannes Kepler (1571–1630)

El filósofo Henry David Thoreau dejó por escrito el asombro que sentía por los copos de nieve: «¡Cuán repleto de genio creador está el aire en el que se producen! Solo podría admirarlos más si las auténticas estrellas cayeran del cielo y se alojaran en mi abrigo». Los cristales de nieve con simetría hexagonal han intrigado a artistas y científicos de todos los tiempos. En 1611, Johannes Kepler publicó la monografía «Sobre el copo de nieve de seis puntas», que es uno de los primeros estudios sobre la formación de copos que aspiraba a alcanzar un conocimiento científico y no religioso. De hecho, Kepler pensó que tal vez fuera más fácil comprender la hermosa simetría de los cristales de nieve si se consideraban como entidades vivas dotadas de alma, para cada una de las cuales Dios tendría un propósito. Sin embargo, le pareció más probable que algún tipo de agrupación hexagonal de partículas más pequeñas de lo que era capaz de observar podía ofrecer una explicación a la maravillosa geometría de los copos de nieve.

Los copos de nieve (o, dicho con mayor rigor, los *cristales de nieve*, puesto que los verdaderos copos de nieve están formados por muchos cristales) suelen originarse a partir de partículas de polvo diminutas sobre las que se condensan moléculas de agua cuando la temperatura es suficientemente baja. A medida que el cristal en formación cae atravesando capas atmosféricas de diferente humedad y temperatura, el vapor de agua va condensándose hasta formar hielo y, poco a poco, el cristal va adquiriendo su forma. La simetría de seis puntas que se suele observar nace de la estructura de cristal hexagonal que por eficacia energética adopta el hielo ordinario. Los seis brazos se parecen tanto porque todos se forman en condiciones similares. El cristal también puede adoptar otras formas, como la de columna hexagonal.

En la actualidad los físicos estudian los cristales y su formación, en parte, porque los cristales son importantes en aplicaciones que abarcan desde la electrónica hasta la ciencia del autoensamblaje molecular, la dinámica molecular y la formación espontánea de patrones.

Dado que un cristal de nieve ordinario contiene unas 1018 moléculas de agua, la probabilidad de que dos cristales de tamaño ordinario sean idénticos es prácticamente nula. Desde el punto de vista macroscópico, es poco probable que haya habido dos copos de nieve grandes y complejos absolutamente iguales desde que cayó sobre la Tierra el primer copo de nieve.

VÉASE TAMBIÉN *Micrografía* (1665), Por qué resbala el hielo (1850), Los cuasicristales (1982).

IZQUIERDA: *Escarcha en los dos extremos de un copo de nieve tipo «columna rematada».* DERECHA: *Copo de nieve dendrítico hexagonal, aumentado mediante criomicroscopía electrónica. El copo central se ha coloreado para resaltarlo.* (Agricultural Research Center)

1620

La triboluminiscencia

Francis Bacon (1561–1626)

Imaginemos que viajamos con los antiguos chamanes norteamericanos de la tribu Ute, en el Medio Oeste de Estados Unidos, a la caza de cristales de cuarzo. Una vez recogidos e introducidos en unas sonajas ceremoniales traslúcidas hechas de piel de bisonte, esperamos a que comiencen los ritos nocturnos de invocación a los espíritus de los muertos. Cuando oscurece, agitamos las sonajas, que emiten destellos de luz al chocar los cristales entre sí. Al participar en esta ceremonia estamos experimentando una de las aplicaciones más antiguas de la triboluminiscencia, un proceso físico en el cual se produce luz al moler, frotar o rasgar ciertos materiales, provocando que las cargas eléctricas se separen y se vuelvan a unir. La descarga eléctrica resultante ioniza el aire circundante y produce destellos luminosos.

En 1620, el erudito inglés Francis Bacon publicó la primera documentación conocida del fenómeno, en la que mencionaba que el azúcar centellea cuando «se tritura o rompe» en la oscuridad. Hoy es fácil realizar experimentos de triboluminiscencia en nuestra propia casa moliendo en una habitación oscura cristales de azúcar o caramelos Wint-O-Green. La esencia de gaulteria (metil salicilato) que contiene el caramelo absorbe la luz ultravioleta producida al triturar el azúcar y la emite en forma de luz azulada.

El espectro luminoso producido por la triboluminiscencia del azúcar es el mismo que el de los relámpagos. En ambos casos, la energía eléctrica reacciona con las moléculas de nitrógeno del aire. La mayor parte de la luz emitida por el nitrógeno en el aire es del espectro ultravioleta que el ojo humano no puede ver, y solo una pequeña parte se emite en el espectro visible. Al friccionar los cristales de azúcar se acumulan las cargas positivas y negativas, lo que provoca finalmente que se desprendan electrones con la rotura de los cristales y que exciten a los electrones de las moléculas de nitrógeno.

Si despegamos cinta adhesiva en la oscuridad también podemos ver luz emitida por triboluminiscencia. Curiosamente, el proceso de despegar una de esas cintas en el vacío puede producir **rayos X** con la suficiente intensidad para hacer una radiografía del dedo.

VÉASE TAMBIÉN El efecto piezoeléctrico (1880), La fluorescencia de Stokes (1852), Los rayos X (1895), La sonoluminiscencia (1934).

El fenómeno de la triboluminiscencia fue descubierto en 1605 por sir Francis Bacon al triturar azúcar con un cuchillo. En la imagen se muestra la fotografía de la triboluminiscencia de unos cristales de ácido N-acetilantranílico aplastados entre dos vidrios transparentes.

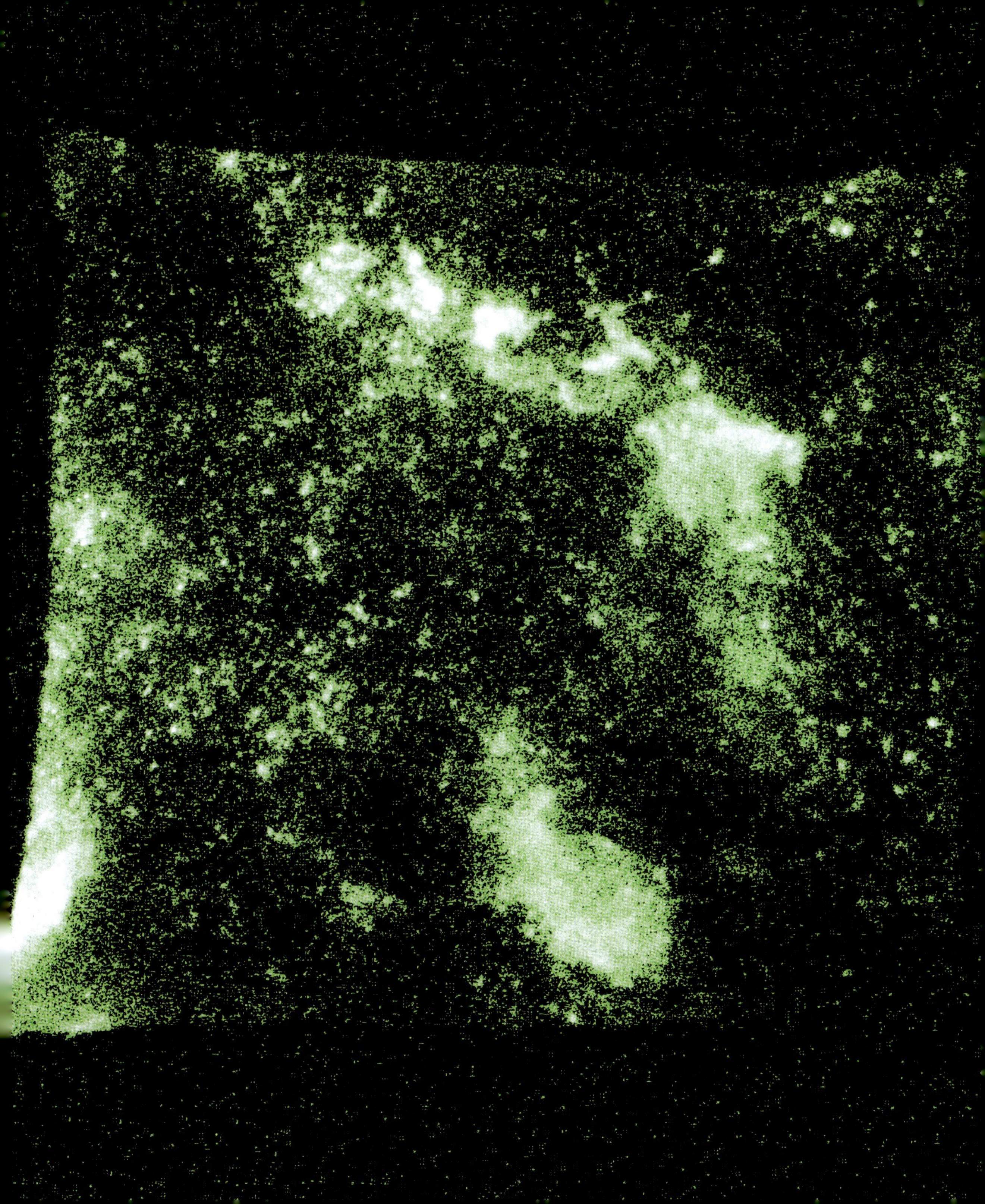

1621

La ley de la refracción de Snell

Willebrord Snellius (1580–1626)

«¿Dónde estás, rayo de luz?», escribió el poeta James Macpherson, sin reparar acaso en la física de la refracción. La ley de Snell explica la desviación o refracción de la luz y otras ondas cuando, por ejemplo, recorriendo el aire atraviesan otro material, como el cristal. Al refractarse, las ondas experimentan un cambio de dirección en su propagación causado por una variación de su velocidad. Se puede apreciar el efecto de la ley de Snell metiendo un lapicero en un vaso de agua y observando la ruptura aparente del lápiz. En términos matemáticos la ley se expresa $n_1 \text{sen}(\theta_1) = n_2 \text{sen}(\theta_2)$; donde n_1 y n_2 son los índices de refracción de los medios 1 y 2. El ángulo formado por la luz incidente y una línea perpendicular a la superficie de contacto entre ambos medios se llama ángulo de incidencia (θ_1). El rayo de luz pasa del medio 1 al medio 2 alejándose con otro ángulo (θ_2) con respecto a una línea perpendicular a la referida superficie. Este segundo ángulo se denomina ángulo de refracción.

Una lente convexa aprovecha la refracción para que los rayos de luz paralelos converjan. Sin la refracción de la luz producida por las lentes de nuestros ojos no podríamos ver correctamente. Las ondas sísmicas (por ejemplo, las ondas de energía ocasionadas por la súbita fractura de rocas subterráneas) cambian de velocidad bajo tierra y se desvían de acuerdo con la ley de Snell cuando atraviesan zonas limítrofes entre materiales distintos.

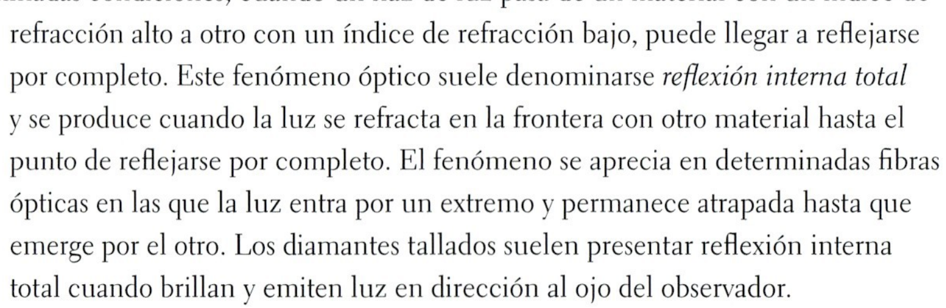

Bajo determinadas condiciones, cuando un haz de luz pasa de un material con un índice de refracción alto a otro con un índice de refracción bajo, puede llegar a reflejarse por completo. Este fenómeno óptico suele denominarse *reflexión interna total* y se produce cuando la luz se refracta en la frontera con otro material hasta el punto de reflejarse por completo. El fenómeno se aprecia en determinadas fibras ópticas en las que la luz entra por un extremo y permanece atrapada hasta que emerge por el otro. Los diamantes tallados suelen presentar reflexión interna total cuando brillan y emiten luz en dirección al ojo del observador.

La ley de Snell fue descubierta de forma independiente por varios investigadores en diferentes siglos, pero recibe su nombre del astrónomo y matemático holandés Willebrord Snellius.

VÉASE TAMBIÉN Qué es el arco iris (1304), El prisma de Newton (1672), La óptica de Brewster (1815), La fibra óptica (1841), El rayo verde (1882), La radiación de Cherenkov (1934).

IZQUIERDA: *Los diamantes presentan reflexión interna total.* DERECHA: *Cuando un pez arquero dispara un chorro de agua a sus presas, debe compensar el efecto de la refracción de la luz al apuntar. Todavía no se dispone de una explicación de cómo realiza el pez esa corrección.* (Photo courtesy of Shelby Temple.)

1621

La aurora boreal

Pierre Gassendi (1592–1655), **Alfred Angot** (1848–1924), **Olof Petrus Hiorter** (1696–1750), **Anders Celsius** (1701–1744)

«La aurora boreal se había convertido en motivo de pánico» escribió el meteorólogo Alfred Agno refiriéndose a la reacción de la gente en el siglo XVI ante la aparición de cortinillas de luz en el cielo. «En ellas se veían con claridad lanzas ensangrentadas, cabezas separadas del tronco y ejércitos en combate. Al ver todo aquello, unos se desmayaban, [...] otros enloquecían». George Bryson señala que «los antiguos escandinavos veían en las luces septentrionales las almas recién liberadas de mujeres fuertes y hermosas contoneándose en el aire [...] Un verde eléctrico salpicado de un azul de neón, un rosa espeluznante tornándose rojo oscuro, un violeta reluciente desvaneciéndose...»

Partículas cargadas de energía que manan del viento solar entran en la atmósfera de la Tierra y son canalizadas hacia los polos norte y sur magnéticos. Estas partículas, al girar en espiral siguiendo las líneas del campo magnético, colisionan con los átomos de oxígeno y nitrógeno de la atmósfera excitándolos. Cuando los electrones de los átomos recuperan su estado normal de menor energía, emiten una luz (por ejemplo, roja y verde en el caso de los átomos de oxígeno) que cerca de las regiones polares de la Tierra se percibe en forma de fenómenos luminosos sorprendentes y que tienen lugar en la ionosfera (la capa más alta de la atmósfera, cargada de radiación solar). El nitrógeno puede conferir un tinte azulado cuando un átomo de nitrógeno recupera un electrón después de haber sido ionizado. Si está cerca del Polo Norte, la luz producida se llama *aurora boreal*. El equivalente en el sur se llama *aurora austral*.

Aunque hay pinturas rupestres del hombre de Cromagnon (c. 30000 a. C.) que parecen representar antiguas auroras, no fue hasta 1621 cuando Pierre Gassendi, filósofo, sacerdote, astrónomo y matemático francés, acuñó el término *aurora borealis* con los vocablos *Aurora* (la diosa romana del amanecer) y *Bóreas* (el nombre griego de «viento del norte»).

En 1741, los astrónomos suecos Olof Petrus Hiorter y Anders Celsius sugirieron que las auroras estaban gobernadas por procesos magnéticos cuando apreciaron fluctuaciones en las agujas de las brújulas en el momento en que la aurora era visible en el cielo. Hoy sabemos que otros planetas, como Júpiter y Saturno, tienen campos magnéticos más poderosos que los de la Tierra y también tienen auroras.

VÉASE TAMBIÉN El fuego de San Telmo (78), La dispersión de Rayleigh (1871), El plasma (1879), El rayo verde (1882), El programa de investigación de aurora activa de alta frecuencia (HAARP) (2007).

La aurora boreal sobre el lago Bear, en la Base Aérea de Eielson, Alaska.

La aceleración de la caída de los cuerpos

Galileo Galilei (1564–1642)

«Para valorar en toda su relevancia los descubrimientos de Galileo» escribe I. Bernard Cohen «debemos comprender la importancia del pensamiento abstracto y en qué medida Galileo lo utilizó como una herramienta que, en su versión más desarrollada, fue un instrumento mucho más revolucionario para la ciencia que el propio telescopio.» Según la leyenda, Galileo arrojó dos bolas de distinto peso desde lo alto de la Torre de Pisa para demostrar que ambas llegaban al suelo al mismo tiempo. Aunque es muy probable que no realizara concretamente este experimento, sí realizó muchos otros que tuvieron consecuencias trascendentales sobre la interpretación que en su época se hacía de las leyes del movimiento. Aristóteles enseñaba que los objetos pesados caían más deprisa que los ligeros. Galileo demostró que la diferencia de velocidad solo se debía a la distinta resistencia del aire ante los objetos y respaldó sus afirmaciones llevando a cabo numerosos experimentos en los que dejaba rodar bolas por un plano inclinado. Generalizando a partir de sus observaciones, demostró que si el aire no opusiera resistencia a la caída de los objetos, todos se acelerarían del mismo modo. Más concretamente, probó que la distancia recorrida por un cuerpo que experimenta una aceleración constante partiendo del reposo es proporcional al cuadrado del tiempo durante el que está cayendo.

Galileo también expuso la Ley de Inercia, según la cual el movimiento de un objeto conserva su velocidad y dirección a menos que sufra los efectos de otra fuerza. Aristóteles creía erróneamente que un cuerpo solo podía mantenerse en movimiento mientras se le aplicara una fuerza. Newton incorporó más adelante el principio de Galileo a sus **Leyes del movimiento**. Si no vemos evidente que un objeto en movimiento no se detiene de forma «natural» sin que se le aplique otra fuerza, podemos imaginar un experimento en el cual una moneda se desliza sobre una mesa horizontal tan bien pulida y engrasada que no ofrece ningún tipo de rozamiento. En ese caso, la moneda se deslizaría eternamente sobre esa superficie imaginaria.

VÉASE TAMBIÉN La conservación del momento lineal(1644), La curva isócrona (1673), Las leyes del movimiento y la gravitación universal de Newton (1687), La clotoide (1901), La velocidad límite (1960).

Imaginemos que dejamos caer unas esferas u otros objetos cualesquiera de diferentes masas desde la misma altura y en el mismo instante. Galileo demostró que, si no se tienen en cuenta las leves diferencias debidas a la resistencia del aire, caen juntas a idéntica velocidad.

1643

El barómetro

Evangelista Torricelli (1608–1647), Blaise Pascal (1623–1662)

Aunque el barómetro es un aparato extremadamente simple, el principio que rige su funcionamiento es complejo y trasciende su utilidad para la predicción meteorológica. Este instrumento ha ayudado a los científicos a comprender la naturaleza de la atmósfera y a descubrir que es finita y no se extiende hasta las estrellas.

Los barómetros son instrumentos que se emplean para medir la presión atmosférica. Los hay de dos tipos fundamentales: de *mercurio* y *aneroides*. En el barómetro de mercurio, este metal líquido ocupa un tubo de vidrio cerrado en su extremo superior, cuyo extremo inferior permanece abierto y parcialmente sumergido en un depósito lleno de mercurio. El nivel que alcanza el mercurio en el tubo viene determinado por la presión que ejerce la atmósfera sobre el mercurio del depósito descubierto. Por ejemplo, cuando la presión atmosférica es alta, el mercurio alcanza mayor altura en el tubo que cuando es más baja. El mercurio sube o baja por el interior del tubo hasta que el peso de la columna del metal contrarresta la fuerza que ejerce la atmósfera sobre la superficie del depósito.

La invención del barómetro en 1643, se suele atribuir al físico italiano Evangelista Torricelli, quien observó que la altura del mercurio del barómetro variaba ligeramente cada día como consecuencia de los cambios en la presión atmosférica. Escribió lo siguiente: «Vivimos sumergidos en el fondo de un océano de aire normal y corriente que, gracias a experimentos irrebatibles, sabemos que tiene un peso». En 1648 Blaise Pascal utilizó un barómetro para demostrar que la presión que ejerce el aire en lo alto de una montaña es menor que al pie de la misma; por tanto, la atmósfera no es infinita.

En los barómetros aneroides no hay ningún movimiento de fluidos. En su lugar se utiliza una pequeña cápsula de vacío de metal flexible. Los pequeños cambios en la presión atmosférica hacen que la cápsula se expanda o se contraiga. Unos mecanismos de palanca en el interior del barómetro amplifican estos pequeños movimientos, lo que permite al usuario leer los valores de la presión.

El descenso de la presión atmosférica puede ser un indicio de tiempo tormentoso. El aumento de la presión del aire indica que es probable que disfrutemos de buen tiempo, sin precipitaciones.

VÉASE TAMBIÉN El sifón (250 a. C.), Las leyes meteorológicas de Buys-Ballot (1857), El tornado más rápido del mundo (1999).

Un barómetro que indica la presión atmosférica en milímetros de mercurio y en hectopascales (hPa). Una presión de una atmósfera equivale a 1.013,25 hectopascales.

72
73
74
75
76
77
78
79
960 hPa
970
980
990
1000
1010
1020
1030
1040
1050
hPa 1060
mm
mm

1644

La conservación del momento lineal

René Descartes (1596–1650)

Desde los tiempos de los antiguos filósofos griegos, los seres humanos se han preguntado por la primera gran cuestión de la física: ¿cómo se mueven los objetos? La conservación del momento lineal, uno de los grandes principios de la física, fue analizado en una primera instancia por el filósofo y científico René Descartes en su obra *Principia Philosophiae* (*Principios de filosofía*), publicada en 1644.

En la mecánica clásica, el momento lineal o cantidad de movimiento **P** se define como el producto de la masa *m* por la velocidad **v** de un objeto (**P** = *m***v**), donde **P** y **v** son vectores que tienen una magnitud y una dirección. En un sistema cerrado (es decir, aislado) de cuerpos que interactúan, la cantidad de movimiento total $\mathbf{P}_T$ se conserva. Dicho de otro modo: $\mathbf{P}_T$ es constante, aun cuando el movimiento de cada uno de los objetos varíe.

Imaginemos, por ejemplo, una patinadora sobre hielo, inmóvil, cuya masa es 45 kilogramos. Si una máquina que se encuentra frente a ella, a poca distancia, lanza en su dirección, a 5 metros/segundo una bola cuya masa es de 5 kilogramos, podemos asumir que la trayectoria de la bola es casi horizontal. Si la patinadora atrapa la bola, el impacto hará que ambas, unidas, se deslicen hacia atrás a 0,5 metros/segundo. Aquí la cantidad de movimiento de la bola (en movimiento) y la patinadora (inmóvil) antes de la colisión es 5 Kg x 5 m/s (bola) + 0 (patinadora), y la cantidad de movimiento del conjunto, después de la colisión, es (45 + 5 Kg) x 0,5 m/s, de modo que esta magnitud se conserva.

La *cantidad de movimiento angular*, o *momento angular*, es un concepto análogo referido a los objetos en rotación. Imaginemos una masa puntual (pensemos, por ejemplo, en una bola unida a un hilo) que girara con una cantidad de movimiento **P** describiendo un círculo de radio *r*. La cantidad de movimiento angular es, en esencia, el producto de **P** y *r*; y cuanto mayor sea la masa, la velocidad o el radio, mayor será la cantidad de movimiento angular. La cantidad de movimiento angular de un sistema aislado también permanece constante. Por ejemplo, cuando una patinadora que gira sobre sí misma repliega los brazos, r disminuye, lo que la hace girar más deprisa. Los helicópteros tienen dos rotores (propulsores) para mantenerse estables, puesto que un único rotor dispuesto en el plano horizontal haría rotar al aparato en dirección contraria para conservar el momento angular.

VÉASE TAMBIÉN El péndulo de Newton (1967), La aceleración de la caída de los cuerpos (1638), Las leyes del movimiento y la gravitación universal de Newton (1687).

Izamiento de una persona en un rescate marítimo con helicóptero. Sin el rotor de cola que lo estabiliza, la cabina del helicóptero giraría en sentido contrario al del rotor principal para conservar el momento angular.

R-03

La ley de la elasticidad de Hooke

Robert Hooke (1635–1703), **Augustin-Louis Cauchy** (1789–1857)

Me enamoré de la ley de Hooke cuando jugaba con ese juguete llamado slinky, un largo y elástico muelle helicoidal de metal. En 1660, el físico inglés Robert Hooke descubrió lo que hoy día conocemos como ley de Hooke, que establece que si un objeto, como un resorte o un muelle metálico, se estira una distancia x, la fuerza de recuperación F ejercida por el objeto es proporcional a x. La relación queda representada por la ecuación $F = - kx$, donde k es una constante de proporcionalidad que suele llamarse constante elástica cuando la ley de Hooke se aplica a muelles. La ley de Hooke es una estimación útil para determinados materiales, como el acero, denominados materiales «hookeanos» porque obedecen a la ley de Hooke bajo ciertas condiciones.

Los estudiantes se suelen topar con la ley de Hooke cuando estudian los muelles, donde la ley relaciona la fuerza F ejercida por el resorte con la distancia x que se alarga. La constante elástica k se mide en fuerza por longitud. El signo negativo de la expresión $F = - kx$ indica que la fuerza ejercida por el resorte se opone a la dirección del desplazamiento. Si tiramos del extremo de un resorte, por ejemplo hacia la derecha, este ejercerá una fuerza de «recuperación» hacia la izquierda. El desplazamiento del resorte se mide con respecto a su posición de equilibrio en $x = 0$.

Hemos analizado los movimientos y fuerzas en una única dirección. El matemático francés Augustin-Louis Cauchy generalizó la ley de Hooke para fuerzas tridimensionales (3D) y cuerpos sólidos elásticos. Esta formulación más compleja depende de seis componentes de tensión y seis componentes de deformación. La relación tensión-deformación da lugar, cuando se expresa en forma matricial, a un tensor tensión-deformación de 36 elementos.

Si un metal se tensa ligeramente, se puede producir una deformación temporal causada por un desplazamiento elástico de los átomos en la retícula tridimensional. La eliminación de la tensión se traduce en la restauración del metal a su forma y dimensiones originales.

Muchas de las invenciones de Hooke no salieron a la luz durante mucho tiempo debido, en parte, a que Hooke no era del agrado de Isaac Newton. De hecho, Newton ordenó que se retirara el retrato de Hooke de la Royal Society y trató de que se destruyeran todos los documentos de Hooke que allí había.

VÉASE TAMBIÉN El armazón (2500 a. C.), *Micrografía* (1665), La Súper Bola Mágica (1965).

Amortiguadores cromados de la suspensión de una motocicleta. La ley de la elasticidad de Hooke contribuye a explicar el comportamiento de resortes y otros objetos elásticos cuando se modifica su longitud.

1660

El generador electrostático de Von Guericke

Otto von Guericke (1602–1686), **Robert Jemison Van de Graaff** (1901–1967)

El neurofisiólogo Arnold Trehub ha escrito que «la invención más importante de los últimos dos mil años debe ser aquella que haya tenido una mayor influencia y haya producido las consecuencias más amplias y significativas. A mi juicio, esa es la invención por parte de Otto von Guericke de una máquina que producía electricidad estática». Aunque los fenómenos eléctricos ya se conocían en 1660, Von Guericke inventó el precursor del primer generador eléctrico. Su generador electrostático constaba de una bola de azufre que se hacía girar con una mano y se frotaba con la otra. (Los historiadores no están seguros de que este dispositivo girara de forma continua, característica deseable en un objeto calificado como *máquina*.)

En términos más generales, un generador electrostático produce electricidad estática transformando el trabajo mecánico en energía eléctrica. A finales del siglo XIX, los generadores electrostáticos desempeñaron un papel fundamental en la investigación de la estructura de la materia. En 1929, el físico estadounidense Robert Van de Graff diseñó y construyó un generador electrostático denominado *generador de Van de Graff* (VG, por sus siglas en inglés) que se utilizó de forma generalizada en experimentos de física nuclear. William Gurstelle ha señalado que «las descargas eléctricas más brillantes, embravecidas y refulgentes no proceden de los aparatos electrostáticos del estilo de la máquina de Wimshurt [véase **La botella de Leiden**] [...] o **la bobina de Tesla**. Proceden de un par de máquinas cilíndricas del tamaño de una sala de conferencias [...] denominadas generadores de Van de Graaf, [que] producen un torrente de chispas, efluvios eléctricos y campos magnéticos poderosos...».

El VG utiliza una fuente de energía electrónica para cargar una cinta transportadora con el fin de acumular voltajes altos en, habitualmente, una esfera metálica hueca. Cuando se utiliza un VG en un acelerador de partículas, se acelera una fuente de iones (partículas cargadas) mediante la diferencia de potencial generada. El hecho de que el VG produzca voltajes que pueden controlarse con precisión permitió que durante el proceso de diseño de la bomba atómica se utilizara en los estudios de las reacciones nucleares.

Con el paso de los años, se han empleado aceleradores electrostáticos en tratamientos contra el cáncer, fabricación de semiconductores (a través de la implantación de iones), microscopios de electrones, esterilización de alimentos y aceleración de protones en experimentos de física nuclear.

VÉASE TAMBIÉN La batería de Bagdad (250 a. C.), *De Magnete* (1600), La botella de Leiden (1744), La cometa de Benjamín Franklin (1752), Las figuras de Lichtenberg (1777), La ley de Coulomb (1785), La pila de Volta (1800), La bobina de Tesla (1891), El electrón (1897), La escalera de Jacob (1931), Little Boy: la primera bomba atómica (1945), Observar un átomo aislado (1955).

IZQUIERDA: *Von Guericke inventó el que tal vez fuera el primer generador electrostático, una versión del cual aparece representado en el grabado de Hubert-François Gravelot (c. 1750).* DERECHA: *El generador de Van de Graaff más grande del mundo. Diseñado originalmente por Van de Graaff para los primeros experimentos con energía nuclear y, en la actualidad, en funcionamiento en el Museo de la Ciencia de Boston.*

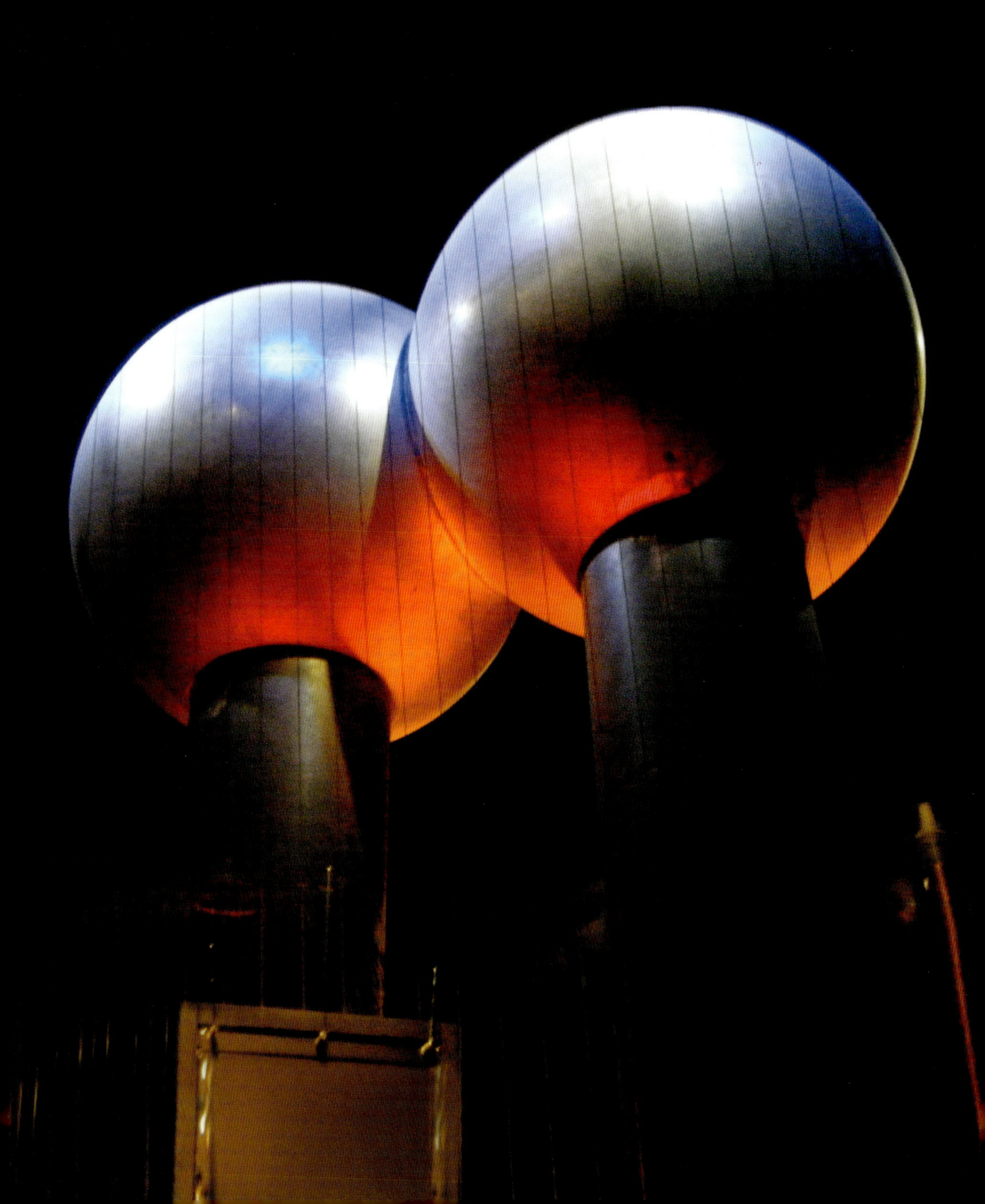

Las leyes de los gases de Boyle

Robert Boyle (1627–1691)

«Marge, ¿qué pasa?» preguntaba Homer Simpson cuando reparó que su esposa tenía miedo en el avión «¿Tienes hambre? ¿Tienes gases? ¿Son gases? ¿Son gases, verdad?» Tal vez la Ley de Boyle hubiera hecho que Homer estuviera un poco más informado. En 1662, el químico y físico irlandés Robert Boyle estudió la relación existente entre la presión P y el volumen V de un gas en un recipiente cerrado a temperatura constante. Boyle observó que el producto de la presión y el volumen es prácticamente constante: $P \times V = C$.

Una bomba de mano para inflar bicicletas nos ofrece un ejemplo intuitivo de la Ley de Boyle. Cuando empujamos el pistón, hacemos disminuir el volumen del interior de la bomba, lo que incrementa la presión y obliga al aire a entrar en el neumático. Un globo inflado al nivel del mar se expandirá cuando ascienda en la atmósfera y se vea sometido al descenso de la presión. De manera similar, cuando inspiramos, las costillas se elevan ligeramente y el diafragma se contrae, lo que aumenta el volumen pulmonar y reduce la presión permitiendo que el aire penetre en los pulmones. En cierto sentido, la Ley de Boyle nos mantiene con vida con cada inspiración.

La Ley de Boyle es más precisa en el caso de un *gas ideal*, aquel que está compuesto de partículas idénticas de un volumen insignificante, donde no hay fuerzas intermoleculares y los átomos o las moléculas chocan elásticamente contra los muros del recipiente. Los gases reales obedecen a la Ley de Boyle a presiones suficientemente bajas y la aproximación suele ser lo bastante precisa para fines prácticos.

Los buceadores deben conocer la ley de Boyle porque les ayuda a entender lo que les sucede a los pulmones, la máscara y el chaleco hidrostático durante el ascenso y el descenso en las inmersiones. Cuando un buceador desciende, por ejemplo, la presión aumenta, lo que hace que el volumen de cualquier gas disminuya. Los buceadores ven que el chaleco parece desinflarse y la cavidad del oído medio se comprime por la presión del oído externo. Para igualar la presión a ambos lados del tímpano, es preciso que el buceador haga pasar aire a través de las trompas de Eustaquio y compense la reducción del volumen de aire del oído medio.

Al descubrir que todos estos fenómenos podían explicarse si todos los gases estaban compuestos de partículas diminutas, Boyle trató de formular una *teoría corpuscular* universal de la química. En su obra de 1661 *The Sceptical Chymist*, Boyle rechazó la teoría aristotélica de los cuatro elementos (tierra, aire, fuego y agua) y desarrolló la idea de que unas partículas elementales se combinaban para producir corpúsculos.

VÉASE TAMBIÉN La ley de Charles y Gay-Lussac (1787), La ley de Henry (1803), La ley de Avogadro (1811), La teoría cinética (1859).

Los buceadores deben conocer la ley de Boyle. Si contienen la respiración durante un ascenso después de haber inhalado aire comprimido, el aire de los pulmones se expandirá a medida que la presión del agua vaya disminuyendo, lo que puede causarles graves lesiones pulmonares.

1665

Micrografía

Robert Hooke (1635–1703)

Pese a que disponemos de microscopios desde finales del siglo XV, el microscopio compuesto (un microscopio con más de una lente) del científico inglés Robert Hooke representa un hito particularmente notable. Este aparato se puede considerar un predecesor óptico y mecánico fundamental del microscopio moderno. En un microscopio óptico de dos lentes, el aumento global es producto de la potencia del ocular, que suele ser de 10 aumentos, y la lente del objetivo, que es la más próxima a la preparación.

En el libro de Hooke, *Micrografía*, aparecen comentarios y conjeturas acerca de impresionantes observaciones biológicas microscópicas de especímenes que van desde las plantas hasta las pulgas. La obra también se ocupaba de los planetas, de la teoría ondulatoria de la luz y del origen de los fósiles, a la vez que estimulaba tanto el interés general como el científico por las posibilidades del microscopio.

Hooke fue el descubridor de las células y acuñó el término *célula* para describir la unidad básica de todos los seres vivos. El vocablo provenía de sus observaciones de células vegetales, que le recordaban a las «cellula» o celdas donde vivían los monjes. Refiriéndose a esta obra fabulosa, el historiador de la ciencia Richard Westfall ha escrito que «*Micrografía*, de Robert Hooke, sigue siendo una de las obras maestras de la ciencia del siglo XVII [porque presenta] un ramillete de observaciones que recorren los reinos animal, vegetal y mineral».

Hooke fue el primero que utilizó un microscopio para estudiar los fósiles y observó que las estructuras de la madera petrificada y las conchas marinas fosilizadas guardaban unas semejanzas asombrosas con la madera y las conchas de los moluscos vivos. En *Micrografía* comparaba la madera petrificada con la madera podrida y concluyó que la madera se convertía en piedra mediante un proceso gradual. También creía que muchos fósiles eran una muestra de criaturas extintas y escribió que «ha habido muchas otras especies de criaturas en épocas anteriores, de las que no podemos encontrar ningún ejemplar en la actualidad y no solo eso, sino que también podría haber otras muy diversas que no hayan estado presentes desde un principio». Los avances más recientes en los microscopios se exponen en la entrada «**Observar un átomo aislado**».

VÉASE TAMBIÉN El telescopio (1608), El «copo de nieve de seis puntas» de Kepler (1611), El movimiento browniano (1827), Observar un átomo aislado (1955).

Pulga, imagen extraída de Micrografía, *de Robert Hooke, publicado en 1665.*

La ley de fricción de Amontons

Guillaume Amontons (1663–1705), **Leonardo da Vinci** (1452–1519), **Charles-Augustin de Coulomb** (1736–1806)

La fricción o rozamiento es la fuerza que ofrece resistencia al mutuo deslizamiento de dos objetos. Aunque la fricción es responsable del desgaste de los componentes y de pérdidas de energía en los motores, es beneficiosa para nuestra vida cotidiana. Imaginemos un mundo sin rozamiento: ¿Cómo podríamos caminar, conducir un coche, sujetar objetos con clavos o tornillos o reparar caries dentales?

En 1669, el físico francés Guillaume Amontons demostró que la fuerza de rozamiento entre dos objetos es directamente proporcional a la carga soportada (es decir, a la fuerza perpendicular ejercida sobre las superficies en contacto), con una constante de proporcionalidad (o coeficiente de rozamiento) independiente del tamaño de la superficie de contacto. Leonardo da Vinci sugirió por primera vez esta relación y Amontons la redescubrió. Tal vez parezca ir en contra de la lógica que la cantidad de rozamiento sea prácticamente independiente del área de la superficie de contacto; sin embargo, si empujamos un ladrillo por el suelo, la fuerza de rozamiento es idéntica tanto si se desliza sobre la cara alargada como si lo hace sobre la cara más corta.

En los primeros años de siglo XXI se han realizado diversos estudios para determinar hasta qué punto la ley de Amontons sigue siendo válida con materiales cuyo tamaño se mide en milímetros o incluso nanómetros; por ejemplo, en el ámbito de los MEMS (sistemas microelectromecánicos que incluyen aparatos tan diminutos como los que hoy día se utilizan en las impresoras de chorro de tinta o en los acelerómetros de los airbags de los automóviles). Los MEMS utilizan tecnología de microfabricación para integrar elementos mecánicos, sensores y electrónicos en un sustrato de silicona. Tal vez la ley de Amontons, que suele resultar muy útil cuando se estudian máquinas tradicionales y elementos móviles, no sea tan aplicable a máquinas del tamaño de una cabeza de alfiler.

En 1779 el físico francés Charles–Augustin de Coulomb inició sus investigaciones sobre el rozamiento y descubrió que en dos superficies en movimiento relativo, el *rozamiento cinético* es casi independiente de la velocidad relativa de las superficies. Para un objeto en reposo, la fuerza de *rozamiento estática* suele ser mayor que la fuerza de resistencia que opone ese mismo objeto en movimiento.

VÉASE TAMBIÉN La aceleración de la caída de los cuerpos (1638), La curva isócrona (1673), Por qué resbala el hielo (1850), La ley de Stokes (1851).

Aparatos como la rueda y los rodamientos se emplean para convertir la fricción por deslizamiento en una forma atenuada de fricción por rodadura, que ejerce menos resistencia al movimiento.

1672

Las dimensiones del Sistema Solar

Giovanni Domenico Cassini (1625–1712)

Antes del experimento con el que en 1672 el astrónomo Giovanni Cassini determinó el tamaño del Sistema Solar circularon al respecto algunas teorías descabelladas. En el año 280 a. C., Aristarco de Samos dijo que el Sol solo estaba veinte veces más lejos de la Tierra que la luna. Algunos científicos de la época de Cassini creían que las estrellas solo estaban a unos cuantos millones de kilómetros. Mientras estaba en París, Cassini envió al astrónomo Jean Richer a la ciudad de Cayenne, en la costa nororiental de América del Sur. Cassini y Richer realizaron mediciones simultáneas de las posiciones angulares de Marte en relación con las estrellas más remotas. Sirviéndose de simples métodos geométricos (véase la entrada «**La paralaje**») y conociendo la distancia entre París y Cayenne, Cassini determinó la distancia existente entre la Tierra y Marte. Una vez obtenido ese dato, utilizó la tercera ley de Kepler para calcular la distancia entre Marte y el Sol (véase «**Las Leyes de Kepler**»). Con ambos datos, Cassini concluyó que la distancia entre la Tierra y el Sol era de unos 140 millones de kilómetros, tan solo un 7 por ciento inferior a la distancia media establecida en la actualidad. Kendall Haven ha escrito que «los descubrimientos de Cassini acerca de las distancias significaban que el universo era muchos millones de veces mayor de lo que cualquiera hubiera imaginado». Es preciso señalar que era difícil realizar mediciones directas del Sol sin correr el riesgo de perder la vista.

Cassini adquirió fama por muchos otros hallazgos. Por ejemplo, descubrió cuatro lunas de Saturno y el mayor de los huecos entre los anillos de Saturno, al que hoy día se denomina en su honor la división de Cassini. Curiosamente, fue uno de los primeros científicos que acertó al intuir que la velocidad de la luz era finita, pero no publicó las pruebas de su teoría porque, según Kendall Haven, «era un hombre muy religioso y creía que la luz era de Dios, por lo que tenía que ser perfecta e inconmensurable y no estar limitada por una velocidad de desplazamiento finita».

Desde la época de Cassini, el conocimiento que tenemos del Sistema Solar se ha enriquecido, por ejemplo, con el descubrimiento de Urano (1781), Neptuno (1846), Plutón (1930) y Eris (2005).

VÉASE TAMBIÉN Eratóstenes y la medición de la Tierra (240 a. C.), El universo heliocéntrico (1534), *Mysterium Cosmographicum* (1596), Las leyes de Kepler (1609), El descubrimiento de los anillos de Saturno (1610), La ley de Bode (1766), La paralaje (1838), El experimento de Michelson-Morley (1887), La esfera de Dyson (1960).

La sonda espacial Cassini calculó la distancia que separa la Tierra de Marte y, a continuación, la de la Tierra al Sol. En la imagen, el tamaño relativo de Marte y la Tierra; el radio de Marte es aproximadamente la mitad que el de la Tierra.

El prisma de Newton

Isaac Newton (1642–1727)

«Nuestra concepción actual de la luz y del color nace con Isaac Newton» ha escrito el profesor Michael Douma «y con una serie de experimentos que publicó en 1672. Newton es el primero que entendió lo que era el arco iris; refractó la luz blanca con un prisma y la descompuso en sus colores básicos: rojo, naranja, amarillo, verde, azul y violeta.»

Cuando a finales de la década de 1660 Newton experimentaba con la luz y los colores, muchos de sus contemporáneos creían que el color era una mezcla de luz y oscuridad y que los prismas teñían la luz. Pese a la opinión dominante, se convenció de que la luz blanca no era la entidad simple que Aristóteles pensaba que era, sino más bien una mezcla de rayos muy distintos que correspondían a los diferentes colores. El físico inglés Robert Hooke criticó los trabajos de Newton sobre la naturaleza de la luz, lo que desató en Newton una ira que parecía desproporcionada con respecto a los comentarios de Hooke. En consecuencia, Newton demoró la publicación de su monumental libro *Óptica* hasta después de la muerte de Hooke en 1703 para así tener la última palabra sobre el asunto de la luz y evitar polémicas con Hooke. En 1704 se publicó finalmente la *Óptica* de Newton. El libro trataba en profundidad sus investigaciones sobre los colores y la difracción de la luz.

Newton empleó para sus experimentos prismas triangulares de cristal. La luz penetra por una de las caras del prisma y se refracta hasta descomponerse en diferentes colores (puesto que el grado de separación varía en función de la longitud de onda de cada color). Los prismas actúan de este modo gracias a que la luz cambia de velocidad cuando pasa del aire al cristal del prisma. Una vez separados los colores, Newton utilizó un segundo prisma para volver a refractarlos y que formaran de nuevo luz blanca. El experimento demostraba que el prisma no añadía el color a la luz, como muchos creían. Newton también hizo pasar solo al color rojo obtenido con un prisma por un segundo prisma... y descubrió que el color no se alteraba. Era una prueba más de que el prisma no creaba los colores, sino que tan solo separaba los que estaban presentes en el haz de luz original.

VÉASE TAMBIÉN Qué es el arco iris (1304), La ley de la refracción de Snell (1621), La óptica de Brewster (1815), El espectro electromagnético (1864), Los metamateriales (1967).

Newton utilizó prismas para demostrar que la luz blanca no era el ente único que Aristóteles creía que era, sino una mezcla de distintos rayos correspondientes a diferentes colores.

1673

La curva isócrona

Christiaan Huygens (1629–1695)

Hace muchos años escribí un cuento en el que siete patinadores encontraban una carretera de montaña aparentemente mágica. Cualquiera que fuera el lugar de esa carretera en el que los patinadores iniciaran su descenso, siempre llegaban abajo tardando exactamente el mismo tiempo. ¿Cómo era posible?

En el siglo XVII los matemáticos y físicos buscaban una curva que describiera la forma de algún tipo especial de rampa. Sobre esa rampa los objetos debían deslizarse hasta abajo empleando siempre el mismo tiempo, con independencia del punto en el que empezaran. La gravedad es la única fuerza que acelera a los objetos y se supone que no existe fricción con la rampa.

El matemático, astrónomo y físico holandés Christiaan Huygens descubrió una solución en 1673 y la publicó en su *Horologium Oscillatorium* (El reloj de péndulo). Técnicamente, la curva isócrona es una cicloide; es decir, una curva generada por un punto de una circunferencia que rueda sobre una línea recta. A la curva isócrona también se la llama curva braquistócrona cuando queremos referirnos a la curva que confiere a un objeto sin rozamiento la velocidad de descenso más rápida cuando el objeto se desliza desde un punto a otro.

Huygens trató de utilizar su descubrimiento para diseñar un reloj de péndulo más preciso. El reloj disponía de arcos de cicloide invertida muy cerca del punto donde oscilaba la cadena del péndulo, para que ésta describiera la curva óptima, con independencia del punto por el que empezara a balancearse. (Por desgracia, el rozamiento causado por la torsión de la cadena cuando se apoyaba en los arcos introducía más errores que los que corregía.)

Las propiedades especiales de la curva isócrona se mencionan en *Moby Dick*, en una exposición sobre la destilería de un barco, el recipiente empleado para producir aceite con el esperma de ballena: « [La destilería] también es lugar para profundas meditaciones matemáticas. Fue en la marmita izquierda del *Pequod*, con la esteatita dando vueltas diligentemente a mi alrededor, donde por primera vez me impresionó indirectamente el notable hecho de que, en geometría, todos los cuerpos que se deslizan a lo largo de la cicloide, por ejemplo mi esteatita, descienden de cualquier punto empleando exactamente el mismo tiempo».

VÉASE TAMBIÉN La aceleración de la caída de los cuerpos (1638), La clotoide (1901).

IZQUIERDA: *Retrato de Christiaan Huygens, obra de Caspar Netscher (1639-1684).* DERECHA: *Por la acción de la gravedad, las bolas de billar ruedan por la curva isócrona partiendo desde diferentes puntos pero invirtiendo el mismo tiempo en llegar hasta la vela. Las bolas se depositan en la rampa de una en una.*

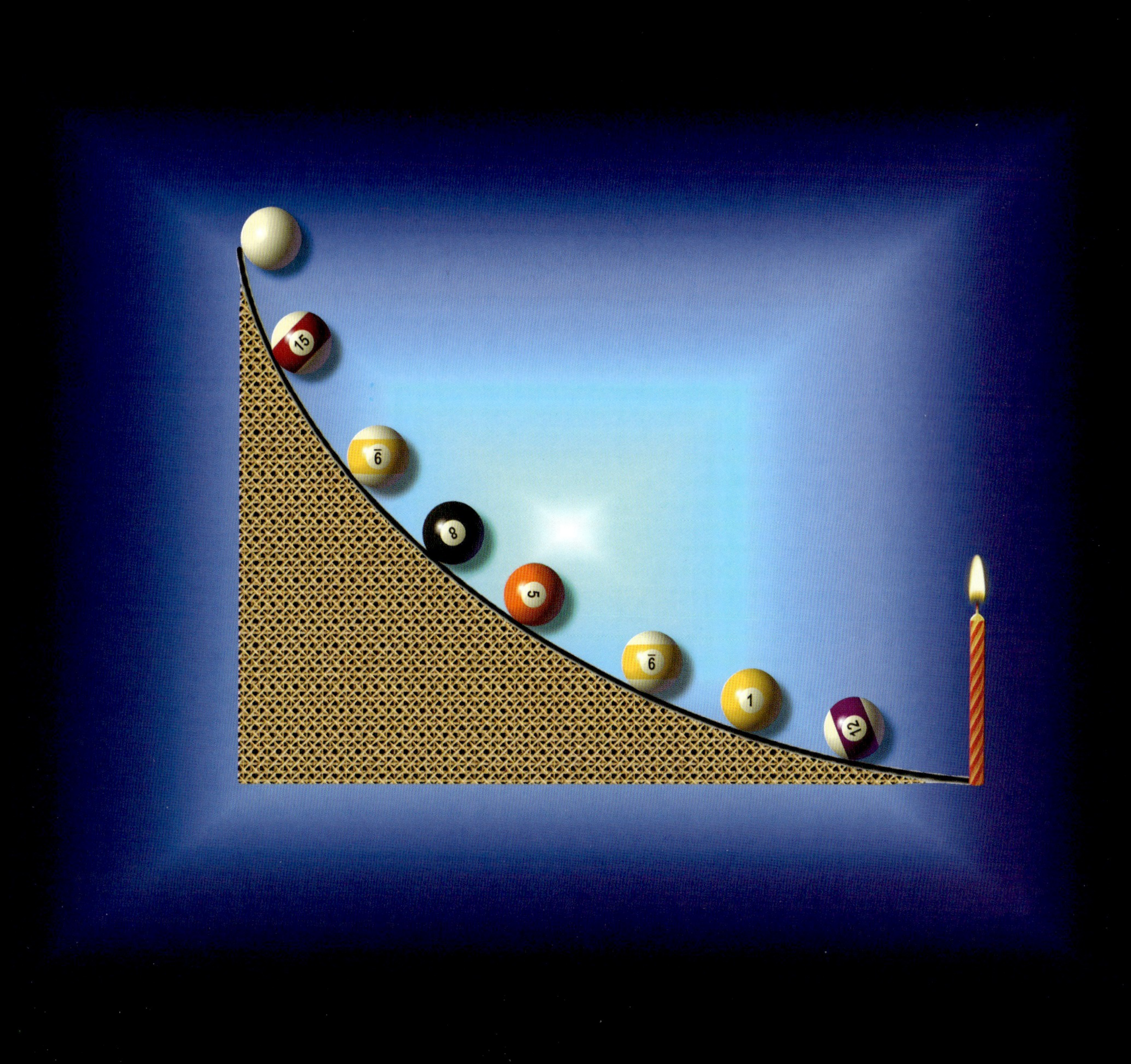

Las leyes del movimiento y la gravitación universal de Newton

Isaac Newton (1642–1727)

«Dios creó todo según el número, el peso y la medida», escribió Isaac Newton, el matemático, físico y astrónomo inglés que inventó el cálculo. Demostró que la luz blanca se descomponía en colores, explicó lo que era el arco iris, construyó el primer telescopio reflector, formuló el teorema del binomio, introdujo las coordenadas polares y demostró que la fuerza que hacía caer a los objetos es la misma que hace mover los planetas y produce las mareas.

Las leyes del movimiento de Newton relacionan las fuerzas que actúan sobre los objetos y el movimiento de los mismos. Su *Ley de la Gravitación Universal* afirma que los objetos se atraen entre sí con una fuerza que es directamente proporcional al producto de sus masas e inversamente proporcional al cuadrado de la distancia que los separa. La *Primera Ley del Movimiento* de Newton (*Ley de Inercia*) establece que los cuerpos no varían su movimiento a menos que se les aplique una fuerza. Un cuerpo en reposo permanece en reposo. Un cuerpo en movimiento sigue desplazándose con la misma trayectoria y velocidad a menos que se le imprima una nueva fuerza. Según la *Segunda Ley del Movimiento* de Newton, cuando una fuerza actúa sobre un objeto, el cambio en el momento lineal o cantidad de movimiento (masa x velocidad), es proporcional a la fuerza aplicada. Según la *Tercera ley del movimiento* de Newton, cada vez que un cuerpo ejerce una fuerza sobre otro, éste ejerce una fuerza sobre el primero de igual magnitud y sentido contrario. Por ejemplo, la fuerza hacia abajo que ejerce una cuchara sobre la mesa es igual a la fuerza hacia arriba que ejerce la mesa sobre la cuchara.

Se cree que Newton padeció ataques maniaco-depresivos durante toda su vida. Detestó siempre a su madre y a su padrastro y, siendo adolescente, los amenazó con quemarlos vivos en su casa. Newton también fue autor de tratados sobre asuntos bíblicos y profecías. Pocas personas saben que dedicó más tiempo al estudio de la Biblia, la teología y la alquimia que a la ciencia, y que escribió más sobre asuntos religiosos que sobre ciencia natural. No obstante, el matemático y físico inglés puede perfectamente haber sido el científico más influyente de todos los tiempos.

VÉASE TAMBIÉN Las leyes de Kepler (1609), La aceleración de la caída de los cuerpos (1638), La conservación del momento lineal (1644), El prisma de Newton (1672), Newton como fuente de inspiración (1687), La clotoide (1901), La teoría de la relatividad general (1915), El péndulo de Newton (1967).

La gravedad afecta al movimiento de los cuerpos en el espacio. En la imagen, una representación imaginaria de la colisión masiva de cuerpos celestes, quizá del tamaño incluso de Plutón, que dio lugar al anillo de polvo cósmico que hay en torno a Vega, una estrella cercana.

Newton como fuente de inspiración

Isaac Newton (1642–1727)

El químico William H. Cropper ha escrito que «Newton fue el genio creador más importante que ha alumbrado la física. Ninguno de los otros candidatos al superlativo (Einstein, Maxwell, Boltzmann, Gibbs o Feynman) ha igualado la combinación de proezas realizadas por Newton como teórico, experimentador y matemático [...] Si pudiéramos viajar en el tiempo y conocer a Newton trasladándonos al siglo XVII, nos parecería como el artista que, primero, exaspera a todo aquel que le ve pero que, luego, sale a escena y canta como los ángeles...».

Tal vez Newton, en mayor medida que cualquier otro científico, fuera quien inculcó a los científicos posteriores la idea de que el universo se podía comprender en términos matemáticos. El periodista James Gleick ha escrito que «Isaac Newton nació en un mundo de tinieblas, oscuridad y magia [...] estuvo al menos una vez al borde de la locura [...] y sin embargo descubrió más facetas del núcleo esencial del conocimiento humano que cualquier otro antes o después de él. Fue el principal arquitecto del mundo moderno [...] Convirtió el conocimiento en algo sustantivo: cuantitativo y exacto. Formuló principios que nosotros llamamos leyes».

Los autores Richard Koch y Chris Smith señalan que «en algún momento entre los siglos XIII y XV, Europa despuntó con respecto al resto del mundo en ciencia y tecnología, ventaja que se consolidó en los 200 años siguientes. Entonces, en 1687, Isaac Newton, precedido por Copérnico, Kepler y otros, tuvo la gloriosa intuición de que el universo se regía por unas cuantas leyes físicas, mecánicas y matemáticas. La idea suscitó la formidable certeza de que todo tenía sentido, todo encajaba y todo lo podía mejorar la ciencia».

Inspirándose en Newton, el astrofísico Stephen Hawking apuntó: «no estoy de acuerdo con la opinión de que el universo es un misterio [...] Esa idea no hace justicia a la revolución científica iniciada hace casi cuatrocientos años por Galileo y desarrollada por Newton [...] Ahora disponemos de leyes matemáticas que rigen todo lo que experimentamos de forma habitual».

VÉASE TAMBIÉN Las leyes del movimiento y la gravitación universal de Newton (1687), Einstein como fuente de inspiración (1921), Stephen Hawking en *Star Trek* (1993).

Fotografía del lugar de nacimiento de Newton (Woolsthorpe Manor, en Inglaterra), junto a un viejo manzano. En este lugar Newton llevó a cabo muchos de sus célebres experimentos de óptica. Y fue aquí también donde Newton, según la leyenda, vio caer la manzana que le inspiró la ley de la gravitación universal.

1711

El diapasón

John Shore (c. 1662–1752), **Hermann von Helmholtz** (1821–1894), **Jules Antoine Lissajous** (1822–1880), **Rudolph Koenig** (1832–1901)

El diapasón, ese objeto de metal con forma de Y que produce un sonido puro y de frecuencia constante cuando se golpea, ha desempeñado un importante papel en la física, la medicina, el arte e, incluso, la literatura. Mi aparición predilecta del diapasón en un texto está en *El gran Gatsby*, donde el protagonista «sabía que cuando besara a esa mujer [...] su mente nunca más retozaría como la mente de Dios. Aguardó, pues, un instante más, atento al diapasón que hacía vibrar las estrellas. Después la besó. Y al contacto de sus labios, ella se abrió a él como una flor...».

El músico británico John Shore inventó el diapasón en 1711. La forma sinusoidal pura de su onda acústica lo hace idóneo para afinar instrumentos musicales. Los dos brazos vibran acercándose y alejándose entre sí, mientras que el mango lo hace de arriba a abajo. El movimiento del mango es muy leve, lo que permite que se pueda sujetar el diapasón sin amortiguar el sonido de forma significativa. No obstante, el sonido producido por el mango se puede amplificar poniéndolo en contacto con una caja de resonancia, como una caja hueca. Existen fórmulas sencillas para calcular la frecuencia de un diapasón basándose en parámetros como la densidad del material del que está hecho, el radio y la longitud de los brazos, y el módulo de Young o módulo elástico del material, que es una medida de su rigidez.

En la década de 1850, el matemático Jules Lissajous estudió las ondas producidas por un diapasón sumergido en el agua observando las olas que creaba. Lissajous también obtuvo complicadas imágenes a base de reflejar sucesivamente la luz desde un espejo adherido a un diapasón que vibra, a otro espejo en el que se ha adherido perpendicularmente otro diapasón que vibra, para proyectarla luego sobre una pared. En torno a 1860, los físicos Hermann von Helmholtz y Rudolph Koenig diseñaron un diapasón electromagnético. En la actualidad los departamentos de policía utilizan diapasones para calibrar aparatos de radar destinados a vigilar la velocidad del tráfico.

En medicina se pueden utilizar para valorar la audición y la percepción de la vibración en la piel, así como para detectar fracturas de huesos, pues a veces reducen el sonido producido por la vibración de un diapasón colocado cerca de la lesión mientras se escucha con un estetoscopio.

VÉASE TAMBIÉN El estetoscopio (1816), El efecto Doppler (1842), Las tubas de guerra (1880).

Los diapasones han desempeñado un papel fundamental en la física, la música, la medicina y el arte.

fp
(mf)
Ped.

La velocidad de escape

Isaac Newton (1642–1727)

Si disparamos una flecha al aire, hacia arriba, terminará cayendo. Cuanto más tensemos el arco, más tardará en caer la flecha. La velocidad de lanzamiento con la que la flecha no volvería a caer nunca a la Tierra es lo que se denomina velocidad de escape, v_e, y se puede calcular mediante una simple fórmula: $v_e = [(2GM)/r]^{1/2}]$½, donde G es la constante gravitatoria y r es la distancia entre el arquero y el centro de la Tierra, cuya masa es M. Si despreciamos la resistencia del aire y otras fuerzas y lanzamos la flecha en una dirección con componente vertical (la dirección del lanzamiento debe tener una de sus componentes en la prolongación de un radio terrestre), entonces v_e = 11,2 kilómetros por segundo. Se trataría, claro está, de una veloz flecha imaginaria que saldría disparada a una velocidad equivalente a 34 veces la velocidad del sonido.

Es preciso señalar que la masa del proyectil (ya se trate de una flecha o de un elefante) no influye en la velocidad de escape, aunque sí en la energía necesaria para imprimirle tal velocidad. La fórmula de la v_e presupone que el planeta es una esfera perfecta y que la masa del proyectil es muy inferior a la del planeta. Eso sí, la v_e correspondiente a la superficie terrestre se ve afectada por su movimiento de rotación. Por ejemplo, una flecha lanzada mirando hacia el este desde el Ecuador terrestre tiene una v_e igual a unos 10,7 kilómetros por segundo.

Hay que tener en cuenta que la fórmula de la v_e se refiere al «impulso inicial» de la componente vertical de la velocidad del proyectil. Un cohete espacial auténtico no tiene que alcanzar esa velocidad porque puede seguir haciendo funcionar sus motores mientras avanza.

El concepto de velocidad de escape data del año 1728, la fecha de publicación de *El sistema del mundo*, de Isaac Newton, donde estudiaba los lanzamientos de balas de cañón a diferentes velocidades analizando sus trayectorias con respecto a la Tierra. La fórmula de la velocidad de escape se puede calcular de muchas maneras, una de ellas empleando la Ley de la Gravitación Universal de Newton (1687), que afirma que los objetos se atraen entre sí con una fuerza directamente proporcional al producto de sus masas e inversamente proporcional al cuadrado de la distancia que los separa.

VÉASE TAMBIÉN La curva isócrona (1673), Las leyes del movimiento y la gravitación universal de Newton (1687), Los agujeros negros (1783), La velocidad límite (1960).

Luna 1 fue el primer artefacto de fabricación humana que alcanzó la velocidad de escape de la Tierra. Lanzada por la Unión Soviética en 1959, también fue la primera nave espacial que llegó a la luna.

El principio de Bernoulli

Daniel Bernoulli (1700–1782)

Imaginemos una tubería por la que baja flujo de agua continuo desde el tejado de un edificio hasta el pie de la calle. La presión del líquido variará a lo largo de la tubería. El matemático y físico Daniel Bernoulli descubrió el principio que relaciona la presión, la velocidad y la altura de un fluido que fluye por una tubería. Hoy expresamos el principio de Bernoulli mediante la fórmula $v^2/2 + gz + p/\rho = C$, donde v es la velocidad del fluido, g la aceleración de la gravedad, z la elevación (altura) en un punto del fluido, p la presión, ρ la densidad del fluido y C, una constante. Los científicos anteriores a Bernoulli ya sabían que un cuerpo en movimiento , al ganar altura, transforma su energía cinética en energía potencial. Bernoulli se dio cuenta de que, de forma similar, los cambios en la energía cinética de un fluido en movimiento tienen como consecuencia cambios de presión.

La formula presupone que el fluido se desplaza en el interior de una tubería cerrada y de forma continua (sin turbulencias). El fluido debe ser incompresible. Como la mayor parte de los líquidos se pueden comprimir muy poco, el principio de Bernoulli suele proporcionar una buena aproximación. Además, el fluido no debe ser viscoso, es decir, no debe presentar rozamiento interno. Aunque no existe ningún fluido que cumpla todas estas condiciones, la ecuación de Bernoulli suele ser muy precisa para zonas de flujo alejadas de las paredes de las tuberías o estructuras y resulta especialmente válida para gases y líquidos ligeros.

A menudo, el principio de Bernoulli hace referencia solo a algunos de los parámetros de la ecuación anterior, concretamente a que la disminución de la presión se produce simultáneamente al incremento de la velocidad. El principio se aplica cuando se diseña un tubo de Venturi: un estrechamiento de la sección del conducto de paso del aire en un carburador produce una disminución de la presión que, a su vez, hace que el combustible atomizado sea aspirado desde la cubeta del carburador. El fluido incrementa su velocidad en la zona de menor diámetro reduciendo su presión y generando un vacío parcial de acuerdo con el principio de Bernoulli.

La fórmula de Bernoulli tiene numerosas aplicaciones prácticas en el campo de la aerodinámica, donde se utiliza para analizar el flujo de aire sobre planos aerodinámicos, como las alas, las aspas de las hélices o los timones.

VÉASE TAMBIÉN El sifón (250 a. C.), La ley de Poiseuille (1840), La ley de Stokes (1851), La calle de vórtices de Von Kármán (1911).

Muchos carburadores contienen un estrechamiento denominado tubo o garganta de Venturi que acelera el aire y reduce la presión para arrastrar el combustible siguiendo el principio de Bernoulli. En esta patente de un carburador de 1935, la garganta de Venturi se corresponde con el nº 10.

April 9, 1935. C. N. POGUE 1,997,497

CARBURETOR

Filed Nov. 3, 1934 2 Sheets-Sheet 2

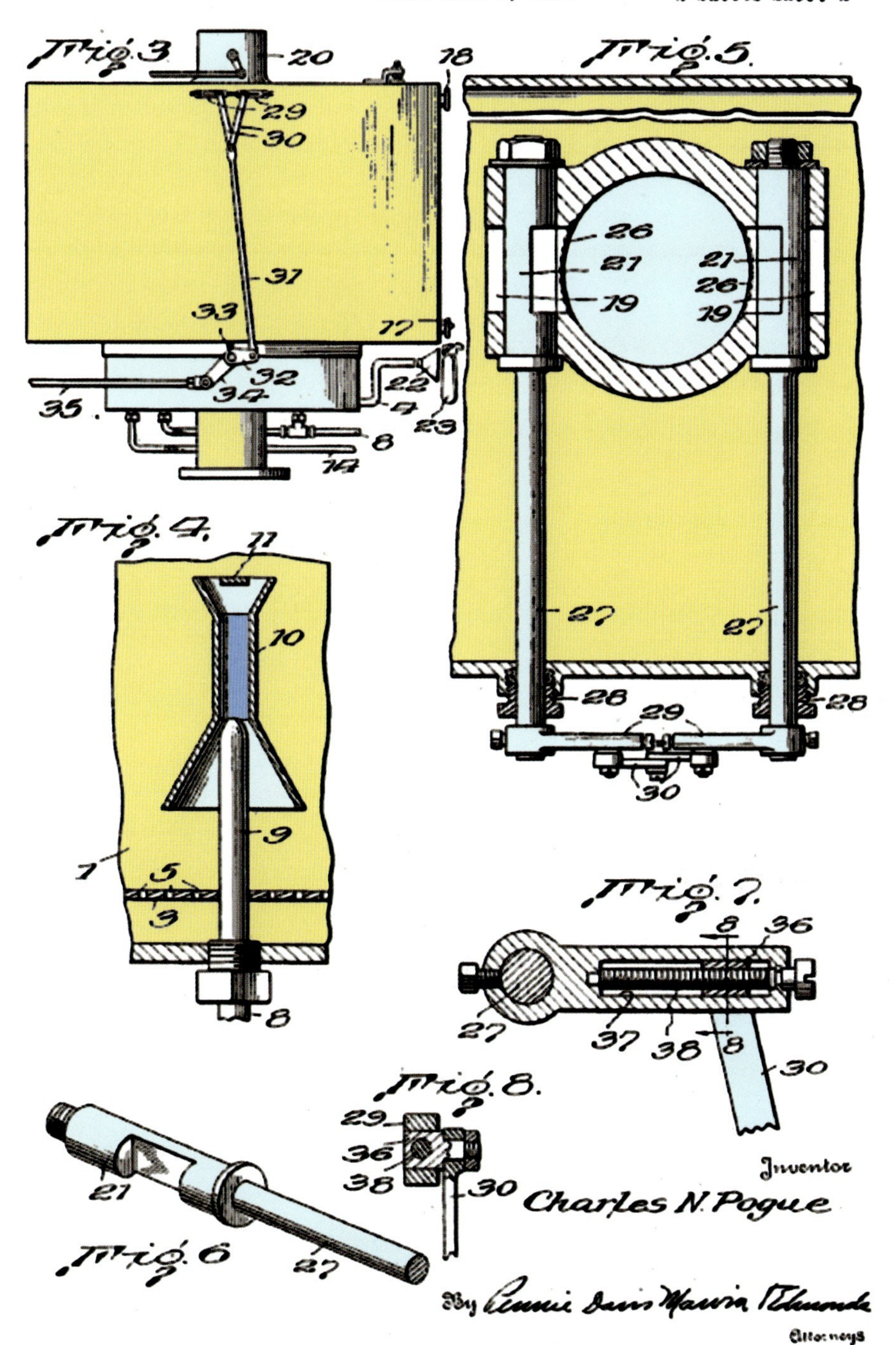

1744

La botella de Leiden

Pieter van Musschenbroek (1692–1761), **Ewald Georg von Kleist** (1700–1748), **Jean-Antoine Nollet** (1700–1770), **Benjamin Franklin** (1706–1790)

«La botella de Leiden era electricidad encerrada en una botella, un modo muy ingenioso de almacenar electricidad estática y liberarla a voluntad», escribe el autor Tom McNichol. «Los experimentadores con iniciativa dejaban absortos a las multitudes de toda Europa [...] matando pájaros y pequeños animales con la sacudida de la carga eléctrica almacenada [...] En 1746, Jean-Antoine Nollet, un clérigo y físico francés, provocó una descarga con una botella de Leiden ante el rey Luis XV liberando una corriente de electricidad estática que recorrió una cadena de 180 soldados de la Guardia Real que se habían cogido de la mano». Nollet también conectó una hilera de varios cientos de monjes cartujos y les dio la descarga de su vida.

La botella de Leiden es un dispositivo que almacena electricidad estática entre un electrodo situado en el exterior de una botella y otro en su interior. En 1744, el investigador prusiano Ewald Georg von Kleist ideó una primera versión. Un año después, el científico holandés Pieter van Musschenbroek inventó a su vez un aparato similar en la ciudad de Leiden (también puede escribirse Leyden). La botella de Leiden fue de gran importancia en muchos de los primeros experimentos con la electricidad. Hoy día se considera que la botella de Leiden es una primera versión del *condensador*, un aparato electrónico compuesto por dos conductores separados por un dieléctrico (un aislante). Cuando entre los dos conductores se establece una diferencia de potencial (voltaje), en el dieléctrico se crea un campo eléctrico. Cuanto menor es la separación entre los conductores, mayor es la carga que se puede almacenar.

Una de sus variantes más habituales consiste en una botella de cristal con láminas de metal conductoras que recubren el exterior y el interior de la botella. El revestimiento metálico interior se conecta mediante una cadena a una varilla metálica introducida a través del tapón de la botella. La varilla se carga con electricidad estática por algún procedimiento; por ejemplo, tocándola con una varilla de cristal que hayamos frotado con tejido de seda. Quien toque la varilla de metal recibirá una descarga. Para aumentar la cantidad de carga almacenada se pueden conectar varias botellas en paralelo.

VÉASE TAMBIÉN El generador electrostático de Von Guericke (1660), La cometa de Benjamin Franklin (1752), Las figuras de Lichtenberg (1777), La pila de Volta (1800), La bobina de Tesla (1891), La escalera de Jacob (1931).

El inventor británico James Wimshurst (1832-1903) inventó la Máquina de Wimshurst, un dispositivo electrostático para producir alto voltaje. Una chispa salva la distancia existente entre dos esferas metálicas. Obsérvense las dos botellas de Leiden para almacenar la carga.

1752

La cometa de Benjamin Franklin

Benjamin Franklin (1706–1790)

Benjamin Franklin fue inventor, estadista, editor, filósofo y científico. Aunque rebosaba talento, el historiador Brooke Hindle ha escrito que «la inmensa mayoría de las actividades científicas de Franklin se limitaron a los relámpagos y otras cuestiones eléctricas. Relacionar los relámpagos con la electricidad mediante el célebre experimento de la cometa y la tormenta supuso un avance significativo para el conocimiento científico, con una gran aplicación en la construcción de pararrayos para proteger edificaciones tanto en Estados Unidos como en Europa». Aunque tal vez no esté a la altura de muchos otros hitos científicos recogidos en este libro, «la cometa de Franklin» está considerada como un símbolo de la búsqueda de la verdad científica y ha servido de inspiración a muchas generaciones de escolares.

En 1750, para demostrar que los relámpagos eran electricidad, Franklin propuso como experimento hacer volar una cometa bajo una tormenta. Aunque hay historiadores que discuten algunos detalles del episodio, según Franklin, el experimento, cuyo fin era extraer energía eléctrica de una nube, se llevó a cabo el 15 de junio de 1752 en Filadelfia. Según ciertas versiones, ató una llave a una cinta de seda y la colocó en el extremo del hilo de la cometa con el fin de aislarse de la corriente eléctrica que descendería por el hilo hasta la llave y de aquí a una botella de Leiden (un dispositivo que almacena electricidad entre dos electrodos). Otros investigadores no tomaron tantas precauciones y se electrocutaron al realizar experimentos similares. Franklin dejó escrito lo siguiente: «cuando la lluvia haya mojado el hilo de la cometa de manera que pueda conducir la corriente eléctrica sin problemas, se descubrirá al acercar los dedos que ésta mana en abundancia desde la llave, con la que [...] se podría cargar una botella de Leiden [...]».

El historiador Joyce Chaplin ha señalado que el experimento de la cometa no fue el primero que relacionó los relámpagos con la electricidad, sino el que confirmó el hallazgo. Franklin «trataba de averiguar si las nubes tenían electricidad y, en caso afirmativo, si se trataba de una carga positiva o negativa. Quería determinar la presencia de [...] electricidad en la naturaleza, [y] redujo considerablemente sus esfuerzos al interpretar que solo dieron como fruto [...] el pararrayos».

VÉASE TAMBIÉN El fuego de San Telmo (78), La botella de Leiden (1744), Las figuras de Lichtenberg (1777), La bobina de Tesla (1891), La escalera de Jacob (1931).

«Benjamin Franklin extrae electricidad del cielo» (c. 1816), obra del pintor angloamericano Benjamin West (1738-1820). Una brillante corriente eléctrica parece pasar de la llave al frasco que tiene en su mano.

El efecto de gota negra en el tránsito de Venus

Torbern Olof Bergman (1735–1784), **James Cook** (1728–1779)

Albert Einstein señaló en una ocasión que «lo más incomprensible del mundo es que sea comprensible». De hecho, se puede decir que vivimos en un cosmos que se puede describir, al menos aproximadamente, mediante expresiones matemáticas y leyes físicas concisas. Los científicos y las leyes científicas suelen explicar hasta los fenómenos astronómicos más singulares, si bien suele requerir muchos años aportar una explicación coherente.

El misterioso efecto de *gota negra* en el tránsito de Venus consiste en la forma aparente que adopta Venus cuando pasa por delante del Sol visto desde la Tierra. Concretamente, Venus parece adoptar la forma de una gota o lágrima negra cuando «toca» visualmente el contorno interior del Sol. La parte estrecha y alargada de la gota recuerda a un grueso cordón umbilical o arco oscuro, que impedía a los primeros físicos determinar con precisión el momento exacto del tránsito de Venus por delante del Sol.

La primera descripción detallada del efecto de *gota negra* se realizó en 1761, cuando el científico sueco Torbern Bergman lo calificó como una «ligadura» que unía la silueta de Venus con el contorno oscuro del Sol. Muchos científicos aportaron en los años siguientes otras observaciones semejantes, como las referidas por el explorador británico James Cook respecto al tránsito de Venus de 1769.

En la actualidad, los físicos siguen reflexionando sobre la razón exacta de este fenómeno. Los astrónomos Jay M. Pasachoff, Glenn Schneider y Leon Golub sugieren que es «una combinación de efectos instrumentales y efectos debidos a las atmósferas de la Tierra, Venus y el Sol». Durante el tránsito de Venus del año 2004 algunos observadores apreciaron el efecto, pero otros no. El periodista David Shiga ha escrito: «De modo que el tránsito de Venus sigue siendo en el siglo XXI tan enigmático como en el XIX. Es probable que se siga debatiendo sobre qué constituye una "auténtica" *gota negra* [...] Y todavía hay que ver si las condiciones de la aparición de la *gota negra* quedarán establecidas con certeza cuando los observadores contrasten sus apreciaciones [...] a tiempo para el siguiente tránsito...».

VÉASE TAMBIÉN El descubrimiento de los anillos de Saturno (1610), Las dimensiones del Sistema Solar (1672), El descubrimiento de Neptuno (1846), El rayo verde (1882).

IZQUIERDA: *El explorador británico James Cook observó el tránsito de Venus en 1769, tal como se representa en este detalle obra del astrónomo australiano Henry Chamberlain Russell (1836-1907).* DERECHA: *Tránsito de Venus por delante del Sol del año 2004, donde se aprecia el efecto de gota negra.*

La ley de Bode

Johann Elert Bode (1747–1826), **Johann Daniel Titius** (1729–1796)

La ley de Bode, también conocida como de Titius-Bode, es particularmente fascinante porque parece mera cábala pseudocientífica y ha dejado perplejos por igual durante siglos a físicos y a legos. La ley expone una relación de números que se corresponden con las distancias medias de los planetas con respecto al Sol. Pensemos en la sencilla secuencia numérica 0, 3, 6, 12, 24... en la que cada número es el doble del anterior. Luego, sumemos 4 a cada número y dividamos entre 10 para construir la secuencia 0,4, 0,7, 1, 1,6, 2,8, 5,2, 10, 19,6, 38,8, 77,2... Por asombroso que resulte, la ley de Bode crea una secuencia que reproduce las distancias medias D de muchos de los planetas con respecto al Sol expresadas en unidades astronómicas (UA). Una UA es la distancia media entre la Tierra y el Sol, equivalente a unos 149.604.970 kilómetros. Mercurio, por ejemplo, está aproximadamente a 0,4 UA del Sol, y Plutón a 39.

El astrónomo alemán Johann Titius de Wittenberg descubrió la ley en 1766 y seis años después fue publicada por Johann Bode, si bien la relación entre las órbitas planetarias ya había quedado establecida de forma aproximada por el matemático escocés David Gregory a principios del siglo XVIII. En aquella época, la ley supuso una estimación extraordinariamente acertada de la distancia media al Sol de los planetas entonces conocidos: Mercurio (0,39), Venus (0,72), la Tierra (1), Marte (1,52), Júpiter (5,2) y Saturno (9,55). Urano, descubierto en 1781, está a una distancia orbital media de 19,2, por lo que también cumple la ley.

Hoy día los científicos albergan reservas importantes hacia la ley de Bode, ley que, sin duda, no se puede aplicar universalmente como otras leyes expuestas en este libro. En realidad, tal vez la relación sea puramente empírica y casual.

Un efecto de las «resonancias orbitales», ocasionadas por cuerpos en órbita que interactúan gravitatoriamente entre sí, puede crear en torno al Sol regiones libres de órbitas estables a largo plazo y, por tanto, tal vez explique hasta cierto punto el espaciamiento entre los planetas. La resonancia orbital se da cuando dos cuerpos en órbita tienen periodos de revolución cuya razón es un número entero, ejerciendo entre sí una influencia gravitatoria regular.

VÉASE TAMBIÉN *Mysterium Cosmographicum* (1596), Las dimensiones del Sistema Solar (1672), El descubrimiento de Neptuno (1846).

Según la ley de Bode, la distancia media de Júpiter al Sol es de 5,2 unidades astronómicas (UA), y el valor real que se le atribuye es de 5,203 UA.

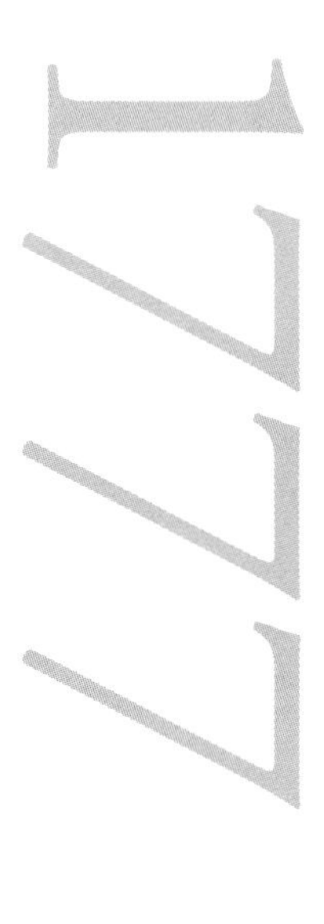

Las figuras de Lichtenberg

Georg Christoph Lichtenberg (1742–1799)

Las figuras tridimensionales de Lichtenberg, semejantes a relámpagos fosilizados encerrados en un bloque translucido, se encuentran entre las representaciones más hermosas de un fenómeno natural. Estas trazas ramificadas de descargas eléctricas reciben su nombre del físico alemán Georg Lichtenberg, quien estudió inicialmente rastros eléctricos similares sobre superficies. En el siglo XVIII Lichtenberg experimentó realizando descargas eléctricas sobre la superficie de un aislante. Luego, esparciendo sobre la superficie un polvo con carga eléctrica, logró hacer aparecer unos curiosos dibujos sinuosos.

Hoy día se pueden crear dibujos tridimensionales en un acrílico, que es un aislante o dieléctrico, lo que significa que puede retener carga pero que normalmente no es atravesado por la corriente. En primer lugar, se expone el acrílico a un haz de electrones de alta velocidad de un acelerador. Los electrones penetran en el acrílico y se almacenan en su interior. Como el acrílico es un aislante, los electrones quedan atrapados en él (imaginemos todo un avispero tratando de escapar de una prisión de acrílico). Sin embargo, llega un momento en que la tensión eléctrica es superior a la resistencia dieléctrica del acrílico y una parte de él se vuelve repentinamente conductivo. La fuga de electrones puede desencadenarse atravesando el acrílico con una aguja metálica. Al hacerlo, se rompen parte de los enlaces químicos que mantienen unidas las moléculas de acrílico. En una fracción de segundo se canaliza la conductividad desde el interior del acrílico a medida que la carga eléctrica escapa de él, fundiendo el material en su recorrido. El ingeniero eléctrico Bert Hickman ha especulado con la posibilidad de que esas microgrietas se propaguen en el interior del acrílico con una velocidad superior a la del sonido.

Las figuras de Lichtenberg son fractales que, si se amplían mucho, muestran estructuras ramificadas que se autorreplican. En realidad, el dibujo semejante al de un helecho que deja la descarga se puede generalizar hasta el nivel molecular. Se han elaborado modelos matemáticos y físicos para explicar el proceso que da lugar a ese dibujo dendrítico, de gran interés para los físicos porque estos modelos pueden explicar aspectos esenciales de la formación de dibujos en fenómenos físicos aparentemente dispares. Dibujos de estas características pueden tener aplicaciones médicas. Los investigadores de la Universidad de Texas A&M, por ejemplo, creen que estos dibujos con aspecto de pluma pueden servir de plantillas para desarrollar tejido vascular en órganos artificiales.

VÉASE TAMBIÉN La cometa de Benjamin Franklin (1752), La bobina de Tesla (1891), La escalera de Jacob (1931), Estampido sónico (1947).

Figura de Lichtenberg creada en metacrilato por Bert Hickman, generada mediante una irradiación de haces de electrones, seguida por una descarga manual. El potencial interno de la pieza antes de la descarga se estimó en unos dos millones de voltios.

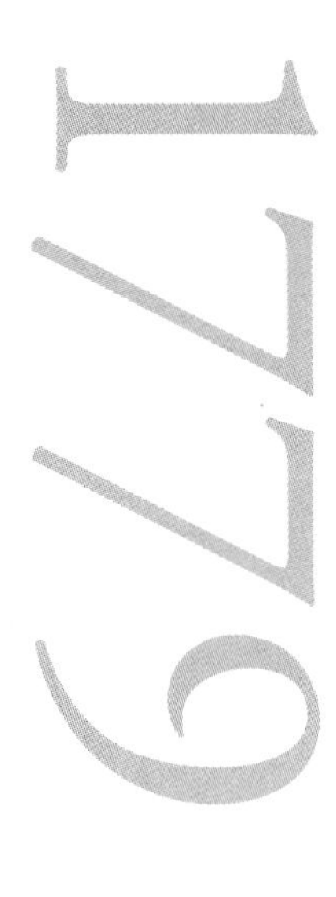

La galaxia del Ojo Negro

Edward Pigott (1753–1825), **Johann Elert Bode** (1747–1826), **Charles Messier** (1730–1817)

La galaxia del Ojo Negro se encuentra en la constelación *Coma Berenices*, a unos 24 millones de años luz de la Tierra. El escritor y naturalista Stephen James O'Meara ha escrito con cierto lirismo sobre esta célebre galaxia de «brazos sedosos y suaves [que] envuelven con elegancia un núcleo de porcelana [...] La galaxia parece un ojo humano cerrado con un "cardenal". Las nubes de polvo oscuro con aspecto de sucios surcos de tierra parecen ser densas, [pero] sería difícil distinguir una botella llena de este material del vacío absoluto».

En 1779 la descubrió el astrónomo inglés Edward Pigott. Pero tan solo doce días después y sin tener conocimiento de dicho descubrimiento, fue descrita también por el astrónomo alemán Johann Elert Bode y, aproximadamente un año más tarde, por el astrónomo francés Charles Messier. Como se indicaba en la entrada «**Qué es el arco iris**», en la historia de la ciencia y las matemáticas son habituales estos de hallazgos casi simultáneos. Los naturalistas británicos Charles Darwin y Alfred Wallace, por ejemplo, desarrollaron la teoría de la evolución de forma separada y simultánea. Del mismo modo, Isaac Newton y el matemático alemán Gottfried Wilhelm Leibniz desarrollaron el cálculo más o menos en la misma época. La simultaneidad en la ciencia ha llevado a algunos filósofos a sugerir que los descubrimientos científicos son inevitables porque afloran en las aguas intelectuales comunes de un determinado lugar y momento.

Curiosamente, descubrimientos recientes indican que los gases interestelares de las regiones exteriores de la galaxia del Ojo Negro giran en dirección contraria a la de los gases y las estrellas del interior. Esta rotación diferenciada podría deberse a que la galaxia del Ojo Negro hubiera colisionado con otra galaxia y la hubiera engullido hace más de mil millones de años.

David Darling ha escrito que el interior de la galaxia tiene un radio de unos 3.000 años luz y «fricciona con el contorno interior de un disco externo, que gira en dirección contraria a unos 300 kilómetros por segundo y tiene una extensión de, al menos, 40.000 años luz. Este rozamiento quizá explique el vigoroso estallido de formación de estrellas que actualmente tiene lugar en la galaxia y que es visible en forma de nudos azules insertos en el inmenso carril de polvo».

VÉASE TAMBIÉN Los agujeros negros (1783), La nebulosa protosolar (1796), La paradoja de Fermi (1950), Los cuásares (1963), La materia oscura (1933).

El gas interestelar de las regiones exteriores de la galaxia del Ojo Negro gira en el sentido opuesto al del gas y las estrellas más próximas al núcleo. Esta diferencia en el sentido de giro puede deberse a que la galaxia colisionara con otra y la absorbiera hace más de mil millones de años.

Los agujeros negros

John Michell (1724–1793), **Karl Schwarzschild** (1873–1916), **John Archibald Wheeler** (1911–2008), **Stephen William Hawking** (nacido en 1942)

Quizá los astrónomos no crean en el infierno, pero casi todos creen en la existencia de unas regiones del espacio oscuras y voraces ante las que sería recomendable colocar una señal: «Dejad, los que aquí entráis, toda esperanza». Esa fue la advertencia del poeta Dante Alighieri al describir la entrada al infierno en *La divina comedia* y, como ha señalado el astrofísico Stephen Hawking, sería el mensaje adecuado para los viajeros que se acercaran a un agujero negro.

Estos infiernos cosmológicos existen de hecho en el centro de muchas galaxias. Los agujeros negros galácticos son objetos colapsados que tienen una masa varios millones o miles de millones de veces superior a la del Sol, embutida en un espacio no mayor que el de nuestro sistema solar. Según la teoría clásica de los agujeros negros, el campo gravitatorio que rodea a estos objetos es tan intenso que nada, ni tan siquiera la luz, puede escapar de sus tenaces garras. Todo aquel que caiga en un agujero negro se sumergirá en una diminuta zona central de una densidad extremadamente alta y un volumen extremadamente reducido... y donde se acaba el tiempo. Si tenemos en cuenta la teoría cuántica, se cree que los agujeros negros emiten una modalidad de radiación denominada radiación de Hawking (véase «Notas y lecturas complementarias», así como la entrada «**Stephen Hawking en *Star Trek***»).

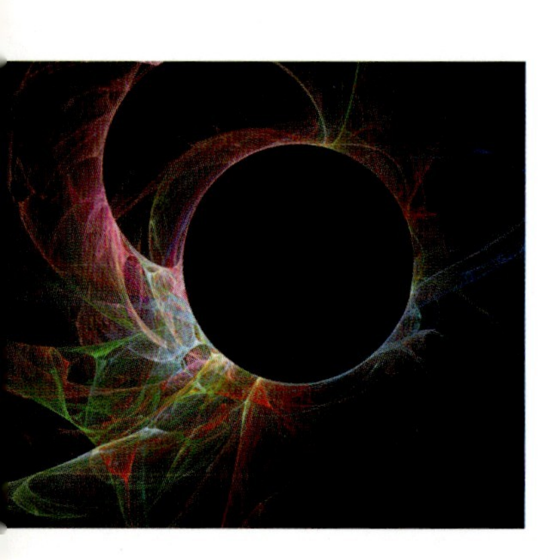

Los agujeros negros pueden tener muy diversos tamaños. Para aportar un contexto histórico digamos que en 1915, pocas semanas después de que Albert Einstein publicara su teoría de la relatividad general, el astrónomo alemán Karl Schwarzchild realizó cálculos precisos de lo que hoy se denomina el radio de Schwarzchild u horizonte de sucesos. Ese radio define una esfera que rodea a un cuerpo de una determinada masa. Según la teoría clásica de los agujeros negros, dentro de la esfera de un agujero negro la gravedad es tan fuerte que no puede escapar luz, materia ni señal alguna. Para una masa equivalente a la del Sol, el radio de Schwarzchild tiene unos cuantos kilómetros de longitud. Un agujero negro con un horizonte de sucesos del tamaño de un cacahuete tendría una masa equivalente a la de la Tierra. La mera idea de que haya un objeto tan grande que no pueda salir de él la luz fue expuesta por primera vez en 1783 por el geólogo John Michell. El término «agujero negro» fue acuñado en 1967 por el físico teórico John Wheeler.

VÉASE TAMBIÉN La velocidad de escape (1728), La teoría de la relatividad general (1915), Las estrellas enanas blancas y el límite de Chandrasekhar (1931), Las estrellas de neutrones (1933), Los cuásares (1963), Stephen Hawking en *Star Trek* (1993), El Universo se desvanece en 100 billones de años.

IZQUIERDA: *Los agujeros negros y la radiación de Hawking han servido de inspiración para infinidad de obras impresionistas de la artista eslovena Teja Krašek.* DERECHA: *Representación del repliegue del espacio en las inmediaciones de un agujero negro.*

La ley de Coulomb

Charles-Augustin Coulomb (1736–1806)

«Llamamos *electricidad* al fuego atronador del nubarrón» escribió en el siglo XIX el ensayista Thomas Carlyle, «¿pero qué es? ¿de qué está hecho?» Los primeros pasos para comprender la carga eléctrica los dio el físico francés Charles-Augustin Coulomb, un eminente científico que destacó en los campos de la electricidad, el magnetismo y la mecánica. Su ley de la electrostática afirma que la fuerza de atracción o repulsión entre dos cargas eléctricas es directamente proporcional al producto de la magnitud de las cargas e inversamente proporcional al cuadrado de la distancia r que las separa. Si las cargas son de idéntico signo, la fuerza es de repulsión. Si las cargas tienen signos opuestos, de atracción.

Hoy día, los experimentos han demostrado que la ley de Coulomb es válida para un amplio intervalo de distancias de separación, desde tan minúsculas como 10^{-16} metros (la décima parte del diámetro del núcleo de un átomo) hasta tan inmensas como 10^{6} metros. La ley de Coulomb solo es exacta cuando las partículas cargadas están inmóviles, pues el movimiento produce campos magnéticos que modifican la fuerza de las cargas.

Aunque antes de Coulomb hubo investigadores que ya propusieron la relación $1/r^2$, llamamos a esta ecuación Ley de Coulomb en honor a los resultados y evidencias obtenidos por Coulomb gracias a sus mediciones en la balanza de torsión. Dicho de otro modo: Coulomb aportó resultados cuantitativos contundentes para avalar lo que, hasta 1785, no eran más que suposiciones intuitivas.

Un modelo de la balanza de torsión de Coulomb consiste en dos esferas, una de ellas de metal, sujetas a los extremos de una varilla aislante. La varilla está suspendida desde su punto medio por un filamento o cable no conductor. Para medir la fuerza electrostática, la bola de metal tiene que estar cargada. Se sitúa entonces una tercera bola con una carga similar cerca de la bola cargada lo que causará una repulsión que hará rotar la balanza. Si medimos la fuerza necesaria para hacer girar el cable con el mismo ángulo de rotación, podemos calcular la magnitud de la fuerza originada por la esfera cargada. En otras palabras, el cable actúa como un resorte muy sensible que suministra una fuerza proporcional al ángulo de giro.

VÉASE TAMBIÉN Las ecuaciones de Maxwell (1861), La botella de Leiden (1744), La gradiometría gravitatoria de Eotvos (1890), El electrón (1897), El experimento de la gota de aceite de Millikan (1913).

Balanza de torsión de Charles-Augustin de Coulomb, según una imagen extraída de su obra Mémoires sur l'électricité et le magnétisme *(1785-1789).*

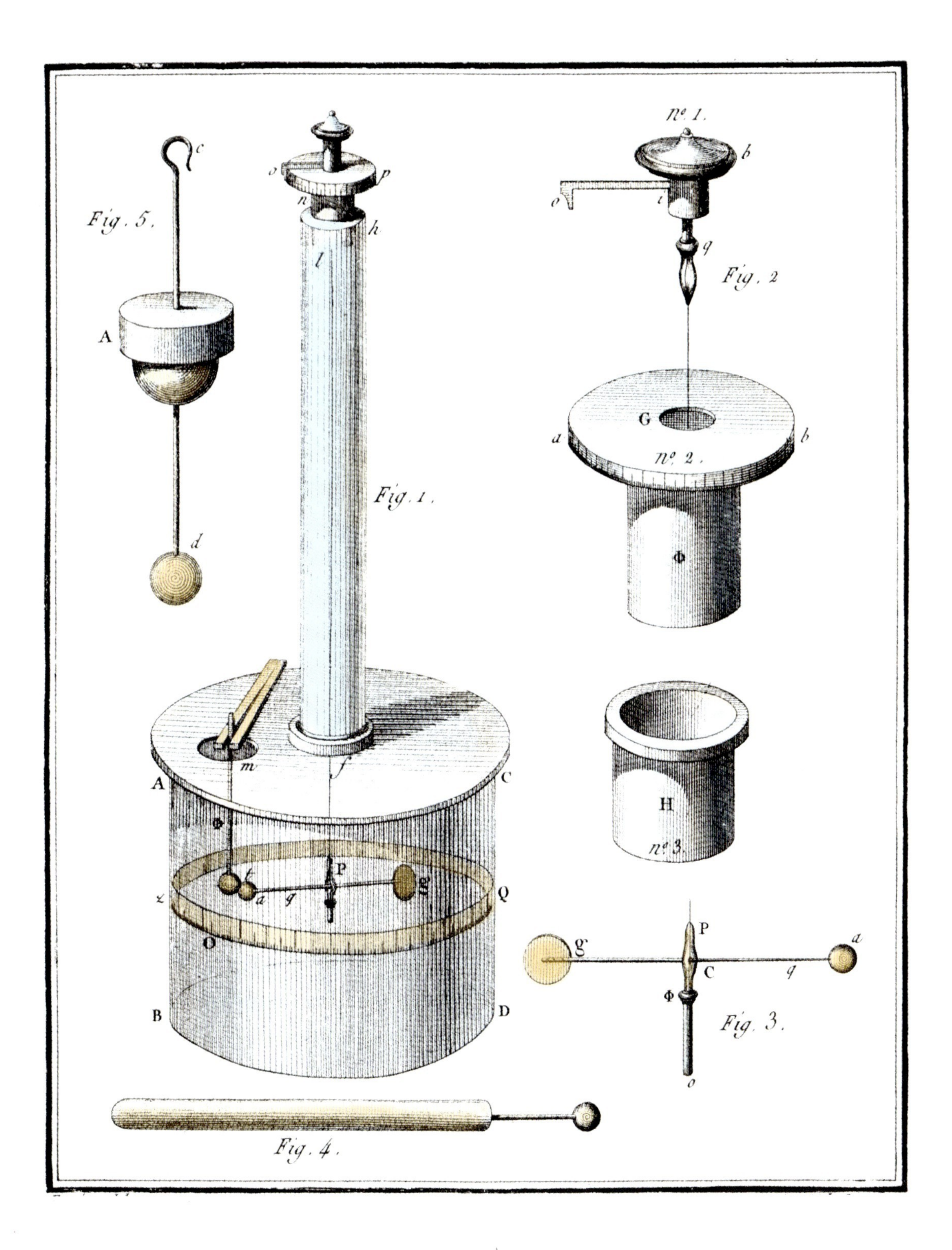

Fig. 5.
c
A
d
o
p
n
h
l
Fig. 1.
m
f
A
C
Φ
P
t
g
a
q
Q
O
B
D
Nº. 1.
b
o
i
q
Fig. 2
G
a
b
Nº. 2.
Φ
H
Nº. 3.
P
g
a
C
q
Φ
Fig. 3.
o
Fig. 4.

La ley de Charles y Gay-Lussac

Jacques Alexandre César Charles (1746–1823), **Joseph Louis Gay-Lussac** (1778–1850)

«Nuestra misión consiste en pinchar bolsas de aire y buscar las semillas de la verdad», escribió en un ensayo Virginia Woolf. Por su parte, el aeróstata francés Jacques Charles sabía cómo conseguir que las «bolsas de aire» se elevaran para encontrar verdades. La ley que lleva su nombre afirma que el volumen ocupado por una cantidad determinada de gas es proporcional a su temperatura absoluta (esto es, la temperatura en grados Kelvin). La ley se puede expresar $V = kT$ donde V es el volumen a una presión constante, T es la temperatura y k es una constante. El físico Joseph Gay-Lussac publicó la ley por primera vez en 1802, en un artículo donde aludía a un trabajo inédito de Jacques Charles de en torno al año 1787.

A medida que se incrementa la temperatura del gas, sus moléculas se mueven con más rapidez y golpean con más fuerza las paredes del recipiente que lo contiene, con lo que, si ese recipiente se puede expandir, aumenta el volumen del gas. Para entenderlo con un ejemplo concreto pensemos en lo que sucede al calentar el aire contenido en un globo aerostático. A medida que aumenta la temperatura en el interior del globo, se incrementa la velocidad de movimiento de las moléculas de gas. A su vez, eso eleva el ritmo con el que las moléculas del gas bombardean la superficie interior del globo. Como el globo se puede ensanchar, la superficie se expande como consecuencia del aumento del bombardeo interno. El volumen del gas aumenta y su densidad disminuye. El acto de enfriar el gas del interior de un globo tiene el efecto contrario, pues hace que la presión se reduzca y el globo se encoja.

Charles adquirió más fama entre sus contemporáneos por sus diversas hazañas e invenciones relacionadas con la ciencia aerostática y otras disciplinas científicas prácticas. Su primera travesía en globo tuvo lugar en 1783 y una multitud de miles de admiradores contempló cómo su globo surcaba los cielos. El globo ascendió hasta casi los 3.000 pies (914 metros) y parece ser que terminó aterrizando en un prado de las afueras de París, donde unos campesinos aterrorizados lo destrozaron. En realidad, los lugareños creían que el globo era alguna clase de espíritu maligno o bestia de la que escuchaban salir suspiros y gruñidos acompañados de un olor fétido.

VÉASE TAMBIÉN La ley de los gases de Boyle (1662), La ley de Henry (1803), La ley de Avogadro (1811), La teoría cinética (1859).

Primer vuelo de Jacques Charles con su copiloto, Nicolas-Louis Robert, a quienes se ve ondeando banderas ante los espectadores. Al fondo, el Palacio de Versalles. El grabado es probablemente obra de Antoine François Sergent-Marceau, c. 1783.

1796

La nebulosa protosolar

Immanuel Kant (1724–1804), **Pierre-Simon Laplace** (1749–1827)

Durante siglos, los científicos barajaron la hipótesis de que el Sol y los planetas se hubieran originado a partir de un disco de gas y polvo cósmico en rotación. Ese disco plano obligó a los planetas formados a partir de él a describir órbitas situadas en el mismo plano. Esta *teoría nebular* fue desarrollada en 1755 por el filósofo Immanuel Kant y perfeccionada en 1796 por el matemático Pierre-Simon Laplace.

Dicho en pocas palabras, las estrellas y sus discos se forman a partir del colapso gravitatorio de volúmenes inmensos de un gas interesterlar muy poco denso llamado nebulosa solar. A veces, una onda de choque procedente de una supernova próxima, la explosión de una estrella, puede desencadenar el colapso. En estos discos de gas protoplanetarios (también conocidos por la abreviatura *proplyds*), los gases forman torbellinos que giran más en un sentido que en otro, lo que confiere a la nube de gas un movimiento de rotación neto.

Sirviéndose del telescopio espacial Hubble, los astrónomos han detectado varios *proplyds* en la nebulosa de Orión, un gigantesco semillero de estrellas situado a unos 1.600 años luz. Los *proplyds* de Orión son más grandes que el Sistema Solar y contienen gas y polvo en cantidad suficiente para suministrar la materia prima necesaria a futuros sistemas planetarios.

La violencia de los albores del Sistema Solar, cuando colisionaban entre sí cantidades inmensas de materia, era fabulosa. El calor del astro expulsó los elementos y materiales más ligeros a la región del Sistema Solar más próxima al Sol, dejando tras de sí Mercurio, Venus, la Tierra y Marte. En la región exterior y más fría del sistema, la nebulosa solar de polvo y gas pervivió algún tiempo y se aglutinó para formar Júpiter, Saturno, Urano y Neptuno.

Curiosamente, Isaac Newton quedó maravillado ante el hecho de que la mayor parte de los cuerpos que giran en torno al Sol estén dispuestos en un mismo plano elíptico en el que solo hay pequeñas variaciones en el grado de inclinación. Él pensaba que los procesos naturales no podían haber arrojado semejante conducta. Por tanto, sostenía que era una señal de diseño inteligente de un creador benévolo y con criterio artístico. En cierto momento pensó que el Universo era el «*sensorium de Dios*», cuyos objetos, movimientos y transformaciones no eran sino sus pensamientos.

VÉASE TAMBIÉN Las dimensiones del Sistema Solar (1672), La galaxia del Ojo Negro (1779), El telescopio espacial Hubble (1990).

Disco protoplanetario. Esta representación artística muestra a una pequeña estrella joven rodeada por un disco de polvo y gas, la materia prima con la que pudieron formarse planetas rocosos como la Tierra.

1798

Cuando Cavendish pesó la Tierra

Henry Cavendish (1731–1810)

Quizá Henry Cavendish fuera el científico más importante del siglo XVIII y uno de los más grandes de toda la historia. Sin embargo, su extremada timidez, un rasgo que dejó en secreto el inmenso alcance de sus escritos científicos hasta después de su muerte, supuso que algunos de sus importantes descubrimientos quedaran asociados al nombre de investigadores posteriores. Los numerosos manuscritos dados a conocer tras la muerte de Cavendish revelaron que realizó exhaustivas investigaciones en todas las ramas de las ciencias físicas de su tiempo.

El brillante químico británico era tan tímido con las mujeres que se comunicaba con sus amas de llaves exclusivamente por medio de notas. Ordenó a todas ellas que no se acercaran a él y si no lograban obedecerle, las despedía. En cierta ocasión se tropezó con una criada, y sintió tanta vergüenza que mandó construir una segunda escalera para uso exclusivo de los criados, de tal modo que pudiera evitarlos.

En uno de sus experimentos más fabulosos, Cavendish, con 70 años de edad, «pesó» el mundo. Para llevar a cabo semejante hazaña no se transformó en el dios griego Atlas, sino que calculó la densidad de la Tierra utilizando balanzas extremadamente sensibles. Concretamente, utilizó una balanza de torsión compuesta por dos esferas de plomo sujetas a los extremos de una barra suspendida. Estas esferas móviles experimentaban la atracción de otro par de esferas de plomo inmóviles y de mayor tamaño. Para evitar el efecto de las corrientes de aire encerró el aparato en una urna de cristal y observó el movimiento de las esferas desde lejos, mediante un anteojo. Cavendish calculó la fuerza de atracción entre las bolas observando el periodo de oscilación de la balanza, y entonces calculó la densidad de la Tierra a partir de la fuerza. Concluyó que la Tierra era 5,4 veces más densa que el agua, un valor tan solo un 1,3 por ciento inferior al valor aceptado en la actualidad. Cavendish fue el primer científico capaz de detectar fuerzas gravitatorias diminutas entre objetos pequeños (la atracción equivalía a 1/500.000.000 veces el peso de los cuerpos). Con su comprobación experimental de la Ley de la Gravitación Universal de Newton hizo quizá la aportación más importante a la ciencia gravitatoria desde los tiempos de Newton.

VÉASE TAMBIÉN Las leyes del movimiento y la gravitación universal de Newton (1687), La gradiometría gravitatoria de Eotvos (1890), La teoría de la relatividad general (1915).

Detalle del dibujo de una balanza de torsión, extraído del artículo de Cavendish «Experiments to Determine the Density of the Earth», de 1798.

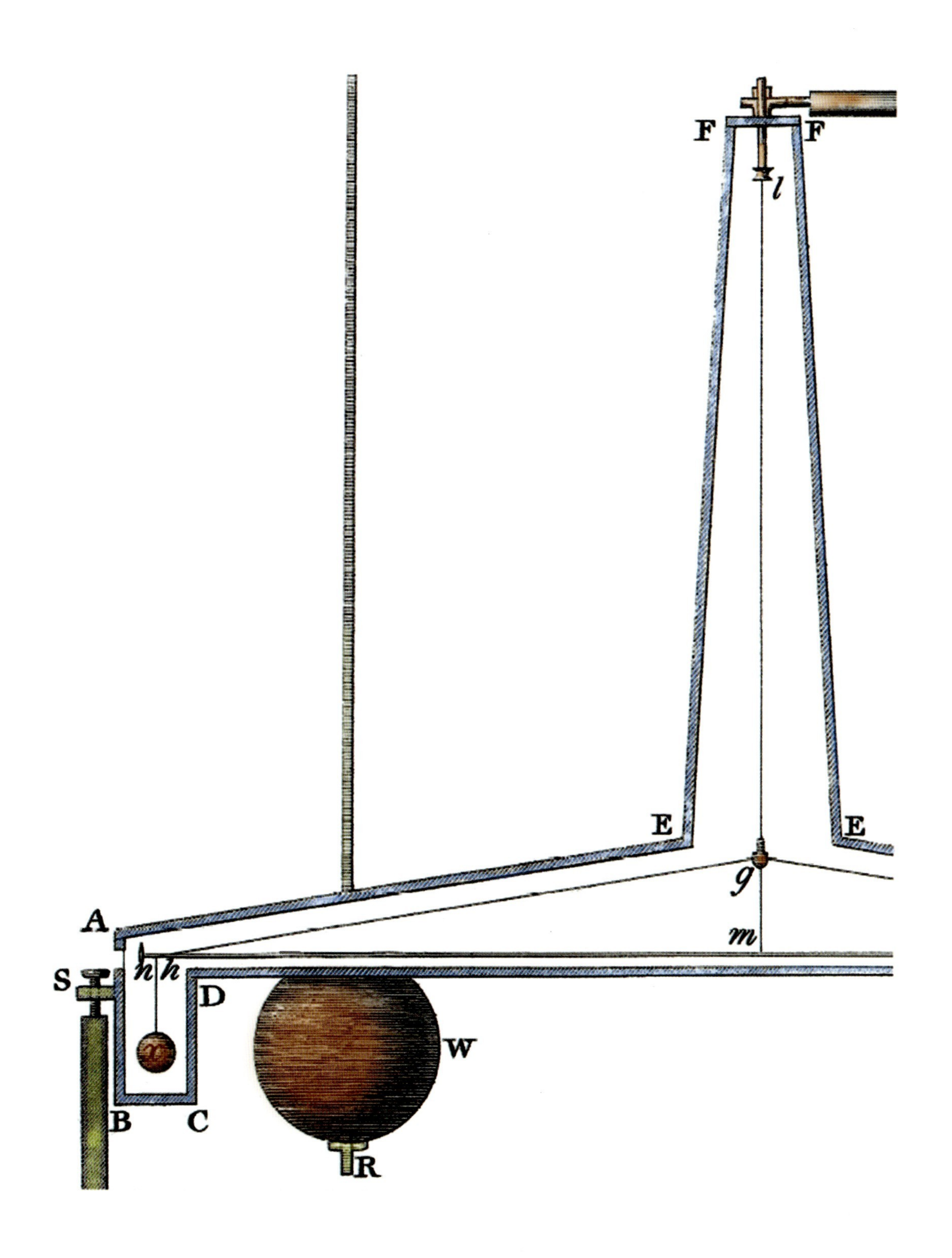

F
F
l
E
E
g
A
m
h
h
S
D
W
B
C
R

La pila de Volta

Luigi Galvani (1737–1798), **Alessandro Volta** (1745–1827),
Gaston Planté (1834–1889)

Las pilas eléctricas han desempeñado un papel muy valioso en la historia de la física, la química y la industria. A medida que las pilas fueron evolucionando, aumentando su voltaje y sofisticación, facilitaron avances importantes en muchas aplicaciones eléctricas, desde la aparición de los sistemas de telegrafía hasta su uso en vehículos, cámaras, ordenadores y teléfonos.

Hacia 1780, el fisiólogo Luigi Galvani experimentó con ancas de rana observando que podía provocarles convulsiones cuando entraban en contacto con el metal. El periodista científico Michael Guillen ha escrito que «durante sus sensacionales conferencias, Galvani mostraba a la gente cómo docenas de ancas de rana se agitaban sin control mientras estaban colgadas de unos ganchos de cobre unidos a un cable de hierro, como si fueran ropa tendida para secarse. La ciencia ortodoxa se avergonzaba ante semejantes prácticas, pero el espectáculo de aquel elenco de ancas flexionándose reportó a Galvani un éxito de taquilla multitudinario en auditorios de todo el mundo». Galvani atribuía el movimiento de las ancas a la «electricidad animal». Sin embargo, Alessandro Volta, físico también italiano y amigo de Galvani, creía que la explicación del fenómeno estaba en los distintos metales que Galvani empleaba unidos mediante una sustancia húmeda y conductora. En 1800, Volta inventó lo que tradicionalmente se considera la primera pila eléctrica al apilar varios pares de discos de cobre y zinc alternos separados por un tejido empapado en agua salada. Cuando se conectaban los extremos superior e inferior de la pila voltaica con un hilo metálico, empezaba a circular corriente eléctrica. Para verificar que la corriente fluía, Volta tocaba los dos extremos con la lengua y experimentaba una sensación de hormigueo.

«Una pila es, fundamentalmente, una lata llena de sustancias químicas que produce electrones», han escrito Marshall Brain y Charles Bryant. Si se conectan con un cable los polos negativo y positivo, los electrones producidos por las reacciones químicas fluyen de un polo a otro.

En 1859, el físico Gaston Planté inventó la pila recargable. Al hacer pasar la corriente a través de ella «en sentido contrario», logró recargar su batería de plomo y ácido. En la década de 1880 se inventaron –con gran éxito comercial– las pilas secas, que utilizaban electrolitos (sustancias que contienen iones libres que las vuelven conductoras de electricidad) pastosos en lugar de líquidos.

VÉASE TAMBIÉN La batería de Bagdad (250 a. C.), El generador electrostático de Von Guericke (1660), La pila de combustible (1839), La botella de Leiden (1744), La célula fotoeléctrica (1954), Las *buckyesferas* (1985).

A medida que evolucionaron, las pilas fueron propiciando avances importantes en toda clase de aplicaciones eléctricas, que abarcan desde la aparición de los sistemas de comunicación telegráfica hasta su uso en vehículos, cámaras, ordenadores y teléfonos.

1801

La naturaleza ondulatoria de la luz

Christiaan Huygens (1629–1695), **Isaac Newton** (1642–1727), **Thomas Young** (1773–1829)

La pregunta «¿qué es la luz?» ha intrigado a los científicos durante siglos. En 1675, el célebre científico inglés Isaac Newton manifestó que la luz era una corriente de partículas diminutas. Su rival, el físico holandés Christiaan Huygens, sugirió que podría tratarse de una onda, pero las teorías de Newton solían ser preponderantes debido, en parte, a su prestigio.

En torno a 1800, el investigador inglés Thomas Young, célebre también por sus trabajos para descifrar la piedra Rosetta, inició una serie de experimentos que respaldaban la teoría ondulatoria de Huygens. En una variante moderna del experimento de Young, un láser ilumina por igual dos rendijas paralelas en una superficie opaca. El patrón de interferencias que genera la luz cuando atraviesa las dos rendijas se aprecia proyectado sobre una pantalla más alejada. Young utilizó argumentos geométricos para demostrar que la superposición de ondas luminosas procedentes de las dos hendiduras explicaba la serie de franjas de luz y oscuridad alternas y equidistantes que se observaban y que representaban interferencia constructiva y destructiva respectivamente. Se puede considerar que este patrón en la luz es similar al que se produce en la propagación de las olas formadas por el lanzamiento de dos piedras a un lago, que se entrecruzan a veces anulándose y otras veces multiplicándose para formar olas más pronunciadas.

Si realizamos el mismo experimento con un haz de electrones en lugar de con luz, el dibujo de la interferencia resultante es parecido. La observación resulta interesante porque, si los electrones se comportaran solo como partículas, simplemente veríamos dos manchas brillantes correspondientes a cada una de las dos hendiduras.

Hoy sabemos que el comportamiento de la luz y las partículas subatómicas puede ser incluso más misterioso. Cuando se proyectan electrones de uno en uno a través de las hendiduras, se produce un patrón de interferencia similar al de las ondas cuando pasan por las dos ranuras al mismo tiempo. Este comportamiento rige en todas las partículas subatómicas, no solo en los fotones (las partículas de luz) y los electrones, sugiriendo la presencia de una misteriosa combinación de comportamiento corpuscular y ondulatorio en la luz y las partículas subatómicas; lo que no es más que una faceta de la revolución de la mecánica cuántica en la física.

VÉASE TAMBIÉN Las ecuaciones de Maxwell (1861), El espectro electromagnético (1864), El electrón (1897), El efecto fotoeléctrico (1905), La ley de Bragg (1912), La hipótesis de De Broglie (1924), La ecuación ondulatoria de Schrödinger (1926), El principio de complementariedad (1927).

Simulación de interferencia entre dos fuentes puntuales. Young demostró que la superposición de ondas luminosas provenientes de las dos rendijas explicaba la serie de franjas de luz y oscuridad observadas que representaban la interferencia constructiva y destructiva, respectivamente.

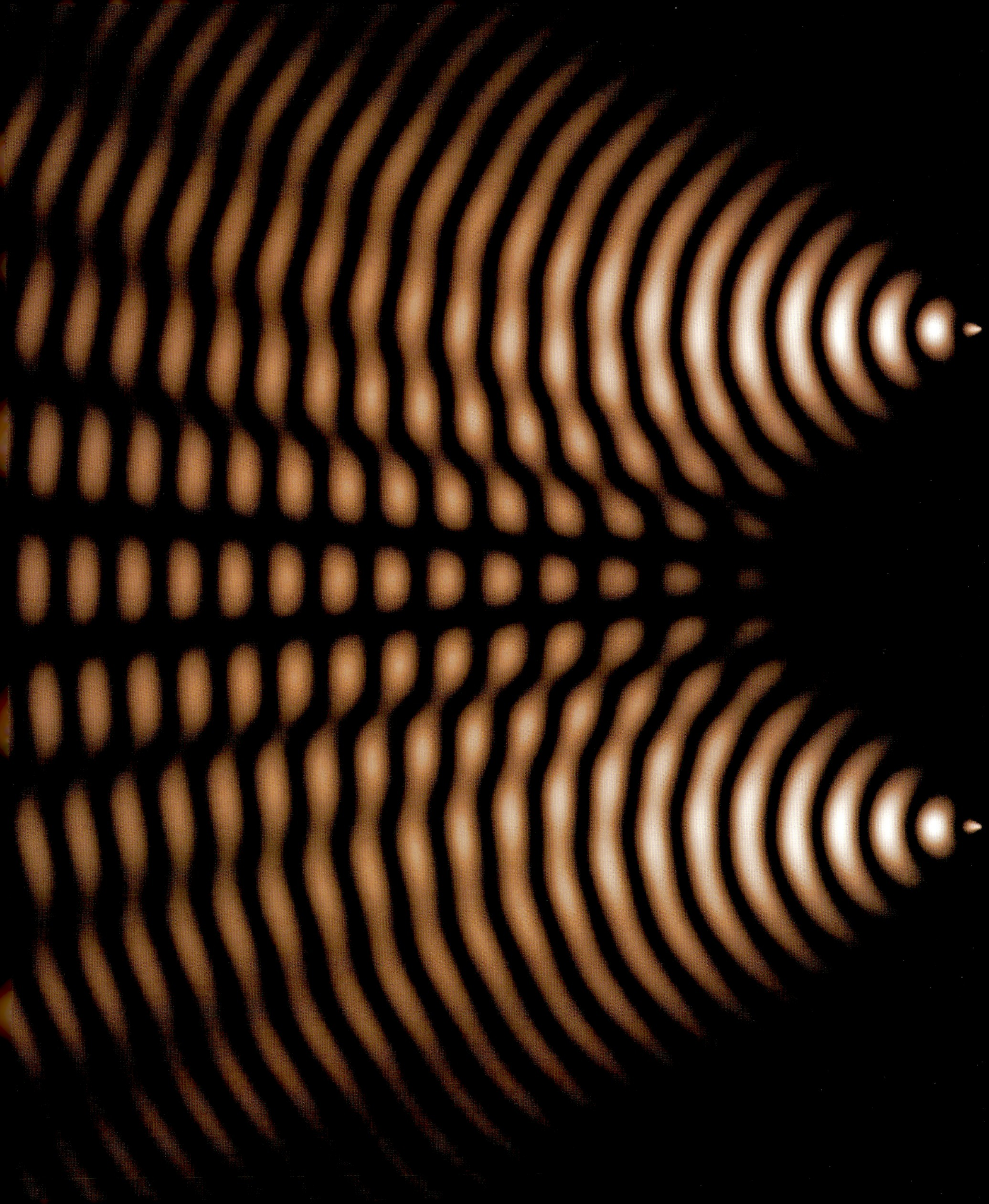

La ley de Henry

William Henry (1775–1836)

Se pueden descubrir curiosidades de la física hasta en el chasquido de los nudillos. La ley de Henry, que recibe su nombre por el químico británico William Henry, afirma que la cantidad de gas disuelta en un líquido es directamente proporcional a la presión que ejerce el gas sobre la disolución. Se supone que el sistema en cuestión ha alcanzado un estado de equilibrio y que el gas no reacciona químicamente con el líquido. La fórmula que se suele utilizar hoy día para la ley de Henry es $P = kC$, donde P es la presión parcial que ejerce el gas sobre la disolución, C es la concentración de gas disuelto y k es la constante de la ley de Henry.

Podemos entender mejor el significado de la ley de Henry imaginando una situación en la que la presión de un gas sobre un líquido se multiplique por dos. Así, en promedio, en un determinado lapso de tiempo colisionaran con la superficie del líquido el doble de moléculas de gas y, por tanto, ingresarán en la disolución el doble de moléculas de gas. Hay que señalar que los diferentes gases presentan solubilidades distintas y que esas diferencias, junto al valor de la constante de Henry, también afectan al proceso.

Los investigadores utilizan la ley de Henry para explicar el ruido asociado al «chasquido» de los nudillos. Los gases disueltos en el líquido sinovial de las articulaciones abandonan la disolución bruscamente cuando se estiran las articulaciones y desciende la presión. Este proceso, que remite a la formación y desintegración repentina de burbujas de baja presión en los líquidos mediante procedimientos mecánicos, produce un sonido característico.

En el buceo con escafandra, la presión del aire que se respira es aproximadamente la misma que la presión del agua circundante. Cuanto mayor es la profundidad a la que se bucea, mayor es la presión del aire y por tanto más aire se disuelve en la sangre. Cuando un buceador asciende muy deprisa, el aire disuelto en la sangre puede abandonar la disolución con demasiada rapidez y formar burbujas en el torrente sanguíneo que pueden ocasionar dolorosos y peligrosos trastornos denominados «síndrome de descompresión» o «enfermedad del buzo».

VÉASE TAMBIÉN La ley de los gases de Boyle (1662), La ley de Charles y Gay-Lussac (1787), La ley de Avogadro (1811), La teoría cinética (1859), La sonoluminiscencia (1934), El pájaro bebedor (1945).

Detalle de un refresco de cola en un vaso. Cuando abrimos una lata de un refresco con gas, la reducción de la presión en el interior de la lata hace que, según la ley de Henry, el gas disuelto aflore abandonando la disolución. El dióxido de carbono forma burbujas en el refresco.

1807

El análisis de Fourier

Jean Baptiste Joseph Fourier (1768–1830)

«El tema más recurrente en la física matemática es el análisis de Fourier» ha escrito el físico Sadri Hassani. «Aparece, por ejemplo, en la mecánica clásica [...] en la teoría electromagnética y en el análisis de frecuencias ondulatorias, en estudios sobre el ruido y el calor, o en la teoría cuántica»... prácticamente en cualquier campo en el que sea relevante analizar una frecuencia. Las series de Fourier son utilizadas por los científicos para caracterizar y comprender mejor la composición química de las estrellas y para medir la transmisión de señales en los circuitos electrónicos.

Antes de que el matemático francés Joseph Fourier desarrollara sus famosas series, acompañó a Napoleón en la expedición a Egipto de 1798, donde pasó varios años estudiando artefactos egipcios. Las investigaciones de Fourier en la teoría matemática del calor comenzaron en torno a 1804, ya de vuelta en Francia, y en 1807 había concluido su importante monografía *Mémoire sur la propagation de la chaleur dans les corps solides*. El tema principal de este trabajo guardaba relación con la difusión del calor en cuerpos de diferentes formas. Para este tipo de problemas, los investigadores suelen disponer del valor de la temperatura en puntos superficiales y del contorno en un instante inicial $t = 0$. Fourier introdujo unas series con términos de senos y cosenos para encontrar soluciones para este tipo de problemas. De modo más general, descubrió que cualquier función diferencial se puede representar con la exactitud deseada mediante una suma de funciones de senos y cosenos, al margen de lo complicada que la función pueda parecer cuando se representa gráficamente.

Los biógrafos Jerome Ravetz e I. Grattan-Guiness señalan que «la importancia del logro de Fourier se puede comprender [teniendo en cuenta] las potentes herramientas matemáticas que inventó para hallar soluciones de ecuaciones, lo que arrojó una larga serie de secuelas y planteó problemas de análisis matemático que motivaron gran parte de los trabajos punteros en ese campo durante lo que quedaba de siglo y mucho después.» El físico británico sir James Jeans (1877-1946) subrayó que «el teorema de Fourier nos dice que todas las curvas, al margen de su naturaleza o del modo en que hayan sido obtenidas, pueden reproducirse con exactitud mediante la superposición de un número suficiente de curvas armónicas simples; en resumen, que se puede construir cualquier curva a base de apilar ondas».

VÉASE TAMBIÉN La ecuación de conducción del calor de Fourier (1822), El efecto invernadero (1824), El solitón (1834).

Detalle de la turbina de un motor a reacción. Métodos de análisis de Fourier se emplean para cuantificar y comprender las vibraciones no deseadas en infinidad de sistemas formados por elementos móviles.

1808

La teoría atómica

John Dalton (1766–1844)

John Dalton alcanzó el éxito profesional a pesar de algunas desventajas. Creció en una familia con pocos recursos, no era buen orador, no distinguía algunos colores y se le consideraba un experimentalista un tanto burdo o simple. Tal vez parte de estos obstáculos habrían supuesto una barrera insuperable para cualquier otro químico en ciernes de su época, pero Dalton perseveró y realizó aportaciones excepcionales al desarrollo de la teoría atómica, según la cual toda materia se compone de átomos de diferentes pesos que se combinan en proporciones sencillas para formar compuestos atómicos. La teoría atómica también aseguraba que los átomos eran indestructibles y que, para cada elemento, todos los átomos eran semejantes y tenían idéntico peso atómico.

Además, formuló la *ley de las proporciones múltiples*, que establece que cuando dos elementos se pueden combinar para formar diferentes compuestos, las masas de uno de ellos que se combinan con una masa fija del otro guardan una proporción que se expresa en números enteros bajos, como 1:2. Estas proporciones simples aportaban pruebas de que los átomos eran las estructuras básicas de construcción de los compuestos.

Dalton encontró resistencia a la aceptación de la teoría atómica. Por ejemplo, el químico británico sir Henry Enfield Roscoe (1833-1915) se burló de él en 1887 diciendo que «los átomos son pedacitos redondos de madera inventados por el señor Dalton». Quizá Roscoe se refiriese a las maquetas de madera que algunos científicos utilizaban para representar los átomos. Sin embargo, en 1850 la teoría atómica de la materia fue aceptada por un número significativo de científicos y la mayor parte de la oposición desapareció.

La idea de que la materia se componía de partículas minúsculas e indivisibles fue expuesta por el filósofo griego Demócrito en el siglo V a. C., pero no se aceptó de forma generalizada hasta que Dalton publicó en 1808 A *New System of Chemical Philosophy*. Hoy día sabemos que los átomos se pueden descomponer en partículas más pequeñas, como los protones, los neutrones y los electrones. Los quarks son partículas aún más pequeñas que se combinan para formar otras partículas subatómicas, como los protones y neutrones.

VÉASE TAMBIÉN La teoría cinética (1859), El electrón (1897), El núcleo atómico (1911), Observar un átomo aislado (1955), Los neutrinos (1956), Los quarks (1964).

IZQUIERDA: *Grabado de John Dalton, obra de William Henry Worthington (c. 1795–c. 1839).* DERECHA: *Según la teoría atómica, toda la materia se compone de átomos. En la imagen, una molécula de hemoglobina, cuyos átomos se representan con forma esférica. Esta proteína se encuentra en los glóbulos rojos de la sangre.*

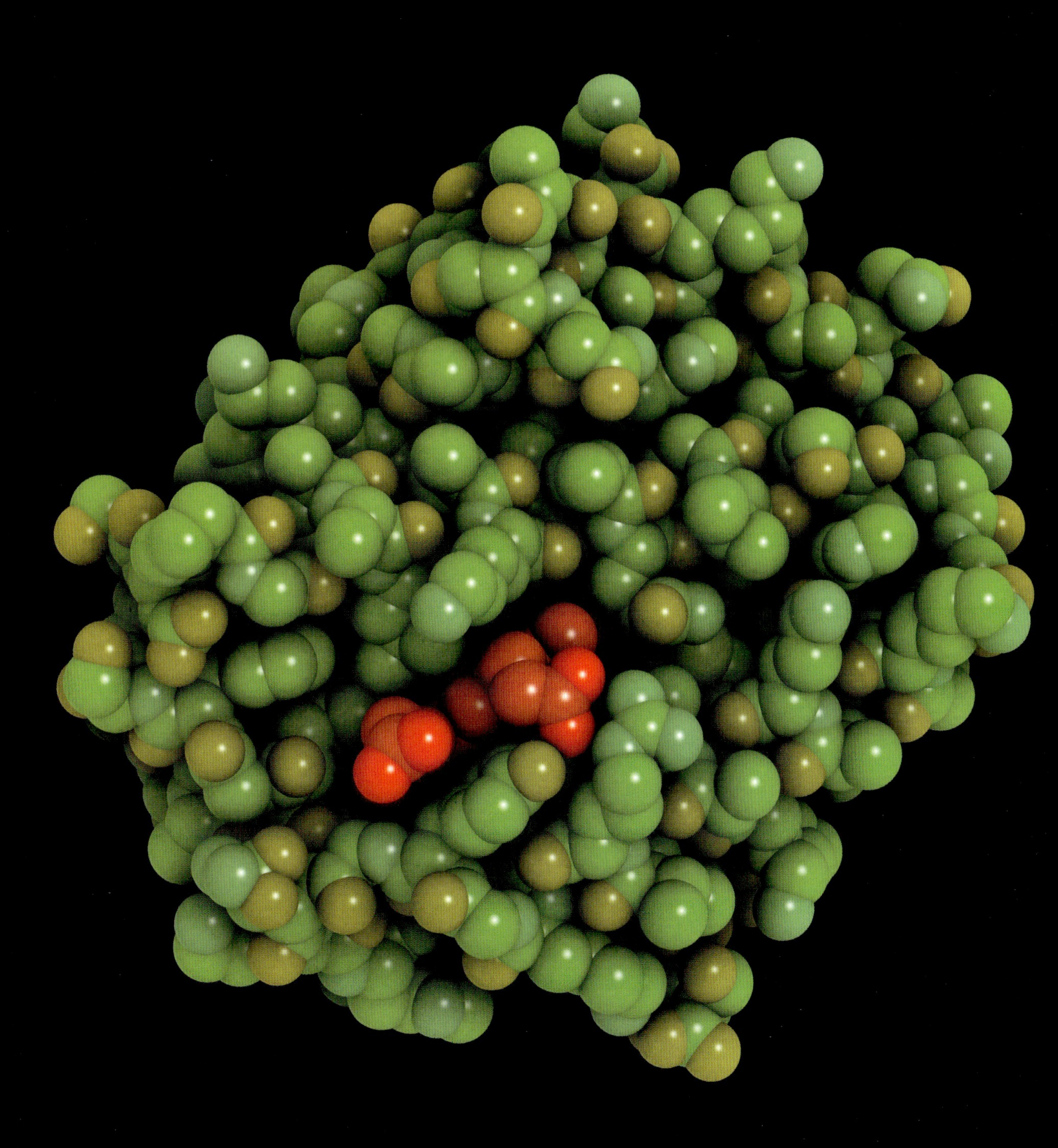

1811

La ley de Avogadro

Amedeo Avogadro (1776–1856)

La ley de Avogadro, enunciada en 1811 por el físico italiano Amedeo Avogadro, afirma que volúmenes iguales de diferentes gases a temperaturas y presiones idénticas contienen el mismo número de moléculas, con independencia de cuál sea la composición molecular del gas. La ley presupone que las partículas de gas se comportan de un modo «ideal», lo que representa una suposición acertada para casi todos los gases sometidos a una presión igual o inferior a unas pocas atmósferas y a temperatura ambiente.

Una variante de la ley también atribuida a Avogadro afirma que el volumen de un gas es directamente proporcional al número de sus moléculas. Se expresa mediante la fórmula $V = a \times N$, donde a es una constante, V es el volumen del gas y N, el número de sus moléculas. Otros científicos de la época creían que debía de haber cierta proporcionalidad, pero la Ley de Avogadro iba un paso más allá que las teorías rivales porque, en esencia, Avogadro estableció que la molécula era la partícula más pequeña que caracterizaba a una sustancia, partícula que podía estar compuesta por diferentes átomos. Apuntó, por ejemplo, que una molécula de agua estaba formada por dos átomos de hidrógeno y uno de oxígeno.

El número de Avogadro, $6{,}0221367 \times 10^{23}$, es el número de átomos contenidos en un mol de un elemento. En la actualidad decimos que el número de Avogadro es el número de átomos de carbono contenidos en 12 gramos de carbono-12. Un mol es la cantidad de un elemento que pesa exactamente el mismo número de gramos que el valor del peso atómico de la sustancia. El níquel, por ejemplo, tiene un peso atómico de 58,6934, de modo que un mol de níquel equivale a 58,6934 gramos.

Como los átomos y las moléculas son tan pequeños, resulta difícil visualizar la magnitud del número de Avogadro. Si un extraterrestre llegara a la Tierra y depositara sobre el planeta un número de Avogadro de granos de maíz para hacer palomitas, cubriría la superficie de Estados Unidos de América con una capa de unos quince kilómetros de espesor.

VÉASE TAMBIÉN La ley de Charles y Gay-Lussac (1787), La teoría atómica (1808), La teoría cinética (1859).

Coloquemos en un cuenco 24 bolas doradas numeradas. Si las fuéramos extrayendo al azar, la probabilidad de hacerlo por orden consecutivo de numeración es de 1 entre el número de Avogadro: ¡una probabilidad minúscula!

1814

Las líneas de Fraunhofer

Joseph von Fraunhofer (1787–1826)

Un *espectro* suele mostrar las variaciones de intensidad de la radiación de un objeto en diferentes longitudes de onda. Las líneas brillantes de un espectro atómico aparecen cuando los electrones descienden de niveles de energía superiores a otros inferiores. El color de las líneas depende de la diferencia de energía entre los niveles, y el valor concreto de los diferentes niveles de energía es idéntico para átomos del mismo tipo. En el espectro pueden aparecer líneas oscuras de absorción cuando un átomo absorbe luz y un electrón salta a un nivel de energía superior.

Analizando los espectros de absorción o emisión se puede determinar qué elementos químicos producen el espectro. En el siglo XIX, diferentes científicos repararon en que el espectro de la radiación electromagnética del Sol no era una curva que pasaba poco a poco de un color a otro, sino que contenía infinidad de líneas oscuras, lo que hacía pensar que la luz de determinadas longitudes de onda se absorbía. Esas líneas oscuras se llaman líneas de Fraunhofer en honor del físico bávaro Joseph von Fraunhofer, que las estudió en profundidad.

A algunos lectores les puede resultar fácil concebir que el Sol sea capaz de producir un espectro de radiación, pero no que también produzca líneas oscuras. ¿Cómo es posible que el Sol absorba su propia luz?

Se puede considerar que las estrellas son bolas de gas incandescente que contienen muchos átomos distintos emitiendo luz en un amplio rango de colores. La luz de la superficie de una estrella —la fotosfera—, presenta un espectro de color continuo, pero a medida que la luz va atravesando la atmósfera exterior de una estrella, algunos colores (es decir, la luz de diferentes longitudes de onda) son absorbidos. Esa absorción es lo que produce las líneas oscuras. En las estrellas, los colores que no aparecen, o las bandas oscuras de absorción, nos indican exactamente qué elementos químicos hay presentes en la atmósfera exterior de las estrellas.

Los científicos han catalogado infinidad de longitudes de onda ausentes en el espectro de la radiación solar. Comparando las bandas oscuras con las líneas del espectro producidas por elementos químicos en la Tierra, los astrónomos han descubierto la presencia de más de setenta elementos en el Sol. Es preciso señalar que, con posterioridad, los científicos Robert Bunsen y Gustav Kirchhoff estudiaron los espectros de emisión de elementos sometidos a calor y descubrieron el cesio en 1860.

VÉASE TAMBIÉN El prisma de Newton (1672), El espectro electromagnético (1864), El espectrómetro de masas (1898), El *bremsstrahlung* o radiación de frenado (1909), La nucleosíntesis estelar (1946).

Espectro de luz solar visible con las líneas de Fraunhofer. En el eje vertical se representa la longitud de onda, desde los 380 nanómetros de la parte más alta hasta los 710 nanómetros de la parte inferior.

1814

El demonio de Laplace

Pierre-Simon, Marquis de Laplace (1749–1827)

En 1814 el matemático francés Pierre-Simon Laplace describió una entidad, a la que posteriormente se denominaría demonio de Laplace, que sería capaz de calcular y determinar todos los acontecimientos del futuro siempre que se le facilitaran las posiciones, masas y velocidades de todos los átomos del universo y las diferentes fórmulas del movimiento conocidas. «De la idea de Laplace» escribe el científico Mario Markus «se desprende que si incluyéramos las partículas de nuestros cerebros, el libre albedrío se convertiría en una ilusión [...] Realmente, el Dios de Laplace simplemente pasa las páginas de un libro que ya está escrito.»

La propuesta tenía cierto sentido en la época en que vivió Laplace. Al fin y al cabo, si se podía predecir la posición de las bolas de billar que rebotan en una mesa, ¿por qué no el estado de las entidades compuestas de átomos? De hecho, el universo de Laplace no requiere en absoluto de la existencia de ningún Dios.

Laplace escribió que «podemos considerar que el estado actual del universo es consecuencia de su pasado y causa de su futuro. Un intelecto que conociera en un determinado instante todas las fuerzas que imprimen movimiento a la naturaleza y todas las posiciones de todos los elementos que la componen, y que fuera lo bastante grande para poder analizar todos esos datos, [recogería en] una única fórmula los movimientos de los cuerpos más grandes del universo y los de los átomos más diminutos; para ese intelecto nada quedaría indeterminado y vería ante sus ojos tanto el futuro como el pasado».

Posteriormente, avances como el **principio de incertidumbre de Heisenberg** o **la teoría del caos** parecen convertir en una quimera el demonio de Laplace. Según la teoría del caos, hasta las imprecisiones más insignificantes en la medición del estado de un momento inicial pueden desembocar en diferencias inmensas entre el resultado predicho y el real. Esto significa que el demonio de Laplace tendría que haber conocido la posición y el movimiento de todas las partículas con una precisión infinita, lo que volvería al demonio aún más complejo que el propio universo. Incluso si existiera un demonio semejante fuera del universo, **el principio de incertidumbre de Heisenberg** nos asegura que no se podrían realizar las mediciones infinitamente precisas que se requerirían.

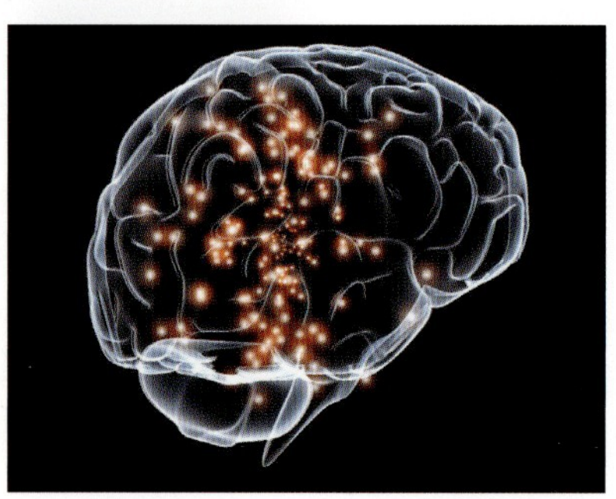

VÉASE TAMBIÉN El demonio de Maxwell (1867), El principio de incertidumbre de Heisenberg (1927), La teoría del caos (1963).

ARRIBA A LA IZQUIERDA: *Pierre-Simon Laplace (retrato póstumo obra de Madame Feytaud [1842]).* ABAJO A LA IZQUIERDA: *En un universo en el que existiera el demonio de Laplace, ¿no sería el libre albedrío una ilusión?* DERECHA: *Representación artística del demonio de Laplace observando la posición, masa y velocidad de todas y cada una de las partículas (representadas como motas luminosas) en un determinado momento.*

1815

La óptica de Brewster

Sir David Brewster (1781–1868)

La luz lleva siglos fascinando a los científicos pero, ¿quién iba a pensar que una sepia iba a poder enseñarnos algo acerca de la naturaleza de la luz? Una onda luminosa se compone de un campo eléctrico y un campo magnético que oscilan perpendicularmente entre sí y a la dirección de propagación. Sin embargo, las vibraciones del campo eléctrico se pueden limitar a un plano concreto *polarizando* el haz luminoso con determinado ángulo. Por ejemplo, un modo de polarizar la luz es haciendo que se refleje en la superficie de contacto entre dos medios, como el aire y el cristal. El componente del campo eléctrico paralelo a la superficie se refleja con mayor intensidad. Con un determinado ángulo de incidencia en la superficie, el llamado ángulo de Brewster por el físico escocés David Brewster, el haz de luz reflejado se compone por entero de luz cuyo vector eléctrico es paralelo a la superficie.

La polarización por dispersión de la luz en nuestra atmósfera origina a veces un resplandor en el cielo. Los fotógrafos reducen esta polarización parcial empleando materiales especiales que impiden que este resplandor produzca la imagen de un cielo carente de color. Muchos animales, como las abejas o las sepias, son capaces de percibir la polarización de la luz. Las abejas utilizan esta habilidad para orientarse, ya que la polarización lineal de la luz solar es perpendicular a la dirección al Sol.

Los experimentos de Brewster con la polarización de la luz le llevaron en 1816 a inventar el caleidoscopio. Es frecuente que profesores y estudiantes de física practiquen confeccionando diagramas de rayos para comprender las reflexiones múltiples de los rayos de luz del caleidoscopio. Cozy Baker, fundador de la Brewster Kaleidoscope Society, ha escrito que «su caleidoscopio causó un clamor sin precedentes [...] Desató un furor universal entre las clases sociales, desde las más humildes a las más altas, desde los más ignorantes hasta los más sabios, y todo el mundo sintió que un nuevo divertimento se había sumado a su existencia». El inventor estadounidense Edwin H. Land escribió que «el caleidoscopio fue la televisión de la década de 1850...».

VÉASE TAMBIÉN La ley de la refracción de Snell (1621), El prisma de Newton (1672), La fibra óptica (1841), El espectro electromagnético (1864), El láser (1960), Habitaciones que no se pueden iluminar (1969).

IZQUIERDA: *Sirviéndose de dibujos en la piel mediante luz polarizada, la sepia puede generar «diseños» muy complejos para comunicarse. Estos dibujos son invisibles para el ojo humano.* DERECHA: *Los experimentos de Brewster con la polarización de la luz le llevaron a inventar el caleidoscopio en 1816.*

El estetoscopio

René-Théophile-Hyacinthe Laennec (1781–1826)

El historiador social Roy Porter ha escrito que «el estetoscopio, al permitir acceder a los ruidos corporales —el sonido de la respiración o el borboteo de la sangre en torno al corazón—, modificó nuestra percepción de las enfermedades internas y, por consiguiente, de las relaciones entre médico y paciente. Al fin, el cuerpo humano vivo dejaba de ser un libro cerrado: ahora se podía hacer patología con los vivos».

En 1816, el físico francés René Laennec inventó el estetoscopio, que consistía en un tubo de madera con un extremo en forma de trompeta que se ponía en contacto con el pecho del paciente. La cavidad torácica llena de aire transmitía sonidos desde el cuerpo del paciente hasta el oído del médico. En la década de 1940 se generalizaron los estetoscopios en los que el extremo que se colocaba en el pecho del paciente tenía dos caras. Una es un diafragma (por ejemplo, un disco de plástico) que vibra cuando detecta un sonido corporal produciendo ondas de presión acústica que recorren el aire del tubo del estetoscopio. La otra tiene forma de campana (como el hueco de una taza) y transmite mejor los sonidos de baja frecuencia. En realidad el diafragma capta mal las bajas frecuencias asociadas a los sonidos del corazón y se emplea para escuchar el sistema respiratorio. Cuando se utiliza la cara de la campana, el médico puede modificar la presión que ejerce sobre la piel del paciente y «sintonizar» la frecuencia de vibración de la piel con el fin de que se manifieste mejor el latido cardíaco. Con el paso de los años se han añadido muchas mejoras, entre las que se encuentran el aumento de la amplificación, la reducción de ruidos extraños y otros aspectos que se optimizaron aplicando sencillos principios físicos (véase «Notas y lecturas complementarias»).

En tiempos de Laennec, el médico solía colocar la oreja directamente sobre el pecho o la espalda del paciente. Sin embargo, Laennec se quejaba de lo inapropiado de esta técnica aduciendo que «siempre resulta embarazosa para el médico cuando se trata de una paciente, pues no solo es poco decorosa sino que en ocasiones es impracticable». Posteriormente, se emplearon estetoscopios extra largos que permitían a los médicos mantenerse a cierta distancia de aquellos pacientes que pudieran tener pulgas. Aparte de inventar el aparato, Laennec hizo constar que determinadas enfermedades (por ejemplo, la neumonía, la tuberculosis o la bronquitis) llevaban aparejados sonidos concretos. Por irónico que resulte, el propio Laennec murió a los 45 años de una tuberculosis que le diagnosticó su sobrino sirviéndose de un estetoscopio.

VÉASE TAMBIÉN El diapasón (1711), La ley de Poiseuille (1840), El efecto Doppler (1842), Las tubas de guerra (1880).

Estetoscopio moderno. Se han realizado experimentos acústicos muy diversos para determinar el efecto que producen en la captación del sonido el tamaño y el material con que se fabrica el extremo que se coloca en el pecho del paciente.

La ecuación de conducción del calor de Fourier

Jean Baptiste Joseph Fourier (1768–1830)

«El calor no se puede separar del fuego, ni la belleza de lo eterno», escribió Dante Alighieri. La naturaleza del calor también cautivó al matemático francés Joseph Fourier, célebre por sus fórmulas sobre la propagación del calor en los sólidos. Su ecuación de la conducción del calor indica que el flujo de calor entre dos puntos de un sólido es directamente proporcional a la diferencia de temperatura entre los dos puntos e inversamente proporcional a la distancia que los separa.

Si introducimos un extremo de un cuchillo de metal en una taza de chocolate caliente, la temperatura del otro extremo del cuchillo empieza a aumentar. La transferencia de calor está causada por las moléculas del extremo caliente, que intercambian su energía cinética y vibratoria con las de las zonas adyacentes del cuchillo mediante movimientos aleatorios. El flujo de energía, al que se podría considerar una «corriente de calor», es proporcional a la diferencia de temperaturas entre los lugares A y B e inversamente proporcional a la distancia que separa a ambos puntos. Esto quiere decir que la tasa de transferencia de calor se duplicará si la diferencia de temperatura se duplica o si se reduce a la mitad la longitud del cuchillo.

Siendo *U* la conductividad térmica del sólido (esto es, la medida de la capacidad que tiene un determinado material de transmitir calor), podemos incorporarla como variable a la ecuación de Fourier. Los mejores conductores térmicos, por orden de mayor a menor, son el diamante, los nanotubos de carbono, la plata, el cobre y el oro. Sirviéndose de herramientas muy sencillas, la alta conductividad térmica del diamante se suele emplear para que los expertos distingan los diamantes auténticos de los falsos. Un diamante de cualquier tamaño siempre está frío al tacto debido a su alta conductividad térmica, lo que puede contribuir a explicar por qué se utiliza tan frecuentemente el término «hielo» cuando se habla de diamantes.

Aun cuando Fourier realizó experimentos fundamentales sobre la conducción del calor, nunca fue bueno regulando su propia temperatura corporal. Tenía siempre tanto frío, incluso en verano, que solía llevar puestos varios abrigos. En los últimos meses de su vida, pasó mucho tiempo metido en una caja que le ayudaba a sustentar a su frágil cuerpo.

VÉASE TAMBIÉN El análisis de Fourier (1807), La máquina de Carnot (1824), La ley de Joule (1840), El termo (1892).

IZQUIERDA: *Mena de cobre. El cobre es, al mismo tiempo, un conductor térmico y eléctrico excelente.* DERECHA: *Los diferentes modos de transmisión del calor desempeñan un papel fundamental en el desarrollo de los disipadores de calor de los chips informáticos. En la fotografía, el objeto de base rectangular del centro se utiliza para disipar el calor del chip.*

BAT
CLR_CMOS
CLR_CMOS
SHORT CLEAR CMOS
OPEN NORMAL
SB_HEATSINK
ICH
RU1
RU2
Q301
RO1
804 SEPC 820 2.5
804 SEPC 820 2.5
802 SEPC 100 16
802 SEPC 100 16

La paradoja de Olbers

Heinrich Wilhelm Matthäus Olbers (1758–1840)

¿Por qué es oscuro el cielo nocturno? En 1823, el astrónomo alemán Heinrich Wilhelm Olbers publicó un artículo que planteaba esta cuestión, y a partir de ese momento el problema pasó a denominarse la *paradoja de Olbers*. Veamos la contradicción. Si el universo es infinito, cuando se sigue una línea visual en *cualquier* dirección, esta línea debería interceptar una estrella en algún momento. Esta circunstancia implicaría que el cielo nocturno tuviera un brillo deslumbrante debido a la luz de las estrellas. Una primera respuesta podría ser que la luz de las estrellas se disipa al recorrer distancias tan enormes. Mientras viaja, la intensidad de la luz estelar disminuye con el cuadrado de la distancia al observador. Sin embargo, el volumen del universo —y por consiguiente el número total de estrellas— debería aumentar con el cubo de la distancia. Así, aunque las estrellas se vayan oscureciendo cuanto más alejadas estén, la atenuación de su luz se compensaría con el incremento del número de estrellas. Si viviéramos en un universo visible infinito, el cielo nocturno sería sin duda resplandeciente.

He aquí la solución a la paradoja de Olbers. No vivimos en un universo visible infinito y estático. El universo tiene una edad finita y se está expandiendo. Como no han transcurrido más que unos 13.700 millones de años desde el **Big Bang**, solo podemos observar las estrellas que brillan a una distancia finita; y eso significa que el número de estrellas que podemos observar es finito. Debido a la velocidad de la luz, hay porciones del universo que nuca hemos visto, y la luz procedente de estrellas muy lejanas no ha tenido tiempo de llegar a la Tierra. Curiosamente, la primera persona que propuso esta solución para la paradoja de Olbers fue el escritor Edgar Allan Poe.

Otro factor a tener en cuenta es que la expansión del universo también oscurece el cielo nocturno porque la luz estelar se propaga dentro de un espacio que es cada vez más extenso. Además, el **efecto Doppler** provoca un desplazamiento hacia el rojo de las longitudes de onda de la luz emitida por las estrellas, que se alejan a toda velocidad. La vida tal como la conocemos no hubiera evolucionado sin estos factores porque el cielo nocturno hubiera sido extremadamente brillante y caluroso.

VÉASE TAMBIÉN El Big Bang (13700 millones a. C.), El efecto Doppler (1842), La ley de expansión del universo de Hubble (1929).

Si el universo es infinito, al prolongar la línea visual en cualquier dirección debería encontrarse siempre con alguna estrella. Esta idea parece implicar que la luz de las estrellas del cielo nocturno debería ser de un resplandor deslumbrante.

1824

El efecto invernadero

Joseph Fourier (1768–1830), **Svante August Arrhenius** (1859–1927), **John Tyndall** (1820–1893)

«Pese a la mala fama que tiene» escribieron Joseph González y Thomas Sherer «el proceso denominado *efecto invernadero* es un fenómeno natural y necesario [...] La atmósfera contiene gases que permiten que la luz solar pase hasta la superficie de la Tierra, pero que impiden que se escape cuando es irradiada de nuevo por la Tierra en forma de energía calorífica. Sin este efecto invernadero natural, el planeta sería demasiado frío como para albergar vida». O, en palabras de Carl Sagan, «un poco de efecto invernadero es bueno».

En términos generales, el efecto invernadero es el calentamiento de la superficie de un planeta como consecuencia de los gases de la atmósfera, que absorben y emiten radiaciones infrarrojas o energía calorífica. Una parte de la energía irradiada por los gases se pierde en el espacio exterior, y otra se irradia de nuevo hacia el planeta. En torno a 1824, el matemático Joseph Fourier se preguntaba cómo era posible que la Tierra mantuviera el suficiente calor para albergar vida. Sugirió que, aunque una parte del calor se perdiera en el espacio, la atmósfera actuaba como una especie de cúpula translúcida, como la tapa de vidrio de un recipiente, que absorbe parte del calor del Sol y lo vuelve a irradiar hacia la superficie terrestre.

En 1863, el físico y montañero John Tyndall dio a conocer unos experimentos que demostraban que el vapor de agua y el dióxido de carbono absorbían cantidades importantes de calor. Concluyó, por tanto, que el vapor de agua y el dióxido de carbono debían desempeñar un papel importante en la regulación de la temperatura de la superficie terrestre. En 1896, el químico sueco Svante Arrhenius demostró que el dióxido de carbono es un «captador de calor» muy poderoso y que reducir su cantidad en la atmósfera podría desencadenar una edad del hielo. Hoy día empleamos el término calentamiento global antropogénico para referirnos a la intensificación del efecto invernadero debido al aumento de las concentraciones de gases de efecto invernadero en la atmosfera por la actividad del ser humano, por ejemplo, al quemar combustibles fósiles.

Además del vapor de agua y el dióxido de carbono, el metano de los gases que expulsa el ganado vacuno también contribuye a acrecentar el efecto invernadero. «¿Eructos de vaca?» escribe Thomas Friedman. «Exacto; lo sorprendente de los gases de efecto invernadero es la diversidad de fuentes que los emiten. Una manada de vacas eructando puede ser peor que una autopista atiborrada de coches de alta cilindrada».

VÉASE TAMBIÉN La aurora boreal (1621), La ecuación de conducción del calor de Fourier (1822), La dispersión de Rayleigh (1871).

IZQUIERDA: *«Coalbrookdale by Night» (1801), de Philip James de Loutherbourg (1740-1812), donde se muestran los hornos de leña de Madeley, imagen emblemática de las primeras fases de la Revolución Industrial.* DERECHA: *Desde la Revolución Industrial, las grandes transformaciones de los procesos de producción, extracción de minerales y demás actividades han acrecentado la cantidad de gases de efecto invernadero presentes en el aire. Las máquinas de vapor, por ejemplo, alimentadas principalmente con carbón, contribuyeron a dar impulso a la Revolución Industrial.*

1824

La máquina de Carnot

Nicolas Léonard Sadi Carnot (1796–1832)

Gran parte de los primeros estudios sobre termodinámica, el estudio de las transformaciones de la energía entre trabajo y calor, se centraban en el funcionamiento de las máquinas y en cómo el combustible (por ejemplo, el carbón) se podía convertir de manera eficaz en el valioso trabajo realizado por una máquina. Tal vez Sadi Carnot sea a quien con más frecuencia se le atribuye la «paternidad» de la termodinámica, por su trabajo *Réflexions sur la puissance motrice du feu* (*Reflexiones sobre el poder motriz del fuego*), publicado en 1824.

Carnot trabajó sin descanso para comprender el flujo del calor en las máquinas, en parte, porque le molestaba que las máquinas de vapor británicas fueran más eficientes que las francesas. En su época, las máquinas de vapor solían quemar madera o carbón para convertir el agua en vapor. El vapor a alta presión movía los pistones de la máquina. Cuando el vapor se liberaba a través de un orificio de escape, los pistones recuperaban su posición original. Un radiador convertía el vapor obtenido del escape en agua de modo que se podía volver a calentar para producir nuevo vapor que impulsara los pistones.

Carnot concibió una máquina ideal, a la que hoy día se denomina máquina de Carnot, capaz teóricamente de producir un trabajo equivalente al aporte total de calor sin perder durante la conversión ni siquiera una mínima parte de la energía. Tras muchos experimentos comprendió que ningún dispositivo podía funcionar de esta forma ideal; siempre se perdía una parte de la energía en el entorno. La energía en forma de calor no se podía convertir por completo en energía mecánica. Sin embargo, el trabajo de Carnot sí logró que los diseñadores de máquinas mejoraran sus creaciones para que su rendimiento se aproximara a su cota máxima de eficiencia.

Carnot se interesó por los «dispositivos cíclicos» en los que, en diferentes momentos de su ciclo de funcionamiento, el dispositivo absorbe o desprende calor. Es imposible construir una máquina así que sea eficiente al cien por cien. Esa imposibilidad es otra manera de expresar el **segundo principio de la termodinámica**. Por desgracia, en 1832 Carnot contrajo el cólera y, por orden de las autoridades sanitarias... ¡hubo que quemar casi todos sus libros, documentos y efectos personales!

VÉASE TAMBIÉN Las máquinas de movimiento perpetuo (1150), La ecuación de conducción de calor de Fourier (1822), El segundo principio de la termodinámica (1850), El pájaro bebedor (1945).

IZQUIERDA: *Sadi Carnot, por el fotógrafo francés Pierre Petit (1832-1909).* DERECHA: *Máquina de vapor de un ferrocarril. Carnot se esforzó por comprender los flujos de calor de las máquinas y sus teorías no han dejado de ser relevantes hasta nuestros días. En esa época, las máquinas de vapor solían funcionar con madera o carbón.*

1825

La ley del electromagnetismo de Ampère

André-Marie Ampère (1775–1836), **Hans Christian Ørsted** (1777–1851)

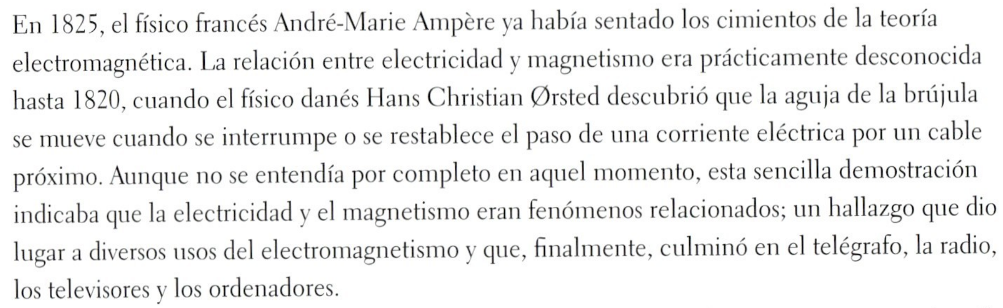

En 1825, el físico francés André-Marie Ampère ya había sentado los cimientos de la teoría electromagnética. La relación entre electricidad y magnetismo era prácticamente desconocida hasta 1820, cuando el físico danés Hans Christian Ørsted descubrió que la aguja de la brújula se mueve cuando se interrumpe o se restablece el paso de una corriente eléctrica por un cable próximo. Aunque no se entendía por completo en aquel momento, esta sencilla demostración indicaba que la electricidad y el magnetismo eran fenómenos relacionados; un hallazgo que dio lugar a diversos usos del electromagnetismo y que, finalmente, culminó en el telégrafo, la radio, los televisores y los ordenadores.

Experimentos posteriores realizados entre los años 1820 y 1825 por Ampère y otros científicos demostraron que todo conductor que transmite una corriente eléctrica I crea un campo magnético a su alrededor. Este hallazgo fundamental, y sus consecuencias para hilos conductores rectilíneos, recibe a veces el nombre de *ley del electromagnetismo de Ampère*. Un hilo portador de corriente, por ejemplo, crea un campo magnético **B** que le rodea (la negrita significa que es una magnitud vectorial). **B** tiene una magnitud proporcional a I y es tangente a una circunferencia imaginaria de radio r centrada en el hilo rectilíneo e indefinido. Ampère y otros demostraron que la corriente eléctrica atrae las virutas de hierro, y Ampère propuso la teoría de que las corrientes eléctricas son la fuente del magnetismo.

El lector que haya experimentado con electroimanes (que se fabrican con facilidad enrollando un cable eléctrico en torno a un clavo y conectando los extremos del cable a una batería), habrán apreciado de primera mano la ley de Ampère. En pocas palabras, esta ley expresa la relación entre el campo magnético y la corriente eléctrica que lo crea.

Los experimentos realizados por el científico estadounidense Joseph Henry (1797-1878) y los británicos Michael Faraday (1791-1867) y James Clerk Maxwell pusieron de manifiesto otros vínculos entre magnetismo y electricidad. Los físicos franceses Jean-Baptiste Bint (1774-1862) y Félix Savart (1791-1841) también estudiaron la relación entre la corriente eléctrica rectilínea y el magnetismo. Ampère, un hombre muy religioso, creía que había demostrado la existencia del alma y de Dios.

VÉASE TAMBIÉN Las leyes de la inducción de Faraday (1831), Las ecuaciones de Maxwell (1861), El galvanómetro (1882).

IZQUIERDA: *Grabado de André-Marie Ampère, obra de A. Tardieu (1788 1841).* DERECHA: *Motor eléctrico con el rotor y la bobina al descubierto. En los motores, generadores, altavoces, aceleradores de partículas y grúas industriales se utilizan electroimanes de forma generalizada.*

1826

Las olas gigantes

Jules Sébastien César Dumont d'Urville (1790–1842)

«Desde la aparición de las primeras civilizaciones» escribe la física marina Sussanne Lehner «la humanidad no ha dejado de sentir fascinación por los relatos de olas gigantes, esos "monstruos" de los mares, [...] montañas de agua que se abalanzan sobre un barco indefenso. Se ve aproximarse el muro de agua [...] pero no se puede huir y no se puede luchar contra él [...] ¿Seremos capaces de hacer frente a [esta pesadilla] en el futuro? ¿Podremos predecir las olas gigantes? ¿Y dominarlas? ¿Lograremos surcar las olas gigantes como si fuéramos surfistas?»

Tal vez sorprenda que en el siglo XXI los físicos no hayan descifrado en su totalidad la superficie del océano, pero el origen de las olas gigantes no está del todo claro. En 1826, cuando el explorador y capitán de marina francés Dumont d'Urville relató haber visto olas de hasta 30 metros de altura (como un edificio de diez plantas aproximadamente), nadie le tomó en serio. Sin embargo, gracias al seguimiento por satélite y después de emplear muchos modelos que incorporan métodos de predicción de oleaje, hoy sabemos que las olas de semejante envergadura son mucho más frecuentes de lo que se creía. Pensemos en el espanto que produce la aparición inesperada de un muro de agua en medio del océano, a veces con buen tiempo, y precedido de una depresión en el agua tan profunda que genera un escalofriante «agujero» en el océano.

Según algunas teorías, las corrientes oceánicas y el contorno del lecho marino actúan casi como lentes concentrando los fenómenos ondulatorios. Quizá estas olas tan altas se produzcan por la superposición de olas nacidas de tormentas diferentes. Sin embargo, en la creación de este tipo de fenómenos ondulatorios no lineales que pueden llegar a generar un descomunal muro de agua en un mar relativamente en calma, parecen intervenir otros factores adicionales. Antes de romper, la ola gigante puede llegar a tener una cresta hasta cuatro veces superior a las de las olas vecinas. Se han escrito muchos artículos que tratan de construir un modelo de formación de olas gigantes empleando ecuaciones no lineales de Schrödinger. El efecto del viento sobre la evolución no lineal de las olas también representa un área de investigación muy fértil. Como las olas gigantes son responsables de la desaparición de embarcaciones y vidas humanas, los científicos siguen investigando para hallar modos de predecirlas y evitarlas.

VÉASE TAMBIÉN El análisis de Fourier (1807), El solitón (1834), El tornado más rápido del mundo (1999).

Las olas gigantes pueden resultar terroríficas, pues llegan a aparecer sin previo aviso en medio del océano, a veces con clima apacible, precedidas por una depresión tan profunda que llega a conformar un «agujero» en el océano. Las olas gigantes son responsables de la desaparición de barcos y vidas humanas.

1827

La ley de Ohm

Georg Ohm (1789–1854)

Aunque el físico alemán Georg Ohm descubrió una de las leyes más importantes de la electricidad, sus colegas ignoraron su trabajo y vivió la mayor parte de su vida en la pobreza. Sus despiadados críticos calificaron su labor como una «telaraña de antojos manifiestos». La ley de Ohm establece que la intensidad de la corriente eléctrica I de un circuito es directamente proporcional a la tensión o voltaje aplicado V e inversamente proporcional al valor R de la resistencia. Así, se expresa $I = V/R$.

El descubrimiento experimental de la ley realizado por Ohm en 1827 hacía pensar que era válida para diferentes tipos de materiales. Como se deduce de la ecuación, si la diferencia de potencial V (en voltios) entre los dos extremos de un hilo conductor se duplica, entonces la corriente I, medida en amperios, también se duplica. Para un voltaje dado, si la resistencia se duplica, la corriente se reduce a la mitad.

La ley de Ohm tiene su importancia en la determinación del riesgo de electrocución en el cuerpo humano. Por lo general, cuanto mayor es la intensidad de la corriente, más peligrosa es la descarga. La cantidad de corriente es igual al voltaje aplicado entre dos puntos del cuerpo, dividido por la resistencia eléctrica del organismo. Saber con precisión cuánto voltaje puede soportar una persona sin perder la vida depende de la resistencia de cada organismo, que varía de una persona a otra y que depende de factores como la grasa corporal, la ingesta de líquidos, la tersura de la piel o la forma y el lugar en que la corriente entra en contacto con la piel.

Hoy en día, la resistencia eléctrica puede utilizarse para controlar la corrosión y el desgaste de materiales en las tuberías. Una alteración neta de la resistencia en una pared metálica, por ejemplo, puede atribuirse a una pérdida de material. Se pueden instalar aparatos de detección de la corrosión permanentes que suministren información de forma ininterrumpida, pero también los hay portátiles, diseñados para recabar esa información cuando se necesita. Es preciso señalar que, sin resistencia, las mantas eléctricas, algunos tipos de cafeteras y **las bombillas incandescentes** serían inservibles.

VÉASE TAMBIÉN La ley de Joule (1840), Las leyes de Kirchhoff de las redes eléctricas (1845), La bombilla incandescente (1878).

IZQUIERDA: *Las cafeteras eléctricas recurren a resistencias eléctricas para producir calor.* DERECHA: *Placa integrada con resistencias (los objetos cilíndricos con franjas de colores). La resistencia tiene entre sus extremos un voltaje proporcional a la corriente eléctrica que la atraviesa, tal como establece la ley de Ohm. Las franjas de colores indican el valor de la resistencia.*

2N2905A
RIZ442
RIZ
2N2905A
RIZ 427
35 V +

1827

El movimiento browniano

Robert Brown (1773–1858), **Jean-Baptiste Perrin** (1870–1942), **Albert Einstein** (1879–1955)

En 1827, el botánico escocés Robert Brown usó un microscopio para observar granos de polen suspendidos en agua. Las partículas del interior de las vacuolas de los granos de polen parecían moverse de un modo aleatorio. En 1905, Albert Einstein explicó la causa del movimiento de este tipo de partículas diminutas sugiriendo que eran golpeadas constantemente por las moléculas de agua. En un momento concreto, de forma absolutamente casual, un lado de la partícula recibe el golpe de más moléculas que el otro lado, provocando un ligero movimiento de la partícula en una dirección determinada. Usando herramientas estadísticas, Einstein demostró que el movimiento browniano se podía explicar mediante fluctuaciones aleatorias en las colisiones. Además, a partir de estos movimientos se pueden determinar las dimensiones de las hipotéticas moléculas que golpeaban las partículas macroscópicas.

En 1908, el físico francés Jean-Baptiste Perrin confirmó la explicación que dio Einstein del movimiento browniano. Como resultado del trabajo de Einstein y Perrin, los físicos se vieron por fin obligados a aceptar la existencia de átomos y moléculas, un tema sujeto a debate todavía a principios del siglo XX. Al concluir en 1909 un tratado sobre la materia, Perrin escribió: «Pienso que, de ahora en adelante, será difícil defender con argumentos racionales una actitud hostil a la hipótesis molecular».

El movimiento browniano da lugar al fenómeno de la difusión de partículas de un medio a otro. Es un concepto tan genérico que tiene abundantes aplicaciones en muchos campos, desde la dispersión de agentes contaminantes a la explicación de cómo percibimos el dulzor de los jarabes o almíbares en la lengua. El concepto de difusión nos ayuda a entender el efecto de las feromonas en las hormigas o la propagación de las ratas almizcleras en Europa después de que fueran liberadas accidentalmente en 1905. Las leyes de difusión se han utilizado para construir modelos matemáticos de la concentración de gases contaminantes procedentes de las chimeneas industriales y para simular el reemplazo de los cazadores-recolectores por los agricultores en el Neolítico. Los investigadores también han utilizado las leyes de difusión para estudiar cómo se difunde el radón en el aire y en suelos contaminados con hidrocarburos derivados del petróleo.

VÉASE TAMBIÉN Las máquinas de movimiento perpetuo (1150), La teoría atómica (1808), La ley de Graham (1829), La teoría cinética (1859), La ecuación de Boltzmann (1875), Einstein como fuente de inspiración (1921).

Los científicos emplearon los conceptos de movimiento browniano y de difusión para crear un modelo de propagación de la rata almizclera. En 1905 se introdujeron en Praga cinco ratas almizcleras procedentes de Estados Unidos. En 1914, sus descendientes se habían extendido 150 kilómetros en todas direcciones. En 1927 su número ascendía a más de 100 millones de ejemplares.

1829

La ley de Graham

Thomas Graham (1805–1869)

Siempre que reflexiono sobre la ley de Graham, no puedo evitar pensar en muerte y armamento atómico. La ley, llamada así en honor al científico escocés Thomas Graham, asegura que la velocidad de efusión de un gas es inversamente proporcional a la raíz cuadrada de la masa de sus partículas. Esta fórmula se puede expresar $R_1/R_2 = (M_2/M_1)^{1/2}$, donde R_1 es la velocidad de efusión del gas 1, R_2 es la velocidad de efusión del gas 2, M_1 es la masa molar del gas 1, y M_2 es la masa molar del gas 2. La ley puede emplearse tanto para la difusión como para la efusión, siendo esta última el proceso en el que las moléculas fluyen a través de pequeños orificios o poros sin chocar entre sí. La velocidad de efusión depende del peso molecular del gas. Así, los gases de bajo peso molecular, como el hidrógeno, salen por efusión más rápido que los que pesan más porque las partículas de bajo peso se suelen mover a velocidades más grandes.

La ley de Graham tuvo una aplicación especialmente siniestra en la década de 1940, cuando se utilizó en la tecnología nuclear para separar gases radiactivos con distintas velocidades de difusión debido a sus distintos pesos moleculares. Se empleó una gran cámara de difusión para separar dos isótopos de uranio: el U-235 y el U-238. Se hizo reaccionar químicamente a los isótopos con flúor para producir el gas hexafluoruro de uranio. Las moléculas de menor masa de hexafluoruro de uranio, que contenían el isótopo fisionable U-235, se desplazaban por la cámara un poco más rápido que las que contenían el U-238, más masivas.

Durante la Segunda Guerra Mundial, este proceso de separación permitió a EE.UU. desarrollar la bomba atómica, que requería aislar el U-235 para la reacción nuclear de fisión en cadena. El gobierno construyó en Tennessee una planta de difusión de gases para separar el U-235 y el U-238. La planta realizaba la difusión a través de barreras porosas y procesaba el uranio para el proyecto encargado de fabricar la bomba atómica lanzada sobre Japón en 1945, el proyecto Manhattan. Para efectuar la separación de isótopos, la planta de difusión de gases requirió de 4.000 etapas de difusión en un espacio que abarcaba poco más de 17 hectáreas.

VÉASE TAMBIÉN El movimiento browniano (1827), La ecuación de Boltzmann (1875), La radiactividad (1896), Little Boy: la primera bomba atómica (1945).

IZQUIERDA: *Mineral de uranio.* DERECHA: *Instalación de difusión de gases K-52 de Oak Ridge, Tennessee, del Proyecto Manhattan. El edificio principal tenía una longitud de más de 800 metros.* (Fotografía realizada por J. E. Westcott, fotógrafo oficial del Proyecto Manhattan.)

1831

La ley de inducción de Faraday

Michael Faraday (1791–1867)

«Michael Faraday nació en el año que murió Mozart» escribe el profesor David Goodling. «Los logros de Faraday son mucho más difíciles de apreciar que los de Mozart [pero…] las contribuciones de Faraday a la vida y cultura modernas son igual de grandiosas.[…] Sus descubrimientos sobre […] la inducción magnética sentaron las bases de la tecnología eléctrica moderna […] y estableció un marco para las teorías de campo unificado de la electricidad, el magnetismo y la luz.»

El mayor hallazgo del científico inglés Michael Faraday fue el de la inducción electromagnética. En 1831 se dio cuenta de que cuando movía un imán por el interior de una bobina de alambre, siempre se generaba una corriente eléctrica en el alambre. La fuerza electromotriz inducida equivalía a la velocidad de variación del flujo magnético. El científico estadounidense Joseph Henry (1797-1878) llevó a cabo experimentos similares. En la actualidad, el fenómeno de la inducción desempeña un papel esencial en las centrales eléctricas.

Faraday también observó que cada vez que movía una bobina de alambre cerca de un imán permanente circulaba una corriente eléctrica por el alambre. Cuando Faraday experimentó con un electroimán y produjo cambios en el campo magnético que lo rodeaba, detectó que se establecía una corriente eléctrica en un alambre cercano pero separado.

Más adelante, el físico escocés James Clerk Maxwell (1831-1879) postuló que la variación del flujo magnético originaba un campo eléctrico que no solo provocaba el flujo de electrones en un alambre cercano, sino que también se extendía por el espacio, incluso en ausencia de cargas eléctricas. Maxwell expresó el cambio en el flujo magnético y su relación con la fuerza electromotriz inducida (ε *o f.e.m.*) en lo que hoy conocemos como ley de inducción de Faraday. La magnitud de la *f.e.m.* inducida en un circuito es proporcional a la velocidad de variación del flujo magnético que lo rodea.

Faraday creía que Dios sustentaba el universo y que él no hacía más que cumplir con la voluntad de Dios cuando revelaba la verdad por medio de sus meticulosos experimentos y las aportaciones de sus colegas, quienes contrastaban sus resultados y trabajaban sobre ellos. Aceptaba cada palabra de la Biblia como una verdad literal, pero, en cualquier otra situación, era necesario realizar experimentos muy metódicos antes de poder dar por sentada cualquier otra clase de afirmación.

VÉASE TAMBIÉN La ley de electromagnetismo de Ampère (1825), Las ecuaciones de Maxwell (1861), El efecto Hall (1879).

IZQUIERDA: *Fotografía de Michael Faraday (c. 1861), de John Watkins (1823-1874).* DERECHA: *Dinamo o generador eléctrico, extraído del libro Electricity in Modern Life (1889), de G. W. von Tunzelmann. Las centrales eléctricas suelen utilizar un generador con elementos rotatorios que conviertan la energía mecánica en eléctrica mediante el movimiento relativo de un campo magnético y un conductor eléctrico.*

1834

El solitón

John Scott Russell (1808–1882)

Un solitón es una onda solitaria que conserva su forma mientras se propaga recorriendo largas distancias. El descubrimiento del solitón es una de las historias más simpáticas de la ciencia, fruto de una observación casual. En agosto de 1834, el ingeniero escocés John Scott Russell estaba contemplando cómo unos caballos remolcaban una barcaza a lo largo de un canal. De repente la cuerda se rompió y la barcaza se detuvo bruscamente. Entonces Russell observó asombrado una alteración en la superficie del agua con aspecto de joroba que describió de la siguiente manera: «una masa de agua se fue deslizando hacia delante a gran velocidad, formando una única ondulación de gran altura, un promontorio de agua bien definido, redondeado y suave, que continuó su recorrido por el canal sin variar aparentemente su forma ni reducir la velocidad. Yo lo seguí a caballo y lo sobrepasé mientras todavía se deslizaba a unos trece o catorce kilómetros por hora, conservando su forma original de unos 9 metros de longitud y de 30 a 40 centímetros de altura. La altura disminuyó poco a poco y, al cabo de una persecución de dos o tres kilómetros, lo perdí de vista entre las curvas del canal».

Posteriormente, Russell realizó en su casa experimentos en un tanque de olas para analizar los misteriosos solitones (a los que llamó ondas de traslación), descubriendo que su velocidad depende de su envergadura. Dos solitones de diferente tamaño (y, por tanto, diferente velocidad) pueden atravesarse mutuamente, emerger y continuar su propagación. El comportamiento del solitón también se ha observado en otros sistemas, como el plasma o la arena no compactada. Por ejemplo, se han observado dunas de tipo barján, formadas por crestas de arena en forma de arco, «atravesándose» unas a otras. El Gran Punto Rojo de Júpiter también podría ser alguna forma de solitón.

Hoy día los solitones están presentes en fenómenos muy diversos, desde en la propagación de los impulsos nerviosos hasta en los sistemas de comunicaciones por fibra óptica basados en solitones. En 2008 se vio por primera vez en el espacio un solitón estable deslizándose a unos 8 kilómetros por segundo a través del gas ionizado que rodea la Tierra.

VÉASE TAMBIÉN Las olas gigantes (1826), El análisis de Fourier (1807), Inmortalidad cuántica (1987).

Dunas de Barchan, en Marte. Cuando dos crestas de dunas de Barchan colisionan, pueden llegar a formar una cresta compuesta y, luego, recuperar sus formas originales. (Cuando una duna «atraviesa» otra, las partículas de arena no llegan a pasar realmente de un lado a otro, pero las formas de cada cresta se conservan.)

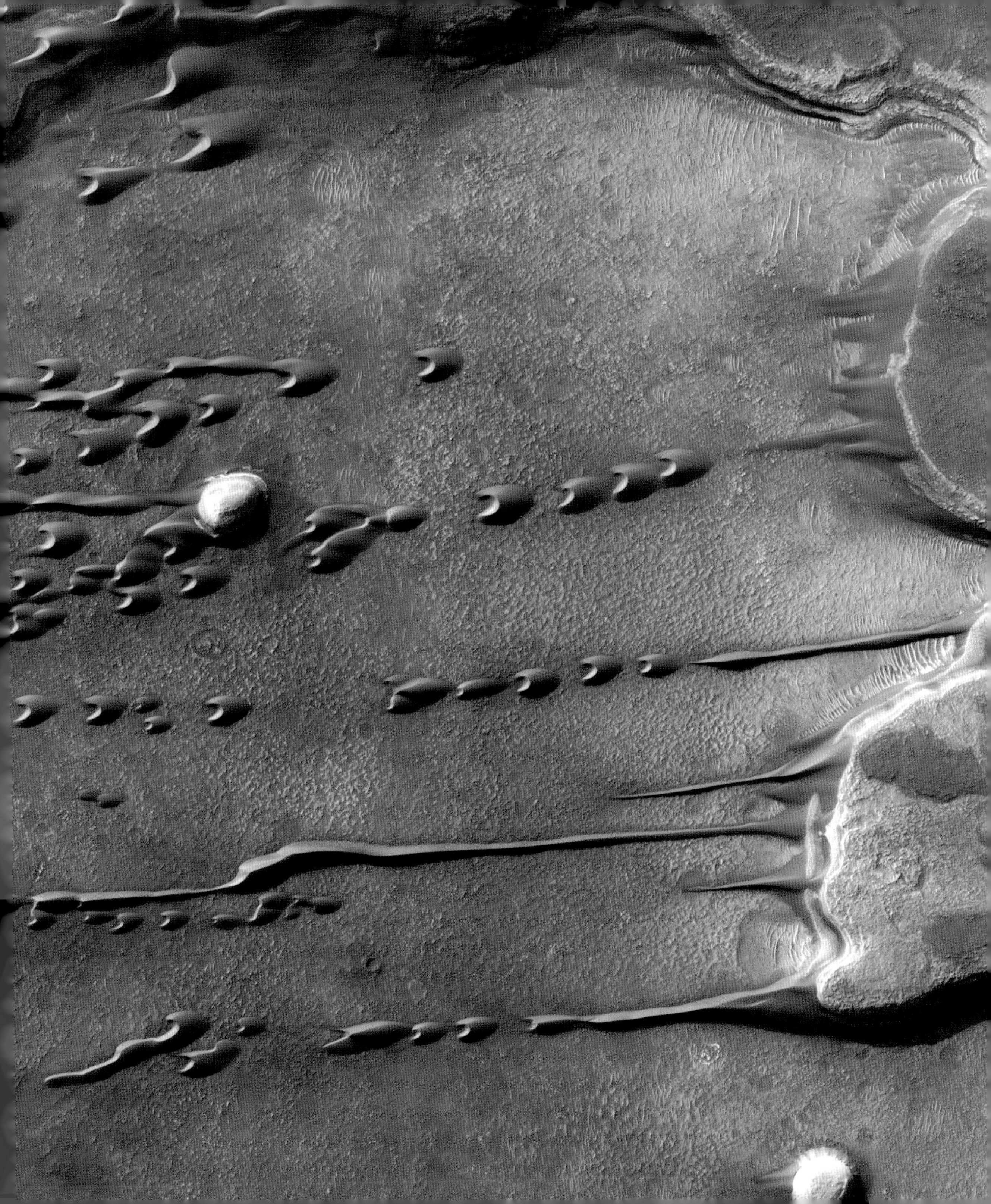

1835

Gauss y el monopolo magnético

Carl Friedrich Gauss (1777–1855), **Paul Dirac** (1902–1984)

«Se puede llegar a pensar que los monopolos deberían existir aunque solo fuera por la belleza de las matemáticas», escribió el físico teórico británico Paul Dirac. Sin embargo, ningún físico ha encontrado todavía estas extrañas partículas. La ley de Gauss para el magnetismo, llamada así por el matemático alemán Carl Gauss, es una de las ecuaciones fundamentales del electromagnetismo y una manera formal de afirmar que los polos magnéticos aislados no existen (por ejemplo, un imán sin polo norte o sur). Por otra parte, en electrostática existen las cargas eléctricas aisladas, y esta falta de simetría entre los campos eléctrico y magnético representa un auténtico quebradero de cabeza para los científicos. En el siglo XX se solían preguntar cúal era la razón por la que podían aislarse las cargas eléctricas positivas y negativas y no los polos magnéticos.

En 1931, Paul Dirac fue uno de los primeros científicos en especular sobre la posible existencia de un monopolo magnético, y durante todos estos años se han hecho múltiples esfuerzos para detectar partículas así. Sin embargo, hasta el momento los físicos no han descubierto un polo magnético aislado. Hay que señalar que si se corta por la mitad un imán tradicional (con los polos norte y sur), los dos trozos resultantes son de nuevo dos imanes… con sus polos norte y sur respectivos.

Ciertas teorías que pretenden unificar las interacciones electrodébil y fuerte en la física de partículas intuyen la existencia del monopolo magnético. Sin embargo, si existiese el monopolo, sería muy difícil de fabricar utilizando un acelerador de partículas porque tendría una masa y energía inmensas (unos 10^{16} gigaelectronvoltios).

Gauss solía ser enormemente reservado con su trabajo. Según el historiador de la matemática Eric Temple Bell, si Gauss hubiera publicado o revelado todos sus descubrimientos cuando los realizó, la matemática habría avanzado unos cincuenta años. Cada vez que Gauss verificaba un teorema solía decir que la comprensión no llegaba tras un «doloroso esfuerzo sino, por así decirlo, por la gracia de Dios».

VÉASE TAMBIÉN La brújula olmeca (1000 a. C.), *De Magnete* (1600), Las ecuaciones de Maxwell (1861), El experimento de Stern y Gerlach (1922).

IZQUIERDA: *Gauss, en un sello de correos alemán (1955).* DERECHA: *Cilindro imantado, con el polo norte en un extremo y el sur en el otro, junto con limaduras de hierro que revelan el dibujo del campo magnético. ¿Descubrirán alguna vez los físicos una partícula que sea un monopolo magnético?*

La paralaje estelar

Freidrich Wilhelm Bessel (1784–1846)

El afán de la humanidad por determinar la distancia entre la Tierra y las estrellas es muy antiguo. El filósofo griego Aristóteles y el astrónomo polaco Copérnico sabían que la Tierra giraba alrededor del Sol, de lo que se deducía que las estrellas debían mostrar cada año un movimiento aparente anual hacia adelante y hacia atrás. Por desgracia, Aristóteles y Copérnico no llegaron a observar las minúsculas *paralajes* implicadas en este fenómeno y el ser humano tuvo que esperar hasta el siglo XIX para descubrirlas.

La *paralaje estelar* alude al desplazamiento aparente que presenta una estrella al observarla bajo dos ángulos visuales diferentes. Aplicando geometría elemental, se puede emplear esta diferencia de ángulos por desplazamiento para calcular la distancia que hay desde el observador hasta la estrella. Una manera de llevar esto a la práctica consiste en medir la posición de una estrella en un momento dado del año y repetir la medición seis meses después, cuando la Tierra se encuentra en el extremo opuesto de su órbita. Una estrella cercana mostrará un desplazamiento aparente sobre el fondo de las estrellas más lejanas. El efecto de la paralaje estelar es similar al que se produce al cerrar un ojo. Si se mira la mano primero con un ojo y luego con el otro, da la sensación de que se mueve. Cuanto más cerca está el objeto del ojo, mayor es el ángulo de la paralaje.

En la década de 1830 hubo una disputa frenética entre los astrónomos por ver quién era el primero en lograr determinar con precisión distancias interestelares. En 1838, el astrónomo alemán Freidrich Wilhem Bessel midió la primera paralaje estelar al observar con un telescopio la estrella 61 Cygni de la constelación de Cygnus (el Cisne). 61 Cygni tiene un significativo movimiento aparente y los cálculos de la paralaje de Bessel indicaron que la estrella estaba a 10,4 años luz de la Tierra (3,18 pársecs). Impresiona saber que los primeros astrónomos establecieron el modo de calcular las inmensas distancias interestelares sin salir de las cuatro paredes de su casa.

Esta técnica solo puede utilizarse para las estrellas que están relativamente cerca de la Tierra, pues el ángulo de la paralaje es imperceptible para las más lejanas. En la actualidad, sirviéndose del satélite europeo Hipparcos, los astrónomos han medido la distancia a la que se encuentran más de 100.000 estrellas.

VÉASE TAMBIÉN Eratóstenes y la medición de la Tierra (240 a. C.), El telescopio (1608), Las dimensiones del Sistema Solar (1672), El efecto de gota negra en el tránsito de Venus (1761).

Basándose en las observaciones del telescopio espacial Spitzer de la NASA y otros telescopios terrestres, se han llevado a cabo mediciones de paralaje para determinar la distancia que nos separa de los objetos que pasan por delante de las estrellas de la Pequeña Nube de Magallanes (arriba a la izquierda).

La pila de combustible

William Robert Grove (1811–1896)

Más de uno recordará haber realizado la electrólisis del agua en la clase de química del instituto. Se suministra una corriente eléctrica a dos electrodos de metal sumergidos en el líquido y se obtienen hidrógeno y oxígeno gaseosos según la ecuación química: Electricidad + $2H_2O$ (liquido) → $2H_2$ (gas) + O_2 (gas) (en la práctica, el agua destilada es un mal conductor de electricidad y se debe añadir ácido sulfúrico diluido para establecer un flujo de corriente adecuado). La energía necesaria para separar los iones es proporcionada por la fuente de alimentación eléctrica.

En 1839, el abogado y científico William Grove concibió la primera pila de combustible realizando en un tanque de combustible un proceso inverso para generar electricidad partiendo del hidrógeno y el oxígeno. En una pila de combustible de hidrógeno, las reacciones químicas separan los electrones de los átomos de hidrógeno formándose protones de hidrógeno. Los electrones se mueven por un circuito proporcionando una corriente eléctrica útil. Entonces, el oxígeno reacciona en la pila de combustible con los iones de hidrógeno y los electrones (procedentes del circuito eléctrico) obteniéndose agua como «residuo». La pila de combustible de hidrógeno parece una batería, pero a diferencia de una batería corriente (que cuando se agota, se desecha o se recarga) la pila de combustible funciona indefinidamente, siempre que tenga suministro de combustible a base de oxígeno del aire e hidrógeno. Para facilitar las reacciones se usa un catalizador, como el platino.

Se tiene la esperanza de que el uso de las pilas de combustible en vehículos sea cada día más frecuente y sustituya poco a poco al motor tradicional de combustión. Entre los obstáculos para su generalización están el coste, la durabilidad, el control de la temperatura y la producción y distribución de hidrógeno. Aún así, las pilas de combustible son muy útiles en los sistemas auxiliares de energía y en los vehículos espaciales, y ya prestaron una ayuda decisiva en los viajes tripulados a la luna. Algunas ventajas de las pilas de combustible son la nula emisión de CO_2 y la menor dependencia del petróleo.

Hay que indicar que el hidrógeno para alimentar la pila de combustible se extrae, en ocasiones, descomponiendo derivados de los hidrocarburos, procedimiento contrario a uno de los pretendidos objetivos de la pila de combustible: reducir los gases de efecto invernadero.

VÉASE TAMBIÉN La pila de volta (1800), El efecto invernadero (1824), La célula fotoeléctrica (1954).

Fotografía de una pila de conversión directa de metanol (DMFC, Direct Methanol Fuel Cell), un dispositivo electroquímico que produce electricidad utilizando como combustible una disolución de agua y metanol. Realmente la pila de combustible es el bloque compuesto de láminas que se ve en la zona central de la imagen.

1840

La ley de Poiseuille

Jean Louis Marie Poiseuille (1797–1869)

Una intervención médica para ensanchar un vaso sanguíneo obstruido puede ser muy útil porque un pequeño incremento en la sección del vaso provoca un aumento asombroso del flujo sanguíneo. Veamos el por qué. La ley de Poiseuille, que recibe el nombre del médico francés Jean Poiseuille, proporciona una relación matemática precisa entre el caudal de un fluido que discurre por un tubo y la anchura del mismo, la viscosidad del fluido y la variación de presión. En particular, la ley establece que: $Q = [(\pi r^4)/(8\mu)] \times (\Delta P/L)$, donde Q es el caudal del fluido, r es el radio interno del tubo, μ es la viscosidad del fluido, ΔP es la diferencia de presión entre los dos extremos del tubo y L es la longitud del mismo. La ley presupone que el fluido estudiado presenta un flujo estable laminar (es decir, suave, liso, sin turbulencias).

Este principio tiene aplicaciones prácticas en medicina, en particular en el estudio de la circulación sanguínea. Hay que tener en cuenta que el término r^4 confirma que el papel que desempeña el radio del tubo en la magnitud del caudal Q resultante es determinante. Si el resto de parámetros no varía, al duplicar la anchura del tubo el valor de Q se multiplica por dieciséis. Dicho de otra forma significa que necesitaríamos dieciséis tubos para conseguir el mismo caudal de agua que pasaría por un único tubo con doble diámetro. Desde el punto de vista médico, la ley de Poiseuille nos ayuda a comprender los riesgos de la arteriosclerosis: si el radio de una arteria coronaria se reduce a la mitad, el flujo sanguíneo será 16 veces menor. También explica por qué es mucho más fácil beber con una pajita ancha que con una más estrecha: si se bebe con una pajita el doble de ancha se extrae 16 veces más líquido con el mismo esfuerzo. Cuando la dilatación de la próstata reduce el radio de la uretra, podemos achacar a la ley de Poiseuille que un estrechamiento tan pequeño pueda repercutir tanto en la micción.

VÉASE TAMBIÉN El sifón (250 a. C.), El principio de Bernoulli (1738), La ley de Stokes (1851).

IZQUIERDA: *La ley de Poiseuille explica por qué sorber una bebida utilizando una pajita estrecha es mucho más difícil que hacerlo con otra más ancha.* DERECHA: *La ley de Poiseuille se puede emplear para mostrar los riesgos de la arterioesclerosis; por ejemplo, si la sección de una arteria disminuye a la mitad, el flujo sanguíneo que la recorre es dieciséis veces menor.*

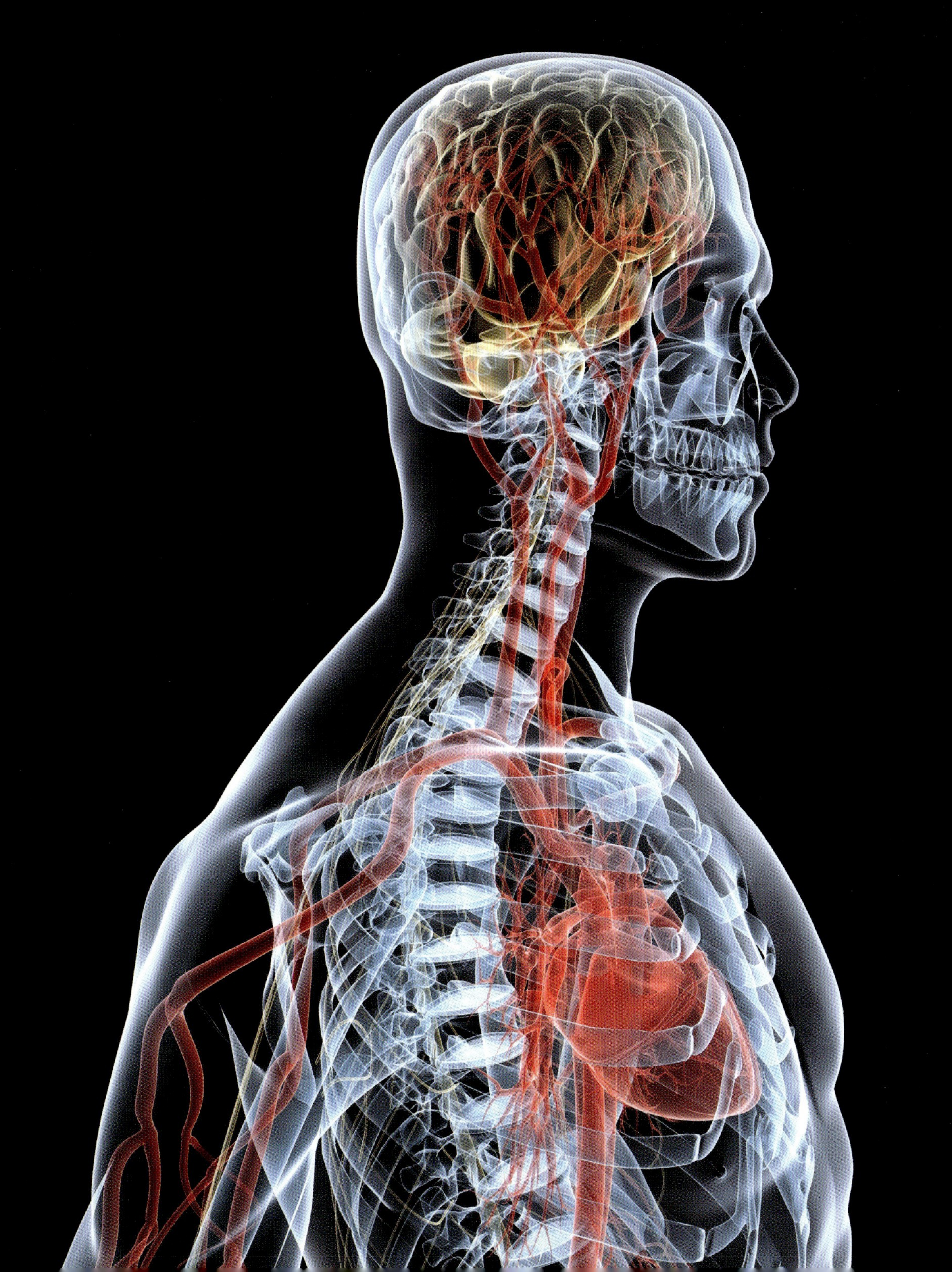

1840

La ley de Joule

James Prescott Joule (1818–1889)

Los cirujanos suelen confiar en la ley del calentamiento eléctrico de Joule, llamada así por el físico británico James Joule. La ley asegura que la cantidad de calor C que produce una corriente eléctrica estacionaria al circular por un conductor viene dada por la fórmula $C = K \cdot R \cdot I^2 \cdot t$, donde R es la resistencia del conductor, I es la intensidad de la corriente y t es el tiempo que esta circula por el conductor.

Cuando los electrones viajan por un conductor que ofrece una determinada resistencia R, la energía cinética eléctrica que pierden se transforma en calor. Una explicación clásica a esta generación de calor guarda relación con la intrincada red de átomos presente en el conductor. Las colisiones de los electrones con estos átomos hacen que aumente su amplitud de vibración térmica, elevando así la temperatura del conductor. Este fenómeno se conoce como efecto Joule.

El efecto y la ley de Joule desempeñan un papel muy importante en las técnicas electroquirúrgicas modernas, como el cálculo del calor necesario en las sondas eléctricas. En esta clase de instrumentos, la corriente circula a través del tejido biológico desde un «electrodo activo» a otro neutro. La resistencia del área en contacto con el electrodo activo (por ejemplo, sangre, músculos o tejido graso) y la de todo el recorrido entre los dos electrodos determinan la resistencia óhmica del tejido. En electrocirugía, la duración (t en la ley de Joule) se suele controlar con un interruptor o con un pedal. Se puede decidir que la forma concreta del electrodo activo concentre el calor y sirva para cortar (por ejemplo, con un electrodo puntiagudo) o, por el contrario, para coagular, haciendo que un electrodo con una gran superficie produzca un calor más difuso.

Hoy, Joule también es recordado por contribuir a establecer que las energías mecánica, eléctrica y calorífica están todas relacionadas y pueden transformarse unas en otras. Además, obtuvo confirmación experimental de muchos de los elementos de la **ley de la conservación de la energía**, también conocida como *primer principio de la termodinámica*.

VÉASE TAMBIÉN La conservación de la energía (1843), La ecuación de conducción del calor de Fourier (1822), La ley de Ohm (1827), La bombilla incandescente (1878).

IZQUIERDA: *Fotografía de James Joule.* DERECHA: *En la actualidad, la ley de Joule y el efecto Joule desempeñan un importante papel en los calentadores de líquidos por inmersión, donde el calor viene determinado por la ley de Joule.*

1841

El reloj de péndulo de torsión

Los primeros relojes carecían de manecilla para los minutos, pero a partir del desarrollo de las sociedades industriales modernas el minutero empezó a ser importante. Durante la Revolución Industrial, el tren comenzó a funcionar con puntualidad, el trabajo en las fábricas empezaba y terminaba a una hora estipulada y el ritmo de la vida se volvió más preciso.

Mi reloj preferido es el reloj de *péndulo de torsión*, también llamado *reloj de aniversario* porque a la mayoría de los modelos solo hay que darles cuerda una vez al año. Me empezé a interesar por él después de leer sobre el excéntrico multimillonario Howard Hughes, cuya habitación predilecta contenía, según el biógrafo Richard Hack, «un globo terráqueo sobre un pedestal de caoba [y], sobre la repisa de una gran chimenea, descansaba un reloj francés de bronce de 400 días cuerda al que "no se le iba a dar cuerda de más bajo ningún concepto"».

El reloj de péndulo de torsión funciona con una pesa discoidal o un disco cargado con pesas suspendido de un hilo o alambre que funciona como un muelle de torsión. El disco realiza oscilaciones de rotación alrededor del eje vertical del alambre, movimiento que hace las veces del balanceo de un péndulo tradicional. El primer reloj de péndulo común se remonta al menos a 1656, cuando Christiaan Huygens, inspirándose en dibujos de Galileo, encargó su construcción. Este reloj era más preciso que los relojes primitivos gracias al movimiento casi isócrono del péndulo: el período de oscilación permanece relativamente constante, en especial si la oscilación es de pequeña amplitud.

En el reloj de péndulo de torsión, al girar el disco se produce la torsión y recuperación lenta y eficaz de la suspensión, lo que permite al hilo seguir alimentando el engranaje del reloj durante largos períodos de tiempo después de una única torsión inicial. Los primeros modelos del reloj no tenían mucha precisión, en parte porque la fuerza del alambre dependía de la temperatura. Sin embargo, los modelos posteriores usaron un alambre que compensaba las variaciones de la temperatura. El inventor norteamericano Aaron Crane patentó el reloj de péndulo de torsión en 1841 y el relojero alemán Anton Harder lo inventó a su vez, de manera independiente, en torno a 1880. El reloj se convirtió en un regalo de boda habitual al final de la Segunda Guerra Mundial, cuando los soldados norteamericanos volvían con ellos a Estados Unidos.

VÉASE TAMBIÉN El reloj de arena (1338), El péndulo de Foucault (1851), Los relojes atómicos (1955).

A muchos modelos del denominado reloj de aniversario solo había que darles cuerda una vez al año. Este tipo de reloj se sirve de un disco lastrado suspendido de un alambre o cable muy fino que actúa como muelle de torsión.

1841

La fibra óptica

Jean-Daniel Colladon (1802–1893), **Charles Kuen Kao** (nacido en 1933), **George Alfred Hockham** (nacido en 1938)

La tecnología de la fibra óptica tiene una larga historia que incluye demostraciones tan espectaculares como la *fuente luminosa* de 1841, del físico suizo Jean-Daniel Colladon, en la que la luz recorría el interior de un chorro de agua en forma de arco proveniente de un depósito. La fibra óptica moderna —descubierta y redefinida de manera independiente muchas veces a lo largo del siglo XX— emplea vidrio flexible o materiales plásticos para transmitir la luz. En 1957, se patentó el endoscopio de fibra óptica que permitía a los médicos ver la parte superior del tracto gastrointestinal. En 1966, los ingenieros eléctricos Charles K. Kao y George A. Hockham propusieron utilizar fibras para transmitir señales de telecomunicaciones en forma de pulsos luminosos.

A través de un proceso llamado *reflexión interna total* (véase **la ley de refracción de Snell**), la luz queda atrapada en el interior de la fibra debido a que el material de su núcleo posee un índice de refracción mayor que el del fino *revestimiento* que lo rodea. Una vez que la luz entra en el núcleo de la fibra, se refleja sin cesar en sus paredes. La propagación de la señal puede sufrir alguna pérdida de intensidad en el trayecto de distancias muy largas, por lo que a veces es necesario impulsar las señales luminosas utilizando *regeneradores ópticos*. En la actualidad, la fibra óptica aporta muchas ventajas con respecto al cable de cobre tradicional utilizado en las comunicaciones. La señal viaja a lo largo de fibras relativamente económicas y livianas con un nivel inferior de atenuación y que no se ven afectadas por interferencias electromagnéticas. Además, la fibra óptica puede servir para iluminar o transferir imágenes, lo que permite iluminar y ver objetos que están en lugares estrechos o de difícil acceso.

En las comunicaciones por fibra óptica, cada fibra puede transmitir muchos canales de información independientes utilizando haces de luz de diferentes longitudes de onda. La señal se puede iniciar como un flujo electrónico de bits que modula la luz procedente de una fuente minúscula, tal como un diodo emisor de luz (LED) o un diodo láser, para después transmitir los pulsos provenientes de la luz infrarroja. En 1991 se desarrollo la fibra de cristal fotónico, que guía la luz mediante el efecto de difracción por una estructura periódica de agujeros cilíndricos que corren por la fibra.

VÉASE TAMBIÉN La ley de refracción de Snell (1621), La óptica de Brewster (1815).

La fibra óptica transporta la luz a lo largo de toda su longitud. Mediante un proceso llamado reflexión interna total, la luz queda atrapada en la fibra óptica hasta que llega a su extremo final.

1842

El efecto Doppler

Christian Andreas Doppler (1803–1853), **Christophorus Henricus Diedericus Buys Ballot** (1817–1890)

«Cuando la policía caza a un coche con un aparato de radar o un láser» escribe el periodista Charles Seife «en realidad está midiendo lo comprimida que está la señal reflejada debido al movimiento del coche (por la acción del efecto Doppler). Midiendo ese aplastamiento puede estimar a qué velocidad se mueve el coche y poner una multa al conductor. ¿No es maravillosa la ciencia?»

El efecto Doppler, llamado así por el físico austríaco Christian Doppler, hace referencia a la variación de la frecuencia de una onda con respecto a un observador mientras la fuente que la emite se desplaza hacia él. Por ejemplo, cuando se acerca un coche haciendo sonar el claxon, la frecuencia del sonido que escuchamos aumenta (comparándola con la frecuencia real emitida), en el instante en el que pasa no varía y cuando se aleja, disminuye. A pesar de que siempre relacionamos el efecto Doppler con el sonido, es válido para todas las ondas, incluidas las de la luz.

En 1845, el meteorólogo y químico físico C. H. D. Buys Ballot realizó uno de los primeros experimentos que confirmaba la idea de Doppler sobre las ondas sonoras. Para ello utilizó un tren que llevaba trompetistas tocando una nota constante mientras que otros músicos escuchaban a un lado de la vía. Al disponer de observadores con un «oído perfecto», Buys Ballot demostró la existencia del efecto Doppler y, posteriormente, lo expresó mediante una fórmula.

Se puede hacer un cálculo aproximado de la velocidad que nos separa de muchas galaxias a partir de su desplazamiento hacia el rojo, que es el aumento aparente de la longitud de onda (o equivalentemente el descenso de la frecuencia) de la radiación electromagnética que recibe un observador en la Tierra comparándola con la que emite la fuente. El desplazamiento hacia el rojo se produce porque las demás galaxias se alejan de la nuestra a velocidades muy altas conforme el espacio se expande. Otro ejemplo del efecto Doppler es la variación de la longitud de onda de la luz a causa del movimiento relativo de la fuente de luz respecto del receptor.

VÉASE TAMBIÉN La paradoja de Olbers (1823), La ley de expansión del universo de Hubble (1929), Los cuásares (1963), El tornado más rápido del mundo (1999).

IZQUIERDA: *Retrato de Christian Doppler, extraído del frontispicio de una reimpresión de su obra* Über das farbige Licht der Doppelsterne *(«Acerca de la luz coloreada de las estrellas dobles»).* DERECHA: *Imaginemos una fuente de luz o de sonido que emite una serie de ondas esféricas. Si la fuente emisora se desplaza de derecha a izquierda, un observador situado a la izquierda vería que las ondas se comprimen. El espectro de una fuente de ondas que se aproximara se desplazaría hacia el azul (pues la longitud de onda se acortaría).*

1843

La conservación de la energía

James Prescott Joule (1818–1889)

«La ley de conservación de la energía ofrece [...] algo a lo que agarrarse durante esos momentos nocturnos de terror silencioso en los que pensamos en la muerte y el olvido» escribe la periodista científica Natalie Angier. «La suma total de E exclusiva de cada persona, la energía que hay en nuestros átomos y en los enlaces que los unen, no se destruirá [...] La masa y la energía de las que estamos hechos cambiarán de forma y de ubicación pero se quedarán aquí, en este bucle de vida y luz, en esta fiesta permanente que empezó con un *Bang*».

En términos más clásicos, el principio de conservación de la energía afirma que, en un sistema aislado, la energía de los cuerpos que interactúan entre sí puede cambiar de forma pero permanece constante. La energía adopta muchas formas entre las que se incluyen la energía cinética (del movimiento), la potencial (almacenada en los cuerpos), la energía química y la calorífica. Imaginemos un arquero que tensa un arco. Al soltar la cuerda, la energía potencial del arco se convierte en la energía cinética de la flecha. La energía total del arco y la flecha es la misma, en principio, antes y después de soltar la cuerda. De igual manera, la energía química almacenada en una batería se puede transformar en la energía cinética de un motor giratorio. La energía potencial gravitatoria de una pelota situada a cierta altura se transforma en energía cinética según va cayendo. El descubrimiento del físico James Joule en 1843 de que la energía gravitatoria que va perdiendo un cuerpo al caer y que provoca el movimiento de una rueda hidráulica es igual a la energía térmica que gana el agua producida por la fricción con las palas de la rueda, fue un momento clave en la historia de la conservación de la energía. Uno de los enunciados del primer principio de la termodinámica suele ser el siguiente: el aumento de la energía interna de un sistema debido al calentamiento es igual a la diferencia entre la cantidad de energía suministrada en forma de calor y el trabajo efectuado por el sistema en su entorno.

Hay que señalar que en el ejemplo del arco y la flecha, cuando la flecha da en la diana, la energía cinética también se transforma en calor. **El segundo principio de la termodinámica** restringe las formas en las que la energía calorífica se puede convertir en trabajo.

VÉASE TAMBIÉN La ballesta (341 a. C.), Las máquinas de movimiento perpetuo (1150), La conservación del momento lineal (1644), La ley de Joule (1840), El segundo principio de la termodinámica (1850), El tercer principio de la termodinámica (1905), $E = mc^2$ (1905).

La energía potencial de un arco tenso se transforma en la energía cinética de la flecha cuando se dispara. Una vez que la flecha alcanza su objetivo, la energía cinética se convierte en calor.

1844

El perfil en doble T

Richard Turner (c. 1798–1881), **Decimus Burton** (1800–1881)

¿Se ha preguntado alguna vez por qué en la construcción se usan tantas vigas de acero con un perfil en forma de doble T? Es una prueba de que este tipo de vigas es muy eficaz frente a la flexión provocada por una carga aplicada perpendicularmente al eje de la viga. Imagine una larga viga con perfil en doble T apoyada en sus dos extremos con, por ejemplo, un elefante balanceándose en el centro. Las capas superiores de la viga se comprimirán y las inferiores se alargarán o estirarán ligeramente por la fuerza de tensión. El acero es pesado y caro, por lo que los constructores intentan reducir su uso siempre que se conserve la resistencia estructural. La viga de doble T es eficiente y económica porque contienen más acero en las alas superior e inferior, donde su presencia es más efectiva para evitar la flexión. La viga de acero con perfil en doble T se puede producir por laminación, extrusión o como una viga *ensamblada*, formada por planchas soldadas entre sí. Hay que apuntar que si la fuerza se aplica lateralmente hay otras formas más efectivas que la viga en doble T: el perfil cilíndrico hueco es el más eficiente y económico para resistir a la flexión en cualquier dirección.

El restaurador de patrimonio histórico y arquitectónico Charles Peterson ha escrito sobre la importancia de la viga con perfil en doble T: «La viga de hierro forjado de doble T para estructuras, perfeccionada a mediados del siglo XIX, fue uno de los grandes inventos para estructuras de todos los tiempos. La forma, modelada primero en hierro forjado, pronto lo fue en acero. La viga con perfil en doble T se universalizó cuando el proceso Bessemer abarató la fabricación del acero, material del que están hechos los rascacielos y los grandes puentes».

Entre las primeras vigas de doble T utilizadas en edificios están las que se usaron en The Palm House (La Casa de la Palmera), construida entre 1844 y 1848 por Richard Turner y Decimus Burton en los Reales Jardines Botánicos de Kew, Londres. En 1853, en Nueva Jersey, William Borrow, de la Trenton Iron Company (TIC), se acercó a la idea del perfil en doble T atornillando espalda con espalda dos piezas que integraban la viga. En 1855, Peter Cooper, el propietario de TIC, lanzó la viga en doble T de una sola pieza, que se denominó *viga Cooper*.

VÉASE TAMBIÉN El armazón (2500 a. C.), El arco (1850 a. C.), La tensegridad (1948).

Esta viga maciza con perfil en doble T fue una vez parte del segundo nivel subterráneo del World Trade Center. Hoy día es parte de un monumento conmemorativo del 11-S erigido en la California State Fair Memorial Plaza . Estas pesadas vigas fueron transportadas desde Nueva York hasta Sacramento por ferrocarril.

1845

Las leyes de Kirchhoff de los circuitos eléctricos

Gustav Robert Kirchhoff (1824–1887)

Cuando murió Clara, la esposa de Gustav Kirchhoff, el genial físico tuvo que sacar adelante él solo a sus cuatro hijos. La tarea podía ser complicada para cualquier hombre, pero para él se convirtió en un verdadero reto a causa de una lesión en un pie que le obligó a pasar el resto de su vida dependiendo de unas muletas y una silla de ruedas. Antes de la muerte de su mujer, Kirchhoff llegó a ser muy conocido por sus leyes de los circuitos eléctricos, que se centran en las relaciones entre las corrientes en un nodo del circuito y los voltajes alrededor de un circuito cerrado o malla. *La ley de la corriente de Kirchhoff* es una nueva expresión del principio de conservación de la carga eléctrica de un sistema. En concreto asegura que en cualquier punto de conexión de un circuito eléctrico, la suma de las corrientes entrantes es igual a la suma de las corrientes salientes. La ley se suele aplicar a los nodos formados por la intersección de varios cables (por ejemplo, en forma de + o de T) en los que la corriente entra por unos hilos y sale por otros.

La ley de la corriente de Kirchhoff es otra forma de enunciar la **ley de conservación de la energía** en un sistema: la suma de las diferencias de potencial eléctrico en una malla debe ser igual a cero. Supongamos que tenemos un circuito con nodos. Si comenzamos en cualquiera de ellos y vamos recorriendo una sucesión de elementos del circuito (entre ellos puede haber conductores, resistencias y baterías) que formen una trayectoria cerrada hasta el punto de partida, la suma de las diferencias de potencial encontradas en la malla ha de ser igual a cero. Así, por ejemplo, las subidas de voltaje se pueden producir cuando siguiendo el circuito encontramos una batería (y la atravesamos en el sentido - a + según la notación habitual para una batería en el esquema de un circuito). Siguiendo el circuito en la misma dirección, alejándonos de la batería, la presencia de resistencias puede provocar caídas de voltaje.

VÉASE TAMBIÉN La ley de Ohm (1827), La ley de Joule (1840), La conservación de la energía (1843), Los circuitos integrados (1958).

IZQUIERDA: *Gustav Kirchhoff.* DERECHA: *Las leyes de Kirchhoff se utilizan desde hace décadas para interpretar la relación entre corriente y voltaje en circuitos eléctricos representados mediante esquemas, como en este diagrama de reducción de ruido (patente estadounidense nº 3.818.362, 1974).*

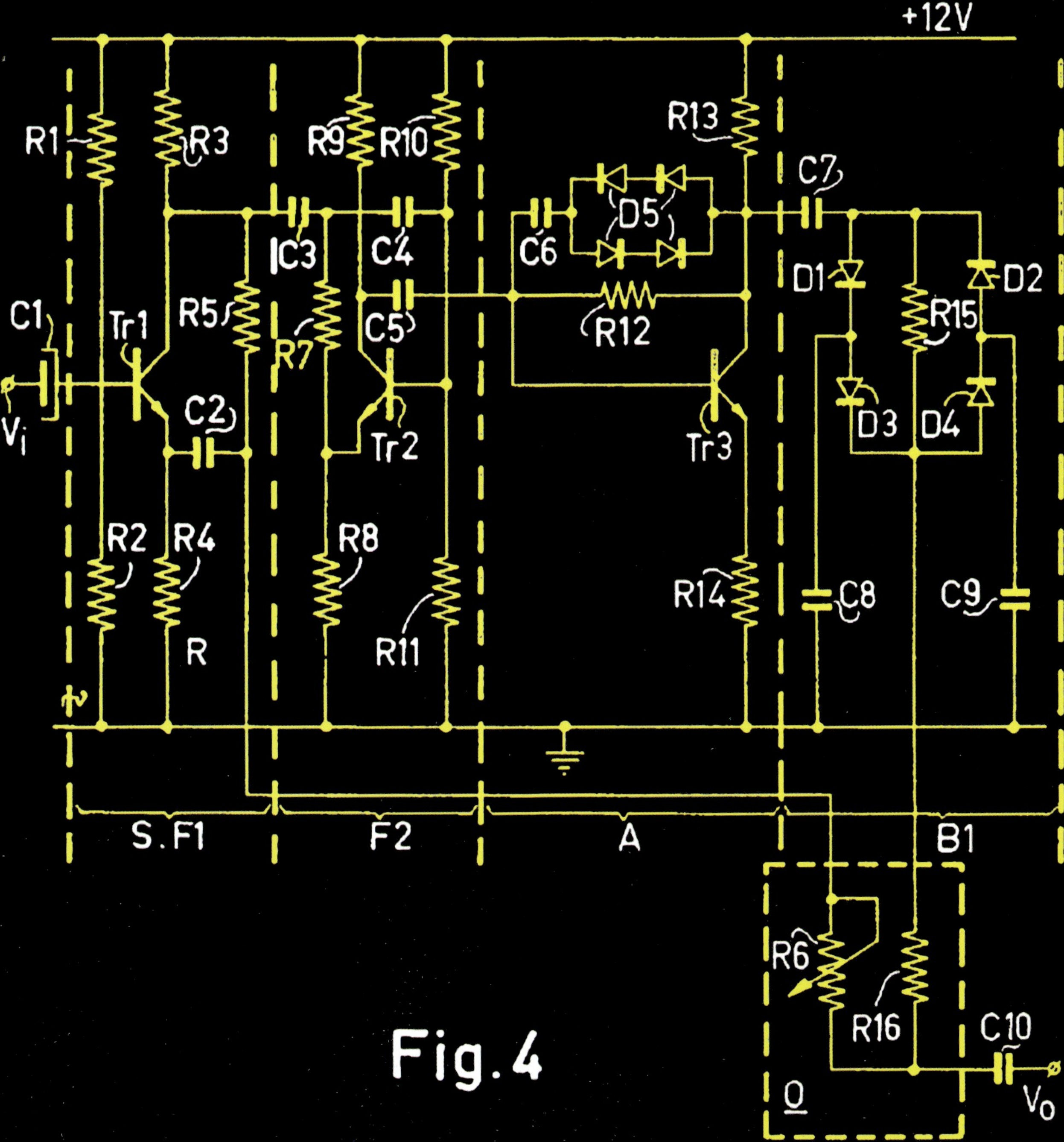
+12V
R1
R3
R9
R10
R13
C7
D5
C6
C3
C4
D1
D2
C1
Tr1
R5
R7
C5
R12
R15
C2
Tr2
Tr3
D3
D4
Vi
R2
R4
R8
R14
C8
C9
R
R11
S.F1
F2
A
B1
R6
R16
C10
O
Vo
Fig. 4

El descubrimiento de Neptuno

John Couch Adams (1819–1892), **Urbain Jean Joseph Le Verrier** (1811–1877), **Johann Gottfried Galle** (1812–1910)

«Trazar la trayectoria de los planetas con la máxima precisión es un problema de enorme complejidad» escribe el astrónomo James Kaler. «Cuando intervienen únicamente dos cuerpos tenemos un juego de reglas de una hermosa sencillez. Pero para tan solo tres cuerpos tirando mutuamente uno de otro, está matemáticamente comprobado que ya no existen reglas semejantes [...] El descubrimiento de Neptuno representó el triunfo de esta ciencia matemática [llamada teoría de la perturbación] y de la propia mecánica newtoniana».

Neptuno es el único planeta del Sistema Solar cuya existencia y ubicación se predijeron de forma matemática antes de su observación. Los astrónomos advirtieron que la órbita que describía Urano alrededor del Sol (Urano fue descubierto en 1781) presentaba ciertas irregularidades. Se preguntaron si acaso esto significaba que las leyes de Newton no servían en los confines del Sistema Solar, o si quizá había un gran objeto desconocido que perturbaba la órbita de Urano. Tanto el astrónomo francés Urbain Le Verrier como el británico John Couch Adams llevaron a cabo los cálculos necesarios para localizar un posible planeta nuevo. En 1846, Le Verrier, basándose en sus resultados, indicó al astrónomo alemán Johann Galle hacia donde debía apuntar su telescopio y, al cabo de una media hora, Galle encontró Neptuno a un grado de la posición señalada (se trató de una rotunda confirmación de la ley de la gravitación universal de Newton). Galle escribió a Le Verrier el 25 de septiembre: «*Monsieur*, el planeta cuya posición me indicó *existe realmente*». Le Verrier contestó: «Le agradezco la presteza con la que ha seguido mis instrucciones. De este modo, gracias a usted, estamos definitivamente en *posesión de un nuevo mundo*».

Los científicos británicos alegaron que Adams también había descubierto Neptuno al mismo tiempo y se desencadenó una disputa sobre quién era el verdadero descubridor del planeta. Llama la atención saber que, durante siglos, numerosos científicos antes que Adams y Le Verrier observaron Neptuno pensando que se trataba de una estrella en lugar de un planeta.

Neptuno no se puede observar a simple vista. Completa una vuelta al Sol cada 164,7 años y tiene los vientos más veloces de todos los planetas del Sistema Solar.

VÉASE TAMBIÉN El telescopio (1608), Las dimensiones del Sistema Solar (1672), Las leyes del movimiento y la gravitación universal de Newton (1687), La ley de Bode (1766), El telescopio Hubble (1990).

Neptuno, el octavo planeta desde el Sol, y su luna, Proteo. Neptuno tiene 13 lunas conocidas y el radio en su ecuador es casi cuatro veces mayor que el de la Tierra.

1850

El segundo principio de la termodinámica

Rudolf Clausius (1822–1888), **Ludwig Boltzmann** (1844–1906)

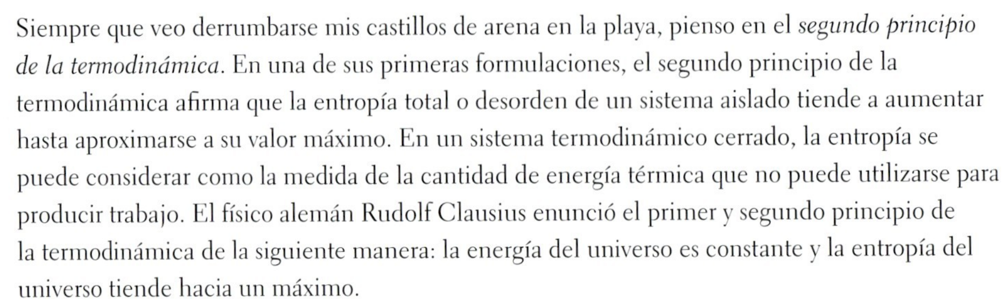

Siempre que veo derrumbarse mis castillos de arena en la playa, pienso en el *segundo principio de la termodinámica*. En una de sus primeras formulaciones, el segundo principio de la termodinámica afirma que la entropía total o desorden de un sistema aislado tiende a aumentar hasta aproximarse a su valor máximo. En un sistema termodinámico cerrado, la entropía se puede considerar como la medida de la cantidad de energía térmica que no puede utilizarse para producir trabajo. El físico alemán Rudolf Clausius enunció el primer y segundo principio de la termodinámica de la siguiente manera: la energía del universo es constante y la entropía del universo tiende hacia un máximo.

La termodinámica es el estudio del calor y, de forma más general, el de las transformaciones de la energía. El segundo principio de la termodinámica da a entender que toda la energía del universo tiende a evolucionar hacia un estado de distribución uniforme. También invocamos de manera indirecta el segundo principio de la termodinámica cuando pensamos que una casa, un cuerpo o un coche (sin mantenimiento) se deterioran con el tiempo. O, como escribió el novelista William Somerset Maugham, «de nada sirve llorar por la leche derramada, porque todas las fuerzas del universo se han empeñado en derramarla».

Al principio de su carrera, Clausius afirmó que «el calor no se transfiere de manera espontánea de un cuerpo frío a otro más caliente». El físico austríaco Ludwig Boltzmann amplió la definición del segundo principio de la termodinámica y de la entropía al describir esta última como una medida del desorden de un sistema debido al movimiento térmico de las moléculas.

Desde otra perspectiva, el segundo principio de la termodinámica establece que dos sistemas adyacentes tienden a igualar sus temperaturas, presiones y densidades. Por ejemplo, cuando se sumerge una pieza de metal caliente en un depósito de agua fría, el metal se enfría y el agua se calienta hasta que ambos alcanzan la misma temperatura. Un sistema aislado que llega al equilibrio no puede realizar ningún trabajo útil sin suministro de energía exterior, lo que ayuda a explicar por qué el segundo principio de la termodinámica nos impide construir muchas clases de máquinas de movimiento perpetuo.

VÉASE TAMBIÉN Las máquinas de movimiento perpetuo (1150), La ecuación de Boltzmann (1875), El demonio de Maxwell (1867), La máquina de Carnot (1824), La conservación de la energía (1843), El tercer principio de la termodinámica (1905).

IZQUIERDA: *Rudolph Clausius.* DERECHA: *Los microbios construyen sus «inverosímiles estructuras» a partir de materiales desordenados del entorno, pero lo hacen a costa de incrementar la entropía que les rodea. La entropía global de los sistemas cerrados se incrementa, pero la entropía de los elementos individuales de un sistema cerrado puede disminuir.*

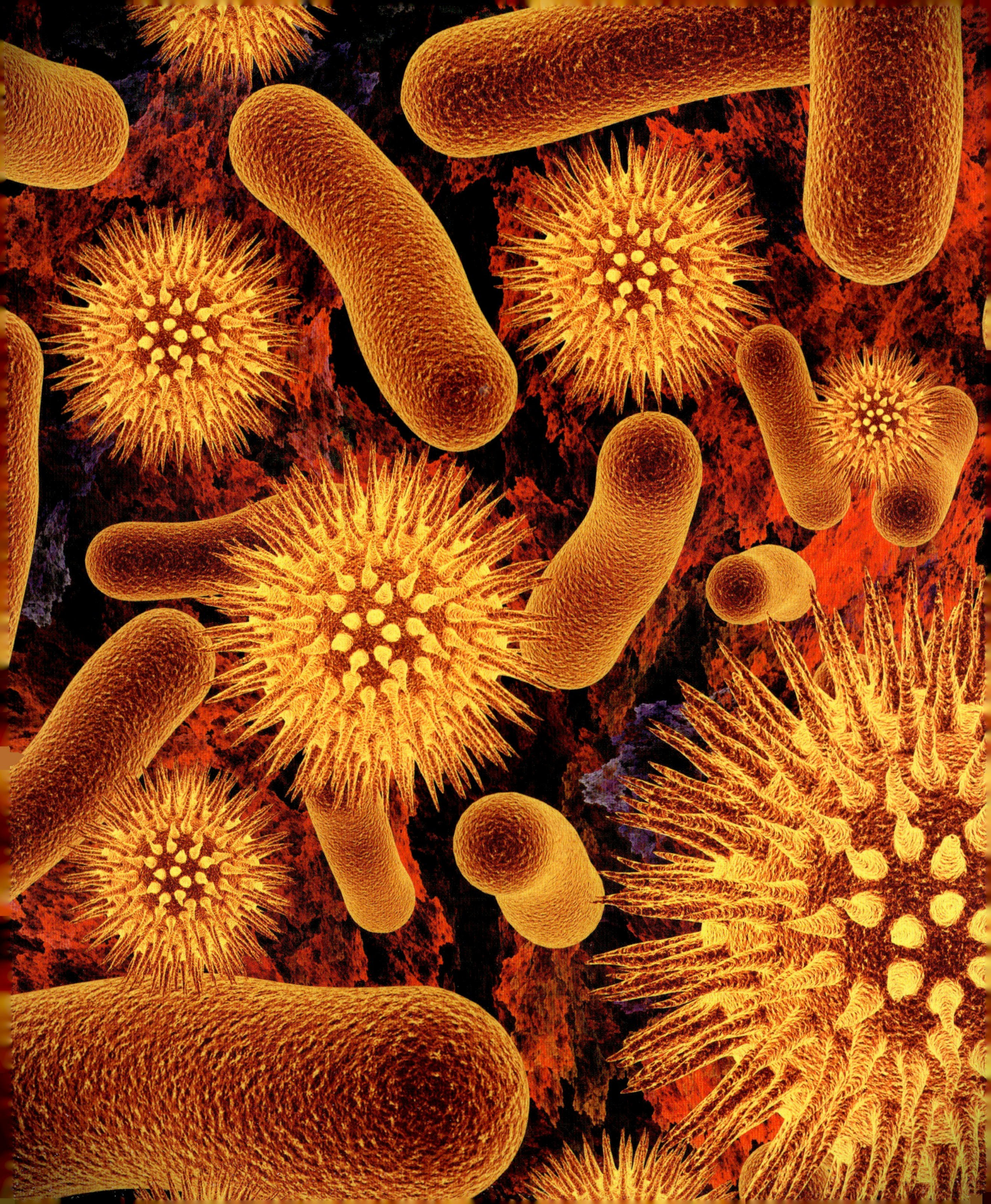

1850

Por qué resbala el hielo

Michael Faraday (1791–1867), **Gabor A. Somorjai** (nacido en 1935)

El término «hielo negro» hace referencia al agua que se congela sobre el asfalto de la carretera y que reviste un especial peligro para los motoristas porque se ve con dificultad. Curiosamente, a veces se forma hielo negro sin que haya lluvia, nieve o aguanieve porque la condensación procedente del rocío o de la niebla se hiela sobre la calzada. El agua congelada del hielo negro es transparente porque contiene muy pocas burbujas de aire.

A lo largo de los siglos, los científicos se han preguntado por qué resbala el hielo en cualquiera de sus formas. El 7 de junio de 1850, el científico inglés Michael Faraday expuso en la Royal Institution la idea de que el hielo tenía una capa de agua oculta en la superficie que la hacía resbaladiza. Para demostrar su hipótesis presionó dos cubitos de hielo entre sí hasta que se fusionaron y resolvió que la fina capa de líquido se congelaba cuando ya no formaba parte de la superficie.

¿Por qué se puede patinar sobre el hielo? Durante muchos años la respuesta que daban los libros de texto era que la cuchilla de los patines ejercía una presión que reducía la temperatura de fusión del hielo provocando la formación de una finísima lámina de agua. Aunque esta explicación ya no se considera válida, la fricción entre la cuchilla del patín y el hielo puede generar calor y hacer que aparezca agua de forma temporal. Un argumento reciente sostiene que las moléculas de agua de la superficie vibran más porque no hay otras moléculas sobre ellas, lo que origina una delgadísima capa de agua en la superficie incluso a temperaturas inferiores a la del punto de congelación. En 1996, el químico Gabor Somorjai utilizó el método de difracción de electrones de baja energía para demostrar la existencia de la delgada capa de agua en la superficie del hielo. La teoría de Faraday de 1850 parecía confirmarse. Hoy en día, los científicos no tienen muy claro qué desempeña un papel más importante en la naturaleza resbaladiza del hielo, si el agua producida por fricción o la capa líquida intrínseca.

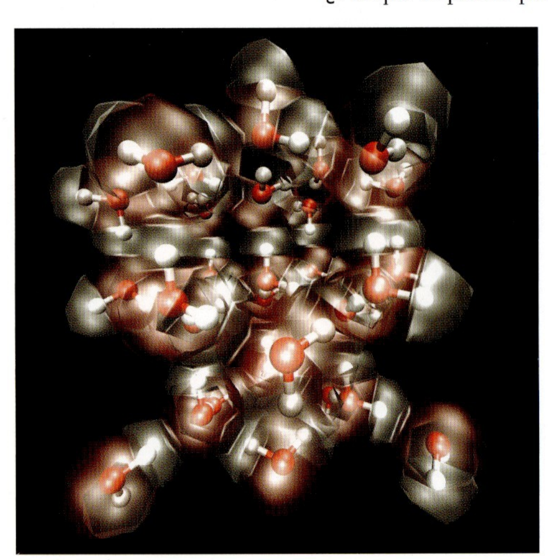

VÉASE TAMBIÉN La ley de la fricción de Amontons (1669), La ley de Stokes (1851), Los superfluidos (1937).

IZQUIERDA: *Estructura molecular del cristal de hielo.* DERECHA: *¿Por qué se puede patinar sobre el hielo? Debido a las vibraciones moleculares hay una capa de agua muy fina sobre su superficie, aun cuando la temperatura sea inferior al punto de congelación.*

1851

El péndulo de Foucault

Jean Bernard Léon Foucault (1819–1868)

«El movimiento del péndulo no se debe a ninguna fuerza trascendental o misteriosa que venga de fuera» escribe el autor Harold T. Davis «sino solo al hecho de que la Tierra en la que se sustenta el peso oscilante gira. Y puede que la explicación no sea tan simple puesto que este experimento no fue realizado hasta 1851, año en que Jean Foucault lo llevó a cabo por primera vez. Es habitual que los hechos sencillos tarden muchos años en descubrirse [...] El principio por el que murió Bruno y que tantos padecimientos causó a Galileo quedó demostrado. ¡La Tierra se movía!»

En 1851, el físico francés Léon Foucault exhibió su experimento en el Panteón de París, un edificio neoclásico con una gran cúpula. Una bola de hierro del tamaño de una calabaza se balanceaba colgando de un cable de acero de 67 metros. Conforme oscilaba, la dirección del movimiento del péndulo variaba de forma gradual rotando en el sentido de las agujas del reloj a una velocidad de 11 grados por hora, lo que demostraba la rotación de la Tierra. Para hacernos una mejor idea de esta experiencia, imaginemos que trasladamos el Panteón al Polo Norte. Una vez que el péndulo empezara a moverse, su plano de oscilación sería independiente del movimiento de la Tierra que gira a sus pies. Así pues, en el Polo Norte, el plano de oscilación del péndulo gira en el sentido de las agujas del reloj a razón de 360 grados cada 24 horas. La velocidad a la que rota el plano de oscilación del péndulo depende de la latitud: en el ecuador no rota en absoluto y en París describe un círculo completo en unas 32,7 horas.

Es evidente que en 1851 los científicos ya sabían que la Tierra giraba, pero el péndulo de Foucault ofreció, de forma sencilla, una prueba espectacular y dinámica del hecho. Foucault describió así su péndulo: «el fenómeno se desarrolla de forma pausada pero es inevitable, imparable [...] En presencia de este hecho, cualquier persona se detiene un instante y se queda pensativa y callada; entonces, la mayoría de las veces, se marcha llevándose para siempre una apreciación más clara y fundada de nuestro movimiento en el espacio».

Siendo muy joven, Foucault estudió medicina, disciplina que cambió por la física cuando descubrió su aversión por la sangre.

VÉASE TAMBIÉN La curva isócrona (1673), El reloj de péndulo de torsión (1841), Las leyes meteorológicas de Buys-Ballot (1857), El péndulo de Newton (1967).

Péndulo de Foucault del Panteón de París.

AVX ORATEVRS
ET AVX PVBLICISTES
DE LA RESTAVRATION
15
14
13
12
11
10
9
8
7

1851

La ley de Stokes

George Gabriel Stokes (1819–1903)

Siempre que pienso en la ley de Stokes, pienso en el champú. Imaginemos una esfera sólida de radio r moviéndose a una velocidad v en el seno de un fluido de viscosidad μ. El físico irlandés George Stokes determinó que la fuerza de fricción F que ofrece resistencia al movimiento de la esfera se puede expresar mediante la ecuación $F = 6\varpi r\mu v$. Nótese que la fuerza F es directamente proporcional al radio de la esfera. Esto no era tan obvio porque algunos investigadores suponían que la fuerza de fricción tenía que ser proporcional al área de la sección transversal, lo que erróneamente equivaldría a decir que dependía de r^2.

Imaginemos una situación en la que una partícula de un fluido esté sujeta a la fuerza de la gravedad. Quizá algunos lectores recuerden, por ejemplo, un conocido anuncio de televisión del champú Prell en el que una perla caía dentro de un frasco del champú verde. La perla comienza con velocidad cero y acelera al principio, pero el movimiento genera enseguida una resistencia de fricción opuesta a la aceleración que hace que la perla alcance rápidamente la condición de aceleración cero (**velocidad límite o terminal**), cuando la fuerza de aceleración de la gravedad se compensa con la de fricción.

La industria tiene en cuenta la ley de Stokes cuando estudia la sedimentación que producen las partículas sólidas suspendidas en un líquido. En este contexto, los científicos se suelen interesar por la resistencia que opone el líquido al movimiento de la partícula que se decanta. Por ejemplo, en la industria alimentaria se utilizan a veces procesos de sedimentación para separar los desechos y residuos de las materias útiles, aislar los cristales del líquido en el que están suspendidos o separar el polvo de las corrientes de aire. Los investigadores recurren a la ley para estudiar el comportamiento de partículas de aerosoles con el fin de optimizar la distribución de un fármaco por los pulmones.

A finales de la década de 1990, la ley de Stokes se aplicó en la elaboración de una teoría que explicara cómo las partículas de uranio de tamaño micrométrico pueden permanecer en el aire durante muchas horas y recorrer grandes distancias (lo que quizá contaminara a los soldados de la Guerra del Golfo). La munición anticarro solía contener penetradores de uranio empobrecido, un uranio que se convierte en aerosol cuando los proyectiles impactan en blancos blindados, como los tanques.

VÉASE TAMBIÉN El principio de Arquímedes (250 a. C.), La ley de fricción de Amontons (1669), Por qué resbala el hielo (1850), La ley de Poiseuille (1840), Los superfluidos (1937), La boligoma (1943).

IZQUIERDA: *George Stokes.* DERECHA: *Podríamos decir de forma aproximada que la viscosidad guarda relación con la «dureza» de los fluidos y su resistencia a fluir. La miel, por ejemplo, tiene mayor viscosidad que el agua. La viscosidad varía con la temperatura y la miel fluye con más facilidad cuando se calienta.*

1852

El giroscopio

Jean Bernard Léon Foucault (1819–1868), **Johann Gottlieb Friedrich von Bohnenberger** (1765–1831)

Según el libro de 1897 *Every Boy's Book of Sport and Pastime*, «se ha dicho del giroscopio que es la paradoja de la mecánica: cuando el disco no gira el aparato es una masa inerte, pero cuando lo hace a gran velocidad parece que desafía la gravedad; cuando se sostiene en la mano se siente una sensación especial por la tendencia que tiene este dispositivo a moverse hacia el lado contrario del que queremos que se mueva, como si estuviera vivo».

En 1852, Léon Foucault usó por primera vez el término *giroscopio*. Este físico francés llevó a cabo muchos experimentos con el artilugio y se le suele atribuir su invención pero, en realidad, fue el matemático alemán Johann Bohnenberger quien lo inventó utilizando una esfera giratoria. La forma tradicional de un giroscopio mecánico es la de un pesado disco que gira suspendido entre unos anillos que lo sostienen llamados cardanes. Cuando el disco está en movimiento, el giroscopio ofrece una estabilidad sorprendente y mantiene la dirección del eje de rotación gracias al principio de conservación del momento angular (la dirección del vector de momento angular de un objeto en rotación es paralela al eje de giro). A modo de ejemplo, supongamos que el giroscopio apunta hacia una dirección determinada y comienza a girar dentro de su soporte de cardán. Los cardanes se reorientarán, pero el eje del disco mantendrá la misma posición en el espacio, sin importar cómo se mueva el marco. Por ello, el giroscopio se ha empleado a veces en navegación cuando las brújulas magnéticas no han sido efectivas —en el telescopio Hubble, por ejemplo— o cuando no han sido lo suficientemente precisas, como en los misiles balísticos intercontinentales. Los aviones tienen varios giroscopios asociados a sus sistemas de navegación. La resistencia del giroscopio al movimiento externo también lo hace útil a bordo de las naves espaciales para ayudarlas a mantener la dirección deseada. Esta tendencia a continuar apuntando en una dirección determinada también se manifiesta en la peonza, en las ruedas de una bicicleta e incluso en la rotación de la Tierra.

VÉASE TAMBIÉN El bumerán (20000 a. C.), La conservación del momento lineal (1644), El telescopio Hubble (1990).

Giroscopio inventado por Léon Foucault y construido por Dumoulin Froment, 1852. Fotografía tomada en el museo del Conservatorio Nacional de Artes y Oficios de París.

1852

La fluorescencia de Stokes

George Gabriel Stokes (1819–1903)

Cuando era niño me gustaba recoger minerales verdes fluorescentes que me recordaban al Reino de Oz. El término fluorescencia suele aludir al resplandor de un objeto causado por la luz visible que emite cuando se estimula con radiación electromagnética. En 1852, el físico George Stokes observó fenómenos que se comportaban según *la ley de fluorescencia de Stokes*, que afirma que la longitud de onda de la luz fluorescente emitida siempre es mayor que la de la radiación que la produce. Stokes publicó su descubrimiento en un tratado escrito en 1852, «On the Change of Refrangibility of Light». Hoy día, denominamos a veces *fluorescencia de Stokes* a la reemisión de fotones en una longitud de onda más larga (o frecuencia menor) por parte de un átomo que ha absorbido fotones en una longitud de onda más corta (frecuencia mayor). Los detalles concretos del proceso dependen de las características del átomo implicado en particular. Los átomos absorben la luz, en términos generales, en unos 10^{-15} segundos, y la absorción excita a los electrones, que saltan a un estado de energía superior. Los electrones continúan en estado de excitación unos 10^{-8} segundos y, a continuación, el electrón puede emitir energía cuando recupera su estado básico. La expresión desplazamiento de Stokes suele referirse a la diferencia de longitud de onda o frecuencia entre los cuantos absorbidos y los emitidos.

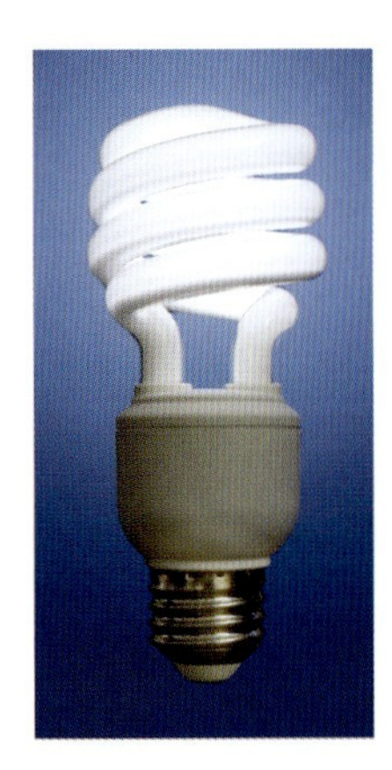

Stokes acuñó el término *fluorescencia* por la fluorita, un mineral muy fluorescente. Fue el primero en explicar adecuadamente el fenómeno mediante el cual se puede inducir fluorescencia en determinados materiales a través de la estimulación con luz ultravioleta. En la actualidad sabemos que este tipo de materiales se pueden volver fluorescentes estimulándolos con infinidad de tipos de radiación electromagnética, incluidas la luz visible, la radiación infrarroja, los rayos X y las ondas de radio.

Hay muchas y muy diversas aplicaciones de la fluorescencia. Una descarga eléctrica en un tubo fluorescente hace que los átomos de mercurio emitan una luz ultravioleta que a continuación es absorbida por un material fluorescente con el que está revestido el tubo, que vuelve a emitir luz visible. En biología, se emplean tintes *fluorescentes* como marcadores para localizar moléculas. Los materiales fosforescentes no vuelven a emitir la radiación absorbida con la rapidez de los materiales fluorescentes.

VÉASE TAMBIÉN El fuego de San Telmo (78), Luz negra (1903), Las luces de neón (1923), La escalera de Jacob (1931), Los relojes atómicos (1955).

IZQUIERDA: *Bombilla fluorescente compacta.* DERECHA: *Diversos minerales fluorescentes bajo luz ultravioleta de los tipos A, B y C.*

1857

Las leyes meteorológicas de Buys-Ballot

Christophorus Henricus Diedericus Buys-Ballot (1817–1890)

Es fácil impresionar a los amigos, como hago yo, saliendo a la calle un día ventoso con los poderes aparentemente mágicos de señalar la dirección de las bajas presiones. La ley de Buys-Ballot, que recibe su nombre del meteorólogo holandés Christoph Buys-Ballot, afirma que en el hemisferio norte, si una persona se coloca de espaldas al viento, la zona de bajas presiones quedará a su izquierda. Esto quiere decir que, en el hemisferio norte, el viento se desplaza en sentido contrario a las agujas del reloj en torno a las zonas de bajas presiones (en el hemisferio sur lo hace en el sentido de las agujas del reloj). La ley también afirma que el viento y el gradiente de presión forman ángulos rectos, siempre que se midan a la suficiente distancia de la superficie terrestre con el fin de evitar los efectos de la fricción entre el aire y la superficie de la Tierra.

Los patrones de movimiento del viento en la Tierra se ven afectados por varios factores relativos al planeta, como la forma aproximadamente esférica de la Tierra y el efecto Coriolis, que es la tendencia que manifiesta cualquier cuerpo en movimiento en la superficie terrestre o por encima de ella, como las corrientes oceánicas, a desviarse hacia un lado de su trayectoria debido a la rotación terrestre. El aire más próximo al Ecuador suele desplazarse más rápido que el más alejado del Ecuador, ya que el aire ecuatorial está más lejos del eje de rotación de la Tierra. Para visualizar esto, pensemos que el aire más alejado del eje debe viajar más deprisa en un día que el aire de latitudes más altas, que está más próximo al eje de la Tierra. Así, si hay un frente de bajas presiones en el norte, atraerá aire del sur que puede moverse más deprisa que el suelo que tiene debajo debido a que la parte más septentrional de la superficie terrestre tiene un movimiento hacia el este más lento que el de la superficie más meridional. Esto quiere decir que el aire procedente del sur se desplazará hacia el este como consecuencia de su mayor velocidad. El resultado neto del movimiento del aire procedente del norte y el sur es un remolino que gira en sentido contrario a las agujas del reloj en torno a una zona de bajas presiones en el hemisferio norte.

VÉASE TAMBIÉN El barómetro (1643), La ley de los gases de Boyle (1662), El principio de Bernoulli (1738), El efecto de la pelota de béisbol (1870), El tornado más rápido del mundo (1999).

IZQUIERDA: *Christophorus Buys-Ballot.* DERECHA: *Huracán Katrina, 28 de agosto de 2005. A ras de suelo se pueden utilizar las leyes de Buys-Ballot para tratar de determinar la localización aproximada del centro y la trayectoria de un huracán.*

1859

La teoría cinética

James Clerk Maxwell (1831–1879), **Ludwig Eduard Boltzmann** (1844–1906)

Imaginemos una bolsa de plástico llena de abejas que no dejan de zumbar, chocando unas con otras y rebotando contra la pared de la bolsa. Como las abejas van dando tumbos con una velocidad cada vez mayor, sus cuerpos impactan contra la pared con una fuerza también mayor haciendo que la bolsa se expanda. Las abejas juegan aquí el papel de los átomos o las moléculas de un gas. La teoría cinética de los gases pretende explicar las propiedades macroscópicas de los gases, como la presión, el volumen o la temperatura, en términos del constante movimiento de sus partículas.

Según la teoría cinética, la temperatura depende de la velocidad de las partículas en el recipiente y la presión es consecuencia de sus colisiones con las paredes del mismo. La versión más sencilla de la teoría cinética es más precisa cuando se cumplen determinados supuestos. Por ejemplo, el gas debe estar compuesto de un gran número de pequeñas partículas idénticas moviéndose en direcciones aleatorias; las partículas deben experimentar colisiones elásticas entre sí y con las paredes del recipiente que las contiene, pero no debe haber otro tipo de fuerzas que interfieran con su movimiento. Además, la distancia media entre partículas debe ser grande.

El físico James Clerk Maxwell elaboró en torno a 1859 un procedimiento estadístico para expresar el rango de velocidades de las partículas de un gas en un recipiente en función de la temperatura. Las moléculas de un gas, por ejemplo, acrecentarán su velocidad cuando aumente la temperatura. Maxwell también consideró que la viscosidad y difusión de un gas dependen de las características del movimiento de las moléculas. El físico Ludwig Boltzmann generalizó la teoría de Maxwell en 1868, lo que dio lugar a la ley de distribución de Maxwell-Boltzmann, que describe una distribución de probabilidad de la velocidad de las partículas en función de la temperatura. Curiosamente, los científicos todavía discutían en aquella época la existencia del átomo.

Podemos ver el funcionamiento de la teoría cinética en la vida cotidiana. Sin ir más lejos, cuando inflamos un neumático o un globo añadimos más moléculas de aire a ese recinto cerrado, traduciéndose esto en un mayor número de colisiones en el interior del recinto que en el exterior. En consecuencia, el recinto se expande.

VÉASE TAMBIÉN La ley de Charles y Gay-Lussac (1787), La teoría atómica (1808), La ley de Avogadro (1811), El movimiento browniano (1827), La ecuación de Boltzmann (1875).

Según la teoría cinética, cuando hinchamos una pompa de jabón añadimos moléculas de aire al espacio que encierra, lo que supone que en el interior de la pompa haya más colisiones moleculares que en el exterior, provocando su expansión.

1861

Las ecuaciones de Maxwell

James Clerk Maxwell (1831–1879)

«Con una perspectiva muy amplia de la historia de la humanidad» escribió el físico Richard Feynman, «contemplada, pongamos por caso, dentro de diez mil años, no cabe la menor duda de que se considerará que el acontecimiento más relevante del siglo XIX es el descubrimiento de las leyes de la electrodinámica llevado a cabo por Maxwell. La Guerra de Secesión Americana quedará reducida a algo insignificante en comparación con este importante suceso científico de esa misma década.»

En general, cuando hablamos de las ecuaciones de Maxwell nos referimos al conjunto formado por las cuatro famosas fórmulas que describen el comportamiento de los campos eléctricos y magnéticos. Concretamente, expresan cómo las cargas eléctricas producen campos eléctricos y el hecho de la no existencia de las cargas magnéticas. También, cómo las corrientes eléctricas generan campos magnéticos y cómo las variaciones de los campos magnéticos producen campos eléctricos. Si **E** representa un campo eléctrico, **B** representa un campo magnético, ε_0 representa la constante eléctrica, μ_0 representa la constante magnética y J representa la densidad de corriente, las ecuaciones de Maxwell se pueden expresar del siguiente modo:

$\nabla \cdot \mathbf{E} = \frac{\rho}{\varepsilon_0}$	Ley de la electricidad de Gauss
$\nabla \cdot \mathbf{B} = 0$	Ley del magnetismo de Gauss (no existencia del monopolo magnético)
$\nabla \times \mathbf{E} = -\frac{\partial \mathbf{B}}{\partial t}$	Ley de inducción de Faraday
$\nabla \times \mathbf{B} = \mu_0 \mathbf{J} + \mu_0 \varepsilon_0 \frac{\partial \mathbf{E}}{\partial t}$	Ley de Ampère y generalización de Maxwell

Aunque no disponemos aquí del espacio suficiente para analizar con detalle estas ecuaciones, es preciso señalar la contundente concisión de las expresiones, lo que llevó a Einstein a equiparar el logro de Maxwell con los de Newton. Además, las ecuaciones predecían la existencia de las ondas electromagnéticas.

El filósofo e historiador Robert P. Crease ha escrito sobre la belleza e importancia de las ecuaciones de Maxwell: «Si bien las ecuaciones de Maxwell son relativamente sencillas, reorganizan con audacia nuestra percepción de la naturaleza al unificar electricidad y magnetismo y vincular geometría, topología y física. Son esenciales para comprender el mundo que nos rodea. Y, aun tratándose de las primeras ecuaciones de campo, no solo mostraron a los científicos una nueva forma de apreciar la física, sino que también les guiaron en los primeros pasos hacia una unificación de las fuerzas fundamentales de la naturaleza».

VÉASE TAMBIÉN Las leyes del electromagnetismo de Ampère (1825), Las leyes de la inducción de Faraday (1831), Gauss y el monopolo magnético (1835), La teoría del todo (1984).

IZQUIERDA: *James Clerk Maxwell y su esposa, 1869.* DERECHA: *El funcionamiento de la memoria central de los ordenadores de la década de 1960 se puede vislumbrar recurriendo a la ley de Ampère en las ecuaciones de Maxwell, lo que explica cómo un alambre portador de corriente eléctrica crea un campo magnético a su alrededor que rodea al cable, pudiendo por tanto hacer que el núcleo (con forma de rosquilla) cambie su polaridad magnética.*

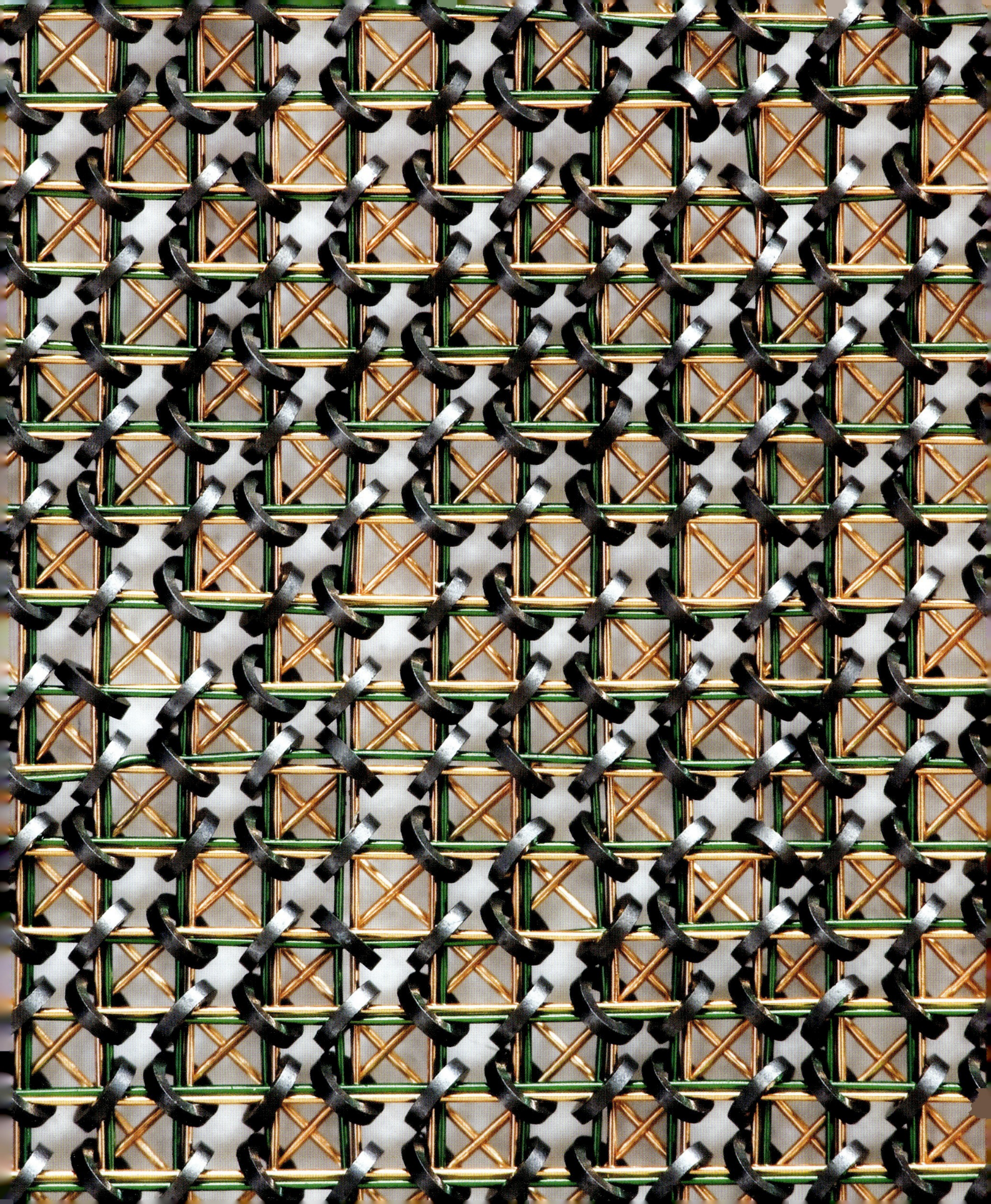

El espectro electromagnético

Frederick William Herschel (1738–1822), **Johann Wilhelm Ritter** (1776–1810), **James Clerk Maxwell** (1831–1879), **Heinrich Rudolf Hertz** (1857–1894)

El espectro electromagnético hace referencia al extenso rango de frecuencias de radiaciones electromagnéticas. Se compone de ondas de energía que se pueden propagar en el vacío y que contienen elementos de campo eléctrico y magnético que oscilan perpendicularmente entre sí. Las diferentes regiones del espectro se identifican por la frecuencia de las ondas. Por orden creciente de frecuencia (y decreciente de longitud de onda) tenemos las ondas de radio, las microondas, la radiación infrarroja, la luz visible, la radiación ultravioleta, los rayos X y los rayos gamma.

El ser humano es capaz de percibir la luz con longitudes de onda comprendidas entre los 4.000 y los 7.000 angstroms, unidad equivalente a 10^{-10} metros. Las ondas de radio se pueden generar moviendo electrones hacia adelante y hacia atrás en torres de transmisión, dando lugar a ondas con una longitud de onda comprendida entre varios metros y muchos kilómetros. Si representamos el espectro electromagnético como un piano de treinta octavas en el que la longitud de onda de la radiación se duplica con cada octava, la luz visible ocuparía solo parte de una octava. Si quisiéramos representar la totalidad del espectro de radiaciones detectado por nuestros instrumentos, necesitaríamos añadir al menos veinte octavas al piano.

Tal vez los extraterrestres tengan sus sentidos más desarrollados que nosotros. Incluso sin salir de la Tierra podemos encontrar ejemplos de criaturas con mayor sensibilidad. Por ejemplo, las serpientes de cascabel tienen detectores infrarrojos que les proporcionan «imágenes térmicas» de su entorno. Para nosotros, tanto los machos como las hembras de las polillas luna de la India son de color verde claro e indistinguibles entre sí, pero las polillas luna sí perciben el espectro de luz ultravioleta. Así, para ellas, la hembra tiene un aspecto bien distinto del macho. Las demás criaturas tienen dificultades para ver a las polillas cuando se posan sobre una hoja de color verde, pero las mariposas luna no se camuflan ante los miembros de su propia especie; al contrario, se perciben unas a otras con colores muy brillantes. Las abejas también son capaces de percibir la luz ultravioleta. De hecho, muchas flores tienen hermosos diseños que las abejas pueden ver para orientarse hasta ellas. Esos atractivos e intrincados dibujos son completamente invisibles para la percepción humana.

La relación de físicos expuesta bajo el encabezamiento de esta entrada realizó investigaciones esenciales en torno al espectro electromagnético.

VÉASE TAMBIÉN El prisma de Newton (1672), La naturaleza ondulatoria de la luz (1801), Las líneas de Fraunhofer (1814), La óptica de Brewster (1815), La fluorescencia de Stokes (1852), Los rayos X (1895), Luz negra (1903), La radiación de fondo de microondas (1965), Las erupciones de rayos gamma (1967), El color negro más negro (2008).

Para el ser humano, los machos y las hembras de las polillas luna de la India son de color verde claro e indistinguibles. Pero las polillas luna perciben la luz ultravioleta y, para ellas, las hembras son bastante distintas de los machos.

1866

La tensión superficial

Loránd von Eötvös (1848–1919)

El físico Loránd Eötvös escribió en una ocasión que «los poetas logran penetrar en los secretos con mayor profundidad que los científicos», pero Eötvös empleó los instrumentos de la ciencia para comprender los recovecos de la tensión superficial, que desempeña un papel fundamental en numerosos aspectos de la naturaleza. En la superficie de un líquido, las moléculas experimentan una atracción hacia el interior debido a las fuerzas intermoleculares. Eötvös estableció una interesante relación entre la tensión superficial de un líquido y la temperatura del mismo: $\gamma = k(T_0 - T)/\rho^{3/2}$. En esta fórmula, la tensión superficial γ de un líquido guarda relación con su temperatura T, la temperatura crítica del líquido T_0 y ρ, su densidad. La constante k es más o menos la misma para muchos de los líquidos habituales, entre ellos el agua. T_0 es la temperatura a la que la tensión superficial desaparece o se hace 0.

El concepto de tensión superficial suele aludir a una propiedad de los líquidos que nace del desequilibrio de las fuerzas moleculares en su superficie o sus inmediaciones. Como consecuencia de estas fuerzas de atracción, la superficie tiende a contraerse y presenta propiedades semejantes a las de una membrana elástica. Curiosamente, la tensión superficial, que puede ser considerada como una energía de la superficie molecular, reacciona y varía con la temperatura de un modo esencialmente independiente de la naturaleza del líquido.

Durante sus experimentos, Eötvös tuvo que prestar especial atención para que la superficie de sus fluidos no se contaminara lo más mínimo, de modo que trabajó con vasijas de cristal que habían sido selladas con calor. También empleó métodos ópticos para determinar la tensión superficial. Estos sensibles métodos se basaban en la reflexión óptica para caracterizar la geometría local de la superficie del líquido.

Los insectos acuáticos llamados zapateros son capaces de caminar sobre el agua porque la tensión superficial hace que la superficie del agua se comporte como una membrana elástica. En el año 2007, investigadores de la Universidad Carnegie Mellon crearon zapateros robotizados y descubrieron que la longitud «óptima» de las patas de alambre robotizadas y recubiertas de teflón era de unos cinco centímetros. Además, con doce patas adheridas a un cuerpo de 1 gramo de peso podían llegar a soportar hasta 9,3 gramos.

VÉASE TAMBIÉN La ley de Stokes (1851), Los superfluidos (1937), La lámpara de lava (1963).

IZQUIERDA: *Zapatero de agua.* DERECHA: *Fotografía de dos clips flotando en el agua. Las franjas coloreadas muestran el contorno de la superficie del agua. La tensión superficial impide que los clips se sumerjan.*

1866

La dinamita

Alfred Bernhard Nobel (1833–1896)

«El esfuerzo invertido por la humanidad en aprovechar el poder destructivo del fuego es una larga historia que se remonta hasta los albores de la civilización» ha escrito Stephen Bown. «Aunque la pólvora produjo cambios sociales que supusieron el fin del feudalismo y marcaron el inicio de una nueva organización militar [...], la auténtica era de los explosivos, la que transformó el mundo de forma radical e irrevocable, comenzó en la década de 1860 con la asombrosa idea de un adusto químico sueco llamado Alfred Nobel.»

En torno a 1846 se inventó la nitroglicerina, un explosivo muy potente que podía detonar de improviso con facilidad y causar numerosas víctimas. De hecho, la propia fábrica sueca de Nobel, en la que se producía nitroglicerina, explotó en 1864 muriendo cinco personas, incluido su hermano pequeño Emil. El gobierno sueco prohibió a Nobel reconstruir su factoría. En 1866 Nobel descubrió que mezclando nitroglicerina con una especie de barro compuesto de una roca finamente molida conocida como *kieselguhr* (y a la que a veces se denomina diatomita o tierra de diatomeas) podía crear un material explosivo mucho más estable que la nitroglicerina. Un año más tarde Nobel patentó la sustancia y la llamó *dinamita*. La dinamita se ha utilizado principalmente en la minería y en la construcción, pero también se ha empleado con fines bélicos. Pensemos en los muchos soldados británicos apostados en Gallipoli durante la Primera Guerra Mundial que fabricaron bombas con latas de mermelada —literalmente, pues las latas contenían mermelada— rellenas de dinamita y trozos de metralla con una mecha como detonador.

Nobel jamás pretendió que su sustancia se empleara en la guerra. En realidad, su objetivo fundamental era que la nitroglicerina fuera más segura. Como pacifista, creía que la dinamita lograría poner fin a las guerras con rapidez, o que el poder de la dinamita volvería la guerra inconcebible, demasiado horripilante como para librarla.

Hoy día Nobel es famoso por haber fundado los premios que llevan su nombre. El equipo del portal web cultural y educativo BookRags ha escrito que «muchos han señalado la ironía de que dejara su fortuna de miles de millones de dólares, amasada con la patente y fabricación de la dinamita y otros inventos, a crear unos premios que se concedieran "a aquellos que durante el año anterior hubieran realizado las aportaciones más beneficiosas para la humanidad"».

VÉASE TAMBIÉN Little Boy: la primera bomba atómica (1945).

A veces se utiliza dinamita en labores de extracción minera a cielo abierto. Las minas a cielo abierto que producen piedra y otros materiales para la construcción se denominan canteras.

1867

El demonio de Maxwell

James Clerk Maxwell (1831–1879), Léon Nicolas Brillouin (1889–1969)

«El demonio de Maxwell no es más que una idea elemental» han escrito los físicos Harvey Leff y Andrew Rex, «pero ha supuesto un reto para parte de los mejores intelectos científicos, y la extensa literatura que ha originado abarca la termodinámica, la física estadística, la mecánica cuántica, la teoría de la información, la cibernética, los límites de la computación, las ciencias biológicas y la historia y filosofía de la ciencia.»

El demonio de Maxwell es un hipotético ente inteligente —concebido por primera vez por el físico escocés James Clerk Maxwell— que se ha empleado para sugerir que tal vez el segundo principio de la termodinámica se podría quebrantar. Según una de sus primeras formulaciones, este principio afirma que la entropía o desorden global de un sistema aislado tiende a incrementarse con el paso del tiempo hasta aproximarse a su valor máximo. Además, sostiene que el calor no se transmite desde los cuerpos fríos a los cuerpos más calientes.

Para hacernos una idea de qué es el demonio de Maxwell pensemos en dos vasijas, A y B, conectadas a través de un pequeño orificio y que contienen gas a idéntica temperatura. En principio, el demonio de Maxwell puede abrir y cerrar el orificio para que las moléculas de cada uno de los gases cambien de vasija, pero solo permite pasar de la vasija A a la B a las moléculas que más deprisa se mueven, y de la B a la A a las que se mueven más despacio. Así, el demonio produce mayor energía cinética (y calor) en B, un recipiente que se podría emplear como fuente de alimentación para distintos aparatos. Este escenario parece brindar una escapatoria del segundo principio de la termodinámica. Esta criaturilla, esté viva o se trate de una simple máquina, aprovecha los rasgos estadísticos y aleatorios de los movimientos moleculares para hacer disminuir la entropía. Si algún científico loco lograra crear semejante ente, el mundo gozaría de una fuente de energía inagotable.

El físico francés Léon Brillouir propuso en 1950 una «solución» para el problema del demonio de Maxwell. Brillouin y otros desterraron al demonio demostrando que la disminución de la entropía derivada de la observación y meticulosa actuación del demonio quedaría superada por el incremento de la entropía necesario para seleccionar las moléculas más rápidas y más lentas. El demonio también necesita energía para funcionar.

VÉASE TAMBIÉN Las máquinas de movimiento perpetuo (1150), El demonio de Laplace (1814), El segundo principio de la termodinámica (1850).

IZQUIERDA: *El demonio de Maxwell es capaz de separar grupos de partículas frías y calientes, representadas aquí en color azul y rojo respectivamente. ¿Podría suministrarnos el demonio de Maxwell una fuente de energía inagotable?* DERECHA: *Representación del demonio de Maxwell, que permite que las moléculas que se mueven más deprisa (naranjas) se acumulen en una zona y las más lentas (verde azuladas), en otra.*

El descubrimiento del helio

Pierre Jules César Janssen (1824–1907), **Joseph Norman Lockyer** (1836–1920), **William Ramsay** (1852–1916)

«Tal vez hoy día, cuando hay globos de helio en todas las fiestas infantiles, resulte sorprendente que [en 1868] el helio representara un misterio semejante al que en la actualidad es la materia oscura» han escrito David y Richard Garfinkle. «Se trataba de una sustancia que no se había visto jamás sobre la Tierra, solo en el Sol, y a la que solo se conocía indirectamente por la huella de su presencia en las líneas del espectro.»

En realidad, el descubrimiento del helio destaca porque supuso el primer caso de un elemento químico descubierto en un cuerpo extraterrestre antes de que se encontrara en la Tierra. Aun cuando el helio abunda en el universo, fue absolutamente desconocido durante gran parte de la historia de la humanidad.

El helio es un gas inerte, incoloro e inodoro cuyos puntos de ebullición y fusión se encuentran entre los más bajos de todos los elementos químicos. Después del hidrógeno, es el segundo elemento más abundante en el universo, pues supone aproximadamente el 24 por ciento de la masa estelar de las galaxias. El helio fue descubierto en 1868 por los astrónomos Pierre Janssen y Norman Lockyer cuando observaron una línea desconocida en la huella que dejaba la luz solar en el espectro. Sin embargo, no se descubrió helio en la Tierra hasta 1895, cuando el químico británico sir William Ramsay lo encontró en un mineral radioactivo rico en uranio. En 1903 se hallaron grandes depósitos de helio en yacimientos estadounidenses de gas natural.

Como su punto de ebullición es extremadamente bajo, el helio líquido es el refrigerante habitual de los imanes superconductores empleados en los aparatos de imágenes por resonancia magnética y en los aceleradores de partículas. A temperaturas muy bajas, el helio líquido presenta las singulares propiedades de **los superfluidos**. El helio es también importante para los buceadores de grandes profundidades (para evitar un exceso de oxígeno en el cerebro) y para los soldadores (para reducir la oxidación cuando se aplican altas temperaturas). También se emplea en el lanzamiento de cohetes, los láseres, las sondas meteorológicas y la detección de filtraciones.

La mayor parte del helio del universo es helio-4 (un isótopo que tiene dos protones, dos neutrones y dos electrones), que se formó durante el **Big Bang**. Otra pequeña parte se crea en las estrellas durante el proceso de fusión nuclear del hidrógeno. El helio es relativamente inusual en la Tierra porque, como demuestran los globos de helio sueltos que ascienden hasta perderse en la atmósfera, es un gas tan ligero que la mayor parte se escapa al espacio exterior.

VÉASE TAMBIÉN El Big Bang (13700 millones a. C.), El termo (1892), Superconductividad (1911), Los superfluidos (1937), La resonancia magnética nuclear (1938).

El USS Shenandoah *(ZR-1) sobrevolando las inmediaciones de la ciudad de Nueva York, c. 1923. El Shenandoah destacó por ser la primera aeronave rígida que utilizó helio en lugar del inflamable hidrógeno.*

U.S. NAVY

El efecto de la pelota de béisbol

Fredrick Ernest Goldsmith (1856–1939), **Heinrich Gustav Magnus** (1802–1870)

Robert Adair, autor de *The Physics of Baseball*, ha escrito que «el movimiento del lanzador de béisbol hasta el momento en que suelta la bola constituye todo un arte del lanzamiento; el comportamiento de la bola una vez lanzada [...] se rige por la física». Durante años han proliferado en las revistas más populares del sector los debates acerca de si el efecto que se imprime a las bolas lanzadas en el béisbol las hace describir realmente una curva o si se trata únicamente de algún tipo de ilusión óptica.

Aunque tal vez sea imposible afirmar de forma concluyente qué jugador de béisbol realizó por primera vez un lanzamiento con efecto, se suele atribuir al jugador profesional Fred Goldsmith el mérito de haber realizado la primera demostración pública de un lanzamiento con efecto el 16 de agosto de 1870 en Brooklyn, Nueva York. Muchos años después, las investigaciones sobre la física de los lanzamientos con efecto demostraron que, por ejemplo, cuando se imprime un efecto en la bola de tal modo que esta gire en la dirección del lanzamiento, se produce una desviación significativa de la trayectoria ordinaria. Concretamente, una capa de aire gira con la bola como un remolino y la capa de aire próxima a su parte más baja se desplaza más deprisa que la de la zona superior (la zona alta del torbellino se desplaza en dirección contraria a la de la bola). Según el principio de Bernoulli, un flujo de aire o de líquido crea una zona de baja presión que guarda relación con la velocidad del flujo (véase **el principio de Bernoulli**). Esa diferencia de presión entre la zona alta y la zona baja de la pelota es la causante de que describa una trayectoria curvada y vaya cayendo cuando se aproxima al bateador. Esa caída o «corte» puede representar una desviación de nada menos que 50 centímetros con respecto a la trayectoria de una bola sin efecto. El físico alemán Heinrich Magnus explicó el fenómeno en 1852.

En 1949, el ingeniero Ralph Lightfoot empleó un túnel de viento para demostrar que la bola con efecto realmente curva su trayectoria. Sin embargo, una ilusión óptica resalta el efecto de la bola así lanzada porque, a medida que se acerca a la zona donde se batea y pasa de la zona de visión central del bateador a la periférica, el movimiento de rotación distorsiona la percepción que tiene el bateador de la trayectoria de la bola de tal forma que parece caer bruscamente.

VÉASE TAMBIÉN El cañón (1132), El principio de Bernoulli (1738), Los hoyuelos de las pelotas de golf (1905), La velocidad límite (1960).

Cuando la pelota de béisbol gira en el aire, gira también con ella una capa de aire que crea una diferencia de presión entre la parte superior e inferior de la bola. Esta diferencia de presión puede hacer que la pelota describa una trayectoria curva que descienda bruscamente cuando llega al bateador.

1871

La dispersión de Rayleigh

John William Strutt, tercer barón de Rayleigh (1842–1919)

En 1868, el poeta escocés George MacDonald escribió que «cuando miro al cielo azul, parece tan profundo, tan sosegado, tan desbordante de una ternura misteriosa que podría yacer durante siglos esperando los albores del rostro del Dios de la tremenda bondad». Durante muchos años, tanto los científicos como la gente corriente se preguntaron qué confería al cielo su color azul y a los atardeceres ese color rojizo intenso. Finalmente, en 1871, Lord Rayleigh publicó un artículo ofreciendo la respuesta. Recordemos que la «luz blanca» del Sol se compone, en realidad, de un espectro de colores ocultos que se puede hacer aflorar con un simple prisma de cristal. *La dispersión de Rayleigh* alude a la dispersión de la luz solar debida a moléculas de gas y a pequeñísimas fluctuaciones en la densidad de la atmósfera. Concretamente, la intensidad con que la luz se dispersa es inversamente proporcional a la cuarta potencia de la longitud de onda del color de la luz. Eso quiere decir que la luz azul se dispersa mucho más que la de los demás colores, como el rojo, porque la longitud de onda de la luz azul es más corta que la de la luz roja. La luz azul se dispersa mucho por gran parte del cielo y, así, desde la Tierra el observador ve el cielo azul. Curiosamente, el cielo no parece violeta —aun cuando la longitud de onda del violeta sea aún más corta que la de la luz azul— en parte porque en el espectro de la luz solar hay más luz azul que violeta y, también, porque nuestros ojos son más sensibles a la luz azul que a la violeta.

Cuando el Sol está próximo al horizonte, como sucede en el ocaso, la cantidad de aire que debe atravesar la luz solar hasta llegar al observador es mayor que cuando se encuentra en un punto más alto del cielo. Por tanto, hay más luz azul que se dispersa alejándose del observador, dejando que los colores con longitudes de onda más largas dominen la imagen de la puesta de sol.

Es preciso tener en cuenta que la dispersión de Rayleigh se aplica a las partículas del aire que tienen un radio inferior a, aproximadamente, la décima parte de la longitud de onda de la radiación, como las moléculas de los gases. Cuando hay una cantidad significativa de partículas mayores en el aire rigen otras leyes de la física.

VÉASE TAMBIÉN Qué es el arco iris (1304), La aurora boreal (1621), El prisma de Newton (1672), El efecto invernadero (1824), El rayo verde (1882).

Tanto los científicos como la gente corriente se han preguntado durante siglos por qué el cielo es azul y las puestas de sol de color rojizo intenso. Al fin, en 1871, Lord Rayleigh publicó un artículo que proporcionaba la respuesta.

1873

El radiómetro de Crookes

William Crookes (1832–1919)

Cuando era niño tenía en el alféizar de mi ventana tres «molinillos de luz» cuyas aspas no dejaban de girar como por arte de magia. La explicación de ese movimiento ha suscitado un intenso debate durante décadas, y hasta el brillante físico James Maxwell se confundió en un principio con el mecanismo de funcionamiento del molinillo.

El radiómetro de Crookes, también llamado molinillo de luz, fue inventado en 1873 por el físico inglés William Crookes. Consiste en una esfera de vidrio en la que se ha hecho el vacío parcial y en cuyo interior hay cuatro aspas montadas sobre un eje. Cada una de las aspas tiene una cara negra y otra blanca o brillante. Cuando se exponen a la luz, las caras oscuras de las aspas absorben fotones y se calientan más que las caras más claras, lo que lleva a las aspas a girar porque, tal como se explica más abajo, las caras oscuras se alejan de la fuente luminosa. Cuanto más brillante es la luz, más rápida es la velocidad de rotación. Las aspas no giran si el vacío del interior de la bombilla es absoluto, lo que hace pensar que la causa de la rotación es el movimiento de las moléculas de gas del interior de la esfera de vidrio. Por otro lado, si no hubiera un vacío parcial en la esfera, el exceso de resistencia del aire impediría que las aspas girasen.

Al principio, Crookes formuló la hipótesis de que la fuerza que hacía girar las aspas provenía de la presión de la luz sobre las aspas, y Maxwell suscribió la idea inicialmente. Sin embargo, quedó claro enseguida que la teoría no era válida, pues las aspas no giraban si el vacío era casi absoluto. Además, lo lógico sería que fueran las caras brillantes, las que reflejan más luz, las que se alejaran por efecto de la presión de la luz. En realidad, la rotación del molinillo de luz debe atribuirse a los movimientos de las moléculas de gas como consecuencia de la diferencia de temperatura entre las caras de las aspas. El mecanismo preciso parece basarse en un proceso denominado *transpiración térmica*, que implica el movimiento de las moléculas de gas de las caras más frías hacia las caras más calientes cerca de los contornos de las aspas, lo que produce una diferencia de presión.

VÉASE TAMBIÉN Las máquinas de movimiento perpetuo (1150), El pájaro bebedor (1945).

IZQUIERDA: *Sir William Crookes, imagen extraída de* The Outline of Science, *de J. Arthur Thomson, de 1922.*
DERECHA: *El radiómetro de Crookes, también llamado molinillo de luz, consiste en una esfera de cristal en la que se ha hecho un vacío parcial. En el interior hay cuatro aspas montadas sobre un eje. Cuando la luz incide sobre el radiómetro, las aspas giran.*

1875

La ecuación de Boltzmann

Ludwig Eduard Boltzmann (1844–1906)

Un viejo proverbio chino asegura que «una gota de tinta puede hacer pensar a un millón de personas». El físico austríaco Ludwig Boltzmann quedó cautivado por la termodinámica estadística, que se ocupa de las propiedades matemáticas de sistemas con gran número de partículas, incluidas las moléculas de tinta en el agua. En 1875 formuló la relación entre la entropía S (en pocas palabras, el desorden de un sistema) y el número de estados posibles del sistema W en una escueta ecuación matemática:

$S = k \cdot \log W$, donde k es la constante de Boltzmann.

Pensemos en una gota de tinta disuelta en agua. Según **la teoría cinética**, las moléculas experimentan un movimiento aleatorio constante que las lleva a reordenarse sin cesar. Supongamos que todas las disposiciones posibles de esas moléculas son igualmente probables.

Como la mayor parte de las disposiciones de las moléculas de tinta no se corresponden con la de una gota de tinta consolidada, será muy difícil que en algún momento veamos esa gota. La disolución se produce de manera espontánea sencillamente porque hay muchas más disposiciones posibles en forma de disolución que de otra forma. La organización espontánea se produce porque arroja el estado final más probable. Un estado con altas probabilidades de producirse (por ejemplo, la gota de tinta disuelta) tiene un alto valor de entropía, y un proceso espontáneo arroja el estado final de mayor entropía, que es otro modo de afirmar el **segundo principio de la termodinámica**. Utilizando la terminología de la termodinámica, podemos decir que existe un número de variantes W, el número de *microestados*, que da lugar a un *macroestado* concreto; en nuestro caso, la disolución de la tinta en un vaso de agua.

Aunque la idea de Boltzmann de derivar la termodinámica de la visualización de moléculas en un sistema nos resulta obvia hoy día, muchos físicos de su época rechazaban incluso el concepto de átomo. Tal vez los reiterados enfrentamientos con otros físicos, junto con la larga lucha que mantuvo con un trastorno crónico de bipolaridad, contribuyeran a que el físico se suicidara en 1906 mientras estaba de vacaciones con su esposa y su hija. Su célebre ecuación de la entropía está grabada en la lápida de la sepultura de Viena en la que yace.

VÉASE TAMBIÉN El movimiento browniano (1827), El segundo principio de la termodinámica (1850), La teoría cinética (1859).

IZQUIERDA: *Ludwig Eduard Boltzmann.* DERECHA: *Imaginemos que todas las disposiciones posibles de las moléculas de tinta y agua fueran igualmente probables. Como la mayoría de esas disposiciones no se corresponden con las moléculas de tinta ordenadas en una gota, casi nunca veremos una forma de gota cuando añadimos tinta al agua.*

La bombilla incandescente

Joseph Wilson Swan (1828–1914), Thomas Alva Edison (1847–1931)

El inventor estadounidense Thomas Edison, célebre, sobre todo, por la invención de la bombilla incandescente, escribió en una ocasión que «para inventar es preciso tener mucha imaginación y un buen montón de cachivaches». Edison no fue la única persona que inventó una versión de bombilla *incandescente*; entre otros destacados inventores que idearon algún tipo de fuente luminosa basada en la emisión de luz a partir del calor podemos incluir al inglés Joseph Swan. Sin embargo, se recuerda más a Edison por la combinación de elementos añadidos que contribuyó a desarrollar: un filamento de gran duración, un vacío en el interior de la bombilla superior al que otros inventores lograron conseguir y una red de distribución de electricidad que conferiría a la bombilla incandescente una mayor utilidad práctica en edificios, calles y comunidades.

En el interior de la bombilla incandescente, la corriente eléctrica pasa a través del filamento y lo calienta produciendo luz. El recinto vacío de cristal impide que el oxígeno del aire oxide y destruya el filamento incandescente. Uno de los mayores obstáculos que hubo que superar fue descubrir cuál era el material más adecuado para fabricar el filamento. El filamento carbonizado de bambú de Edison conseguía emitir luz durante más de 1.200 horas. En la actualidad se suelen emplear filamentos de hilo de tungsteno y se introduce en las bombillas un gas inerte, como el argón, para reducir la evaporación de material del filamento. La eficacia aumenta retorciendo el filamento, que en una bombilla clásica de 60 vatios y 125 voltios de tensión es de 580 milímetros de longitud.

Si las bombillas se hacen funcionar a voltajes bajos, pueden llegar a ser asombrosamente duraderas. Por ejemplo, la «bombilla centenaria» de un parque de bomberos de California lleva encendida casi ininterrumpidamente desde 1901. Por lo general, las bombillas incandescentes no son muy eficientes puesto que aproximadamente el 90 por ciento de la energía consumida se convierte en calor y no en luz visible. Aunque hoy día las bombillas incandescentes se empiezan a reemplazar por fuentes luminosas más eficientes (por ejemplo, los fluorescentes), fueron el relevo de quinqués y lámparas de aceite —que producían hollín y eran muy peligrosos—, transformando el mundo para siempre.

VÉASE TAMBIÉN La ley de Joule (1840), La fluorescencia de Stokes (1852), La ley de Ohm (1827), Luz negra (1903), La válvula de vacío (1906).

Bombilla de Edison con el retorcido filamento de carbono.

El plasma

William Crookes (1832–1919)

Un plasma es un gas ionizado, lo que significa que el gas contiene una serie de electrones e iones (átomos que han perdido electrones) libres. Fabricar plasma requiere energía, que puede venir suministrada de muy diversas formas, ya sea térmica, radiante o eléctrica. Se puede formar plasma, por ejemplo, cuando un gas se calienta lo bastante para que los átomos colisionen entre sí y se desprendan electrones. Por su condición de gas, el plasma adopta la forma de su recipiente, pero a diferencia de los gases ordinarios, la interacción con un campo magnético puede hacer que el plasma forme un tapiz o entramado de estructura inusual, como filamentos, células, capas u otros diseños de una complejidad asombrosa. El plasma puede exhibir una inmensa variedad de ondas que no están presentes en los gases ordinarios.

El físico británico William Crookes identificó el plasma por primera vez en 1879, cuando realizaba experimentos con un tubo de vacío denominado tubo de Crookes. Curiosamente, el plasma es el estado más frecuente de la materia; mucho más frecuente que el estado sólido, líquido o gaseoso. Las estrellas se encuentran en este «cuarto estado de la materia». En la Tierra, algunas situaciones habituales en las que se produce plasma son los tubos fluorescentes, los televisores de plasma, las luces de neón y los relámpagos. La ionosfera, la capa más alta de la atmósfera terrestre, se compone de un plasma generado por la radiación solar que tiene gran relevancia práctica por su influencia en las comunicaciones de radio de todo el mundo.

Los estudios sobre el plasma abarcan un amplio abanico de plasmas, temperaturas y densidades en ámbitos que abarcan desde la astrofísica hasta la energía de fusión. Las partículas cargadas de un plasma están lo bastante próximas entre sí como para que cada una de ellas influya en muchas otras partículas cargadas cercanas. En los televisores de plasma, los átomos de xenón y de neón liberan fotones luminosos cuando se excitan. Algunos de ellos son fotones ultravioletas (no podemos verlos) que interaccionan con materiales de fósforo a los que, a su vez, hacen emitir luz visible. Cada píxel de la pantalla está compuesto por píxeles más pequeños con diferentes tipos de fósforo para emitir los colores rojo, verde y azul.

VÉASE TAMBIÉN El fuego de San Telmo (78), Las luces de neón (1923), La escalera de Jacob (1931), La sonoluminiscencia (1934), El tokamak (1956), El programa de investigación de aurora activa de alta frecuencia (HAARP) (2007).

La lámpara de plasma produce fenómenos complejos, como la filamentación. Los hermosos colores se deben a la relajación de los electrones excitados en estados de energía inferiores.

El efecto Hall

Edwin Herbert Hall (1855–1938), Klaus von Klitzing (nacido en 1943)

En 1879, el físico estadounidense Edwin Hall colocó un rectángulo de oro muy fino en un campo magnético muy fuerte perpendicular al rectángulo. Imaginemos que x y x' son dos lados paralelos del rectángulo y que y e y' son los otros dos lados paralelos. Hall conectó entonces las terminales de una batería a x y x' para producir una corriente en la dirección de x a lo largo del rectángulo. Descubrió que aquello creaba una diminuta diferencia de voltaje entre y e y', que era proporcional a la fuerza del campo magnético aplicado, B_z, multiplicada por la corriente. Durante muchos años, el voltaje producido mediante el efecto Hall no se utilizó en aplicaciones prácticas porque era muy pequeño. Sin embargo, en la segunda mitad del siglo XX el efecto Hall eclosionó en infinidad de ámbitos de investigación y desarrollo. Es preciso apuntar que Hall descubrió su minúsculo voltaje 18 años antes de que se descubriera realmente el electrón.

El coeficiente de Hall R_H es el cociente entre el campo eléctrico inducido E_y y la densidad de la corriente j_x multiplicado por B_z. La fórmula se expresa B_z: $R_H = E_y/(j_x B_z)$. El cociente del voltaje producido en la dirección y con la cantidad de corriente se denomina resistencia de Hall. Tanto el coeficiente como la resistencia de Hall son característicos del material que se utilice. El efecto Hall resultó ser muy valioso para medir tanto el campo magnético como la densidad de los portadores de carga. Utilizamos aquí el término portador de carga en lugar del de electrón, más frecuente, porque, en principio, una corriente eléctrica puede ser transportada por partículas cargadas que no sean electrones (por ejemplo, los portadores de carga positiva denominados huecos o huecos de electrón).

En la actualidad, el efecto Hall se emplea en muchos tipos de sensores de campos magnéticos en aplicaciones que abarcan desde los sensores de dinámica de fluidos hasta los sensores de presión o los sistemas de sincronización del encendido de los automóviles. En 1980, el físico alemán Klaus von Klitzing descubrió el efecto Hall cuántico cuando, aplicando una fuerza de campo magnético muy intensa y bajas temperaturas, reparó en la existencia de escalones discretos en la resistencia de Hall.

VÉASE TAMBIÉN Las leyes de la inducción de Faraday (1831), El efecto piezoeléctrico (1880), La ley de Curie (1895).

Los fusiles de paintball *de alta calidad emplean sensores de efecto Hall para acortar el recorrido del gatillo, lo que facilita elevar la tasa de disparo. El recorrido es la distancia que recorre el gatillo antes de actuar.*

El efecto piezoeléctrico

Paul-Jacques Curie (1856–1941), **Pierre Curie** (1859–1906)

«Todo descubrimiento [científico], por minúsculo que sea, representa un avance permanente», escribió el físico francés Pierre Curie a Marie un año antes de casarse con ella, animándola a acompañarlo en «nuestro sueño científico». Cuando era adolescente, Pierre Curie sentía un amor por las matemáticas —y por la geometría espacial en particular— que posteriormente se revelaría de gran valor para sus trabajos de cristalografía. En 1880, Pierre y su hermano Paul-Jacques demostraron que cuando se comprimían determinados cristales se producía electricidad, un fenómeno que hoy día se denomina *piezoelectricidad*. En sus demostraciones emplearon cristales como la turmalina, el cuarzo y el topacio. En 1881, ambos hermanos demostraron el efecto inverso: que el campo eléctrico podía deformar algunos cristales. Pese a que la deformación causada es pequeña, más adelante se descubrió que tenía aplicaciones en la producción y detección de sonido y en el enfoque de elementos ópticos. Las propiedades de la piezoelectricidad se aplican en el diseño de cartuchos fonográficos, micrófonos y detectores ultrasónicos submarinos. Hoy día, existen encendedores eléctricos que utilizan un cristal piezoeléctrico para crear un voltaje que inflama el gas del mechero. El ejército estadounidense ha explorado los posibles usos de materiales piezoeléctricos en las botas de los soldados para producir energía en el campo de batalla. En los micrófonos piezoeléctricos, las ondas sonoras inciden en el material piezoeléctrico y producen un cambio de voltaje.

El periodista científico Wil McCarthy explica que el mecanismo molecular del efecto piezoeléctrico «se produce cuando la presión sobre un material crea pequeños dipolos en su seno a base de deformar moléculas o partículas neutras de tal forma que queden cargadas positivamente en un extremo y negativamente en el otro lo que, a su vez, incrementa el voltaje en todo el material». En un fonógrafo antiguo, la aguja se desliza sobre los surcos ondulados del disco, que deforma la punta de la aguja, hecha de la denominada sal de la Rochelle, y crea voltajes que se convierten en sonido.

Curiosamente, el material de los huesos presenta el efecto piezoeléctrico, y el voltaje piezoeléctrico puede desempeñar un papel relevante en la formación y nutrición de los huesos y en las consecuencias que las cargas mecánicas ejercen sobre ellos.

VÉASE TAMBIÉN La triboluminiscencia (1620), El efecto Hall (1879).

Un encendedor eléctrico utiliza un cristal piezoeléctrico. Al apretar el pulsador un percutor golpea el cristal, generándose una chispa eléctrica que enciende el gas.

1880

Las tubas de guerra

Tubas de guerra es el nombre informal que reciben una amplia variedad de localizadores acústicos inmensos, muchos de los cuales presentaban un aspecto casi cómico, que desempeñaron un papel crucial en la historia de la guerra. Estos aparatos se emplearon principalmente para localizar aviones y piezas de artillería desde la Primera hasta la Segunda Guerra Mundial. Con la introducción en la década de 1930 del radar (un sistema de detección basado en ondas electromagnéticas), las asombrosas tubas de guerra se volvieron en su mayoría obsoletas, pero a veces siguieron en uso para generar desinformación (por ejemplo, para hacer pensar a los alemanes que no se utilizaba el radar) o cuando se detectaban mecanismos de interferencia de radares. Los estadounidenses utilizaron localizadores acústicos nada menos que en 1941 para detectar el primer ataque japonés contra la isla de Corregidor en el archipiélago de Filipinas.

Con el paso de los años, los localizadores acústicos adoptaron infinidad de formas, que iban desde los aparatos de uso personal que recuerdan a cuernos sujetos con correas a los hombros (como el topófono de la década de 1880), hasta las inmensas formaciones de múltiples cuernos montadas sobre carros y manipuladas por varios operadores. La versión alemana, el *Ringtrichterrichtungshoerer* o «detector acústico direccional de cuerno anillado», se empleaba en la Segunda Guerra Mundial durante las primeras horas de la noche para localizar aviones con el apoyo de grandes focos.

En el número de diciembre de 1918 de la revista *Popular Science* se relataba cómo, en un solo día, se detectaron 63 cañones alemanes mediante localización acústica. Bajo las rocas de un determinado territorio se ocultaban micrófonos que se conectaban mediante hilo eléctrico a una central. Esta estación central registraba el preciso instante en que se recibía cada sonido. Cuando se empleaba para localizar artillería, la estación registraba el sonido del obús lanzado que pasaba por encima, la detonación del cañón y el sonido de la explosión del proyectil. Se realizaban correcciones para ajustar las variaciones de la velocidad de las ondas sonoras en función de las condiciones atmosféricas. Finalmente, la diferencia de tiempo registrada para un mismo sonido obtenido en las diferentes estaciones de recepción se comparaba con la distancia entre las estaciones. Los observadores militares británicos y franceses enviaban entonces bombarderos para que destruyeran los cañones alemanes, algunos de los cuales estaban camuflados y eran casi imposibles de descubrir sin los localizadores acústicos.

VÉASE TAMBIÉN El diapasón (1711), El estetoscopio (1816).

IZQUIERDA: *Un aparato inmenso con dos trompas en Bolling Field, Washington D.C. (1921).* DERECHA: *Fotografía del emperador japonés Hirohito inspeccionando un conjunto de localizadores acústicos, también conocidos hoy día como tubas de guerra, que se empleaban para localizar aviones.*

1882

El galvanómetro

Hans Christian Oersted (1777–1851), **Johann Carl Friedrich Gauss** (1777–1855), **Jacques-Arsène d'Arsonval** (1851–1940)

Un galvanómetro es un aparato para medir corrientes eléctricas sirviéndose de una aguja o puntero giratorio que se mueve en respuesta a una corriente eléctrica. A mediados del siglo XIX, el científico escocés George Wilson quedó impresionado ante el baile de la aguja del galvanómetro y escribió que una aguja similar fue «la guía que llevó a Colón al Nuevo Mundo [y] la precursora y pionera del telégrafo. Calladamente [...] condujo a los exploradores a través de aguas desiertas hasta las nuevas tierras del mundo; pero cuando esas tierras se poblaron y las gentes [...] ansiaron intercambiar afectuosos saludos, [...] se rompió el silencio. La temblorosa aguja magnética situada en la bobina del galvanómetro es la lengua de la corriente eléctrica y los ingenieros se refieren ya a ella como si hablara».

Uno de los primeros modelos de galvanómetro nació de los desvelos de Hans Christian Oersted en 1820, quien descubrió que la corriente eléctrica que fluía a través de un hilo creaba a su alrededor un campo magnético que desviaba la aguja de una brújula. En 1832, Carl Friedrich Gauss construyó un telégrafo que utilizaba señales eléctricas que desviaban una aguja magnética. Esta variante más antigua de galvanómetro se servía de un imán móvil y tenía el inconveniente de verse afectado por los imanes o masas de hierro próximas, y su desviación no guardaba una proporción lineal con la corriente. En 1882, Jacques-Arsène d'Arsonval construyó un galvanómetro que utilizaba un imán estático permanente. Entre los polos del imán se había montado una bobina de hilo metálico que producía un campo magnético y giraba cuando era atravesada por una corriente eléctrica. La bobina estaba conectada a un puntero cuyo ángulo de desviación era proporcional al flujo de corriente. Un pequeño resorte devolvía a la bobina y al puntero a la posición marcada con el cero cuando cesaba la corriente.

En la actualidad, las agujas del galvanómetro se suelen reemplazar por dispositivos de lectura digital. Sin embargo, existen muchos otros aparatos modernos similares al galvanómetro con numerosas aplicaciones que van desde los punteros de posicionamiento para registros gráficos de banda de papel, hasta los cabezales de posicionamiento de los discos duros.

VÉASE TAMBIÉN Las leyes del electromagnetismo de Ampère (1825), Las leyes de la inducción de Faraday (1831).

IZQUIERDA: *Hans Christian Oersted.* DERECHA: *Un amperímetro antiguo con bornes de conexión y una escala graduada en miliamperios de corriente continua. (Equipamiento original del laboratorio de física del State University of New York College de Brockport.) El galvanómetro de D'Arsonval es un amperímetro de bobina móvil.*

HIGH
LOW
50
100
150
200
250
0
5
10
15
20
25
MILLIAMPERES
D.C.

El rayo verde

Jules Gabriel Verne (1828–1905), **Daniel Joseph Kelly O'Connell** (1896–1982)

El interés por los misteriosos rayos verdes que a veces se vislumbran sobre el sol poniente o el del amanecer se desató en Occidente con la publicación de la novela romántica de Julio Verne *El rayo verde* (1882). La novela narra la búsqueda del inquietante rayo verde, «un verde que ningún artista logró arrancar jamás de su paleta, ¡un verde que ni los variados tonos vegetales ni las sombras del mar más límpido podrían jamás emular! Si en el Paraíso hay un color verde, no puede ser más que el de este matiz, que con toda seguridad es el auténtico verde de la esperanza. [...] Quien tenga la fortuna suficiente de contemplarlo alguna vez, será capaz de asomarse a su corazón y de leer los pensamientos de los demás».

El rayo verde es consecuencia de varios fenómenos ópticos y se suele ver con más facilidad sobre el horizonte sin obstáculos del océano. Imaginemos una puesta de sol. La atmósfera de la Tierra, con sus capas de diferente densidad, ejerce de prisma y hace que los diferentes colores de la luz se desvíen con diferentes ángulos. La luz de frecuencias más altas, como la verde o la azul, se curva más que la de baja frecuencia, como la roja y la naranja. A medida que el Sol se sumerge bajo el horizonte, la imagen rojiza de baja frecuencia del Sol queda obstaculizada por la Tierra, pero la porción verde de frecuencia más alta se puede apreciar durante un instante. El rayo verde se resalta por un efecto de espejismo, que puede producir imágenes distorsionadas (y también aumentadas) de objetos distantes debido a las variaciones en la densidad del aire. El aire frío, por ejemplo, es más denso que el aire caliente y, por tanto, presenta un índice de refracción mayor. Es preciso señalar que el color azul no se suele ver durante el fenómeno del rayo verde porque la luz azulada se dispersa y no se percibe (véase la **dispersión de Rayleigh**).

Durante años, los científicos han creído que los avistamientos del rayo verde eran ilusiones ópticas producidas por haber contemplado una puesta de sol durante demasiado tiempo. Sin embargo, en 1954, el sacerdote vaticano Daniel O'Connell tomó fotografías en color de un rayo verde cuando se estaba poniendo el Sol en el Mar Mediterráneo, con lo que «demostró» la existencia de este inusual fenómeno.

VÉASE TAMBIÉN La aurora boreal (1621), La ley de refracción de Snell (1621), El efecto de gota negra en el tránsito de Venus (1761), La dispersión de Rayleigh (1871), El programa de investigación de aurora activa de alta frecuencia (HAARP) (2007).

El rayo verde, fotografiado en San Francisco en el año 2006.

El experimento de Michelson-Morley

Albert Abraham Michelson (1852–1931) y **Edward Williams Morley** (1838–1923)

«Es difícil imaginar la nada» ha escrito el físico James Trefil. «La mente humana parece necesitar rellenar el espacio vacío con alguna clase de materia y, durante la mayor parte de la historia, esa materia recibió el nombre de éter. La idea era que el espacio vacío entre los cuerpos celestes estaba lleno de una especie de tenue gelatina».

En 1887, los físicos Albert Michelson y Edward Morley llevaron a cabo una serie de novedosos experimentos cuya intención era detectar el éter luminífero que se pensaba que ocupaba el espacio. La idea del éter no era demasiado absurda; al fin y al cabo, las ondas acuáticas recorren el agua y el sonido viaja por el aire. ¿Acaso la luz no requería también un medio por el que propagarse, incluso en un aparente vacío? Para detectar el éter los investigadores dividieron un haz luminoso en dos rayos perpendiculares entre sí. Ambos se reflejaban y se volvían a reunir para producir un patrón de interferencia que dependería del tiempo invertido por cada rayo en su trayecto. Si la Tierra se desplazaba por el éter, se registraría una variación en la interferencia creada cuando uno de los rayos de luz (que tendría que *atravesar* el «viento» del éter) se ralentizara con respecto al otro. Michelson expuso la idea a su hija: «dos rayos luminosos echan una carrera, como si fueran dos nadadores; uno nada contra corriente y regresa, mientras que el otro, recorriendo la misma distancia, cruza el río en los dos sentidos. Si el río tiene *corriente*, el segundo nadador ganará siempre».

Para realizar con precisión estas mediciones tan precisas se reducían al mínimo las vibraciones haciendo flotar al aparato en una cubeta de mercurio, de tal modo que se le pudiera orientar en relación con el movimiento de la Tierra. No se registró ningún cambio significativo en la interferencia, lo que hacía pensar que la Tierra no atravesaba un «viento de éter». Así, la experiencia pasó a ser el experimento «fallido» más célebre de la física. El hallazgo contribuyó a convencer a algunos físicos de que aceptaran **la teoría de la relatividad especial** de Einstein.

VÉASE TAMBIÉN El espectro electromagnético (1864), La transformación de Lorentz (1904), La teoría especial de la relatividad (1905).

El experimento de Michelson-Morley demostró que la Tierra no se desplazaba a través del llamado viento de éter. A finales del siglo XIX se pensaba que el éter luminífero (representado aquí de forma imaginaria) era el medio por el que se propagaba la luz.

El nacimiento del kilogramo

Louis Lefèvre-Gineau (1751–1829)

Desde 1889, el año en que se erigió la Torre Eiffel, el kilo se ha definido mediante un cilindro de platino e iridio del tamaño de un salero, cuidadosamente aislado del mundo dentro de un recipiente que está dentro de otro recipiente que a su vez está dentro de otro recipiente en una cámara a temperatura y humedad constantes situada en el sótano de la Oficina Internacional de Pesos y Medidas, cerca de París. Para abrir la cámara es necesario utilizar tres llaves. Algunos países disponen de réplicas oficiales de esta masa que utilizan como patrón de peso nacional. El físico Richard Steiner subrayó en una ocasión, con cierto toque humorístico, que «si alguien estornudaba sobre ese kilogramo patrón, todos los pesajes del mundo serían erróneos de inmediato».

Hoy día, el kilogramo es la única unidad de medida básica que sigue definiéndose mediante un objeto físico. El metro, por ejemplo, ya no se mide con una barra graduada, sino que se define como la distancia que recorre la luz en el vacío durante un intervalo de tiempo de 1/299.792.458 segundos. El kilogramo es una unidad de masa, que es una medida elemental de la cantidad de materia de un objeto. Como se desprende de la fórmula de Newton $\mathbf{F} = ma$ (donde **F** es la fuerza, m es la masa y a es la aceleración), cuanto mayor es la masa de un objeto menos se acelera al imprimírsele una fuerza determinada.

A los investigadores les preocupa tanto que el cilindro de París se deteriore o se contamine que solo lo extrajeron de la cámara de seguridad en que se encuentra en 1889, 1946 y 1989. Los científicos han descubierto que la masa de todos los prototipos de la colección de kilogramos que hay repartida por el mundo ha ido variando con respecto al cilindro de París. Tal vez las réplicas fueron ganando peso porque absorbieron moléculas de aire, o quizá el cilindro de París se haya vuelto más ligero. Las desviaciones han llevado a los físicos a esforzarse por redefinir el kilogramo en términos de una constante invariable fundamental, independiente de un trozo concreto de metal. En 1799, el químico francés Louis Lefévre-Gineau definió el kilogramo como una masa de 1.000 centímetros cúbicos de agua, pero las mediciones de masa y volumen son poco prácticas e imprecisas.

VÉASE TAMBIÉN La aceleración de la caída de los cuerpos (1638), El nacimiento del metro (1889).

La industria ha utilizado siempre masas de referencia para tipificar las mediciones. El grado de precisión iba disminuyendo cuando los modelos tomados como referencia se desconchaban o sufrían algún otro tipo de deterioro. Aquí, la inscripción dkg significa decagramo, una unidad de masa equivalente a diez gramos.

20dkg
50dk
10dkg
1kg

El nacimiento del metro

En 1889, la unidad básica de longitud denominada metro adoptaba la forma de una barra concreta de un metro de longitud hecha de una aleación de platino e iridio, medida a la temperatura del punto de fusión del hielo. El físico e historiador Peter Galison ha escrito que «cuando unas manos enguantadas introdujeron este pulido metro patrón **M** en su cámara de París, los franceses, literalmente, tuvieron las llaves de un sistema universal de pesos y medidas. La diplomacia y la ciencia, el nacionalismo y el internacionalismo, la especificidad y la universalidad convergieron en el santuario secular de aquella cámara acorazada».

La normalización de las longitudes fue seguramente una de las primeras «herramientas» inventadas por el ser humano para construir viviendas o para hacer trueques. El término metro procede del griego *métron*, que significa «medida». En 1791, la Academia Francesa de las Ciencias propuso que el metro se definiera como la diez millonésima parte de la distancia entre el Ecuador y el Polo Norte medida sobre una línea imaginaria que pasara por París. De hecho, se organizó una expedición francesa que duró varios años con la intención de determinar cuál era esa distancia.

La historia del metro es al mismo tiempo larga y fascinante. En 1799, los franceses fabricaron una barra de platino con la longitud precisa. En 1889 se adoptó como patrón internacional una barra más elaborada de platino iridiado. En 1960 el metro se definió como... ¡las imponentes 1.650.763,73 longitudes de onda de la radiación correspondiente a la transición entre los niveles cuánticos $2p10$ y $5d5$ del átomo de kriptón 86! Así fue como el metro dejó de tener equivalencia directa con una medida de la Tierra. Finalmente, en 1983, el mundo acordó que el metro era la distancia recorrida por la luz en el vacío en un intervalo de tiempo de 1/299.792.458 segundos.

Por curioso que resulte, al primer prototipo de barra le faltaba un quinto de milímetro porque los franceses no tuvieron en cuenta que la Tierra no es exactamente esférica, sino que está achatada por los polos. Sin embargo, pese al error, la longitud real del metro no ha variado; más bien, es la *definición* lo que se ha alterado para incrementar la precisión de la medida.

VÉASE TAMBIÉN La paralaje estelar (1838), El nacimiento del kilogramo (1889).

Durante siglos, los ingenieros se han interesado por realizar mediciones de la longitud cada vez más ajustadas. Por ejemplo, se pueden utilizar calibres para medir y comparar la distancia entre dos puntos de un objeto.

1890

La gradiometría de Eötvös

Loránd von Eötvös (1848–1919)

El físico húngaro, y alpinista mundialmente aclamado, Loránd Eötvös no fue el primero que utilizó una balanza de torsión (un dispositivo giratorio para medir fuerzas muy leves) para estudiar la atracción gravitatoria entre masas, pero sí que la perfeccionó para mejorar su sensibilidad. De hecho, la balanza de Eötvös se convirtió en uno de los mejores instrumentos para medir campos gravitatorios en la superficie de la Tierra y para predecir la existencia de determinadas estructuras bajo su superficie. Aunque Eötvös se centró en la teoría e investigación básicas, sus aparatos fueron utilizados posteriormente en prospecciones petrolíferas y de gas.

Su aparato fue, en esencia, el primer instrumento útil para la gradiometría de gravedad, es decir, para realizar mediciones gravitatorias muy locales. Así, por ejemplo, las primeras mediciones de Eötvös, tuvieron como objeto registrar los cambios del potencial gravitatorio en diferentes lugares de su oficina y, poco después, del conjunto del edificio. Las diferentes masas localizadas en cada una de las habitaciones influían en los valores que obtenía. La balanza de Eötvös también se podía utilizar para estudiar los cambios gravitatorios ocasionados por los lentos movimientos de cuerpos o fluidos muy masivos. Según el físico Péter Király, «supuestamente se podían detectar las variaciones del nivel de agua del Danubio desde una bodega situada a cien metros con un margen de error de pocos centímetros, pero esas mediciones no están bien documentadas».

Las mediciones de Eötvös también demostraron que la masa gravitatoria (la masa m de la ley de la gravitación universal de Newton, $F = Gm_1m_2/r^2$) y la masa inercial (la masa constante m responsable de la inercia en la segunda ley de Newton, que expresamos con la fórmula $\mathbf{F} = m\mathbf{a}$) eran idénticas; al menos hasta un grado de precisión de unas cinco milmillonésimas. Dicho de otro modo, Eötvös demostró que la masa inercial (la medida de la resistencia de un objeto a la aceleración que experimenta al aplicarle una fuerza) es la misma, con un amplio grado de precisión, que la masa gravitatoria (el factor que determina el peso de un objeto). Posteriormente, esta información se reveló muy valiosa para Einstein cuando formuló **la teoría general de la relatividad**. Einstein citó el trabajo de Eötvös en su artículo de 1916, «Los fundamentos de la teoría general de la relatividad».

VÉASE TAMBIÉN Las leyes del movimiento y la gravitación universal de Newton (1687), Cuando Cavendish pesó la Tierra (1798), La teoría general de la relatividad (1915).

IZQUIERDA: *Loránd Eötvös, 1889.* DERECHA: *Visualización de la fuerza de la gravedad terrestre obtenida con datos del experimento* GRACE (Gravity Recovery and Climate Experiment), *de la* NASA. *La imagen muestra las variaciones del campo gravitatorio en el continente americano. El color rojo indica las zonas donde la gravedad es mayor.*

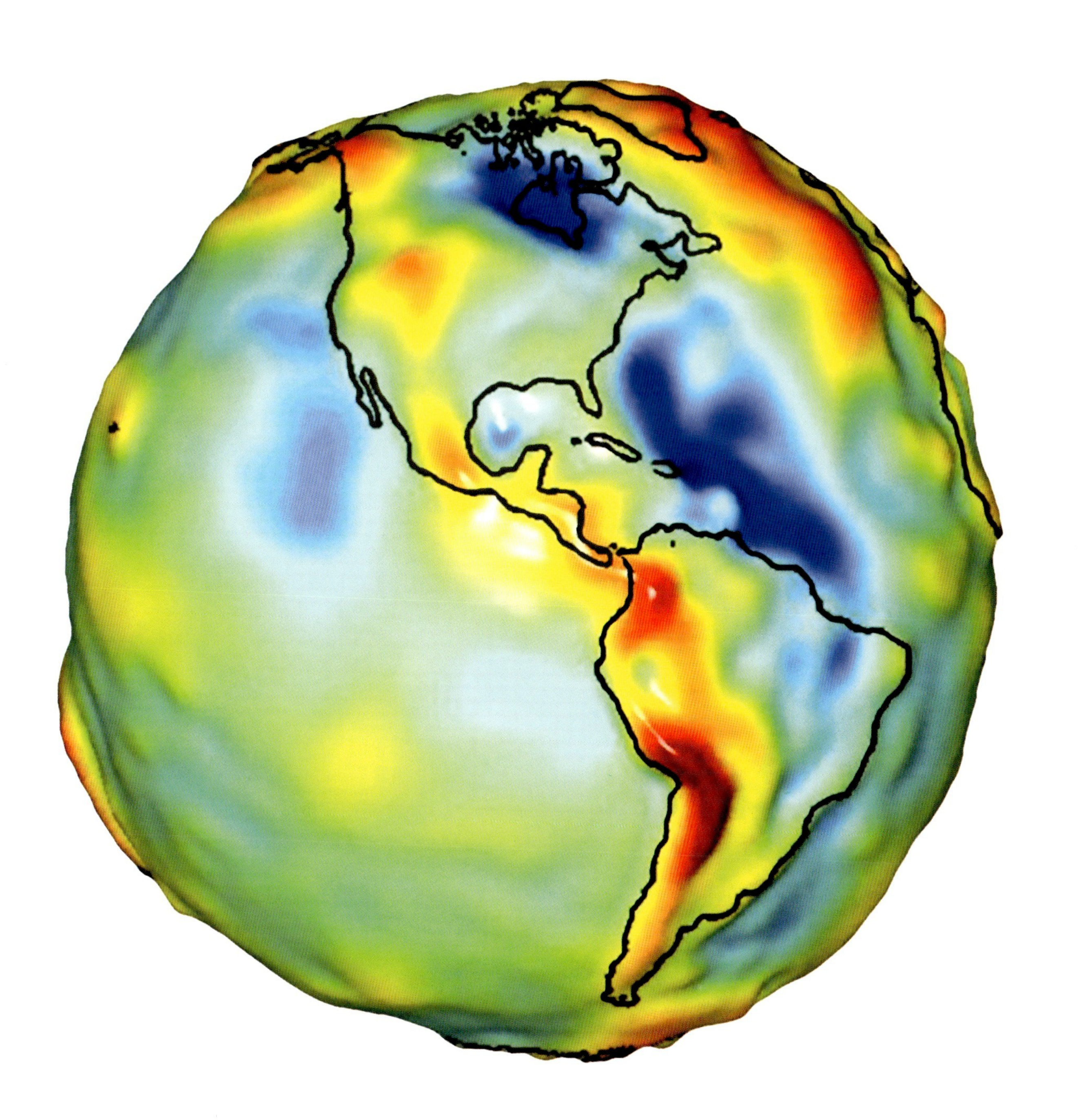

1891

La bobina de Tesla

Nikola Tesla (1856–1943)

Las bobinas de Tesla han desempeñado un papel fundamental para fomentar el interés de generaciones enteras de estudiantes por las maravillas de la ciencia y los fenómenos eléctricos. En su vertiente más oscura las vemos junto a los científicos locos de las películas de terror dando lugar a unos efectos luminosos imponentes, y los expertos en asuntos paranormales sugieren con mucha imaginación que «cuando están en funcionamiento, se detecta un incremento de la actividad sobrenatural».

Desarrollada en torno a 1891 por el inventor Nikola Tesla, la bobina que lleva su nombre se puede emplear para producir corriente alterna de alto voltaje, baja intensidad y alta frecuencia. Tesla utilizó su bobina para realizar experimentos relacionados con la transmisión de energía eléctrica sin hilos, con el fin de ampliar las fronteras de la comprensión de los fenómenos eléctricos. «Ninguno de los componentes típicos para circuitos era desconocido en la época» ha escrito el Public Broadscasting Service (PBS), «pero su diseño y funcionamiento brindaron resultados únicos, debido en buena medida a las notables mejoras introducidas por Tesla en la construcción de componentes esenciales, especialmente en el caso de un transformador especial, o bobina, que es fundamental para el rendimiento del circuito.»

A grandes rasgos, un transformador eléctrico transmite energía eléctrica de un circuito a otro a través de las bobinas del transformador. Una corriente alterna en la bobina principal crea un flujo magnético variable en el núcleo del transformador que, al atravesar las espiras de la bobina secundaria, induce un voltaje en dicha bobina. En la bobina de Tesla se emplea un condensador de alto voltaje y unos diodos separados para excitar periódicamente a una bobina primaria con descargas de corriente. La bobina secundaria se excita mediante acoplamiento inductivo resonante. Cuantas más vueltas tiene la bobina secundaria en relación con la primaria, mayor es el aumento de voltaje. Así se pueden producir millones de voltios.

Las bobinas de Tesla suelen tener también en su parte superior una gran bola metálica (o un objeto con otra forma) desde donde se emiten las corrientes de electricidad de forma desordenada. En la práctica, Tesla construyó un poderoso transmisor de radio, aparato que también utilizó para investigar la fosforescencia (un proceso en el que la energía absorbida por un objeto se libera en forma de luz) y los rayos X.

VÉASE TAMBIÉN El generador electrostático de Von Guericke (1660), La botella de Leiden (1744), La cometa de Benjamin Franklin (1752), Las figuras de Lichtenberg (1777), La escalera de Jacob (1931).

Arcos de alto voltaje de una bobina de Tesla descargando en un trozo de hilo de cobre. El voltaje es aproximadamente de unos 100.000 voltios (100 kilovoltios).

1892

El termo

James Dewar (1842–1923), **Reinhold Burger** (1866–1954)

El termo (también llamado vaso Dewar), inventado en 1892 por el físico escocés James Dewar, es un recipiente con dos paredes entre las que hay un espacio al vacío que permite mantener el contenido más caliente o más frío que la temperatura ambiente durante un periodo de tiempo significativo. Cuando el vidriero alemán Reinhold Burger comercializó el termo, «fue un éxito inmediato en todo el mundo» escribió Joel Levy, «gracias en parte a la publicidad gratuita que hicieron de él los exploradores y pioneros más destacados de la época. El termo, con sus dos paredes y su espacio vacío, fue al Polo Sur con Ernest Shackleton, al Polo Norte con William Parry, al Congo con el coronel Roosevelt y Richard Harding, al Everest con sir Edmund Hillary y a los cielos tanto con los hermanos Wright como con el conde Von Zeppelin».

El funcionamiento del recipiente se basa en la reducción de los tres modos principales de intercambio de calor de los objetos con el entorno: *conducción* (por ejemplo, la propagación del calor del extremo caliente de una barra de hierro hacia el extremo más frío), *radiación* (como el calor irradiado por los ladrillos de una chimenea una vez que se ha apagado el fuego) y *convección* (por ejemplo, el movimiento de circulación de una sopa en una cacerola cuando se le aplica calor por debajo). La zona hueca y estrecha situada entre las paredes interior y exterior del termo, de la que se ha extraído el aire, reduce las pérdidas por conducción y convección, mientras que un revestimiento interno reflectante reduce las pérdidas de calor por radiación infrarroja.

El termo tiene otros usos importantes además de mantener un líquido frío o caliente; sus propiedades aislantes lo hacen idóneo para transportar vacunas, plasma sanguíneo, insulina, peces tropicales raros y muchas más cosas. Durante la Segunda Guerra Mundial, los británicos fabricaron unos 10.000 termos para las tripulaciones de los bombarderos en las incursiones nocturnas por Europa. En la actualidad, el termo se utiliza en los laboratorios de todo el mundo para almacenar líquidos ultrafríos como el nitrógeno o el oxígeno líquidos.

En el año 2009, investigadores de la Universidad de Stanford demostraron que una pila de cristales fotónicos (estructuras periódicas que bloquean espectros luminosos de baja frecuencia) colocados en el vacío podía proporcionar una disminución de la radiación térmica más efectiva que el vacío solamente.

VÉASE TAMBIÉN La ecuación de conducción del calor de Fourier (1822), El descubrimiento del helio (1868).

Aparte de servir para mantener caliente o frío un líquido, el termo se ha empleado para transportar vacunas, plasma sanguíneo, peces tropicales y otras cosas. En los laboratorios se utilizan termos semejantes para almacenar líquidos ultrafríos, como el nitrógeno o el oxígeno líquidos.

Los rayos X

Wilhelm Conrad Röntgen (1845–1923), **Max von Laue** (1879–1960)

Al ver la imagen de rayos X de la mano de su marido, la esposa de Wilhelm Röntgen «se estremeció de miedo y pensó que los rayos eran diabólicos presagios de la muerte» escribió Kendall Haven. «Al cabo de un mes, los rayos X de Wilhelm Röntgen estaban en boca de todo el mundo. Los escépticos los calificaban de rayos de la muerte que acabarían con la especie humana. Los soñadores más impacientes los tildaban de rayos milagrosos capaces de devolver la vista a los ciegos y transmitir [esquemas] directamente al cerebro de los estudiantes». Sin embargo, para los médicos los rayos X supusieron un punto de inflexión en el tratamiento de la enfermedad y las heridas.

El 8 de noviembre de 1895, el físico alemán Wilhelm Röntgen estaba experimentando con un tubo de rayos catódicos cuando se percató de que cuando encendía el tubo aparecía un resplandor en una superficie fluorescente apartada a más de un metro de distancia, aun cuando el tubo estuviera cubierto de un grueso cartón. Reparó en que había algún tipo de rayo invisible procedente del tubo y descubrió enseguida que era capaz de penetrar diversos materiales, incluidos la madera, el cristal y el caucho. Cuando colocó la mano en la trayectoria de los rayos invisibles, vio una imagen sombría de sus huesos. Los llamó rayos X porque, en aquel momento, eran desconocidos y misteriosos, y prosiguió con sus experimentos en secreto con el fin de comprender mejor el fenómeno antes de discutirlo con otros investigadores. Röntgen recibiría el primer premio Nobel de la historia por el estudio sistemático de los rayos X.

Los médicos utilizaron muy pronto los rayos X para hacer diagnósticos, pero la naturaleza exacta de los rayos X no se comprendió por entero hasta aproximadamente 1912, cuando Max von Laue empleó rayos X para crear una pauta de difracción de un cristal, corroborando que los rayos X eran ondas electromagnéticas, como la luz, pero de mayor energía y una menor longitud de onda comparable a la distancia entre los átomos de las moléculas. En la actualidad, los rayos X se utilizan en infinidad de campos que abarcan desde la radiocristalografía (para desentrañar la estructura de las moléculas) hasta la radioastronomía (por ejemplo, el uso de detectores de rayos X en satélites para estudiar emisiones de fuentes de rayos X del espacio exterior).

VÉASE TAMBIÉN El telescopio (1608), La triboluminiscencia (1620), La radiactividad (1896), El espectro electromagnético (1864), El *bremsstrahlung* o radiación de frenado (1909), La ley de Bragg (1912), El efecto Compton (1923).

Imagen de rayos X de una vista lateral de una cabeza humana. Pueden apreciarse los tornillos implantados para reconstruir la mandíbula.

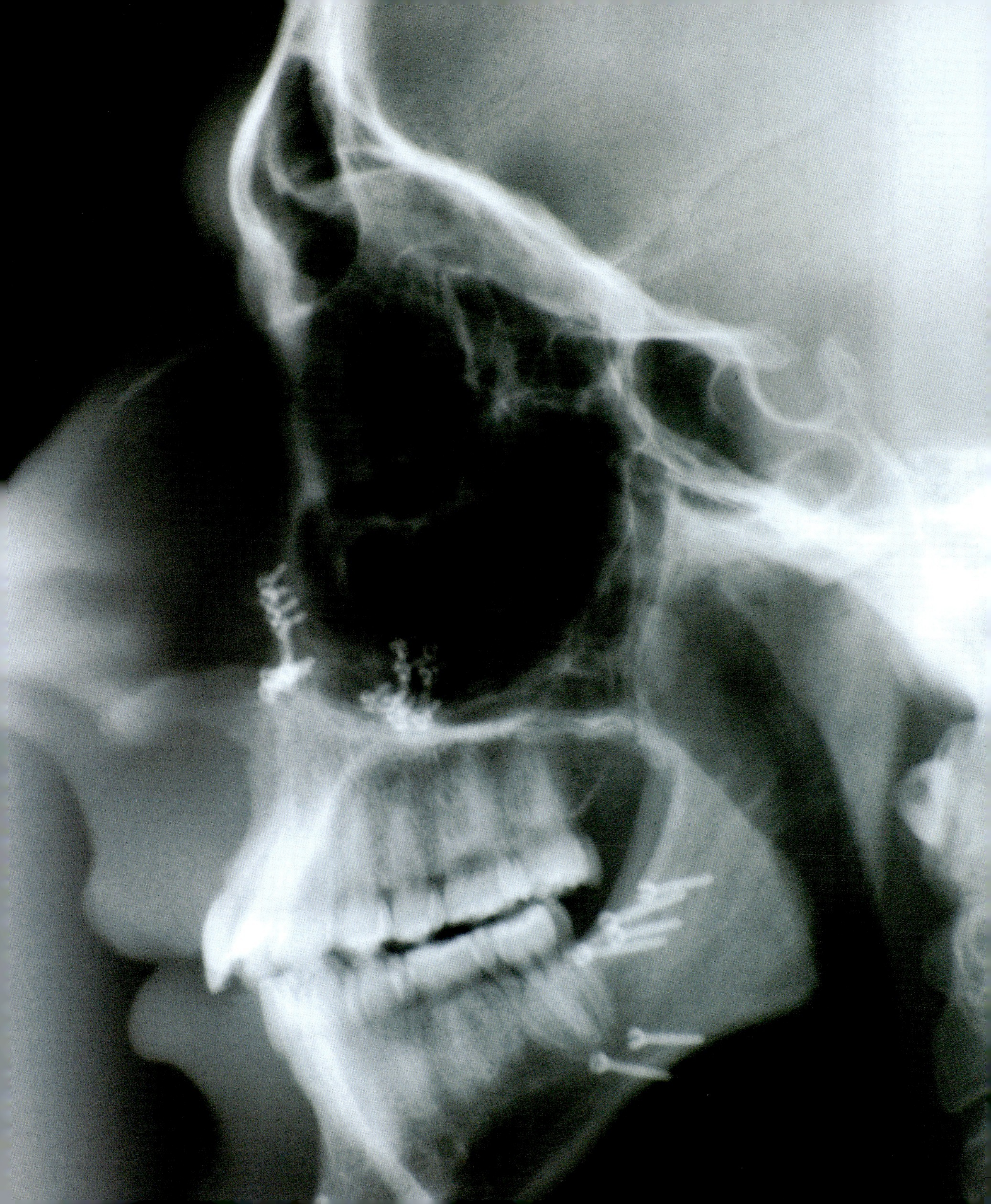

1895

La ley de Curie

Pierre Curie (1859–1906)

El químico y físico francés Pierre Curie pensaba de sí mismo que tenía una mente poco ágil y jamás acudió a la escuela primaria. Curiosamente, más adelante compartió el premio Nobel con su esposa Marie por sus trabajos sobre la radiactividad. En 1895 alumbró una interesante relación entre la magnetización de determinados tipos de materiales y el campo magnético y la temperatura T aplicados: $M = C \times (B_{ext}/T)$. En esta fórmula, M es la magnetización resultante y B_{ext} es la densidad de flujo magnético del campo (externo) aplicado. C es la constante de Curie, una constante que depende de cada material. Según la ley de Curie, si se incrementa el campo magnético aplicado, se tiende a incrementar la magnetización del material sometido a dicho campo. Cuando se aumenta la temperatura dejando constante el campo magnético, la magnetización disminuye.

La ley de Curie se aplica a materiales *paramagnéticos* como el aluminio y el cobre, cuyos diminutos dipolos magnéticos atómicos tienen tendencia a alinearse con un campo magnético externo. Estos materiales pueden convertirse en imanes muy débiles. Concretamente, cuando se someten a un campo magnético, los materiales paramagnéticos se atraen y repelen súbitamente como los imanes convencionales. Cuando no hay un campo magnético externo, el momento magnético de las partículas de un material paramagnético se orienta de forma aleatoria y el paraimán deja de comportarse como un imán. Cuando se colocan en un campo magnético, los momentos se suelen alinear paralelamente al campo, pero esta alineación se puede ver contrarrestada por la tendencia de los momentos a orientarse aleatoriamente debido a movimientos térmicos.

También se puede observar una conducta paramagnética en materiales ferromagnéticos como el hierro o el níquel que estén por encima de la temperatura de Curie, T_c. La temperatura de Curie es una temperatura por encima de la cual los materiales pierden sus propiedades ferromagnéticas, es decir, la capacidad de adquirir una magnetización neta (*espontánea*) aun cuando no haya ningún campo magnético externo. El ferromagnetismo es responsable de la mayoría de los imanes que tenemos en nuestras casas, como los imanes permanentes que se adhieren a la puerta del frigorífico o las herraduras imantadas con las que jugábamos cuando éramos niños.

VÉASE TAMBIÉN *De Magnete* (1600), El efecto Hall (1879), El efecto piezoeléctrico (1880).

IZQUIERDA: *Fotografía de Pierre Curie y de su esposa, Marie, con quien compartió el premio Nobel.* DERECHA: *El platino es un ejemplo de material paramagnético a temperatura ambiente. Esta pepita de platino procede de la mina Konder, en Yakutia, Rusia.*

1896

La radiactividad

Abel Niépce de Saint-Victor (1805–1870), **Antoine Henri Becquerel** (1852–1908), **Pierre Curie** (1859–1906), **Marie Skłodowska Curie** (1867–1934), **Ernest Rutherford** (1871–1937), **Frederick Soddy** (1877–1956)

«El mejor modo de pensar en el comportamiento de los núcleos radiactivos es imaginar unas palomitas de maíz haciéndose en el horno», escribieron los científicos Robert Hazen y James Trefil. La mayoría parecen estallar aleatoriamente en unos cuantos minutos y solo unos pocos parecen no tener intención de hacerlo. De manera similar, los núcleos más conocidos son estables y esencialmente idénticos a como eran desde hace siglos. Sin embargo, hay otros tipos de núcleos inestables que desprenden fragmentos a medida que se desintegran. La radiactividad es la emisión de este tipo de partículas.

El descubrimiento de la radiactividad se suele asociar a las observaciones efectuadas en 1896 por el científico francés Henri Becquerel cuando detectó la fosforescencia de las sales de uranio, aunque, unos cuarenta años antes, el fotógrafo francés Abel Niépce de Saint-Victor ya había referido hallazgos similares. Aproximadamente un año antes del descubrimiento de Becquerel, el físico alemán Wilhelm Conrad Röntgen descubrió por casualidad los rayos X mientras experimentaba con tubos de descarga eléctrica, y Becquerel se interesó por ver si los compuestos fosforescentes (aquellos que emiten luz visible cuando se estimulan con luz solar u otras ondas excitantes) también podían producir rayos X. Becquerel colocó sales de uranio en una placa fotográfica envuelta en papel negro. Quería ver si este compuesto fosforecía y producía rayos X que pudieran oscurecer la placa cuando la luz del Sol impactaba en el compuesto.

Para sorpresa de Becquerel, el compuesto de uranio oscurecía la placa fotográfica aun cuando el paquete estuviera guardado en un cajón. El uranio parecía emitir alguna clase de «rayos» penetrantes. En 1898, los físicos Marie y Pierre Curie descubrieron dos nuevos elementos radiactivos, el polonio y el radio. Por desgracia, los riesgos de la radiactividad no se descubrieron enseguida y algunos médicos empezaron a prescribir, entre otros remedios peligrosos, tratamientos a base de radio. Más adelante, Ernest Rutherford y Frederick Soddy descubrieron que este tipo de elementos en realidad se transformaban en otros elementos en el proceso radiactivo.

Los científicos lograron identificar tres variantes comunes de radiactividad: partículas alfa (núcleos ionizados de helio), rayos beta (electrones de alta energía) y rayos gamma (radiación electromagnética de alta energía). Stephen Battersby ha señalado que, en la actualidad, la radiactividad se utiliza para obtener imágenes médicas, eliminar tumores, fechar objetos antiguos, impulsar naves espaciales y conservar alimentos.

VÉASE TAMBIÉN Un reactor nuclear prehistórico (2000 millones a. C.), Los rayos X (1895), La ley de Graham (1829), $E = mc^2$ (1905), El contador Geiger (1908), El efecto túnel (1928), El ciclotrón (1929), El neutrón (1932), La energía del núcleo atómico (1942), Little Boy: la primera bomba atómica (1945), El carbono 14 (1949), La violación CP (1964).

A finales de la década de 1950 aumentó el número de refugios nucleares por todo Estados Unidos. Este tipo de habitáculos estaban concebidos para proteger a la población de la contaminación radiactiva procedente de una explosión nuclear. En principio, las personas podrían permanecer en el refugio hasta que en el exterior la radiactividad hubiera descendido a niveles tolerables.

CAPACITY
FALLOUT SHELTER

1897

El electrón

Joseph John "J. J." Thomson (1856–1940)

«Al físico J. J. Thomson le encantaba reírse» escribió Josepha Sherman. «Pero también era un patoso. Los tubos de ensayo se le rompían entre las manos y los experimentos se negaban a salir bien.» No obstante, tenemos la suerte de que Thomson persistiera y descubriera lo que Benjamin Franklin y otros físicos ya sospecharon: que los fenómenos eléctricos estaban producidos por unas diminutas partículas con carga eléctrica. En 1897, J. J. Thomson identificó al electrón como una partícula aislada de masa muy inferior a la del átomo. Empleó para sus experimentos un tubo de rayos catódicos (un tubo de vacío en el que un rayo de energía viaja entre un polo positivo y un polo negativo). Si bien nadie estaba seguro en aquella época de qué eran realmente los rayos catódicos, Thomson logró curvarlos utilizando un campo magnético. Al observar cómo se desplazaban los rayos catódicos a través de los campos eléctrico y magnético, estableció que las partículas eran idénticas y que no dependían del metal que los emitiera. Además, todas las partículas tenían la misma proporción de carga eléctrica en relación con la masa. Hubo otros científicos que realizaron observaciones semejantes, pero Thomson fue uno de los primeros en proponer que esos «corpúsculos» eran los portadores de carga de todas las modalidades de electricidad y un elemento básico de la materia.

En muchas entradas de este libro se tratan las diferentes propiedades de los electrones. Hoy día sabemos que el electrón es una partícula subatómica con carga eléctrica negativa y una masa equivalente a 1/1.836 veces la masa de un protón. Un electrón en movimiento crea un campo magnético. Una fuerza de atracción entre el protón positivo y el electrón negativo denominada fuerza de Coulomb, hace que los electrones estén ligados a los átomos. Los enlaces químicos entre átomos se producen cuando dos o más electrones están compartidos por distintos átomos.

Según el American Institute of Physics, «las ideas y tecnologías modernas basadas en el electrón, que desembocaron en la televisión, el ordenador y muchas más cosas, superaron muchos obstáculos difíciles. Los meticulosos experimentos y las aventuradas hipótesis de Thomson fueron acompañados de una labor teórica y experimental esencial realizada por muchas otras personas [que] nos brindaron perspectivas nuevas: una mirada desde el *interior* del átomo».

VÉASE TAMBIÉN La teoría atómica (1808), El experimento de la gota de aceite de Millikan (1913), El efecto fotoeléctrico (1905), La hipótesis de De Broglie (1924), El modelo atómico de Bohr (1913), El experimento de Stern y Gerlach (1922), El principio de exclusión de Pauli (1925), La ecuación ondulatoria de Schrödinger (1926), La ecuación de Dirac (1928), La teoría ondulatoria de la luz (1801), La electrodinámica cuántica o teoría cuántica del campo electromagnético (1948).

La descarga de un rayo supone un flujo de electrones. El extremo de un rayo puede viajar a una velocidad de 60.000 metros por segundo y alcanzar temperaturas próximas a los 30.000 °C.

El espectrómetro de masas

Wilhelm Wien (1864–1928), **Joseph John "J. J." Thomson** (1856–1940)

«Uno de los aparatos que más ha contribuido al avance del conocimiento científico en el siglo XX es sin duda el espectrómetro de masas», ha escrito Simon Davies. El espectrómetro de masas se utiliza para medir masas y concentraciones relativas de átomos y moléculas en una determinada muestra. El principio de funcionamiento se basa en la generación de iones a partir de un compuesto químico para, luego, separarlos en función de su relación masa-carga (m/z) y, finalmente, detectar los iones y caracterizarlos según su m/z y su abundancia en la muestra. El objeto se puede ionizar de diversas formas, una de las cuales es bombardearlo con electrones. Los iones resultantes pueden ser simples átomos cargados, moléculas o fragmentos de moléculas. Se puede bombardear el objeto, por ejemplo, con un haz de electrones, que crea iones con carga positiva al golpear una molécula y arrancarle un electrón. A veces, los enlaces moleculares se rompen dando lugar a fragmentos cargados. En un espectrómetro de masas, la velocidad de una partícula cargada puede variar cuando pasa por un campo eléctrico y su dirección de desplazamiento puede ser alterada por un campo magnético. La desviación total de un ión se verá afectada por la relación m/z (es decir, la fuerza magnética desvía más a los iones ligeros que a los pesados). El detector registra la abundancia relativa de cada tipo de ión.

Al identificar los fragmentos detectados en una muestra, el espectro de masas resultante se suele comparar con el de otros productos químicos conocidos. El espectrómetro de masas se utiliza en muchas aplicaciones, como la determinación de los distintos isótopos de una muestra (es decir, los átomos de un mismo elemento que tienen diferente número de neutrones), la identificación de proteínas (por ejemplo, mediante un método de ionización denominado *ionización por electrospray*) o la exploración del espacio exterior. Así, se han enviado al espacio espectrómetros de masas instalados en sondas espaciales para estudiar la atmósfera de otros planetas y sus lunas.

El físico Wilhelm Wien sentó los cimientos de la espectrometría de masas en 1898, cuando descubrió que los haces de partículas cargadas se desviaban en los campos magnético y eléctrico en función de su m/z. Con el paso de los años, J. J. Thomson y otros científicos fueron mejorando los aparatos de espectrometría.

VÉASE TAMBIÉN Las líneas de Fraunhofer (1814), El electrón (1897), El ciclotrón (1929), El carbono 14 (1949).

La sonda espacial Cassini-Huygens utilizó un espectrómetro de masas para analizar partículas de las atmósferas de Saturno, sus lunas y anillos. La nave, lanzada en 1997, formaba parte de una misión conjunta de la NASA, la Agencia Espacial Europea y la Agencia Espacial Italiana.

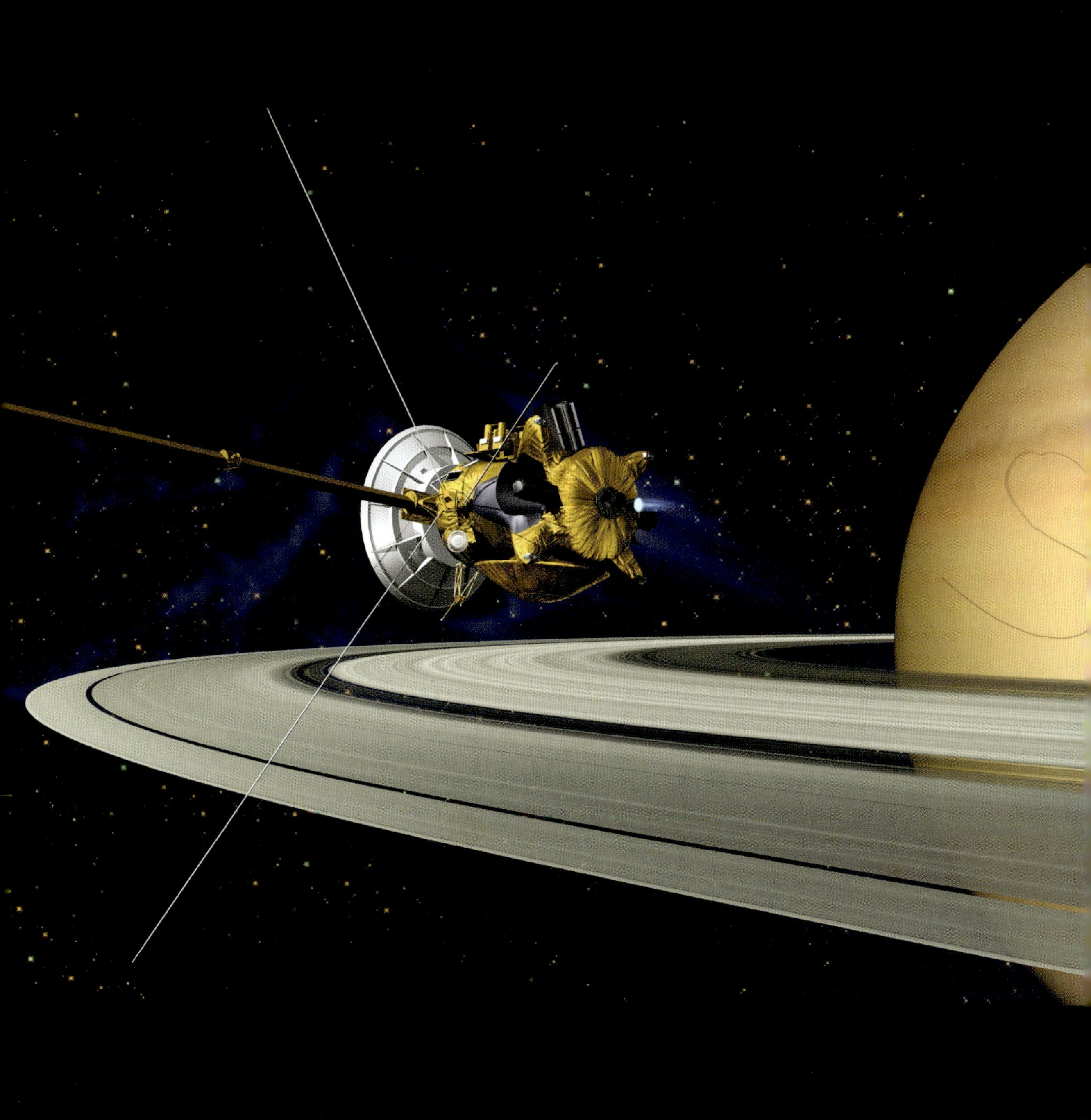

1900

La ley de Planck de la radiación de cuerpo negro

Max Karl Ernst Ludwig Planck (1858–1947), **Gustav Robert Kirchhoff** (1824–1887)

«La mecánica cuántica es mágica», observó el físico cuántico Daniel Greenberger. La teoría cuántica, que postula que materia y energía presentan las propiedades tanto de las partículas como de las ondas, tuvo su origen en unas innovadoras investigaciones sobre objetos calientes que emiten radiación. Pensemos, por ejemplo, en la resistencia de un calentador eléctrico, que proyecta primero un resplandor marrón y luego, a medida que se calienta, rojo. La ley de la radiación de cuerpo negro, expuesta por el físico alemán Max Planck en 1900, determina la intensidad de la radiación emitida por un cuerpo negro a una determinada longitud de onda. La expresión *cuerpo negro* hace referencia a objetos que emiten y absorben la máxima cantidad posible de radiación en una determinada longitud de onda y a una temperatura concreta.

La cantidad de radiación térmica emitida por un cuerpo negro cambia con la frecuencia y la temperatura, y muchos de los objetos que encontramos en la vida cotidiana emiten grandes dosis de su espectro de radiación en la zona infrarroja o infrarroja lejana del espectro, por lo que no es visible para el ojo humano. Sin embargo, cuando la temperatura del cuerpo aumenta, la zona dominante de su espectro se desplaza de modo que vemos resplandecer al objeto.

En el laboratorio podemos simular un cuerpo negro empleando un objeto grande, hueco y rígido, como una esfera a la que se le haya practicado un agujero en un costado. La radiación que penetra por el agujero se refleja en las paredes internas de la esfera y va disipándose conforme se va reflejando, pues las paredes la absorben. Cuando la radiación vuelve a salir por el mismo agujero, su intensidad es despreciable. Por consiguiente, el agujero actúa como un cuerpo negro. Planck representó las paredes de la cavidad de los cuerpos negros como una colección de osciladores electromagnéticos diminutos. Postuló que la energía de los osciladores era discreta y que solo podía adoptar determinados valores. Esos osciladores *emiten* energía al interior de la cavidad y la *absorben* de ella mediante saltos discretos, o en paquetes denominados cuantos. El enfoque que hizo Planck de los cuantos empleando la energía discreta de los osciladores para obtener teóricamente la ley de la radiación le valió el premio Nobel en 1918. En la actualidad sabemos que el universo era un cuerpo negro casi perfecto inmediatamente después del **Big Bang**. El físico alemán Gustav Kirchhoff introdujo el término *cuerpo negro* en 1860.

VÉASE TAMBIÉN El Big Bang (13.700 millones a. C.), El efecto fotoeléctrico (1905).

IZQUIERDA: *Max Planck, 1878.* DERECHA: *La lava fundida incandescente puede considerarse un ejemplo de radiación de cuerpo negro. La temperatura de la lava puede estimarse a partir de su color.*

1901

La clotoide

Edwin C. Prescott (1841–1931)

La próxima vez que vea un bucle vertical en el trazado de una montaña rusa, además de preguntarse por qué la gente se sube ahí para que la pongan cabeza abajo y la lleven a toda velocidad por unas curvas enloquecidas, fíjese que el bucle no es circular, sino que tiene forma de lágrima invertida. En términos matemáticos, ese bucle es una clotoide, una sección de una espiral de Cornu. La clotoide se utiliza en este tipo de bucles por motivos de seguridad.

En las montañas rusas tradicionales, la energía potencial suministrada por la gravedad se suele obtener mediante un gran ascenso inicial que se convierte en energía cinética cuando el vagón empieza a descender. Los bucles circulares requieren que los vagones ingresen en ellos con una mayor velocidad de entrada que en una clotoide para completar el giro. Esta mayor velocidad de entrada que requeriría un bucle circular sometería a los pasajeros a una aceleración centrípeta mayor durante la mitad más baja del giro y a fuerzas g peligrosas (1 g es la fuerza de la gravedad que actúa sobre un objeto en reposo sobre la superficie de la Tierra).

Si, por ejemplo, superpusiéramos una clotoide a un círculo (véase el diagrama), la parte alta de la clotoide estaría más baja que la del círculo. Como el vagón de una montaña rusa convierte su energía cinética en energía potencial cuando recorre la zona alta del bucle, la menor altura de la clotoide se puede superar con una velocidad más baja y con fuerzas g menores. Además, el breve arco de lo alto de la clotoide permite que el vagón pase menos tiempo en un lugar en el que está del revés y se desplaza más despacio.

Uno de los primeros usos de la forma de lágrima data de 1901, cuando el inventor Edwin Prescott construyó el Loop-the-Loop en Coney Island, Nueva York. Prescott fue sobre todo un autodidacta en cuestiones mecánicas. Su versión de 1898 del «ferrocarril centrífugo» requería un bucle circular, pero la repentina aceleración centrípeta imprimía mucha tensión al cuerpo de los pasajeros cuando los vagones recorrían el bucle a alta velocidad. Prescott patentó el diseño de forma de lágrima en 1901.

VÉASE TAMBIÉN La aceleración de la caída de los cuerpos (1638), La curva isócrona (1673), Las leyes del movimiento y de la gravitación universal de Newton (1687).

Los bucles de las montañas rusas no suelen ser circulares, sino tener forma de lágrima invertida. Se les da forma de clotoide, en parte, por motivos de seguridad.

STOP

1903

Luz negra

Robert Williams Wood (1868–1955)

Quienes sean lo bastante viejos como para recordar los omnipresentes rótulos de luz negra de la psicodélica década de 1960 apreciarán mejor los recuerdos de Edward J. Rielly: «A quienes se colocaban con el LSD les encantaban las "luces negras" que se podían adquirir en las tiendas de parafernalia de drogas junto con cuadros y tintes fluorescentes. La ropa o los carteles fluorescentes expuestos ante bombillas de luz negra creaban un equivalente visual del efecto del LSD». Hasta los restaurantes instalaban ocasionalmente luces negras para crear un ambiente de misterio. Laren Stover ha escrito que «no era raro encontrar carteles de luz negra de Jimi Hendrix en los hogares hippies, psicodélicos o bohemios, así como alguna lámpara de lava centelleando en algún rincón».

Una luz negra (denominada también lámpara de Wood) emite radiación electromagnética que, principalmente, tiene un espectro próximo al de la luz ultravioleta (véase la entrada sobre **la fluorescencia de Stokes**). Para crear luz negra fluorescente los técnicos suelen emplear *cristal de Wood*, un vidrio de color púrpura que contiene óxido de níquel y que impide el paso de la mayor parte de la luz visible dejando pasar la luz ultravioleta. El fósforo del interior de la bombilla tiene un pico de emisión inferior a los 400 nanómetros. Aunque las primeras luces negras eran bombillas incandescentes hechas con cristal de Wood, eran muy poco eficientes y se calentaban mucho. Hoy día se emplea una variante de luz negra para atraer a insectos en unos aparatos eléctricos de jardín; para reducir costes no tienen cristal de Wood y, por tanto, producen una luz más visible.

El ojo humano no puede percibir la luz ultravioleta, pero sí podemos ver los efectos de la fluorescencia y la fosforescencia cuando se proyecta esa luz sobre carteles psicodélicos. Las luces negras tienen infinidad de aplicaciones, que van desde las investigaciones criminológicas, en donde se emplean para detectar pequeñas trazas de sangre o semen, hasta usos dermatológicos, pues se usan para detectar diversas afecciones e infecciones de la piel.

Aunque fue inventada por el químico William H. Byler, la luz negra se asocia principalmente con el físico estadounidense Robert Wood, el «padre de la fotografía ultravioleta» e inventor del cristal de Wood en 1903.

VÉASE TAMBIÉN La fluorescencia de Stokes (1852), El espectro electromagnético (1864), La bombilla incandescente (1878), Las luces de neón (1923), La lámpara de lava (1963).

Los propietarios de casas del sudoeste norteamericano emplean luz negra para localizar a los escorpiones nocturnos y evitar que puedan introducirse en sus casas. El cuerpo del escorpión es fluorescente y brilla cuando se ilumina con luz negra.

La ecuación del cohete de Tsiolkovski

Konstantin Eduardovich Tsiolkovsky (1857–1935)

«Tal vez el lanzamiento del transbordador espacial sea la imagen más conocida de los viajes espaciales modernos» escribió Douglas Kitson, «pero el salto de los fuegos artificiales a los viajes espaciales fue muy grande y habría sido imposible sin las ideas de Konstantin Tsiolkovski». El maestro de escuela ruso Tsiolkovski conocía los relatos fantásticos de viajes a la Luna empleando aves o cañones como fuerza propulsora, pero al resolver la ecuación del movimiento del cohete logró demostrar que, desde el punto de vista físico, los viajes al espacio eran posibles. Sabiendo que un cohete puede imprimirse aceleración a sí mismo expulsando en dirección contraria parte de su masa a alta velocidad, la ecuación del cohete de Tsiolkovski describe el incremento de la velocidad Δv del cohete con respecto a su masa total inicial m_0 (incluido el combustible), la masa total final m (es decir, después de que se haya quemado el combustible) y la velocidad de evacuación ve del combustible: $\Delta v = v_e \cdot \ln (m_0/m_1)$.

Su ecuación del cohete, obtenida en 1898 y publicada en 1903, también le llevó a otra conclusión importante. Sería imposible que un cohete de una sola fase llevara a los seres humanos al espacio exterior impulsado por combustible, porque el peso del combustible superaría con mucho el peso del conjunto del cohete, incluidas las personas y el instrumental de a bordo. Pudo entonces analizar en profundidad la manera en que un cohete de múltiples fases haría posible el viaje. Un cohete de múltiples fases o etapas consiste en realidad en varios cohetes ensamblados. Cuando el primero ha quemado todo su combustible, se desprende y se enciende la siguiente fase.

«La humanidad no permanecerá eternamente sobre la Tierra» escribió Tsiolkovski en 1911, «sino que en la búsqueda de la luz y el espacio traspasará primero, tímidamente, los límites de la atmósfera, y a continuación conquistará el espacio circundante al Sol. La Tierra es la cuna de la humanidad, pero no se puede vivir en la cuna eternamente.»

VÉASE TAMBIÉN La eolípila de Herón (50), El cañón (1132), La conservación del momento lineal (1644), Las leyes del movimiento y la gravitación universal de Newton (1687), La conservación de la energía (1843), La dinamita (1867), La paradoja de Fermi (1950).

La nave espacial Soyuz y el cohete que la lanzó en la plataforma de lanzamiento del complejo Baikonur de Kazajstán. Baikonur es el centro espacial más grande del mundo. El lanzamiento se inscribió en una misión espacial coordinada en 1975 entre Estados Unidos y la Unión Soviética.

1979
E=mc²
АЛЬБЕРТ
ЭЙНШТЕЙН
1879-1955
A. Einstein
ПОЧТА СССР
6 К

1905

El efecto fotoeléctrico

Albert Einstein (1879–1955)

Albert Einstein hizo muchos descubrimientos geniales, entre ellos **la teoría especial de la relatividad** y **la teoría general de la relatividad**, pero ganó el premio Nobel por la explicación del efecto fotoeléctrico, en el que ciertas frecuencias de luz proyectadas sobre una placa de cobre hacen que la placa emita electrones. Einstein sugirió, en concreto, que ciertos paquetes de luz (conocidos ahora como fotones) podían explicar el efecto fotoeléctrico. Se sabía que la luz de alta frecuencia, por ejemplo la azul o la ultravioleta, podía provocar la emisión de electrones, algo que no hacía la luz roja (de baja frecuencia). Sorprendentemente, aunque la luz roja fuera muy intensa, no se producía la emisión de electrones. De hecho, la energía de cada electrón emitido aumenta con la frecuencia de la luz. Depende, por lo tanto, de su color.

¿Por qué la clave estaba en la frecuencia lumínica? En lugar de pensar en la luz como una onda clásica, Einstein sugirió la posibilidad de que la energía de la luz llegara en forma de paquetes, o cuantos, con una energía igual a la frecuencia de la luz multiplicada por una constante (que después recibiría el nombre de *constante de Plank*). Si el fotón se encontraba por debajo de un umbral de frecuencia, no tenía energía suficiente para liberar al electrón. Pensemos, como símil de los cuantos de baja energía, en la imposibilidad de extraer fragmentos de una pelota de bolos tirándole guisantes. No puede lograrse, por muchos guisantes que arrojemos. La teoría de Einstein para la energía de los fotones explicaba muchas cuestiones, como por ejemplo la existencia de una frecuencia mínima de radiación incidente para un metal dado, por debajo de la cual no puede emitirse ningún fotoelectrón. En la actualidad muchos aparatos, por ejemplo las células fotoeléctricas, se basan en la conversión de luz en corriente eléctrica para generar energía.

En 1969, algunos físicos estadounidenses sugirieron que el efecto fotoeléctrico podía explicarse sin el concepto de fotones, de modo que el efecto fotoeléctrico no suministraba una prueba definitiva de la existencia de los fotones. En cualquier caso, los estudios de las propiedades estadísticas de los fotones en la década de 1970 proporcionaron una verificación experimental de la naturaleza claramente cuántica (no clásica) del campo electromagnético.

VÉASE TAMBIÉN La teoría atómica (1808), La teoría ondulatoria de la luz (1801), El electrón (1897), La teoría especial de la relatividad (1905), La teoría general de la relatividad (1915), El efecto Compton (1923), La célula fotoeléctrica (1954), La electrodinámica cuántica o teoría cuántica del campo electromagnético (1948).

Imagen tomada con un aparato de visión nocturna. Los paracaidistas del ejército estadounidense se entrenan con láseres infrarrojos y lentes de visión nocturna en Camp Ramadi (Irak). Las gafas de visión nocturna utilizan la emisión de fotoelectrones debida al efecto fotoeléctrico para amplificar la presencia de fotones individuales.

1905

Los hoyuelos de las pelotas de golf

Robert Adams Paterson (1829–1904)

Si la peor pesadilla de un jugador de golf es la arena, sus mejores amigos son los hoyuelos de la pelota, que le ayudan a golpearla sin salirse de la calle. En 1848, el reverendo Robert Adams Paterson creó la pelota de golf de gutapercha utilizando la savia seca del níspero. Los jugadores de golf se dieron cuenta de que los pequeños hoyuelos de la pelota aumentaban la distancia que se podía alcanzar, de modo que los fabricantes añadieron rápidamente, a martillazos, nuevas imperfecciones. En 1905 casi todas las pelotas de golf se fabricaban ya con hoyuelos.

En la actualidad sabemos que las pelotas con hoyuelos vuelan mejor que las lisas debido a una combinación de efectos. En primer lugar, los hoyuelos retrasan la separación de la capa de aire que rodea a la pelota cuando se desplaza. Dado que el aire circundante se mantiene unido más tiempo, produce una estela más estrecha de baja presión (aire perturbado), que sigue a la pelota y reduce la fricción que correspondería a una pelota lisa. En segundo lugar, cuando el palo de golf golpea la pelota, suele crear una rotación hacia atrás que provoca el conocido como efecto Magnus, en el que un aumento de la velocidad del aire que fluye por encima de la pelota genera una diferencia de presión (más baja encima de la pelota que debajo). La presencia de los hoyuelos aumenta el efecto Magnus.

En la actualidad, las pelotas de golf tienen, en su mayoría, entre 250 y 500 hoyuelos que pueden reducir la fricción hasta la mitad. La investigación ha demostrado que las formas poligonales, por ejemplo los hexágonos, reducen la fricción más aún que los hoyuelos redondeados. Diversos estudios en curso utilizan superordenadores para crear modelos del flujo del aire en búsqueda de la forma y la disposición perfecta de los hoyuelos.

En la década de 1970, las pelotas de golf Polara tenían una disposición asimétrica de los hoyuelos que ayudaba a contrarrestar los efectos indeseables de la rotación lateral (los conocidos como «hook» y «slice»). Pero la Asociación estadounidense de golf prohibió su uso en las competiciones, asegurando que «reducirían la habilidad necesaria para jugar al golf». Esta asociación añadió una norma de simetría que exigía, en esencia, que la pelota se comportara del mismo modo con independencia del lugar de su superficie en que se golpeara. Polara los demandó, recibió 1,4 millones de dólares y retiró la pelota del mercado.

VÉASE TAMBIÉN El cañón (1132), El efecto de la pelota de béisbol (1870), La calle de vórtices de Von Kármán (1911).

En la actualidad las pelotas de golf presentan, en su mayoría, entre 250 y 500 hoyuelos que reducen hasta en un 50% la fricción que «sufre» la pelota.

1905

El tercer principio de la termodinámica

Walther Nernst (1864–1941)

En cierta ocasión el escritor y humorista Mark Twain contó la historia de un clima tan frío que la sombra de los marineros se congelaba en la cubierta. ¿Cuánto frío podría alcanzar nuestro entorno?

Desde la perspectiva de la física clásica, el tercer principio de la termodinámica afirma que a medida que la temperatura de un sistema se aproxima a cero absolut (0 K, –459.67 °F, o –273.15 °C), todos los procesos se detienen y la entropía del sistema se acerca a un valor mínimo. Desarrollada por el químico alemán Walther Nerst en torno a 1905, la ley puede enunciarse del siguiente modo: cuando la temperatura de un sistema se aproxima a cero absoluto, la entropía, o desorden S, se aproxima a una constante S_0. En términos clásicos, la entropía de una sustancia pura y perfectamente cristalina sería 0 si la temperatura pudiera reducirse realmente hasta cero absoluto.

Si nos servimos del análisis clásico, todo movimiento se detiene en el cero absoluto. En cualquier caso, el *movimiento del punto cero* de la mecánica cuántica permite a los sistemas en su estado de mínima energía posible (es decir, su estado fundamental) tener la probabilidad de encontrarse en amplias regiones del espacio. Así, dos átomos enlazados no están separados por una distancia fija, sino que podemos imaginar una rápida vibración subyacente, incluso en el cero absoluto. En lugar de afirmar que el átomo permanece inmóvil, decimos que se encuentra en un estado del que no se puede extraer más energía; la energía restante se denomina *energía del punto cero*.

La expresión *movimiento del punto cero* se utiliza en física para describir el hecho de que los átomos de un sólido (incluso de un sólido superfrío) no permanecen en puntos geométricos exactos de la red, sino que existe una distribución de probabilidad tanto para sus posiciones como para sus momentos. Los científicos, aunque parezca increíble, han conseguido temperaturas de 100 picokelvins (0,000.000.000.1 grados por encima del cero absoluto) enfriando un trozo de un metal llamado rodio.

Es imposible enfriar un cuerpo hasta el cero absoluto mediante un proceso finito. Según el físico James Trefil, «no importa lo inteligentes que lleguemos a ser, la tercera ley nos dice que nunca podremos cruzar la frontera final que nos separa del cero absoluto».

VÉASE TAMBIÉN El principio de incertidumbre de Heisenberg (1927), El segundo principio de la termodinámica (1850), La conservación de la energía (1843), El efecto Casimir (1948).

La rápida expansión de gases de una estrella agonizante en la Nebulosa Boomerang ha enfriado las moléculas del gas nebular hasta solo un grado por encima del cero absoluto, lo que la convierte en la región observada más fría del universo.

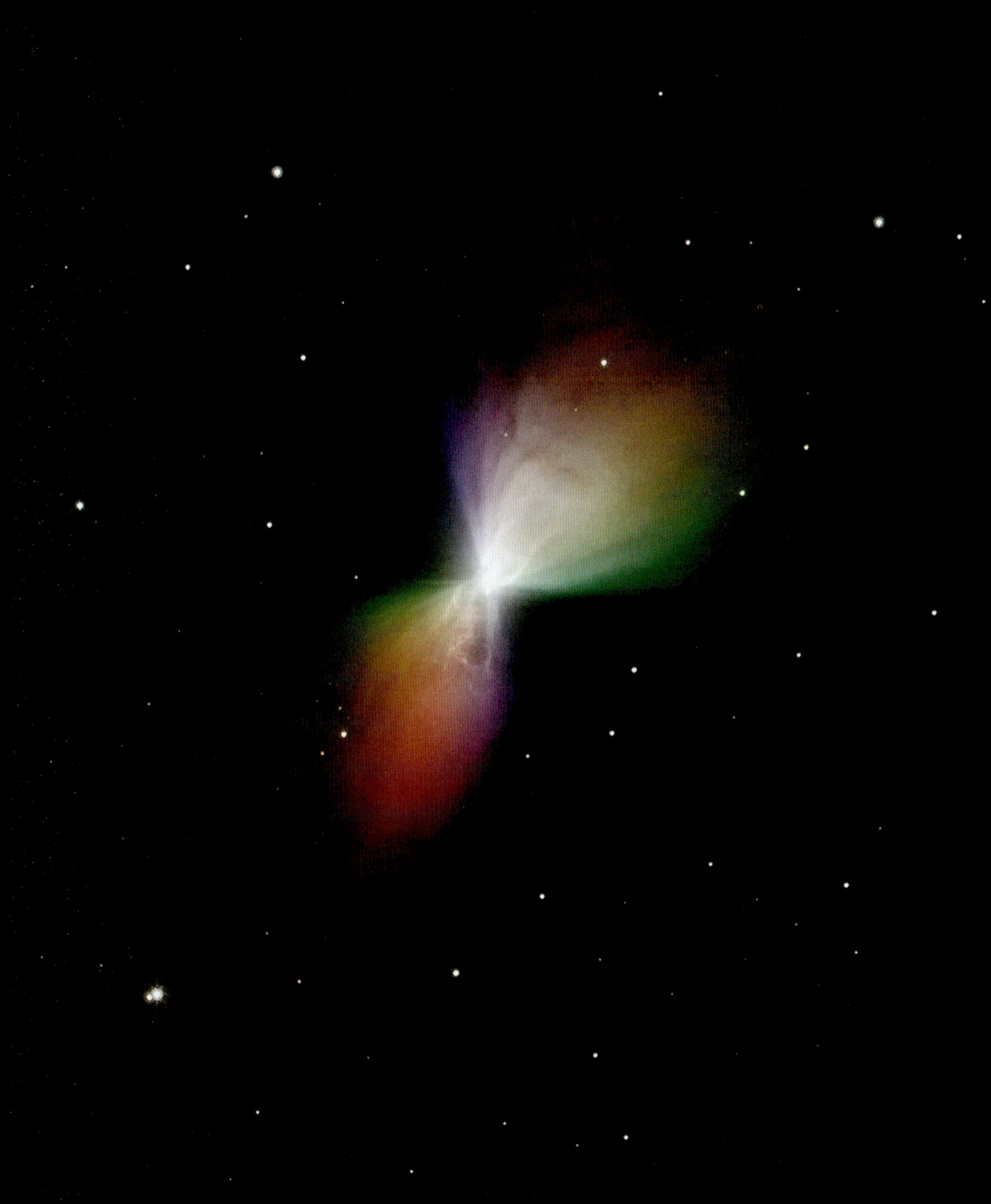

1906

La válvula de vacío

Lee De Forest (1873–1961)

En su discurso de aceptación del premio Nobel, el 8 de diciembre de 2000, el ingeniero estadounidense Jack Kilby señalaba: «La invención de la válvula de vacío lanzó la industria electrónica [...] Estos aparatos controlaban el flujo de electrones en el vacío y en un principio se utilizaron para amplificar señales de audio y de otros mecanismos. Posibilitaron que la radio llegara a todo el mundo en la década de 1920. Las válvulas de vacío se expandieron rápidamente a otros aparatos, y en 1939 se utilizaron por primera vez como interruptores en calculadoras».

En 1883, el inventor Thomas Edison se dio cuenta de que en la **bombilla incandescente** la corriente eléctrica podía «saltar» del filamento caliente a una placa de metal. Esta versión primitiva de la válvula de vacío condujo, en 1906, a la invención del tríodo, que no solo obligaba a la corriente a seguir un único sentido, sino que además se podía utilizar como amplificador se señales de audio y radio. Su inventor, el estadounidense Lee De Forest, colocó una rejilla de metal en su válvula y, por medio de una pequeña corriente que cambiaba el voltaje de la rejilla, logró controlar el flujo de la segunda corriente, mayor, a través de la válvula. Los laboratorios Bell utilizaron esta propiedad en su sistema telefónico «de costa a costa», y las válvulas se utilizaron pronto en otros aparatos, por ejemplo en las radios. Las válvulas de vacío también son capaces de convertir corriente alterna en corriente continua y de generar potencia de radiofrecuencia oscilante para sistemas de radar. La introducción de un fuerte vacío, aunque no total, en las válvulas de De Forest ayudó a crear un utilísimo mecanismo de amplificación.

Los **transistores** se inventaron en 1947, y en la década siguiente asumieron, más baratos y fiables, casi todas las aplicaciones de las válvulas como amplificadores. Los primeros ordenadores utilizaban válvulas. El ENIAC, por ejemplo, el primer ordenador electrónico, reprogramable y digital, que se podía utilizar para resolver un amplio abanico de problemas de computación, vio la luz en 1946: contenía más de 17.000 válvulas de vacío. Dado que los fallos en las válvulas se daban con más frecuencia en las fases de calentamiento, la máquina no se apagaba casi nunca, consiguiendo así que solo se estropeara una válvula cada dos días.

VÉASE TAMBIÉN La bombilla incandescente (1878), El transistor (1947).

Válvula de vacío 808 de RCA. La invención de la válvula de vacío impulsó la industria electrónica y permitió que la radio comercial llegara a los hogares en la década de 1920.

El contador Geiger

Johannes (Hans) Wilhelm (Gengar) Geiger (1882–1945), **Walther Müller** (1905–1979)

En la década de 1950, en plena guerra fría, los constructores norteamericanos ofrecían refugios nucleares de lujo para el patio de casa equipados con literas, un teléfono y un contador Geiger para detectar la radiación. Las películas de ciencia ficción de la época estaban protagonizadas por enormes monstruos radiactivos y por contadores Geiger que emitían sonidos inquietantes.

Desde comienzos del siglo XX los científicos buscaron la manera de detectar la **radiactividad** provocada por las partículas que emiten los **núcleos atómicos** inestables. Uno de los aparatos de detección más importantes fue el contador Geiger, desarrollado por Hans Geiger en 1908 y mejorado después por Geiger y Walther Müller en 1928. El contador Geiger está formado por un alambre central cubierto por un cilindro sellado de metal, con una ventana de mica o de cristal en un extremo. El alambre y el tubo de metal se conectan a una fuente de alimentación de alto voltaje que se encuentra fuera del cilindro. Cuando la radiación atraviesa la ventana, crea una estela de pares de iones (partículas cargadas) en el gas del interior del tubo. El ion positivo de cada pareja se ve atraído por las paredes del cilindro, cargadas negativamente (cátodo). Los electrones, de carga negativa, se ven atraídos por el alambre central, o ánodo, y tiene lugar una ligera caída de voltaje entre el cátodo y el ánodo. La mayor parte de los detectores convierte estos pulsos de corriente en señales acústicas. Por desgracia, los contadores Geiger no proporcionan información acerca del tipo de radiación ni de la energía de las partículas detectadas.

A lo largo de los años, las mejoras en los detectores de radiación han desembocado en contadores de ionización y contadores proporcionales que se pueden utilizar para identificar el tipo de radiación que incide en el aparato. Con la presencia de un gas en el cilindro, trifluoruro de boro, el contador Geiger-Müller también puede modificase de forma que sea sensible a la radiación no ionizante, por ejemplo a los neutrones. La reacción de los neutrones con los núcleos de boro genera partículas alfa (núcleos de helio con carga positiva), que se detectan como partículas de carga positiva.

Los contadores Geiger son baratos, portátiles y resistentes. Suelen utilizarse en geofísica, física nuclear y terapias médicas, así como en contextos en los que puede haber fugas potenciales de radiación.

VÉASE TAMBIÉN Radiactividad (1896), La cámara de niebla de Wilson (1911), El núcleo atómico (1911), El gato de Schrödinger (1935).

El contador Geiger puede producir unos chasquidos que señalan la presencia de radiación; dispone, además, de un dial que muestra la cantidad de radiación presente. A veces los geólogos localizan minerales radiactivos mediante contadores Geiger.

LIONEL ELECTRONIC LABORATORIES
BROOKLYN NEW YORK
OFF
x100
x10
x1
CD V-700
C/M

El *bremsstrahlung* o radiación de frenado

Wilhelm Conrad Röntgen (1845–1923), **Nikola Tesla** (1856–1943), **Arnold Johannes Wilhelm Sommerfeld** (1868–1951)

El *bremsstrahlung* o «radiación de frenado» hace referencia a los rayos X, o a otra radiación electromagnética, que se producen cuando una partícula cargada, por ejemplo un electrón, reduce su velocidad de forma repentina en respuesta a los fuertes campos eléctricos de los **núcleos atómicos**. El *bremsstrahlung* se observa en muchas áreas de la física, desde la ciencia de materiales hasta la astrofísica.

Consideremos el ejemplo de los rayos X que emite una blanco de metal bombardeado con electrones de alta energía (EAA) en un tubo de rayos X. Cuando los EAA colisionan con el blanco, los electrones de los átomos diana del blanco salen despedidos de los niveles interiores de energía. Otros electrones pueden llenar esos huecos, emitiendo entonces fotones de rayos X que tienen las longitudes de onda características de la diferencia energética entre los distintos niveles de los átomos diana. Esta radiación recibe el nombre de rayos X *característicos*.

Otro tipo de rayos X emitidos por este blanco de metal es el *bremsstrahlung*, cuando los electrones se ralentizan de pronto al impactar con el blanco. De hecho, cualquier carga que acelera o decelera emite radiación *bremsstrahlung*. Dado que la tasa de deceleración puede ser muy grande, la radiación emitida puede tener longitudes de onda pequeñas en el espectro de rayos X. A diferencia de los rayos X característicos, la radiación *bremsstrahlung* tiene un rango continuo de longitudes de onda, ya que la deceleración puede tener lugar de muchos modos (desde impactos frontales a corta distancia con los núcleos hasta múltiples desviaciones debidas a núcleos de carga positiva).

A pesar de que el físico Wilhelm Röntgen descubrió los rayos X en 1895, y que Nikola Tesla comenzó a estudiarlos incluso antes, el estudio independiente del espectro lineal característico y del espectro continuo *bremsstrahlung* superpuesto no comenzó hasta unos años más tarde. El físico Arnold Sommerfeld acuñó el término *bremsstrahlung* en 1909.

El *bremsstrahlung* se encuentra por todas partes en el universo. Los rayos cósmicos pierden parte de su energía en la atmósfera terrestre tras colisionar con núcleos atómicos, ralentizándose y creando *bremsstrahlung*. Los rayos X solares proceden de la deceleración de rápidos electrones del Sol al pasar por la atmósfera solar. Además, cuando tiene lugar la desintegración beta (un tipo de desintegración radiactiva que emite electrones o positrones, a los que se denomina partículas beta), las partículas beta pueden ser desviadas por uno de sus propios núcleos, emitiendo *bremsstrahlung interna*.

VÉASE TAMBIÉN Las líneas de Fraunhofer (1814), Los rayos X (1895), Los rayos cósmicos (1910), El núcleo atómico (1911), El efecto Compton (1923), La radiación de Cherenkov (1934).

Las grandes llamaradas solares producen un continuo de radiación de rayos X y rayos gamma, en parte debido al efecto bremsstrahlung *o de radiación de frenado. La nave espacial* NASA RHESSI, *lanzada al espacio en 2002, vigila el Sol en busca de rayos X y rayos gamma.*

1910

Los rayos cósmicos

Theodor Wulf (1868–1946), **Victor Francis Hess** (1883–1964)

«La historia de la investigación de los rayos cósmicos es la historia de una aventura científica», escriben los científicos del Observatorio de rayos cósmicos Pierre Auger. «Durante casi un siglo, los investigadores de los rayos cósmicos han escalado montañas, han montado en globos de aire caliente y han viajado a los rincones más distantes del planeta en su intento de comprender estas veloces partículas que proceden del espacio».

Casi el 90 por ciento de las energéticas partículas de rayos cósmicos que bombardean la Tierra son protones; el resto son núcleos de helio (partículas alfa), electrones y una pequeña cantidad de núcleos más pesados. La variedad energética de estas partículas sugiere que el origen de estos rayos también es variado: desde las erupciones solares hasta los rayos cósmicos galácticos que llegan a la Tierra desde más allá del sistema solar. Cuando las partículas de rayos cósmicos entran en la atmósfera terrestre, colisionan con las moléculas de oxígeno y nitrógeno y producen una «ducha» de numerosas partículas más ligeras.

Los rayos cósmicos fueron descubiertos en 1910 por el físico alemán y sacerdote jesuita Theodor Wulf, que utilizó un electrómetro (un aparato para detectar partículas cargadas de energía) para rastrear la radiación cerca de la cúspide y la base de la torre Eiffel. Si las fuentes de radiación estuvieran en el suelo, hubiera detectado menos radiación a medida que se alejaba de él. Encontró, para su sorpresa, que el nivel de radiación en la cúspide era mayor de lo que hubiese esperado de tratarse de radiactividad terrestre. El físico austriaco-norteamericano Victor Hess llevó detectores, en un globo, hasta una altura de 5.300 metros y encontró que la radiación se incrementaba hasta multiplicar por cuatro el nivel detectado en el suelo.

Los rayos cósmicos se han descrito, de forma llamativa, como «rayos asesinos del espacio exterior», porque pueden contribuir a más de 100.000 muertes anuales por cáncer. Además, tienen suficiente energía como para dañar los **circuitos integrados** electrónicos y alterar los datos almacenados en la memoria de un ordenador. Los rayos cósmicos de mayor energía (mayor que la que se crea en los aceleradores de partículas) tienen un interés especial porque sus direcciones de incidencia sugieren que las supernovas (explosiones estelares) y los vientos estelares de estrellas masivas son probablemente los principales aceleradores de los rayos cósmicos.

VÉASE TAMBIÉN El *bremsstrahlung* o radiación de frenado (1909), Los circuitos integrados (1958), Las erupciones de rayos gamma (1967), Los taquiones (1967).

Los rayos cósmicos pueden dañar los componentes de los circuitos electrónicos integrados. Algunos estudios de la década de 1990 señalaban que cada mes se produce un error debido a los rayos cósmicos por cada 256 megas de memoria RAM.

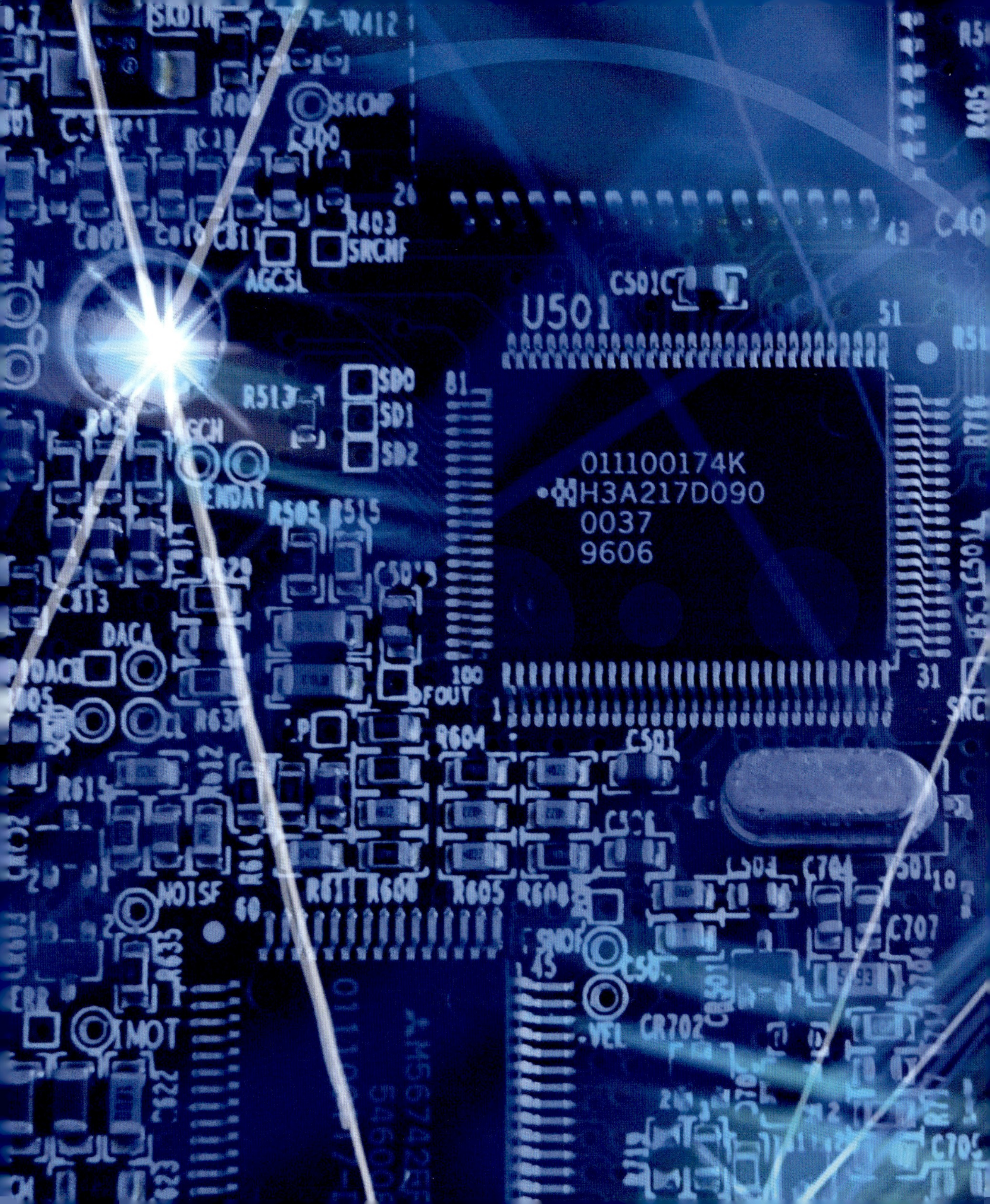
U501
011100174K
H3A217D090
0037
9606

1911

Superconductividad

Heike Kamerlingh Onnes (1853–1926), **John Bardeen** (1908–1991), **Karl Alexander Müller** (nacido en 1927), **Leon N. Cooper** (nacido en 1930), **John Robert Schrieffer** (nacido en 1931), **Johannes Georg Bednorz** (nacido en 1950)

«A temperaturas muy bajas», escribe la periodista científica Joanne Baker, «algunos metales y aleaciones conducen la electricidad sin encontrar resistencia. La corriente en estos superconductores puede fluir durante miles de millones de años sin perder energía. A medida que los electrones se emparejan y se desplazan juntos, evitando las colisiones que provocan la resistencia eléctrica, se aproximan a un estado de movimiento perpetuo».

De hecho, existen muchos metales para los cuales la resistividad es cero cuando se enfrían por debajo de una temperatura crítica. Este fenómeno, denominado superconductividad, lo descubrió en 1911 el físico holandés y premio Nobel Heike Kamerlingh Onnes, que observó que cuando enfriaba una muestra de mercurio hasta 4.2 grados por encima del cero absoluto (−269 °C), su resistencia eléctrica se precipitaba a cero. En principio, esto significa que una corriente eléctrica puede fluir para siempre en un bucle de alambre superconductor, sin ninguna fuente externa de alimentación. En 1957, los físicos estadounidenses John Bardeen, Leon Cooper y Robert Schrieffer determinaron el modo en que los electrones se emparejaban y parecían ignorar al metal que los rodeaba: consideremos una mosquitera metálica como metáfora de la disposición de los núcleos atómicos con carga positiva en una red de metal. A continuación, imaginemos un electrón, de carga negativa, que revolotea entre los átomos, creando una distorsión al atraerlos. Esta distorsión hace que un segundo electrón siga al primero; viajan juntos, formando una pareja y la resistencia total que encuentran es menor.

En 1986, Georg Bednorz y Alex Müller descubrieron un material que funcionaba a una temperatura mayor, aproximadamente −244 °C (35 K), y en 1987 se encontró otro material que era superconductor a −189 °C (90 K). Si se descubriera un superconductor que funcionara a temperatura ambiente, se podría utilizar para ahorrar enormes cantidades de energía y para crear un sistema óptimo de transmisión de potencia eléctrica. Los superconductores tienen otra propiedad interesante: repelen todos los campos magnéticos que se aplican, lo que permite que los ingenieros construyan trenes de levitación magnética. La superconductividad se utiliza además para crear poderosos electroimanes en los escáneres IRM (Imagen por Resonancia Magnética) de los hospitales.

VÉASE TAMBIÉN El descubrimiento del helio (1868), El tercer principio de la termodinámica (1905), Los superfluidos (1937), La resonancia magnética nuclear (1938).

En 2008, los físicos del laboratorio Brookhaven del departamento estadounidense de energía descubrieron superconductividad de alta temperatura de transición en películas formadas por dos materiales cupratos, con potencial para crear aparatos electrónicos más eficaces. En esta representación artística las finas películas se construyen capa a capa.

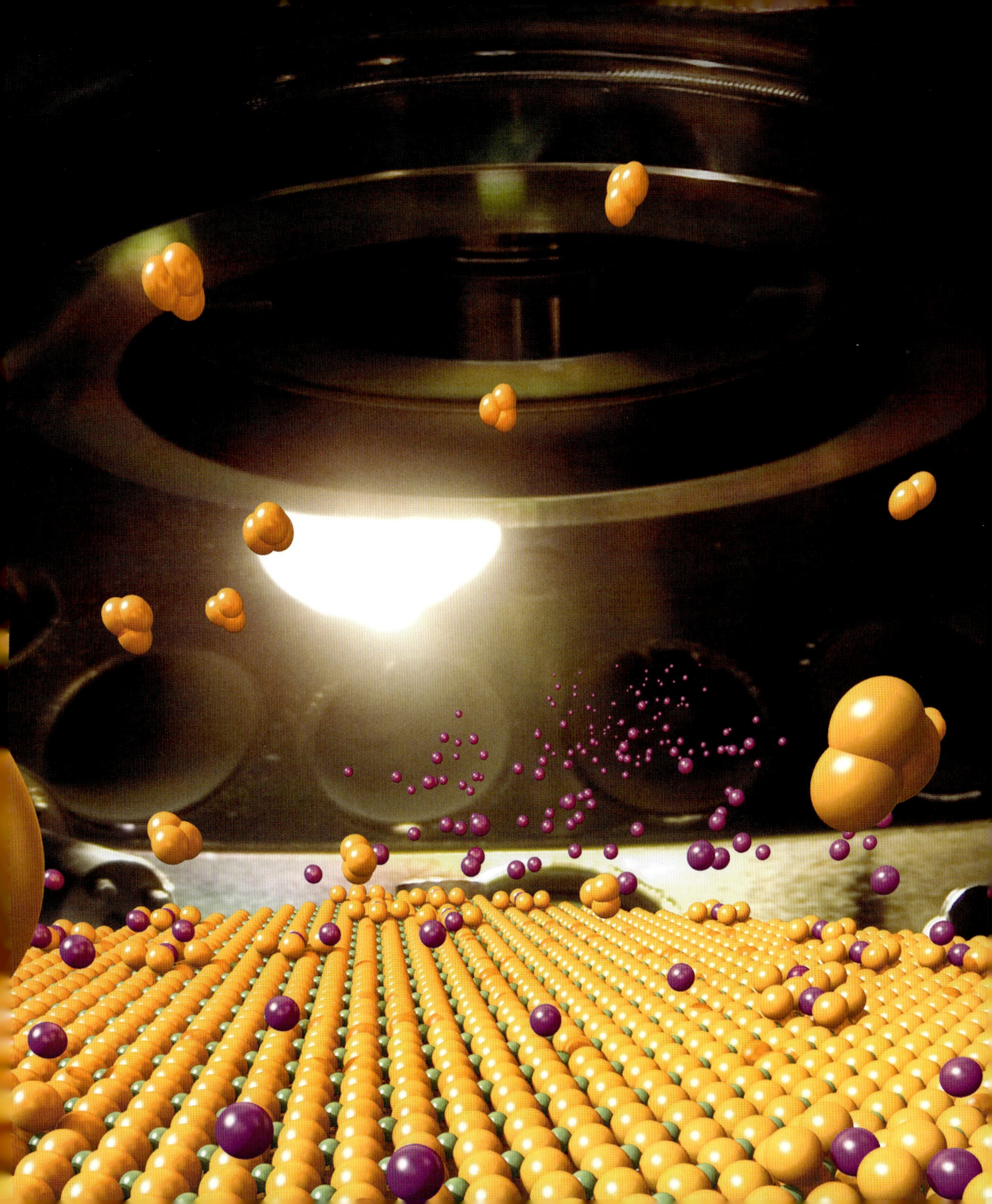

1911

El núcleo atómico

Ernest Rutherford (1871–1937)

En la actualidad sabemos que el núcleo atómico, formado por protones y neutrones, es la región de alta densidad que hay en el centro de los átomos. Pero en la primera década del siglo XX los científicos no sabían de su existencia y creían que el átomo era una red difusa de materia con carga positiva, en la que los electrones, cargados negativamente, estaban incrustados como las cerezas de un pastel. Este modelo se vino abajo cuando Ernest Rutherford y sus colegas descubrieron el núcleo después de disparar un rayo de partículas alfa sobre una fina capa de papel dorado. Casi todas las partículas alfa (que hoy conocemos como núcleos de helio) atravesaron el papel, pero unas pocas rebotaron y regresaron por donde habían venido. Rutherford dijo después que aquello había sido «el suceso más increíble que me ha ocurrido en la vida [...] Casi tan increíble como si lanzaras una bala de cuarenta centímetros contra una fina hoja de papel y esta rebotara y te golpeara».

El modelo atómico de la tarta con cerezas, metáfora de una capa de densidad más o menos uniforme en el papel dorado, en ningún modo podía explicar este comportamiento. Los científicos tal vez hubieran observado una deceleración de las partículas alfa, como cuando se dispara una bala al agua. No esperaban que el átomo tuviese un «núcleo duro», como el hueso de un melocotón. En 1911, Rutherford dio a conocer el modelo que nos es tan familiar: un átomo que consiste en un núcleo de carga positiva rodeado de electrones. Rutherford fue capaz de aproximar, conocida la frecuencia de colisiones con el núcleo, el tamaño de este con respecto al átomo. El escritor John Gribbin señala que el núcleo mide «la cienmilésima parte del diámetro del átomo, lo que equivale al tamaño de un alfiler comparado con la cúpula de la catedral de San Pablo en Londres [...] Dado que en la Tierra todo está formado por átomos, eso significa que el espacio vacío que hay en nuestro cuerpo, y en la silla en la que nos sentamos, es mil billones de veces mayor que la 'materia sólida'».

VÉASE TAMBIÉN La teoría atómica (1808), El electrón (1897), $E = mc^2$ (1905), El modelo atómico de Bohr (1913), El ciclotrón (1929), El neutrón (1932), La resonancia magnética nuclear (1938), La energía del núcleo atómico (1942), La nucleosíntesis estelar (1946).

Representación artística del modelo clásico del átomo con su núcleo central en la que solo se muestran algunos nucleones (protones y neutrones) y electrones. En los átomos reales el diámetro del núcleo es mucho más pequeño que el diámetro del átomo completo. Las descripciones modernas de los electrones circundantes, los muestran como nubes que representan densidades de probabilidad.

1911

La calle de vórtices de Von Kármán

Henri Bénard (1874–1939), **Theodore von Kármán** (1881–1963)

Uno de los fenómenos físicos visualmente más hermosos puede ser también uno de los más peligrosos. Las calles de vórtices de Von Kármán son un conjunto repetido de vórtices en remolino provocados por la separación inestable de la capa de un fluido al pasar sobre «cuerpos no fuselados» (es decir, cuerpos romos como las formas cilíndricas, las superficies aerodinámicas con grandes ángulos de ataque o las formas de algunos vehículos espaciales de reentrada). Iris Chang describe el fenómeno que investigó el físico húngaro Theodore Von Kármán, y que incluía su «descubrimiento en 1911, mediante análisis matemático, de la existencia de una fuente de oposición aerodinámica que tiene lugar cuando la corriente de aire se separa de la superficie aerodinámica y se aleja en espiral de las dos caras, en dos corrientes paralelas de vórtices. Un fenómeno que en la actualidad se conoce como calle de vórtices de Von Kármán y que se utilizó durante décadas para explicar las oscilaciones en los submarinos, las torres de radio, el tendido eléctrico...»

Se pueden utilizar diversos métodos para disminuir las vibraciones no deseadas en objetos esencialmente cilíndricos como chimeneas, antenas de coche y periscopios de submarinos. Uno de esos métodos emplea perfiles helicoidales (con forma de tornillo) que reducen la generación alterna de vórtices. Los vórtices de Kármán son una fuente significativa de resistencia al aire en coches y aviones y pueden llegar a hacer que una torre se desplome.

Estos vórtices o remolinos se observan en ocasiones en la corriente de los ríos, en las columnas que sostienen un puente o en los pequeños movimientos circulares de las hojas del suelo, cuando pasa un coche. Algunas de sus manifestaciones más hermosas tienen lugar en las formaciones de nubes que se crean detrás de gigantescos obstáculos terrestres, por ejemplo islas oceánicas. Algunos vórtices similares pueden ayudar a los científicos a estudiar el clima de otros planetas.

Von Kármán se refirió a su teoría como «la teoría cuyo nombre tengo el honor de llevar», ya que, según István Hargittai, «creía que el descubrimiento era más importante que su descubridor. Cuando el científico francés Henri Bénard aseguró, veinte años más tarde, que él había descubierto las calles de vórtices, Von Kármán, con su humor característico, sugirió que el término *calles de vórtices de Von Kármán* se utilizara en Londres y el de *Boulevard d'Henry Bénard* en París».

VÉASE TAMBIÉN El principio de de Bernoulli (1738), El efecto de la pelota de béisbol (1870), Los hoyuelos de las pelotas de golf (1905), El tornado más rápido del mundo (1999).

Una calle de vórtices de Von Kárman en una imagen tomada por el Landsat 7 de unas nubes sobre la costa de Chile, cerca de las islas de Juan Fernández. El estudio de estos modelos resulta útil para comprender el comportamiento de los fluidos que intervienen en diversos fenómenos, desde la aerodinámica de las alas de los aviones hasta el clima terrestre.

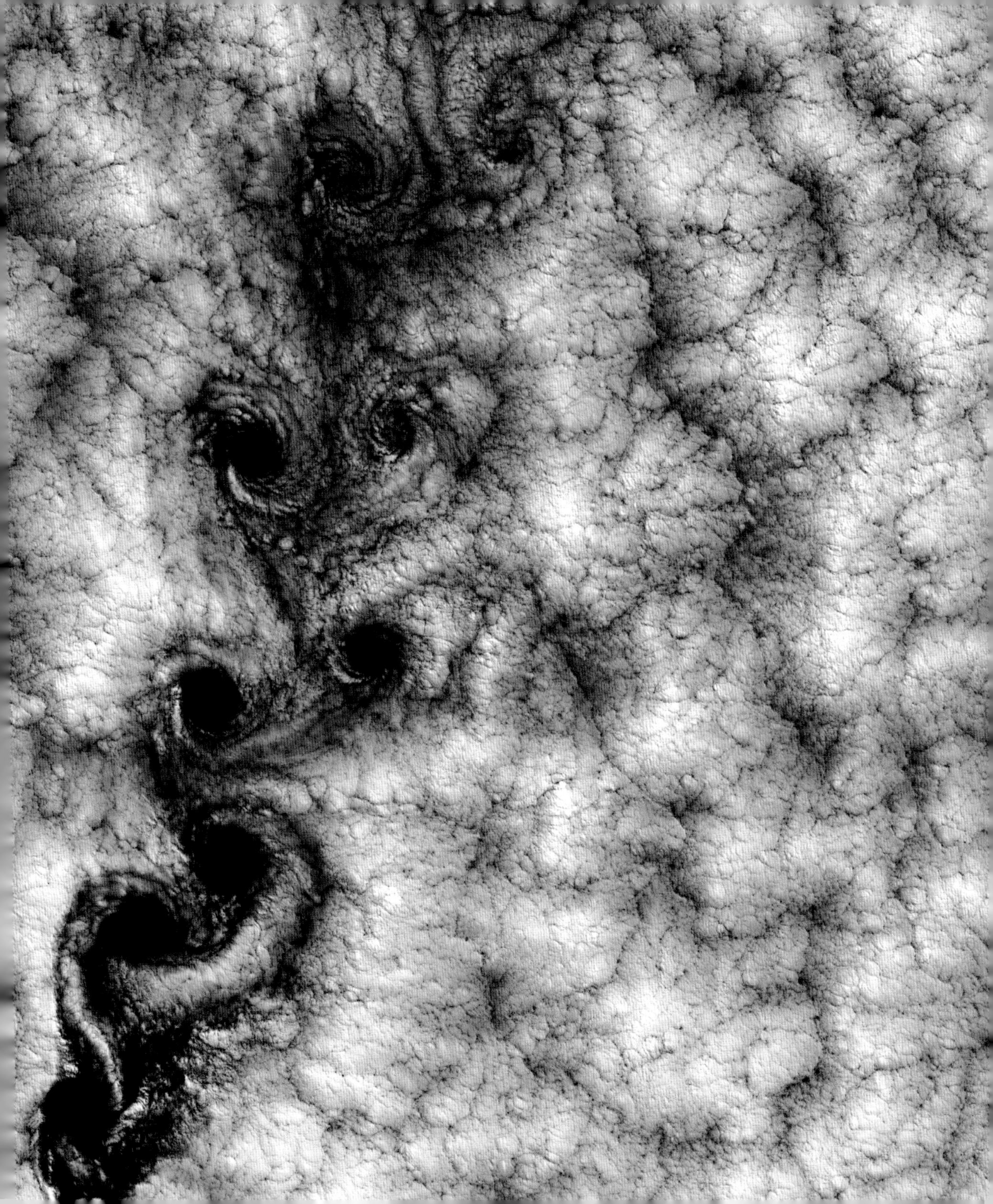

1911

La cámara de niebla de Wilson

Charles Thomson Rees Wilson (1869–1959), **Alexander Langsdorf** (1912–1996), **Donald Arthur Glaser** (nacido en 1926)

En el banquete de aceptación del premio Nobel, en 1927, el físico Charles Wilson describió su afecto por las neblinosas colinas de Escocia: «Todas las mañanas veía cómo el sol se elevaba sobre un mar de nubes, y la sombra de las colinas en las nubes inferiores, rodeadas de anillos de colores maravillosos. La belleza de lo que veía hizo que me enamorara de las nubes…» ¿Quién podía imaginar que la pasión de Wilson por la niebla serviría para descubrir la primera forma de **antimateria** (el positrón) –así como otras partículas– y que cambiaría la física de partículas para siempre?

Wilson perfeccionó su primera cámara de niebla en 1911. En primer lugar la cámara se saturaba de vapor de agua. A continuación se disminuía la presión mediante la acción de un diafragma que expandía el aire del interior. Esto también enfriaba el aire creando las condiciones favorables para la condensación. Cuando una partícula ionizante atravesaba la cámara, el vapor de agua se condensaba alrededor de los iones (partículas cargadas) resultantes, y la trazada de la partícula se hacía visible en la nube de vapor. Cuando una partícula alfa (un núcleo de helio, que tiene carga positiva), por ejemplo, se movía a través de la cámara de niebla, arrancaba electrones de los átomos del gas, con lo que dejaba los átomos cargados temporalmente. El vapor de agua tendía a acumularse en esos iones, dejando tras de sí una estrecha franja de niebla parecida a las estelas de los aviones. Si se aplicaba un campo magnético uniforme a la cámara de niebla, las partículas de carga positiva y negativa se desviaban en direcciones opuestas. El radio de curvatura podía utilizarse entonces para determinar el momento de la partícula.

La cámara de niebla no fue más que el principio. En 1936, el físico Alexander Langsdorf desarrolló una *cámara de niebla de difusión* que utilizaba temperaturas más bajas y se sensibilizaba para la detección de radiación durante periodos de tiempo más largos que los de las cámaras de niebla tradicionales. En 1952, el físico Donald Glaser inventó la *cámara de burbujas*. Esta cámara utilizaba líquidos, que muestran mejor el rastro de las partículas más energéticas que las cámaras de niebla tradicionales. Las cámaras de chispas, más recientes, utilizan una rejilla de hilos eléctricos para seguir partículas cargadas mediante la detección de chispas.

VÉASE TAMBIÉN El contador Geiger (1908), La antimateria (1932), El neutrón (1932).

En 1963 esta cámara de burbujas del laboratorio Brookhaven era el detector de partículas más grande de este tipo que había en el mundo. Su descubrimiento más famoso fue el de la partícula omega menos.

1912

Las dimensiones del universo según las estrellas variables cefeidas

Henrietta Swan Leavitt (1868–1921)

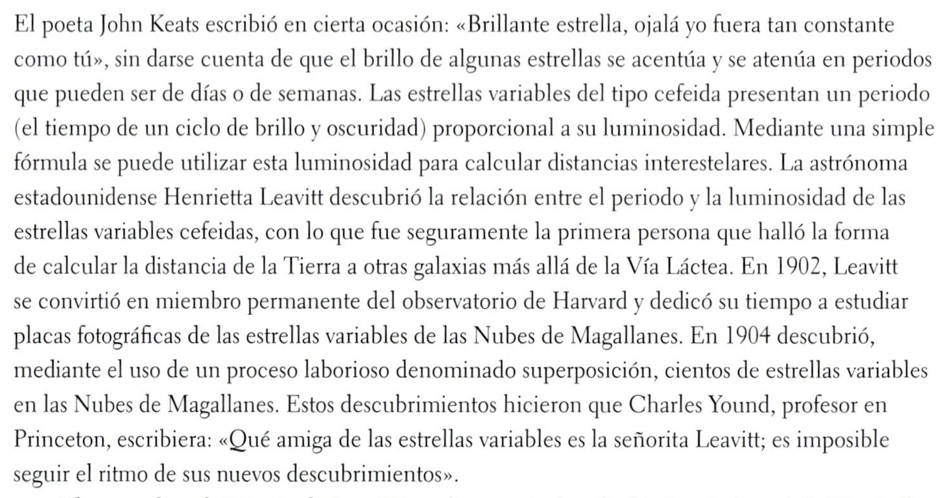

El poeta John Keats escribió en cierta ocasión: «Brillante estrella, ojalá yo fuera tan constante como tú», sin darse cuenta de que el brillo de algunas estrellas se acentúa y se atenúa en periodos que pueden ser de días o de semanas. Las estrellas variables del tipo cefeida presentan un periodo (el tiempo de un ciclo de brillo y oscuridad) proporcional a su luminosidad. Mediante una simple fórmula se puede utilizar esta luminosidad para calcular distancias interestelares. La astrónoma estadounidense Henrietta Leavitt descubrió la relación entre el periodo y la luminosidad de las estrellas variables cefeidas, con lo que fue seguramente la primera persona que halló la forma de calcular la distancia de la Tierra a otras galaxias más allá de la Vía Láctea. En 1902, Leavitt se convirtió en miembro permanente del observatorio de Harvard y dedicó su tiempo a estudiar placas fotográficas de las estrellas variables de las Nubes de Magallanes. En 1904 descubrió, mediante el uso de un proceso laborioso denominado superposición, cientos de estrellas variables en las Nubes de Magallanes. Estos descubrimientos hicieron que Charles Yound, profesor en Princeton, escribiera: «Qué amiga de las estrellas variables es la señorita Leavitt; es imposible seguir el ritmo de sus nuevos descubrimientos».

El mayor descubrimiento de Leavitt tuvo lugar cuando calculó el periodo real de 25 estrellas variables cefeidas, y en 1912, refiriéndose a la célebre relación entre periodo y luminosidad, escribió: «Se puede trazar fácilmente una línea recta entre cada una de las dos series de puntos correspondientes a los máximos y los mínimos, con lo que se demuestra que existe una relación sencilla entre el brillo de estas estrellas variables y su periodo». Leavitt se dio cuenta, además, de que «dado que las estrellas variables están más o menos a la misma distancia de la Tierra, da la impresión de que sus períodos están relacionados con su emisión real de luz, determinada por su masa, su densidad y el brillo de la superficie». Murió joven, por desgracia, víctima de un cáncer, antes de completar su trabajo. En 1925, el profesor Mittag-Leffler de la Academia sueca de las ciencias, que ignoraba que había fallecido, le envió una carta en la que expresaba su intención de proponerla para el permio Nobel de física. Pero como el premio Nobel nunca se concede de manera póstuma, Leavitt no pudo recibir ese honor.

VÉASE TAMBIÉN Eratóstenes y la medición de la Tierra (240 a. C.), Las dimensiones del Sistema solar (1672), La paralaje estelar (1838), El telescopio Hubble (1990).

IZQUIERDA: *Henrietta Leavitt.* DERECHA: *Imagen del telescopio espacial Hubble de la galaxia espiral NGC 1309. Los científicos pueden calcular con precisión la distancia entre la Tierra y la galaxia (100 millones de años luz, o 30 megapársecs) examinando la emisión de luz de las estrellas variables cefeidas de la galaxia.*

1912

La ley de Bragg

William Henry Bragg (1862–1942), **William Lawrence Bragg** (1890–1971)

«La química y los cristales me atraparon de por vida», escribió la cristalógrafa de rayos X Dorothy Crowfoot Hodgkin, cuya investigación deriva de la ley de Bragg, descubierta por el físico inglés Sir W. H. Bragg y por su hijo Sir W. L. Bragg en 1912. Esta ley explica los resultados de los experimentos relacionados con la difracción de ondas electromagnéticas en cristales y proporciona una poderosa herramienta para el estudio de estructuras cristalinas. Cuando los rayos X, por ejemplo, inciden en una superficie de cristal, interactúan con los átomos del cristal haciendo que los átomos vuelvan a irradiar ondas que pueden interferir entre sí. Esta interferencia es constructiva para los valores enteros de n que, de acuerdo con la ley de Bragg, verifican: $n\lambda = 2d \sin(\theta)$. Aquí, λ es la longitud de onda de las ondas electromagnéticas incidentes (de los rayos X, en este caso); d es el espaciado entre los planos de la red atómica del cristal; y θ es el ángulo que forman el rayo incidente y los planos de dispersión.

Los rayos X, por ejemplo, atraviesan las capas de cristal, se reflejan y cubren la misma distancia antes de abandonar la superficie. La distancia total que recorren depende de la separación de las capas y del ángulo con el que incidieron en el material. Para que la intensidad de las ondas reflejadas sea máxima, estas deben mantenerse en fase para producir interferencias constructivas. Dos ondas se mantienen en fase después de que ambas se reflejen cuando n es un número entero. Si $n = 1$, tenemos una reflexión «de primer orden»; si $n = 2$, la reflexión es «de segundo orden». Si en la difracción solo hay dos capas implicadas, a medida que cambia el valor de θ la transición de interferencia constructiva a interferencia destructiva es gradual. Si la interferencia, por el contrario, procede de muchas capas, entonces los valores máximos de la interferencia constructiva son muy marcados, y entre ellos casi todo son interferencias destructivas.

La ley de Bragg puede utilizarse para calcular la distancia entre los planos atómicos de un cristal, y para medir la longitud de onda de una radiación. La observación de las interferencias de onda de rayos X en cristales, conocida normalmente como difracción de rayos X, proporcionó pruebas directas de la estructura atómica periódica de los cristales, un hecho que se había postulado durante siglos.

VÉASE TAMBIÉN La teoría ondulatoria de la luz (1801), Los rayos X (1895), El holograma (1947), Observar un átomo aislado (1955), Los cuasicristales (1982).

IZQUIERDA: *Sulfato de cobre. En 1912 el físico Max von Laue utilizó rayos X para registrar un patrón de difracción de un cristal de sulfato de cobre que mostró muchas manchas bien definidas. Antes de los experimentos con rayos X, el espaciado entre los planos de la retícula atómica de los cristales no se conocía con precisión.*
DERECHA: *La ley de Bragg condujo finalmente a estudios relacionados con la dispersión de rayos X en las estructuras cristalinas de grandes moléculas como el ADN.*

1913

El modelo atómico de Bohr

Niels Henrik David Bohr (1885–1962)

«Alguien dijo en cierta ocasión, al referirse a la lengua griega, que el griego echó a volar con los escritos de Homero», escribe el físico Amit Goswami. «La idea cuántica comenzó a volar en el trabajo que el físico danés Niels Bohr publicó en 1913». Bohr sabía que los electrones, de carga negativa, pueden separarse con facilidad de los átomos, y que los núcleos, de carga positiva, ocupan la parte central del átomo. En el modelo atómico de Bohr el núcleo se consideraba algo parecido al Sol, con los electrones orbitando alrededor como los planetas.

Un modelo tan sencillo tenía que presentar problemas. Lo previsible, por ejemplo, es que un electrón que orbita alrededor de un núcleo emita radiación electromagnética. A medida que el electrón pierde energía, debería debilitarse y caer al núcleo. Para evitar el colapso atómico, y para explicar diversos aspectos del espectro de emisión del átomo de hidrógeno, Bohr postuló que los electrones no podían encontrarse en órbitas cuya distancia al núcleo fuera arbitraria, sino que tenían que estar limitados a moverse en unas órbitas o capas permitidas muy concretas. El electrón podía saltar a una órbita superior, como cuando se sube un peldaño en una escalera, si recibía un incremento de energía o, a la inversa, podía caer a una órbita inferior, si existía tal nivel. Estos saltos entre capas solo tienen lugar cuando el átomo absorbe o emite un fotón de una energía concreta. En la actualidad sabemos que este modelo presenta muchos defectos, que no puede aplicarse a los átomos más grandes y que viola el **principio de incertidumbre** de Heisenberg, porque utiliza electrones con una masa y una velocidad definidas en órbitas con un radio definido.

Según el físico James Trefil, «en la actualidad, en lugar de pensar en los electrones como planetas microscópicos que orbitan alrededor de un núcleo, los vemos como ondas de probabilidad que se agitan en torno a las órbitas como el agua en una especie de charco de playa con forma de rosquilla y regido por la **ecuación de Schrödinger** [...] En cualquier caso, la imagen básica de los átomos de la moderna mecánica cuántica nos la dio Niels Bohr, cuando hizo su hallazgo en 1913». *La mecánica matricial* (la primera definición completa de la mecánica cuántica), que reemplazó al modelo de Bohr, explicaba mejor las transiciones que se observan entre los estados de energía de los átomos.

VÉASE TAMBIÉN El electrón (1897), El núcleo atómico (1911), El principio de exclusión de Pauli (1925), La ecuación de onda de Schrödinger (1926), El principio de incertidumbre de Heisenberg (1927).

Las gradas de este anfiteatro en Ohrid, Macedonia, son una metáfora de las órbitas de los electrones. Según Bohr los electrones no podían ocupar órbitas a una distancia arbitraria *del núcleo, sino que su posición estaba limitada a capas concretas asociadas a niveles discretos de energía.*

El experimento de la gota de aceite de Millikan

Robert A. Millikan (1868–1953)

En su discurso de recepción del premio Nobel, el físico estadounidense Robert Millikan aseguraba que había sido capaz de detectar electrones individuales. «Cualquiera que haya visto el experimento», dijo, en referencia sus investigaciones con la gota de aceite, «ha visto literalmente el electrón». A comienzos del siglo XX, con el objetivo de medir la carga eléctrica de un electrón aislado, Millikan pulverizó una fina niebla de gotas de aceite en una cámara que tenía dos placas de metal en las partes superior e inferior, con una diferencia de potencial entre ellas. Dado que algunas de las gotas de aceite acumulaban electrones por la fricción con la boca del pulverizador, la placa positiva las atraía. La masa de cada gota con carga eléctrica puede calcularse en función de la velocidad con la que cae. De hecho, si Millikan ajustaba el voltaje entre las placas metálicas, podía conseguirse que la gota cargada quedara inmóvil entre las placas. El voltaje necesario para inmovilizar una gota, junto al dato de la masa de la gota, se utilizaba para calcular la carga eléctrica total de la gota. Millikan observó, mediante la repetición reiterada del experimento, que los valores de carga de las gotas no formaban un rango continuo, sino que eran múltiplos enteros de un valor mínimo, aproximadamente $1{,}592 \times 10^{-19}$ culombios, del cual aseguró que tenía que ser la carga de un electrón. El experimento de Millikan exigió un gran esfuerzo, y el resultado que arrojó fue ligeramente menor que el valor que aceptamos en la actualidad, $1{,}602 \times 10^{-19}$, debido a que en sus cálculos utilizó una cifra incorrecta para la viscosidad del aire.

Según Paul Tipler y Ralph Llewellyn, «la medida de Millikan de la carga del electrón es uno de los pocos experimentos verdaderamente cruciales de la física [...] además, su claridad de ejecución sirve de referencia con la que comparar otros [...] Debemos darnos cuenta de que, aunque hemos sido capaces de medir el valor de la carga eléctrica cuantizada, en todo lo anterior no hay ninguna pista acerca de las causas de este valor, y seguimos sin conocer la respuesta».

VÉASE TAMBIÉN La ley de Coulomb (1785), El electrón (1897).

Imagen del artículo de Millikan acerca de su experimento (1913). El atomizador (A) introducía gotas de aceite en la cámara D. Se mantenía un voltaje entre las placas paralelas M y N, lugar de observación de las gotas.

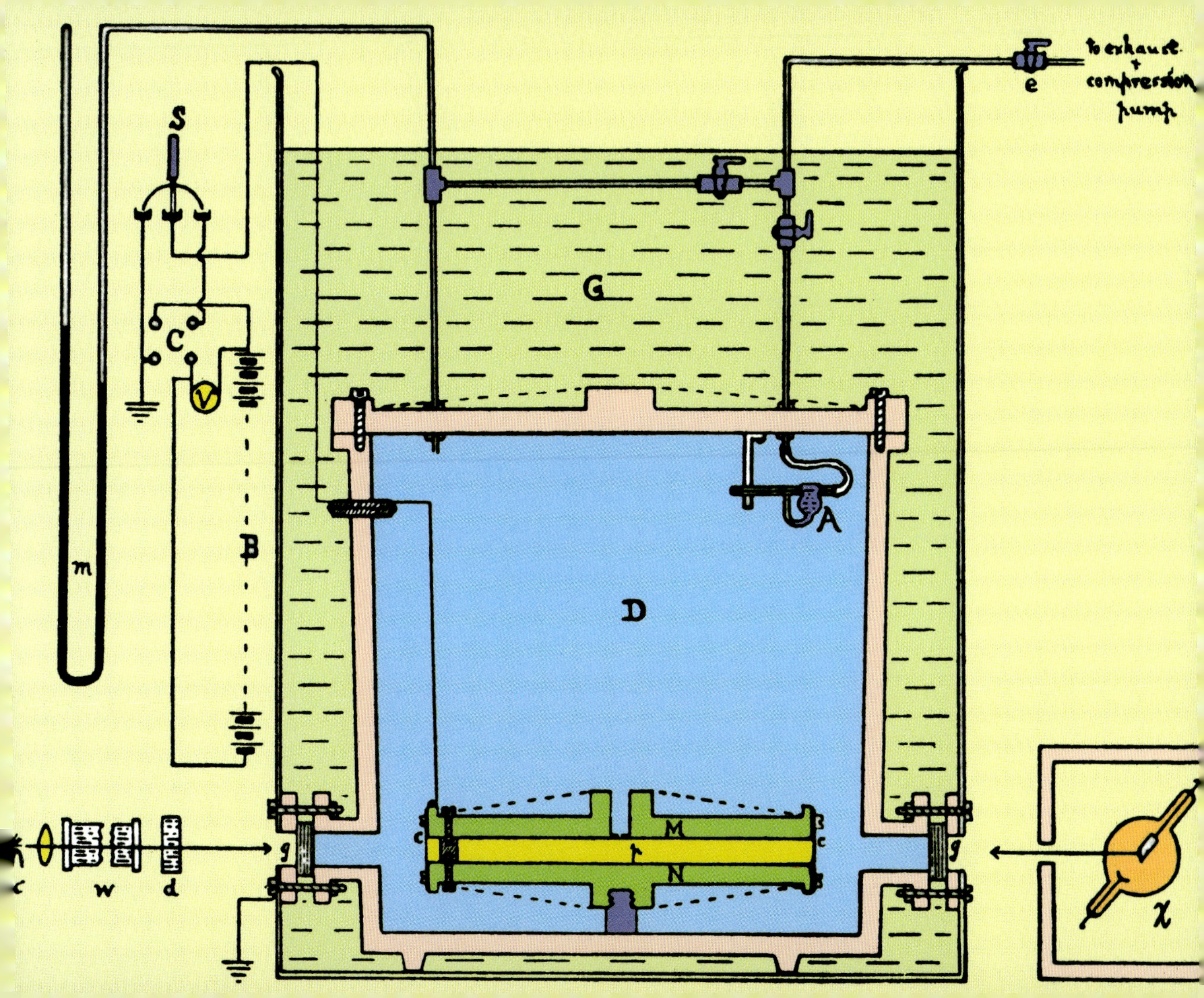
to exhaust
+
compression
pump
e
S
C
V
B
m
G
A
D
M
N
r
c
c
g
g
c
w
d
χ

1915

La teoría general de la relatividad

Albert Einstein (1879–1955)

Albert Einstein escribió en cierta ocasión que «todos los intentos de obtener un conocimiento más profundo acerca de los fundamentos de la física me parecen condenados al fracaso a menos que los conceptos básicos estén de acuerdo con la relatividad general desde el principio». En 1915, diez años después de que Einstein diera a conocer su teoría especial de la relatividad (que sugería que distancia y tiempo no eran absolutos y que la medida del avance de un reloj dependía del movimiento respecto de ese reloj), el propio Einstein nos proporcionó una primera formulación de la teoría general de la relatividad, que explicaba la gravedad desde una nueva perspectiva. En concreto, Einstein sugería que la gravedad no es una fuerza como las demás, sino el resultado de la curvatura del espacio-tiempo provocada por las masas en el mismo. Aunque en la actualidad sabemos que la teoría general de la relatividad describe mejor que la mecánica newtoniana el movimiento en campos gravitatorios fuertes (como, por ejemplo, la órbita de Mercurio alrededor del Sol), la mecánica de Newton sigue siendo útil para describir el mundo de nuestra realidad cotidiana.

Para comprender mejor la teoría general de la relatividad consideremos que cualquier masa que se encuentra en el espacio lo comba. Imaginemos el hundimiento que crea una pelota de bolos sobre una superficie elástica. Se trata de una forma conveniente de visualizar el efecto de las estrellas en el tejido del universo. Si colocásemos una canica en la depresión formada en la superficie deformada y le diésemos un golpecito lateral, la canica orbitaría alrededor de la pelota de bolos durante un tiempo, como los planetas alrededor del Sol. La modificación de la superficie por parte de la bola es una metáfora del modo en que las estrellas comban el espacio.

La teoría general de la relatividad puede utilizarse para comprender el modo en que la gravedad curva y ralentiza el tiempo. Al parecer, la teoría general de la relatividad también permitiría, en determinadas circunstancias, los **viajes en el tiempo**.

Einstein sugirió, además, que los efectos gravitatorios se propagan a la velocidad de la luz. Así, si el Sol desapareciera de repente del sistema solar, la Tierra no abandonaría su órbita hasta ocho minutos más tarde, el tiempo que tarda la luz en llegar desde el Sol hasta nuestro planeta. Muchos físicos actuales creen que la gravitación debe cuantizarse bajo la forma de unas partículas denominadas gravitones (del mismo modo que la luz toma la forma de fotones), diminutos paquetes cuánticos de electromagnetismo.

VÉASE TAMBIÉN Las leyes del movimiento y la gravitación universal de Newton (1687), Los agujeros negros (1783), Viajes en el tiempo (1949), La gradiometría de Eötvös (1890), La teoría especial de la relatividad (1905), El modelo de Randall-Sundrum (1999).

Einstein sugirió que la gravedad procede de la curvatura del espacio–tiempo provocada por las masas. La gravedad distorsiona tanto el espacio como el tiempo.

1919

La teoría de cuerdas

Theodor Franz Eduard Kaluza (1885–1954), **John Henry Schwarz** (nacido en 1941), **Michael Boris Green** (nacido en 1946)

«La sutileza y sofisticación de las matemáticas implicadas en la teoría de cuerdas», escribe el matemático Michael Atiyah, «exceden en mucho los usos anteriores de las matemáticas en las teorías físicas. La teoría de cuerdas ha desembocado en un una multitud de resultados matemáticos sorprendentes en áreas que parecen muy alejadas de la física. Para muchos, esto significa que la teoría de cuerdas no va mal encaminada…» Según el físico Edward Witte, «la teoría de cuerdas es una teoría física del siglo XXI que apareció por accidente en el siglo XX».

Diversas teorías modernas acerca del «hiperespacio» sugieren que existen otras dimensiones aparte de las dimensiones de espacio y tiempo que aceptamos habitualmente. La teoría de Kaluza-Klein, por ejemplo, utilizó la idea de dimensiones espaciales mayores en 1919, en un intento de explicar el electromagnetismo y la gravitación. Entre las formulaciones más recientes de este tipo de conceptos se encuentra la teoría de las supercuerdas, que predice un universo de once o doce dimensiones (las tres dimensiones espaciales, una dimensión temporal y seis o siete dimensiones espaciales más). En muchas teorías del hiperespacio las leyes de la naturaleza se vuelven más sencillas y elegantes si se expresan con todas estas dimensiones espaciales adicionales.

En la teoría de cuerdas, algunas de las partículas más elementales, por ejemplo los quarks y los fermiones (que incluyen electrones, protones y neutrones) pueden representarse mediante unas entidades inconcebiblemente pequeñas, y esencialmente unidimensionales, que se denominan cuerdas.

Aunque las cuerdas pueden verse como abstracciones matemáticas, no debemos olvidar que los átomos, que se consideraban abstracciones matemáticas «irreales», acabaron siendo observables. En cualquier caso, las cuerdas son tan pequeñas que en la actualidad no existe ningún método de observación directa.

En algunas teorías de cuerdas los bucles de cuerda se desplazan en el espacio tridimensional ordinario, pero además vibran en dimensiones espaciales más altas. Imaginemos, a modo de sencilla metáfora, la cuerda de una guitarra que vibra y cuyas «notas» se corresponden con distintas partículas como los quarks, los electrones o los hipotéticos gravitones que transmitirían la fuerza de la gravedad.

Los expertos aseguran que existe una variedad de dimensiones espaciales más altas que se «compactan», o se repliegan de manera intrincada, en estructuras conocidas como espacios de Calabi-Yau, de modo que las dimensiones adicionales son, en esencia, invisibles. En 1984, Michael Green y John H. Schwarz hicieron importantes descubrimientos adicionales acerca de la teoría de cuerdas.

VÉASE TAMBIÉN El modelo estándar de la física de partículas (1961), La teoría del todo (1984), El modelo de Randall-Sundrum (1999), El gran colisionador de hadrones (2009).

En la teoría de cuerdas el modo de vibración de cada cuerda determina qué partícula es. Pensemos en las cuerdas de un violín en el que al tocar un La se formara un electrón y al tocar un Mi creáramos un quark.

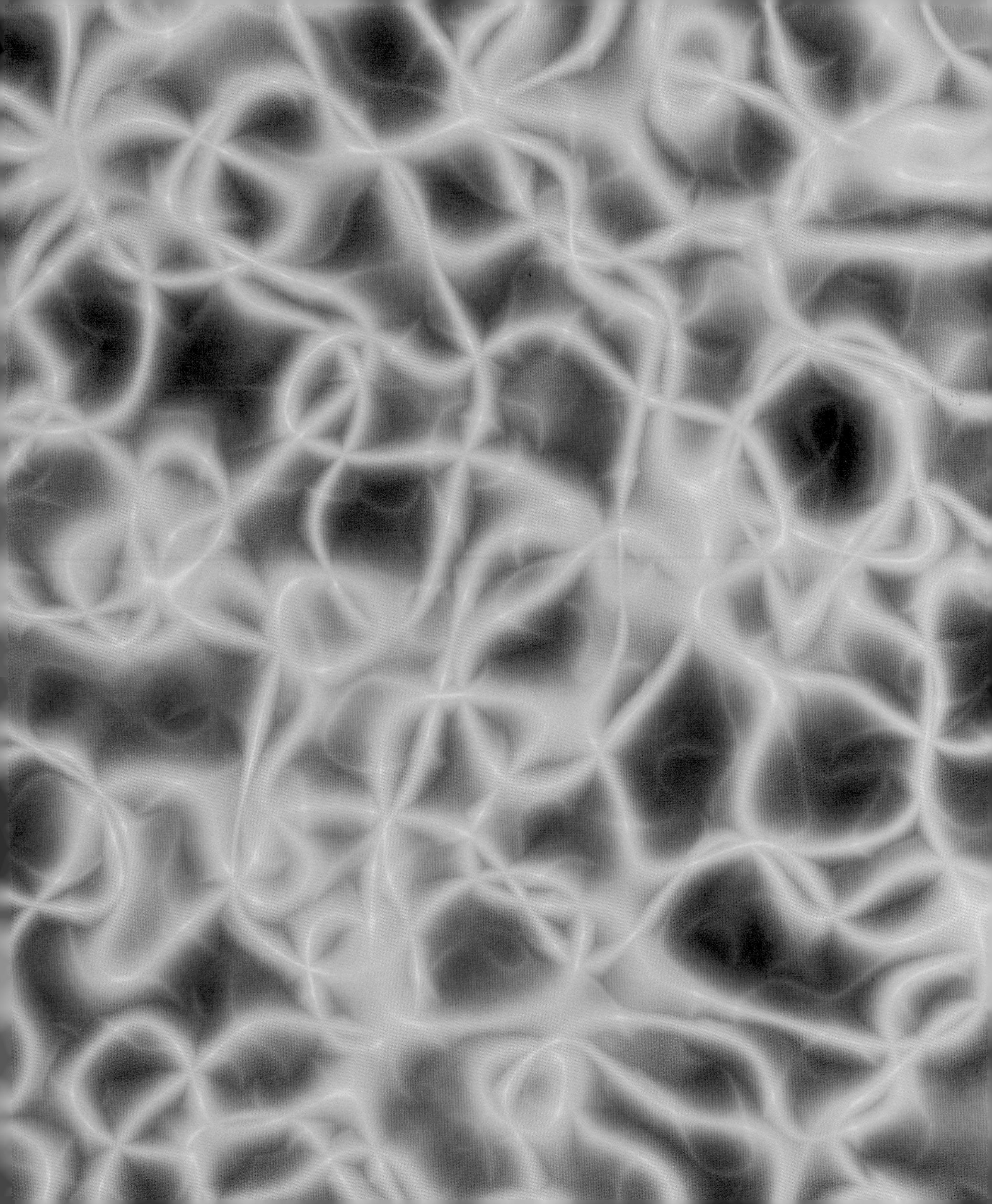

1921

Einstein como fuente de inspiración

Albert Einstein (1879–1955)

El premio Nobel Albert Einstein está considerado uno de los físicos más extraordinarios de todos los tiempos, y el científico más importante del siglo XX. Propuso las teorías especial y general de la relatividad, que revolucionaron nuestra forma de ver el espacio y el tiempo. Además, hizo grandes contribuciones a la mecánica cuántica, a la mecánica estadística y a la cosmología.

«La física ha pasado a formar parte de una región tan alejada de la experiencia cotidiana», escribe Thomas Levenson, autor de *Einstein in Berlin*, «que resulta difícil decir si alguno de nosotros sería capaz de apreciar un logro como los de Einstein si ocurriera en la actualidad. En 1921, cuando Einstein llegó a Nueva York por primera vez, había miles de personas esperando para saludarlo cuando pasara con el coche [...] Imaginemos que algún teórico actual suscitara una reacción así. Es imposible. El vínculo emocional entre la concepción de la realidad del físico y la imaginación popular se ha debilitado mucho desde los tiempos de Einstein».

Según muchos expertos a los que he consultado, nunca habrá otro individuo al nivel de Einstein. Levenson sugirió que «parece poco probable que la ciencia llegue a crear otro Einstein, un símbolo de lo genial reconocido por todo el mundo. La enorme complejidad de los modelos que se investigan en la actualidad obliga a dedicarse a *partes* del problema». A diferencia de los científicos actuales, Einstein no necesitaba ninguna colaboración, o muy poca. El artículo de Einstein acerca de la relatividad especial no contenía ninguna referencia a trabajos anteriores.

Bran Ferren, codirector y responsable creativo de la empresa tecnológica Applied Minds afirma que «es posible que la *idea* de Einstein sea más importante que el propio Einstein». Einstein no fue solo el físico más importante del mundo moderno, sino «un modelo y una inspiración; su vida y su obra pusieron en marcha las vidas de otros muchos pensadores decisivos. Sus contribuciones a la sociedad sumadas a las de los pensadores que, a su vez, se verán inspirados por ellos, superarán por mucho las del propio Einstein».

Einstein inició una «reacción intelectual en cadena» imparable, una avalancha de neuronas y de ideas vivas y comunicativas que vibrarán durante mucho tiempo.

VÉASE TAMBIÉN Newton como fuente inspiración (1687), La teoría especial de la relatividad (1905), El efecto fotoeléctrico (1905), La teoría general de la relatividad (1915), El movimiento browniano (1827), Stephen Hawking en *Star Trek* (1993).

Fotografía de Albert Einstein en 1921, a los 42 años, cuando asistía a una conferencia en Viena.

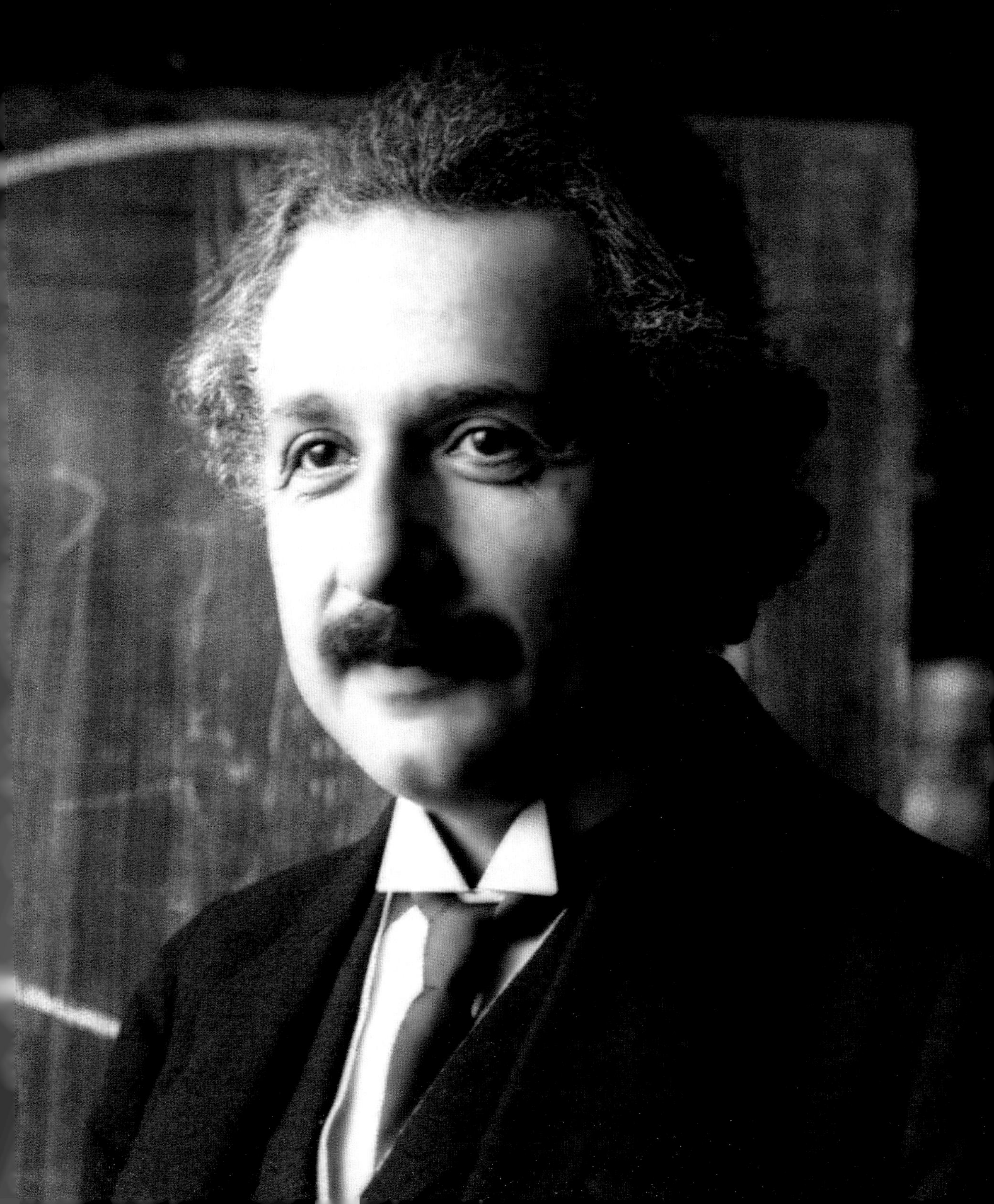

1922

El experimento de Stern y Gerlach

Otto Stern (1888–1969), **Walter Gerlach** (1889–1979)

«Nadie habría podido predecir lo que Stern y Gerlach descubrieron», escribe Louisa Gilder, «su experimento fue todo un acontecimiento para los físicos cuando se publicó en 1922, y era un resultado tan radical que muchos de los que habían dudado de las ideas cuánticas acabaron convirtiéndose a la causa».

Imaginemos que lanzamos rotando pequeños imanes con forma de barra entre los polos de un imán más grande colgado frente a una pared. El campo magnético del imán grande desvía a los imanes pequeños, que chocan contra la pared y crean una dispersión de las marcas de los impactos. En 1922, Otto Stern y Walter Gerlach dirigieron un experimento con átomos neutros de plata, que contienen un único electrón en la órbita más externa. Imaginemos que este electrón está girando, de forma que crea un pequeño momento magnético representado por los pequeños imanes de nuestro experimento imaginario. De hecho, la rotación (espín) de un electrón sin emparejar hace que el átomo tenga dos polos, como la aguja de una brújula. Los átomos de plata, en su camino hacia el detector, atraviesan un campo magnético inhomogéneo. Si el momento magnético pudiese adoptar *cualquier* orientación, lo lógico sería encontrar que las localizaciones de los impactos formaran una mancha difusa en el detector. Después de todo, el campo magnético externo produce una fuerza que será algo mayor en uno de los extremos de los pequeños «imanes» que en el otro, de modo que, con el tiempo, los electrones orientados de forma aleatoria se verán sometidos a todo un rango de fuerzas. Sin embargo, Stern y Gerlach encontraron solo dos zonas de impacto (por encima y por debajo del haz original de átomos de plata), de donde se dedujo que el espín del electrón estaba cuantizado y solo podía adoptar dos orientaciones.

Nótese que el «espín» de una partícula puede tener poco que ver con la idea clásica de una esfera que rota con un determinado momento angular; el espín de una partícula es más bien un fenómeno de mecánica cuántica que tiene algo de misterioso. Los electrones, al igual que los protones y neutrones, solo tienen dos valores posibles para el espín. Sin embargo, el momento magnético asociado de los protones y neutrones, más pesados, es mucho menor, ya que la fuerza de un dipolo magnético es inversamente proporcional a su masa.

VÉASE TAMBIÉN *De Magnete* (1600), Gauss y el monopolo magnético (1835), El electrón (1897), El principio de exclusión de Pauli (1925), La paradoja EPR (1935).

Una placa en memoria de Stern y Gerlach al lado de la entrada del edificio de Frankfurt en el que tuvo lugar su experimento.

OTTO STERN
WALTHER GERLACH
Z
Z
SCHNEIDE
N
$\frac{\partial B}{\partial z}$
S
RINNE
ATOMSTRAHL
IM FEBRUAR 1922 WURDE IN DIESEM GEBÄUDE DES
PHYSIKALISCHEN VEREINS, FRANKFURT AM MAIN,
VON OTTO STERN UND WALTHER GERLACH DIE
FUNDAMENTALE ENTDECKUNG DER RAUMQUANTISIERUNG
DER MAGNETISCHEN MOMENTE IN ATOMEN GEMACHT.
AUF DEM STERN-GERLACH-EXPERIMENT BERUHEN WICHTIGE
PHYSIKALISCH-TECHNISCHE ENTWICKLUNGEN DES 20. JHDTS.,
WIE KERNSPINRESONANZMETHODE, ATOMUHR ODER LASER.
OTTO STERN WURDE 1943 FÜR DIESE ENTDECKUNG
DER NOBELPREIS VERLIEHEN.

1923

Las luces de neón

Georges Claude (1870–1960)

Los debates acerca de las luces de neón no son completamente ajenos a lo que yo denomino «la física de la nostalgia». El químico e ingeniero francés George Claude desarrolló los tubos de neón y patentó sus aplicaciones comerciales en señales publicitarias al aire libre. En 1923 los introdujo en Estados Unidos. «Las luces de neón pronto proliferaron en las carreteras estadounidenses de los años veinte y treinta [...] perforando la oscuridad», escribe William Kaszynski. «La luz de neón era una bendición para cualquier viajero que se estuviera quedando sin gasolina o que necesitara desesperadamente un lugar para pasar la noche».

Las luces de neón son tubos de cristal que contienen neón o algún otro gas a baja presión. La señal se conecta a una fuente de alimentación mediante cables que atraviesan las paredes del tubo. Cuando se aplica el voltaje, los electrones se ven atraídos por el electrodo positivo y chocan con los átomos de neón. En algunos de esos choques arrancan uno de los electrones de un átomo de neón, de manera que se forman un nuevo electrón libre y un ión positivo de neón, o N^+. La mezcla de electrones libres, iones positivos y átomos de neón sin carga produce un plasma conductor en el que los electrones libres se ven atraídos por los iones Ne^+. En ocasiones los Ne^+ capturan electrones en niveles altos de energía, y cuando el electrón cae a un nivel energético inferior se emite luz de una longitud de onda específica, por ejemplo rojo anaranjado en el caso del neón. Si dentro del tubo hay otro gas, el color es distinto.

En su libro *500 Places to See Before They Disappear*, Holly Hughes escribe: «La belleza de las luces de neón residía en que aquellos tubos de cristal podían doblarse en la forma que se quisiera. Y cuando los estadounidenses se lanzaron a las autopistas en los años cincuenta y sesenta, los publicistas se sirvieron de esta característica para salpicar el paisaje nocturno de reclamos juguetones y llenos de color que anunciaban cualquier cosa, desde boleras hasta puestos de helados y bares exóticos. Hay gente que trabaja para que estos anuncios se conserven para las generaciones venideras, en sus localizaciones originales o en museos. Después de todo, ¿qué sería Estados Unidos sin unas cuantas rosquillas gigantes de neón aquí y allá?».

VÉASE TAMBIÉN La triboluminiscencia (1620), La fluorescencia de Stokes (1852), El plasma (1879), Luz negra (1903).

Luces de neón en un letrero retro de un lavadero de coches, al estilo estadounidense de los años cincuenta.

Valet
CAR
W

1923

El efecto Compton

Arthur Holly Compton (1892–1962)

Imaginemos que gritamos en dirección a una pared alejada y escuchamos el eco. No esperamos que nuestra voz, al regresar, sea una octava más baja. Las ondas sonoras rebotan con la misma frecuencia. Sin embargo, tal y como se documentó en 1923, el físico Arthur Compton demostró que cuando los rayos X chocaban con electrones, los rayos X dispersados tenían una frecuencia y una energía menores. Los modelos ondulatorios tradicionales para la radiación electromagnética no predecían este resultado. De hecho, los rayos X dispersados se comportaban como si fuesen bolas de billar, con una parte de la energía transferida al electrón (representado como otra bola de billar). En otras palabras, el electrón adquiría una parte del momento inicial de la partícula de rayos X. En el caso de las bolas de billar, la energía de las bolas dispersadas tras el choque depende del ángulo con el que se separan, una dependencia angular que Compton encontró también cuando los rayos X chocaban con electrones. El efecto Compton proporcionó una prueba adicional de la teoría cuántica, que supone que la luz posee propiedades de onda y de partícula al mismo tiempo. Albert Einstein ya había suministrado pruebas de la teoría cuántica anteriormente al mostrar que los paquetes de luz (que ahora denominamos fotones) podían explicar el efecto fotoeléctrico, en el que ciertas frecuencias de luz proyectadas sobre una placa de cobre provocan que la placa emita electrones.

En un modelo para los rayos X y los electrones puramente ondulatorio, lo esperado sería que los electrones oscilaran con la frecuencia de la onda incidente, y que por lo tanto volvieran a irradiar con la misma frecuencia. Compton, que representó los rayos X como partículas fotónicas, había asignado al fotón un momento hf/c procedente de dos célebres relaciones físicas: $E = hf$ y $E = mc^2$. La energía de los rayos X dispersados era coherente con estas suposiciones. Aquí, E es la energía, f la frecuencia, c la velocidad de la luz, m la masa y h la constante de Planck. En los experimentos concretos de Compton podían despreciarse las fuerzas con que los electrones estaban ligados a los átomos, y podía imaginarse que los electrones quedaban esencialmente libres para dispersarse en otra dirección.

VÉASE TAMBIÉN El efecto fotoeléctrico (1905), El *bremsstrahlung* o radiación de frenado (1909), Los rayos X (1895), El pulso electromagnético (1962).

Arthur Compton (a la izquierda) junto al alumno de posgrado Luis Álvarez en la universidad de Chicago, en 1933. Ambos ganaron el premio Nobel de física.

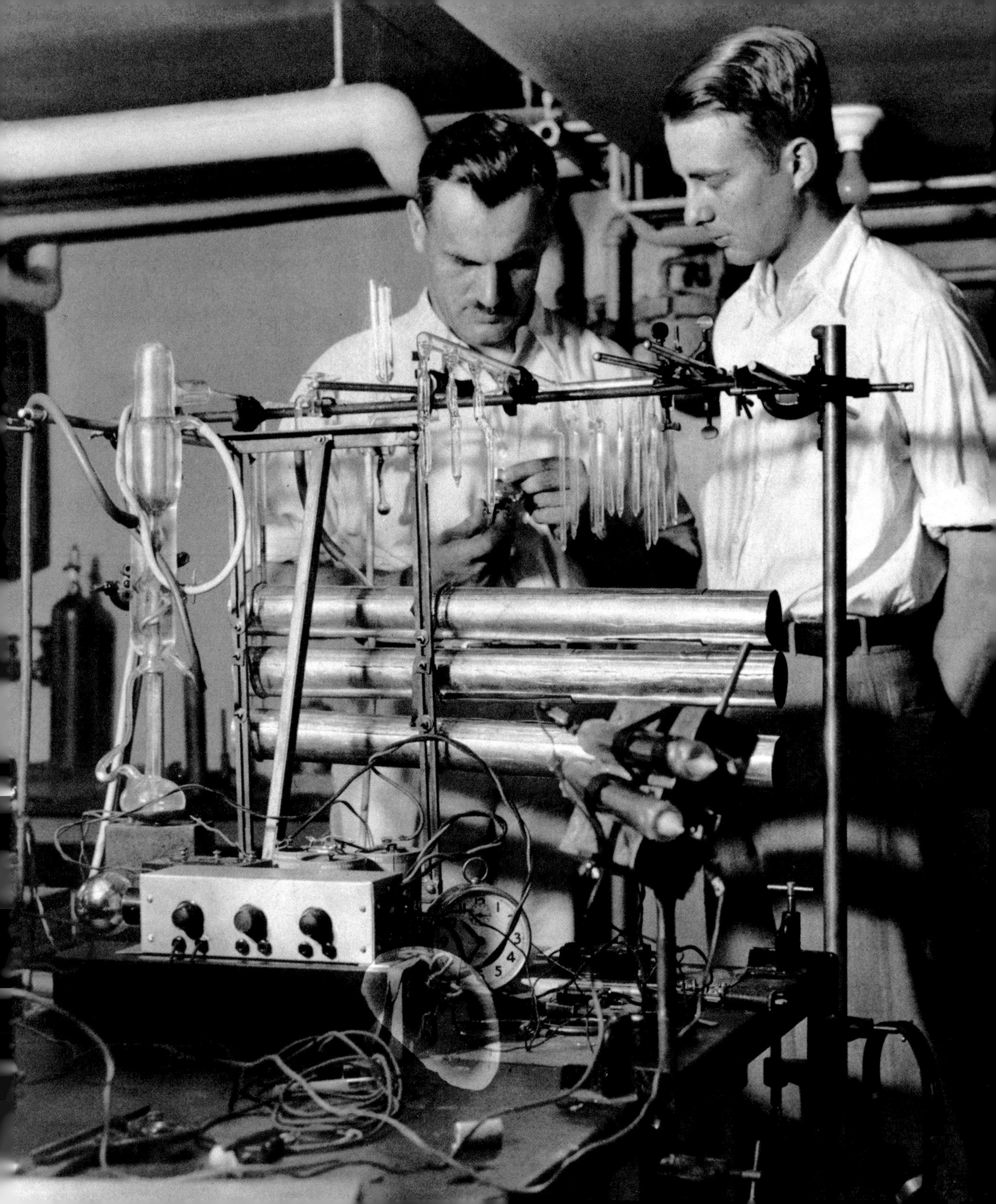

1924

La hipótesis de De Broglie

Louis-Victor-Pierre-Raymond, séptimo duque de Broglie (1892–1987), **Clinton Joseph Davisson** (1881–1958), **Lester Halbert Germer** (1896–1971)

Muchos estudios acerca del mundo subatómico han demostrado que las partículas como los electrones y los fotones (paquetes de luz) no son como los objetos con los que nos relacionamos en nuestra vida diaria. Da la impresión de que estas entidades poseen características tanto de ondas como de partículas, en función del experimento o del fenómeno que se observa. Bienvenidos al extraño mundo de la mecánica cuántica.

En 1924, el físico francés Louis-Victor de Broglie sugirió que las partículas que formaban la materia también podían considerarse ondas, y que por lo tanto poseían propiedades que solían asociarse con las ondas, entre ellas una longitud de onda (la distancia entre dos crestas consecutivas). De hecho, todos los cuerpos tienen una longitud de onda. En 1927, los físicos estadounidenses Clinton Davisson y Lester Germer probaron la naturaleza ondulatoria de los electrones al demostrar que podían sufrir difracciones e interferencias como las de la luz.

La célebre hipótesis de De Broglie exponía que la longitud de onda de una onda material es inversamente proporcional al momento de la partícula (en términos generales, la velocidad multiplicada por la masa). Más concretamente: $\lambda = h/p$ donde λ es la longitud de onda, p el momento y h es la constante de Planck. Según Joanne Baker, esta ecuación permite decir que «los objetos más grandes, por ejemplo los cojinetes de bolas y los tejones, tienen longitudes de onda minúsculas, demasiado pequeñas como para percibirlas a simple vista, de modo que no podemos observar su comportamiento ondulatorio. La longitud de onda de una pelota de tenis que cruza la pista es de 10^{-34} metros, mucho menor que el tamaño de un protón (10^{-15} m)». La longitud de onda de una hormiga es mayor que la de un ser humano.

Después del experimento de Davisson y Germer con electrones, la hipótesis de De Broglie ha sido confirmada para otras partículas como neutrones, protones y, en 1999, incluso para moléculas enteras como las denominadas *buckyesferas*, moléculas de átomos de carbono con forma de pelotas de fútbol.

De Broglie había anunciado su hipótesis en su tesis doctoral, pero era tan radical que el tribunal, en principio, dudó si concederle el aprobado. Años después ganó el premio Nobel por su trabajo.

VÉASE TAMBIÉN La teoría ondulatoria de la luz (1801), El electrón (1897), La ecuación ondulatoria de Schrödinger (1926), El efecto túnel (1928), Las *buckyesferas* (1985).

En 1999, investigadores de la universidad de Viena demostraron el comportamiento ondulatorio de las moléculas de buckminsterfullereno, formadas por 60 átomos de carbono (en la imagen). Un haz de moléculas fue lanzado con una velocidad aproximada de 200 metros por segundo a través de una rejilla obteniéndose un modelo de interferencia típicamente ondulatorio.

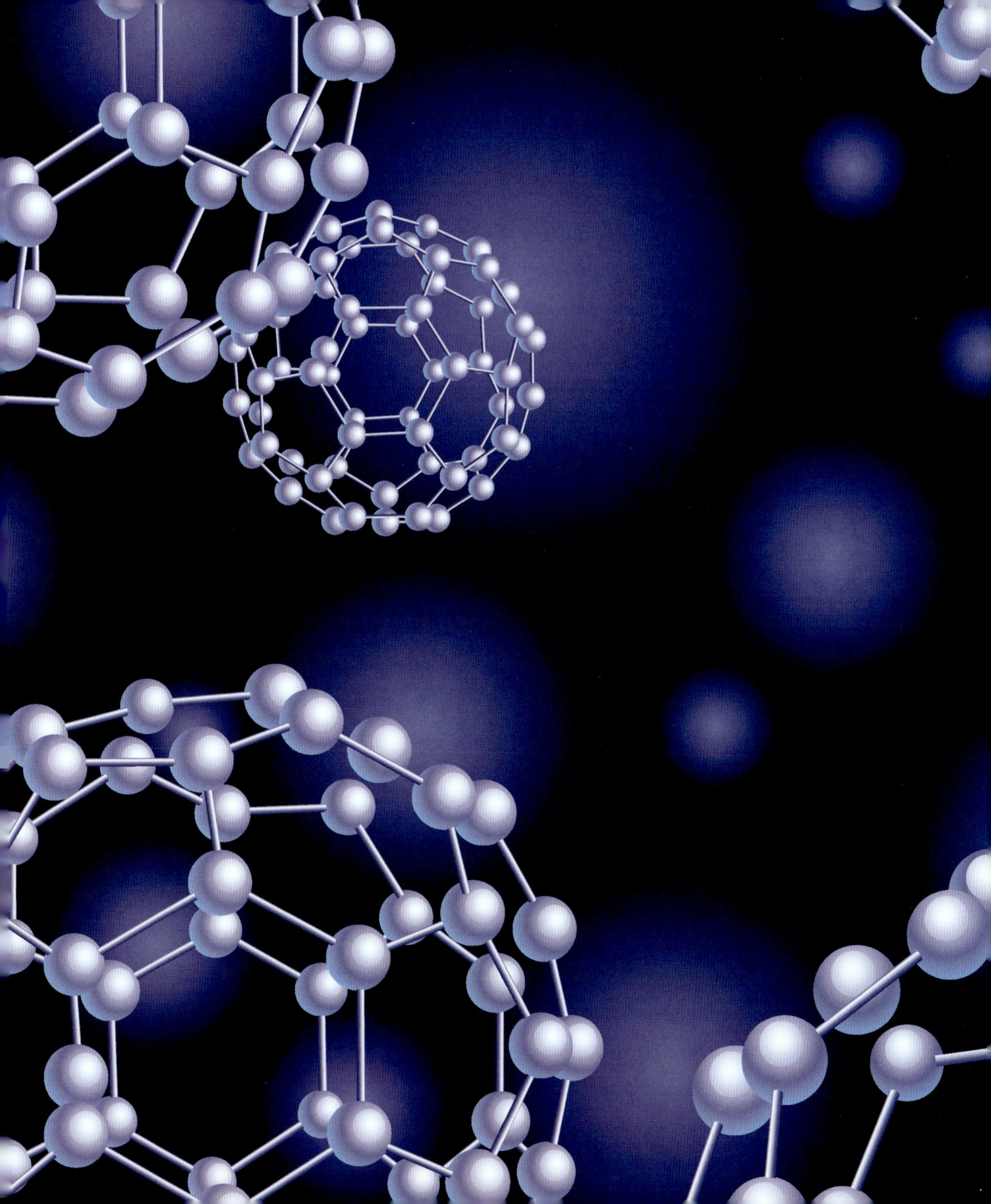

1925

El principio de exclusión de Pauli

Wolfgang Ernst Pauli (1900–1958)

Imaginemos que la gente empieza a ocupar los asientos de un estadio deportivo. Comienzan por las gradas más próximas al terreno de juego. Se trata de una metáfora del modo en que los electrones ocupan los orbitales de un átomo: tanto en el estadio como en la física atómica existen normas que rigen el número de entidades, ya sean electrones o personas, que pueden llenar las zonas asignadas. Después de todo, sería muy incómodo que varias personas trataran de apretarse en un mismo asiento.

El principio de exclusión de Pauli explica por qué la materia es rígida y por qué dos objetos no pueden ocupar un mismo espacio. Por qué no atravesamos el suelo y por qué las **estrellas de neutrones** no colapsan debido a su increíble masa.

Este principio afirma, más concretamente, que dos fermiones idénticos (por ejemplo electrones, protones o neutrones) no pueden ocupar de forma simultánea el mismo estado cuántico (que incluye el espín del fermión). Los electrones que ocupan un mismo orbital atómico, por ejemplo, deben tener espines opuestos. Si dos electrones con espines opuestos ocupan un orbital, en este no podrá entrar ningún otro electrón salvo que lo abandone uno de los primeros.

El principio de exclusión de Pauli está bien demostrado y es uno de los principios físicos más importantes. Según Michela Massimi, «desde la espectroscopia hasta la física atómica, desde le teoría cuántica de campos hasta la física de partículas, no hay ningún otro principio científico cuyas implicaciones sean más extensas que las del principio de exclusión de Pauli». Como resultado del principio de exclusión de Pauli se pueden determinar o comprender las configuraciones electrónicas que subyacen a los elementos químicos de la tabla periódica, así como los espectros atómicos. Según el periodista científico Andrew Watson, «Pauli presentó este principio muy pronto, en 1925, antes de la llegada de la teoría cuántica moderna y de la introducción del concepto de espín de un electrón. Sus motivos eran sencillos: tenía que haber algo que impidiera que todos los electrones de un átomo descendieran a un único nivel, el más bajo [...] Así, el principio de exclusión de Pauli evita que los electrones y otros fermiones invadan el espacio de los demás».

VÉASE TAMBIÉN La ley de Coulomb (1785), El electrón (1897), El modelo atómico de Bohr (1913), El experimento de Stern y Gerlach (1922), La estrellas enanas blancas y el límite de Chandrasekhar (1931), Las estrellas de neutrones (1933).

Obra de arte que lleva por título «El principio de exclusión de Pauli, o por qué los perros no atraviesan los objetos de repente». El principio de exclusión de Pauli explica por qué la materia es sólida, por qué no atravesamos el suelo y por qué las estrellas de neutrones no colapsan a pesar de su masa descomunal.

1926

La ecuación de onda de Schrödinger

Erwin Rudolf Josef Alexander Schrödinger (1887–1961)

«La ecuación de onda de Schrödinger significó para el mundo subatómico lo mismo que las leyes de Newton habían significado para el mundo macroscópico dos siglos antes», escribe el físico Arthur E. Miller. La ecuación «posibilitó que los científicos hicieran predicciones detalladas acerca del comportamiento de la materia, además de poder visualizar los sistemas atómicos que se estudiaban». Al parecer, Schrödinger desarrolló su formulación estando de vacaciones en una estación de esquí suiza, con su esposa, quien, parece ser, catalizó su arrebato intelectual (y erótico, según lo denominó él mismo). La ecuación de onda de Schröndinger describe la realidad en términos de funciones de onda y probabilidades. Dada la ecuación, podemos calcular la función de onda de una partícula:

$$i\hbar \frac{\partial}{\partial t}\psi(\mathbf{r},t) = -\frac{\hbar^2}{2m}\nabla^2\psi(\mathbf{r},t) + V(\mathbf{r})\psi(\mathbf{r},t)$$

No es necesario que nos preocupemos por los detalles de esta fórmula; baste con señalar que $\psi(\mathbf{r}, t)$ es la función de onda, que es la amplitud de probabilidad de que una partícula tenga una posición dada $\mathbf{r}$ en cualquier instante t. ∇^2 se utiliza para describir cómo cambia $\psi(\mathbf{r}, t)$ en el espacio. $V(\mathbf{r})$ es la energía potencial de la partícula en cada posición $\mathbf{r}$. Así como una ecuación de onda ordinaria describe la propagación de una onda en un estanque, la ecuación de onda de Schrödinger describe el movimiento en el espacio de la onda de probabilidad asociada a una partícula (por ejemplo un electrón). La cresta de la ola se corresponde con el punto en que es más probable encontrar la partícula. La ecuación también resultó muy útil para comprender los niveles de energía de los electrones en los átomos, y se convirtió en uno de los pilares de la mecánica cuántica, la física del mundo atómico. Puede que parezca extraño describir una partícula como una onda, pero en el mundo cuántico esas extrañas dualidades son necesarias. La luz, por ejemplo, puede actuar como una onda o como una partícula (fotón), y las partículas, por ejemplo los electrones y los protones, pueden actuar como ondas. Pensemos en los electrones, a modo de analogía, como en ondas que se propagan por el parche de un tambor, con los modos de vibración de la ecuación de onda asociados con los distintos niveles de energía de los átomos.

Nótese que la *mecánica matricial* desarrollada por Werner Heisenberg, Max Born y Pascual Jordan en 1925 interpretaba determinadas propiedades de las partículas en términos de matrices. Esta formulación es equivalente a la formulación ondulatoria de Schrödinger.

VÉASE TAMBIÉN La teoría ondulatoria de la luz (1801), El electrón (1897), La hipótesis de De Broglie (1924), El principio de incertidumbre de Heisenberg (1927), El efecto túnel (1928), La ecuación de Dirac (1928), El gato de Schrödinger (1935).

Erwin Schrödinger en un billete de 1000 chelines austriacos (1983).

TAUSEND SCHILLING
OESTERREICHISCHE NATIONALBANK
WIEN, AM 3. JÄNNER 1983
PRÄSIDENT
GENERALRAT
GENERALDIREKTOR
1000
ERWIN SCHRÖDINGER
G 992654 H
992654 H
UNIVERSITÄT WIEN
TAUSEND SCHILLING

1927

El principio de incertidumbre de Heisenberg

Werner Heisenberg (1901–1976)

«La incertidumbre es la única certidumbre que existe», escribió el matemático John Allen Paulos, «y lo único seguro es aprender a vivir con la inseguridad». El principio de incertidumbre de Heisenberg afirma que la posición y la velocidad de una partícula no pueden conocerse simultáneamente con precisión. Más concretamente, cuanto más precisa sea la medida de la posición, más imprecisa será la medida de la velocidad, y viceversa. El principio de incertidumbre resulta significativo a la escala de átomos y partículas subatómicas.

Muchos científicos creían, hasta que apareció esta ley, que la exactitud de cualquier medida solo se veía limitada por la precisión de los instrumentos que se utilizaran. El físico alemán Werner Heisenberg sugirió la hipótesis de que aunque fuésemos capaces de construir un instrumento de medida con una precisión infinita, seguiríamos sin ser capaces de determinar, simultáneamente y con exactitud, la posición y el momento (la masa multiplicada por la velocidad) de una partícula. Este principio no está relacionado con el grado en que la medición de la posición de una partícula puede *alterar* el momento de la misma. Podemos medir la posición de una partícula con mucha precisión pero, como consecuencia, podríamos saber muy poco sobre su momento.

Para aquellos científicos que aceptan la interpretación de Copenhague de la mecánica cuántica, el principio de incertidumbre de Heisenberg significa que el universo físico no existe literalmente en una forma determinista, sino que se trata más bien de una serie de probabilidades. De modo similar, no puede predecirse la trayectoria de una partícula elemental (por ejemplo un fotón), ni siquiera de forma teórica, con una precisión infinita.

En 1935, Heisenberg era la elección más lógica para sustituir a su antiguo mentor Arnold Sommerfeld en la universidad de Munich. Por desgracia, los nazis exigían que «la física judía» (que incluía la teoría cuántica y la relatividad) fuese sustituida por «física alemana». Como consecuencia, el nombramiento de Heisenberg en Munich se vetó a pesar de que él no era judío.

En la Segunda Guerra Mundial Heisenberg dirigió el fallido programa alemán de armas nucleares. En la actualidad, los historiadores de la ciencia siguen debatiendo si el programa fracasó por la falta de recursos, por la ausencia de científicos adecuados, por el desinterés de Heisenberg ante la idea de proporcionar un arma tan poderosa a los nazis o por otros factores.

VÉASE TAMBIÉN El demonio de Laplace (1814), El tercer principio de la termodinámica (1905), El modelo atómico de Bohr (1913), La ecuación de onda de de Schrödinger (1926), El principio de complementariedad (1927), El efecto túnel (1928), El condensado de Bose-Einstein (1995).

IZQUIERDA: *Según el principio de incertidumbre de Heisenberg las partículas solo existen como un conjunto de probabilidades, y sus trayectorias no pueden determinarse ni siquiera con una medición infinitamente precisa.* DERECHA: *Un sello alemán de 2001 que tiene por protagonista a Werner Heisenberg.*

Begründer der
Quantenmechanik

1927

El principio de complementariedad

Niels Henrik David Bohr (1885–1962)

El físico danés Niels Bohr desarrolló un concepto que denominó *complementariedad* a finales de la década de 1920, cuando trataba de encontrar sentido a los misterios de la mecánica cuántica, que sugerían, por ejemplo, que la luz se comportaba a veces como una onda y a veces como una partícula. Para Bohr, según Louisa Gilder, «la complementariedad era una creencia casi religiosa en que la paradoja del mundo cuántico debe aceptarse como algo fundamental, no 'resolverse' ni trivializarse con intentos de averiguar 'qué está pasando en realidad allá abajo'. Bohr utilizó el término de una forma inusual: 'la complementariedad' de ondas y partículas, por ejemplo (o de la posición y el momento) significaba que cuando una existía en forma plena, su complementaria no existía en absoluto». En 1927, en una conferencia en Como (Italia), el propio Bohr dijo que las ondas y las partículas eran «abstracciones, cuyas propiedades solo pueden definirse y observarse por medio de sus interacciones con otros sistemas».

En ocasiones, la física y la filosofía de la complementariedad parecían solaparse con teorías artísticas. Según el escritor de temas científicos K. C. Boyle, Bohr «era conocido por su fascinación por el cubismo, especialmente por el hecho de que 'un objeto pudiera ser muchas cosas, y cambiar, interpretarse como una cara, una extremidad, una fuente de fruta', tal y como explicó después un amigo suyo. Bohr desarrolló su teoría de la complementariedad, que mostraba el modo en que un electrón podía cambiar, interpretarse como una onda o una partícula. La complementariedad, al igual que el cubismo, permitía la coexistencia de perspectivas contradictorias en un mismo marco».

Bohr creía que no había que observar el mundo subatómico desde nuestra perspectiva cotidiana. «El propósito de nuestra descripción de la naturaleza», escribió, «no consiste en desvelar la esencia auténtica de los fenómenos, sino en rastrear, hasta donde sea posible, las relaciones entre los múltiples aspectos de la experiencia».

En 1963, el físico John Wheeler expresó la importancia de este principio: «El principio de complementariedad de Bohr es el concepto científico más revolucionario de este siglo y el núcleo de estos cincuenta años de búsqueda del significado global de la idea cuántica».

VÉASE TAMBIÉN La teoría ondulatoria de la luz (1801), El principio de incertidumbre de Heisenberg (1927), La paradoja EPR (1935), El gato de Schrödinger (1935), El teorema de Bell (1964).

La física y la filosofía de la complementariedad parecen solaparse con las teorías artísticas. Bohr estaba fascinado por el cubismo, que a veces permite la coexistencia de imágenes «contradictorias», como en esta obra del pintor checo Eugene Ivanov.

1927

El latigazo supersónico

Se han dedicado muchos artículos científicos al sonido supersónico que se produce al restallar un látigo; artículos que recientemente se han visto acompañados por fascinantes debates acerca del mecanismo físico que lo provoca. Los físicos saben, desde comienzos del siglo XX, que cuando el mango de un látigo se mueve rápidamente y de la forma adecuada, el extremo puede superar la velocidad del sonido. En 1927, el físico Z. Carrière utilizó técnicas fotográficas de alta velocidad para demostrar que había un estampido sónico asociado al restallido del látigo. La explicación tradicional, que no tiene en cuenta la fricción, es que a medida que un movimiento de una sección del látigo se desplaza por el mismo y se localiza en porciones cada vez más pequeñas, debe viajar cada vez más rápido para cumplir el principio de conservación de la energía. La energía cinética del movimiento de un punto de masa m viene dada por $E = \frac{1}{2}mv^2$, si E permanece constante y m decrece, la velocidad v debe aumentar. Al final, un trozo del látigo, cerca del extremo, viaja a una velocidad superior a la del sonido (aproximadamente 1.236 kilómetros por hora, a 20°C y con aire seco) y produce un estallido (véase Estampido sónico), igual que un avión que supera la velocidad del sonido en el aire. Es posible que los látigos fuesen los primeros instrumentos creados por el hombre capaces de romper la barrera del sonido.

En 2003, Alain Goriely y Tyler McMillen, expertos en matemática aplicada, representaron el impulso que crea el restallido de un látigo como una onda que se desplaza a lo largo de una varilla elástica de sección decreciente. Escribieron, acerca de la complejidad del mecanismo: «El chasquido es un estallido sónico que se produce cuando una sección del látigo, en el extremo, viaja con una velocidad mayor que la del sonido. La rápida aceleración del extremo del látigo se produce cuando una onda viaja hacia el extremo de la varilla, y la energía formada por la energía cinética del bucle en movimiento, la energía elástica almacenada en el bucle y el momento angular de la varilla, se concentra en una pequeña sección de la misma, para después convertirse en la aceleración del extremo de la varilla». El diámetro decreciente de la sección de la varilla también incrementa la velocidad máxima.

VÉASE TAMBIÉN El átlatl o lanzadardos (30.000 a. C.), La radiación de Cherenkov (1934), Estampido sónico (1947).

El restallar de un látigo se asocia con un estampido sónico. Es probable que el látigo fuera el primer invento humano capaz de romper la barrera del sonido.

1928

La ecuación de Dirac

Paul Adrien Maurice Dirac (1902–1984)

Como comentamos en el capítulo acerca de la **antimateria**, en ocasiones las ecuaciones de la física pueden suscitar ideas, o consecuencias, que el descubridor de la ecuación no esperaba. El poder de este tipo de ecuaciones puede parecer mágico, según afirma el físico Frank Wilczek en su ensayo acerca de la ecuación de Dirac. En 1927, Paul Dirac trataba de encontrar una versión de la **ecuación de onda de Schrödinger** que fuese coherente con los principios de la relatividad especial. Una forma de escribir la ecuación de Dirac es la siguiente:

$$\left(\alpha_0 mc^2 + \sum_{j=1}^{3} \alpha_j p_j c\right)\Psi(\mathbf{x},t) = i\hbar \frac{\partial \Psi}{\partial t}(\mathbf{x},t)$$

Publicada en 1928, la ecuación describe los electrones y otras partículas elementales de una forma que es coherente tanto con la mecánica cuántica como con la teoría especial de la relatividad. La ecuación predice la existencia de las antipartículas, y en cierto modo «pronosticó» su hallazgo experimental. Esta peculiaridad convirtió el descubrimiento del positrón, la antipartícula del electrón, en un buen ejemplo de la utilidad de las matemáticas en la física teórica moderna. En esta ecuación, m es la masa en reposo del electrón, $\hbar$ es la constante de Planck normalizada ($1{,}054 \times 10^{-34}$ J·s), c es la velocidad de la luz, p es el operador de momento, $\mathbf{x}$ y t son las coordenadas espaciales y temporales y $\Psi(\mathbf{x},t)$ es una función de onda. α es un operador lineal que actúa sobre la función de onda.

El físico Freeman Dyson ha alabado esta fórmula que representa un momento significativo de la comprensión de la realidad por parte del ser humano. Escribe: «En ocasiones, la comprensión de todo un campo científico avanza de repente mediante el descubrimiento de una sola ecuación básica. Así, la ecuación de Schrödinger en 1926 y la ecuación de Dirac en 1927 introdujeron un orden milagroso en los procesos, misteriosos hasta entonces, de la física atómica. Ciertas complejidades desesperantes de la química y la física se redujeron a dos líneas de símbolos algebraicos».

VÉASE TAMBIÉN El electrón (1897), La ecuación de onda de Schrödinger (1926), La teoría especial de la relatividad (1905), La antimateria (1932).

La ecuación de Dirac es la única ecuación que puede verse en la abadía de Westminster, en Londres: está grabada en la placa que honra a Dirac. Aquí mostramos una reproducción artística de esa placa, que muestra una versión simplificada de la fórmula.

1902
P·A·M
DIRAC O·M
PHYSICIST
$i\gamma\cdot\partial\psi=m\psi$
1984

1928

El efecto túnel

George Gamow (1904–1968), **Ronald W. Gurney** (1898–1953), **Edward Uhler Condon** (1902–1974)

Imaginemos que lanzamos una moneda contra la pared que separa dos habitaciones. La moneda rebota porque no dispone de suficiente energía para atravesar la pared. Sin embargo, según la mecánica cuántica, la moneda está representada por una función de onda de probabilidad difusa que penetra en la materia. Esto significa que la moneda tiene una pequeña probabilidad de atravesar la pared como por un túnel y terminar en la otra habitación. Las partículas pueden traspasar estas barreras debido al **principio de incertidumbre de Heisenberg** aplicado a la energía. Según este principio, no es posible decir que una partícula tiene una cantidad determinada de energía en un instante concreto. La energía de una partícula puede mostrar fluctuaciones extremas en pequeñas escalas temporales, de forma que puede disponer de energía suficiente como para atravesar una barrera.

Algunos **transistores** utilizan el efecto túnel para mover electrones de un lado a otro del dispositivo. La desintegración de algunos núcleos por medio de la emisión de partículas se sirve del efecto túnel. Las partículas alfa (núcleos de helio) terminan escapando así de los núcleos de uranio. Según los trabajos que publicaron de forma independiente George Gamow y el equipo de Ronald Gurney y Edward Condon en 1928, las partículas alfa no podrían escapar si no existiera el efecto túnel.

El efecto túnel también es importante para mantener las reacciones de fusión en el Sol. Sin el efecto túnel, las estrellas no brillarían. Los microscopios de efecto túnel se sirven de estos fenómenos para proporcionar imágenes de superficies microscópicas por medio de una punta muy afilada y una corriente de efecto túnel entre la punta y la muestra. Por último, la teoría del efecto túnel se ha aplicado en modelos cosmológicos y para comprender los mecanismos enzimáticos que aceleran las reacciones químicas.

El efecto túnel tiene lugar constantemente en la escala subatómica, pero sería poco probable (aunque posible) que fuésemos capaces de pasar de nuestro dormitorio a la cocina contigua. Sin embargo, en caso de que alguien se lanzara contra la pared una vez por segundo, tendría que esperar un tiempo mayor que la edad del universo antes de tener una buena opción de pasar al otro lado gracias al efecto túnel.

VÉASE TAMBIÉN La radiactividad (1896), La ecuación de onda de Schrödinger (1926), El principio de incertidumbre de Heisenberg (1927), El transistor (1947), Observar un átomo aislado (1955).

Microscopio de efecto túnel que se utiliza en el Laboratorio Nacional Sandia.

1929

La ley de expansión del universo de Hubble

Edwin Powell Hubble (1889–1953)

«Podría decirse que el descubrimiento cosmológico más importante de todos los tiempos», escribe el cosmólogo John P. Huchra, «es que nuestro universo se expande. Es, junto al principio copernicano (no existe un lugar privilegiado en el universo) y junto a la **paradoja de Olbers** (el cielo es oscuro por la noche), uno de los pilares de la cosmología moderna. Obligó a los cosmólogos a considerar modelos dinámicos del universo, y además implica la existencia de una escala temporal, o edad, para el universo. Fue posible, principalmente, por los cálculos de las distancias a las galaxias cercanas que llevó a cabo Edwin Hubble».

En 1929, el astrónomo estadounidense Edwin Hubble descubrió que cuanto mayor es la distancia de una galaxia respecto de un observador en la Tierra, con más velocidad se aleja. Las distancias entre galaxias o grupos de galaxias aumentan continuamente y, por lo tanto, el universo se expande.

La velocidad de muchas galaxias (por ejemplo, respecto de un observador terrestre que las ve alejarse) puede calcularse a partir del desplazamiento al rojo, que es un aumento observado en la longitud de onda de la radiación electromagnética recibida por un detector terrestre respecto a la emitida por la fuente. Este desplazamiento tiene lugar porque las otras galaxias se alejan de la nuestra a grandes velocidades debido a la expansión del espacio. La diferencia en la longitud de onda de la luz, producto del movimiento relativo de la fuente de luz respecto del receptor es un ejemplo del **efecto Doppler**. Existen otros métodos para determinar la velocidad de galaxias lejanas. (Los objetos regidos por interacciones gravitacionales locales, por ejemplo las estrellas de una única galaxia, no muestran este movimiento aparente de distanciamiento entre ellos).

Para un observador en la Tierra, todos los grupos lejanos de galaxias se alejan de nuestro planeta, pero nuestra ubicación no es especial. Un observador situado en otra galaxia también detectaría que todos los grupos de galaxias se alejan de su posición, porque todo el espacio se expande. Se trata de una de las pruebas principales del **Big Bang**, a partir del cual evolucionó el universo primigenio, y de la consiguiente expansión del espacio.

VÉASE TAMBIÉN El Big Bang (13.700 millones a. C.), El efecto Doppler (1842), La paradoja de Olbers (1823), La radiación de fondo de microondas (1965), Inflación cósmica (1980), La energía oscura (1998), El desgarramiento cósmico.

Durante milenios la humanidad ha mirado hacia el cielo preguntándose por su lugar en el cosmos. La imagen muestra al astrónomo polaco Johannes Hevelius haciendo observaciones en 1673 junto a su esposa Elisabeth, una de las primeras astrónomas.

Fig. M.

1929

El ciclotrón

Ernest Orlando Lawrence (1901–1958)

«Los primeros aceleradores de partículas eran lineales», escribe Nathan Dennison, «pero Ernest Lawrence no siguió esta tendencia y utilizó muchos pulsos eléctricos pequeños para acelerar partículas en círculos. Todo comenzó como un boceto en un trozo de papel, y su primer diseño solo costó 25 dólares. Lawrence siguió desarrollando su ciclotrón con todo tipo de piezas (una silla de cocina, por ejemplo) hasta que ganó el premio Nobel en 1939».

El ciclotrón de Lawrence aceleraba partículas atómicas o subatómicas cargadas por medio de un campo magnético constante y un campo eléctrico oscilante que creaban trayectorias espirales para las partículas, comenzando en el centro de la espiral. Después de trazar muchas espirales en una cámara de vacío, las partículas de alta energía podían chocar por fin contra átomos y los resultados se estudiaban con un detector. Una de las ventajas del ciclotrón frente a métodos anteriores era que podía conseguir altas energías a pesar de un tamaño relativamente pequeño.

El primer ciclotrón de Lawrence tenía unos pocos centímetros de diámetro, pero en 1939, en la universidad de California, en Berkeley, planeó el instrumento más grande y caro que se hubiera fabricaba para estudiar el átomo. La naturaleza del núcleo atómico seguía siendo un misterio, y este ciclotrón –«que necesita tanto acero como para construir un carguero de un tamaño considerable y tanta electricidad como para iluminar la ciudad de Berkeley»– permitiría explorar este reino interior gracias al choque de las partículas energéticas con los núcleos y a las reacciones nucleares consiguientes. Los ciclotrones se utilizaron para crear materiales radiactivos y en la producción de reactivos con fines médicos. El ciclotrón de Berkeley se utilizó en la creación del tecnecio, el primer elemento químico generado de forma artificial.

La importancia del ciclotrón se debe además a que dio el pistoletazo de salida a la era moderna de la física de partículas (y de las herramientas enormes y caras que exigían muchos operarios). El ciclotrón utiliza un campo magnético constante y un campo eléctrico oscilante de frecuencia constante; sin embargo, ambos campos son variables en el caso del *sincrotrón*, un acelerador circular posterior. La radiación del sincrotrón vio la luz en 1947, en la compañía General Electric.

VÉASE TAMBIÉN La radiactividad (1896), El núcleo atómico (1911), Los neutrinos (1956), El gran colisionador de hadrones (2009).

Los físicos Milton Stanley Livingston (izquierda) y Ernest O. Lawrence (derecha) frente a un ciclotrón de 70 centímetros en el antiguo laboratorio de radiación de la universidad de California, en Berkeley (1934).

1931

Las estrellas enanas blancas y el límite de Chandrasekhar

Subrahmanyan Chandrasekhar (1910–1995)

En su canción «Farmer's Almanac», Johnny Cash explicaba que Dios nos dio la oscuridad para que pudiésemos ver las estrellas. Sin embargo, entre las estrellas más difíciles de encontrar están las que presentan el especial estado de muerte estelar llamado *enana blanca*. La mayor parte de las estrellas, por ejemplo nuestro Sol, terminan su vida como densas enanas blancas. En la Tierra, una cucharadita de materia procedente de una enana blanca pesaría varias toneladas.

Los científicos sospecharon por primera vez de la existencia de las enanas blancas en 1844, cuando se descubrió que Sirio, la estrella más brillante del cielo del norte, bailaba de un lado a otro como si algún vecino celestial, demasiado oscuro como para que lo viésemos, tirara de ella. Esta estrella vecina se observó por fin en 1862, y parecía, sorprendentemente, más pequeña que la Tierra pero más masiva que el Sol. Las enanas blancas, todavía calientes, son el resultado del colapso de las estrellas moribundas que ya han consumido todo su combustible nuclear.

Las enanas blancas no rotatorias tienen una masa máxima que es 1,4 veces la masa del Sol, una cifra que calculó en 1931 el joven Subrahmanyan Chandrasekhar en un barco que lo llevaba desde la India a Inglaterra para comenzar un posgrado en la universidad de Cambridge. Cuando las estrellas pequeñas o intermedias empiezan a colapsarse, sus electrones se aplastan unos contra otros y alcanzan un estado en el que la densidad ya no puede aumentar debido al **principio de exclusión de Pauli**, que crea una presión de *degeneración electrónica* hacia el exterior. Sin embargo, cuando se supera la masa solar en 1,4 veces, esta degeneración electrónica ya no es capaz de contrarrestar la aplastante fuerza gravitatoria, y la estrella continúa su colapso (hasta convertirse, por ejemplo, en una estrella de neutrones) o elimina el exceso de masa más allá de su superficie en una explosión de supernova. Chandrasekhar ganó el premio Nobel en 1983 por sus estudios acerca de la evolución estelar.

Las enanas blancas se enfrían y dejan de ser visibles después de miles de millones de años: se convierten en *enanas negras*. Las enanas blancas empiezan siendo **plasma**, pero se ha predicho que en etapas más avanzadas de enfriamiento muchas se parecerán, desde el punto de vista estructural, a cristales gigantes.

VÉASE TAMBIÉN Los agujeros negros (1783), El plasma (1879), Las estrellas de neutrones (1933), El principio de exclusión de Pauli (1925).

Esta imagen del telescopio espacial Hubble de la Nebulosa Reloj de Arena (MyCn 18) muestra la resplandeciente agonía de una estrella parecida al Sol. La mancha blanca y brillante ligeramente a la izquierda del centro, es la enana blanca que queda de la estrella original que expulsó esta nebulosa de gas.

1931

La Escalera de Jacob

Kenneth Strickfadden (1896–1984)

«¡Está vivo!», gritó el doctor Frankenstein cuando vio el primer movimiento de la criatura que había remendado. La escena, que pertenece a la película de terror *Frankenstein*, de 1931, estaba plagada de efectos especiales de alto voltaje ideados por el experto en electrónica Kenneth Strickfadden, que seguramente se inspiró en las exhibiciones previas del inventor Nikola Tesla; por ejemplo en la **bobina de Tesla**. La máquina en forma de V que cautivó la imaginación de los espectadores de cine durante décadas, y que se convirtió en el icono de los científicos locos, era la *escalera de Jacob*.

La escalera de Jacob aparece en este libro, en parte, debido a su celebridad como símbolo de la física descontrolada, pero también porque sigue siendo un recurso útil para que los profesores ilustren conceptos relativos a las descargas eléctricas, la variación de la densidad del aire con la temperatura, los **plasmas** (gases ionizados) y a muchas otras cosas.

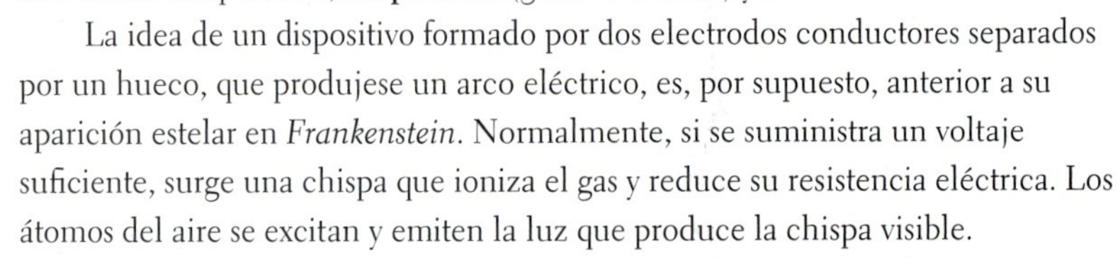

La idea de un dispositivo formado por dos electrodos conductores separados por un hueco, que produjese un arco eléctrico, es, por supuesto, anterior a su aparición estelar en *Frankenstein*. Normalmente, si se suministra un voltaje suficiente, surge una chispa que ioniza el gas y reduce su resistencia eléctrica. Los átomos del aire se excitan y emiten la luz que produce la chispa visible.

La escalera de Jacob crea un arco de grandes chispas que se eleva. Primero aparece una chispa en la parte inferior de la escalera, donde la distancia entre los dos electrodos es menor. El aire calentado e ionizado se eleva porque es menos denso que el aire que lo rodea, y lleva el arco de corriente hacia arriba. En la parte superior de la escalera el tamaño del arco se alarga y se vuelve inestable. La resistencia dinámica del arco aumenta, con lo que lo hacen también el consumo energético y el calor. Cuando el arco se rompe en esta parte superior, la potencia del suministro eléctrico existe de forma momentánea en estado de circuito abierto, hasta que la ruptura del dieléctrico del aire en la parte inferior hace que se forme otra chispa, y el ciclo comienza de nuevo.

A comienzos del siglo XX, arcos eléctricos de escaleras parecidas se utilizaban en aplicaciones químicas, porque pueden ionizar el nitrógeno para crear óxido nítrico en la producción de fertilizantes nitrogenados.

VÉASE TAMBIÉN El generador electrostático de Von Guericke (1660), La botella de Leiden (1744), La fluorescencia de Stokes (1852), El plasma (1879), La bobina de Tesla (1891).

IZQUIERDA: *La escalera de Jacob recibe su nombre de la escalera bíblica que Jacob ve elevarse hacia el cielo (la obra es de William Blake [1757–1827]).* DERECHA: *Fotografía de la escalera de Jacob que muestra el tren ascendente de grandes chispas. Primero se forma una chispa en la parte inferior de la escalera, donde los electrodos están bastante próximos.*

1932

El neutrón

Sir James Chadwick (1891–1974), **Irène Joliot-Curie** (1897–1956), **Jean Frédéric Joliot-Curie** (1900–1958)

«El camino que llevó a James Chadwick al descubrimiento del neutrón fue largo y tortuoso», escribe el químico William H. Cropper. «Dado que no tenían carga eléctrica, los neutrones no dejaban un rastro observable de iones ni cuando atravesaban la materia ni en las **cámaras de niebla** de Wilson; eran invisibles para el experimentador». Según el físico Mark Oliphant, «el descubrimiento del neutrón se debió a la concienzuda investigación de Chadwick, y no al azar, como fue el caso de la **radiactividad** y de los **rayos X**. Chadwick intuyó que tenía que existir y no cejó nunca en su búsqueda».

El neutrón es una partícula subatómica que, excepto en el caso del hidrógeno común, forma parte de todos los núcleos atómicos, No tiene carga eléctrica neta y su masa es ligeramente superior a la del protón. Al igual que este último, está compuesto por tres quarks. Cuando el neutrón se encuentra en el interior del núcleo, es estable; sin embargo, los neutrones libres sufren la desintegración beta, un tipo de desintegración radiactiva, y tienen una vida media de unos 15 minutos. Los neutrones libres se producen en las reacciones de fisión y fusión nuclear.

En 1931, Irène Joliot-Curie (hija de Marie Curie, la primera persona que recibió dos veces el premio Nobel) y su marido Frédéric Joliot describieron una misteriosa radiación que se producía al bombardear átomos de berilio con partículas alfa (núcleos de helio); esta radiación, al atravesar una capa de parafina, liberaba los protones del hidrógeno contenido en ella. En 1932, James Chadwick diseñó algunos experimentos adicionales y sugirió que este nuevo tipo de radiación estaba compuesta por unas partículas sin carga cuya masa era similar a la de los protones, es decir, los *neutrones*. Dado que los neutrones libres no tienen carga, no sufren las perturbaciones de los campos eléctricos y penetran profundamente en la materia.

Más tarde se descubrió que diversos elementos, al ser bombardeados con neutrones, experimentan un proceso denominado fisión, una reacción nuclear que tiene lugar cuando el núcleo de un elemento pesado se divide en dos partes más pequeñas aproximadamente iguales. En 1942, algunos investigadores estadounidenses comprobaron que estos neutrones libres creados en el proceso de fisión eran capaces de generar una reacción en cadena, así como una enorme cantidad de energía que podía utilizarse para construir armas atómicas y centrales nucleares.

VÉASE TAMBIÉN Un reactor nuclear prehistórico (2000 millones a. C.), La radiactividad (1896), El núcleo atómico (1911), La cámara de niebla de Wilson (1911), Las estrellas de neutrones (1933), La energía del núcleo atómico (1942), El modelo estándar de la física de partículas (1961), Los quarks (1964).

El reactor de investigación de grafito de Brookhaven (el primer reactor nuclear que se construyó con fines pacíficos en Estados Unidos después de la Segunda Guerra Mundial). Uno de sus objetivos era producir neutrones por medio de la fisión de uranio para experimentos científicos.

1932

La antimateria

Paul Dirac (1902–1984), **Carl David Anderson** (1905–1991)

«Las naves espaciales de ciencia ficción suelen estar propulsadas por antimateria», escribe Joanne Baker, «pero la antimateria es real e incluso se ha producido artificialmente en la Tierra. 'Imagen especular' de la materia, la antimateria no puede coexistir con la materia demasiado tiempo; ambas se aniquilan en medio de un estallido de energía cuando entran en contacto. La misma existencia de la antimateria ya señala la existencia de simetrías profundas en la física de partículas».

El físico británico Paul Dirac afirmó en cierta ocasión que las matemáticas abstractas que estudiamos ahora nos permiten vislumbrar la física del futuro. De hecho, una ecuación suya de 1928 que tenía que ver con el movimiento de los electrones, predijo la existencia de la antimateria, que se descubrió después. Según las fórmulas, el electrón debía tener una antipartícula con la misma masa pero de carga eléctrica positiva. En 1932, el físico estadounidense Carl Anderson observó experimentalmente esta nueva partícula y la denominó positrón. En 1955 se produjo el antiprotón en el Bevatrón, un acelerador de partículas de Berkeley. En 1995, físicos del CERN (*Organisation Européenne pour la Recherche Nucléaire*) crearon el primer átomo de antihidrógeno en sus instalaciones europeas. El CERN es el laboratorio de física de partículas más grande del mundo.

En la actualidad las reacciones materia-antimateria encuentran aplicaciones prácticas bajo la forma de la tomografía de emisión de positrones, o PET. Esta técnica médica de formación de imágenes está relacionada con la detección de rayos gamma (radiación de alta energía) emitidos por un radioisótopo emisor de positrones (trazador), un átomo con un núcleo inestable.

Los físicos actuales siguen ofreciendo hipótesis para explicar por qué el universo visible parece compuesto casi en su totalidad por materia, y no por antimateria. ¿Es posible que existan regiones del universo en las que predomine la antimateria?

En una inspección casual la antimateria sería casi indistinguible de la materia ordinaria. Según el físico Michio Kaku, «se pueden formar antiátomos a partir de antielectrones y antiprotones. Son posibles incluso la antigente y los antiplanetas. Sin embargo, la antimateria se aniquila con un estallido de energía si entra en contacto con la materia ordinaria. Si alguien sostuviera un trozo de antimateria en la mano, explotaría de inmediato con la fuerza de miles de bombas de hidrógeno».

VÉASE TAMBIÉN La cámara de niebla de Wilson (1911), La ecuación de Dirac (1928), La violación CP (1964).

En la década de 1960, investigadores del laboratorio Brookhaven utilizaron detectores como este para estudiar pequeños tumores cerebrales que absorbían el material radiactivo que se inyectaba. Los hallazgos condujeron a mecanismos más prácticos para captar imágenes del cerebro (por ejemplo las actuales tomografías por emisión de positrones).

1933

La materia oscura

Fritz Zwicky (1898–1974), **Vera Cooper Rubin** (nacida en 1928)

Según el astrónomo Ken Freeman y el divulgador científico Geoff McNamara, «aunque los profesores de ciencias suelen decirles a sus alumnos que la tabla periódica de los elementos nos muestra de qué está hecho el universo, eso no es verdad. Sabemos que la mayor parte del universo, un 96% aproximadamente, está formado por material oscuro (materia oscura y **energía oscura**), difícil de describir en pocas palabras…»

Sea cual sea la composición de la materia oscura, no emite ni refleja la cantidad suficiente de luz o de otro tipo de radiación electromagnética, como para que podamos observarla de forma directa. Los científicos infieren su existencia debido a los efectos gravitatorios que causa en la materia visible, por ejemplo en las velocidades de rotación de las galaxias.

Seguramente la mayor parte de la materia oscura no está formada por las partículas elementales convencionales (protones, neutrones, electrones y los **neutrinos** conocidos), sino por constituyentes más bien hipotéticos de nombres exóticos como «neutrinos estériles», «axiones» y «WIMPs» (partículas masivas de interacción débil, entre ellas los neutralinos), que no interaccionan con el electromagnetismo y por lo tanto no son fáciles de detectar. Los hipotéticos neutralinos se parecen a los neutrinos, pero son más pesados y lentos. Los teóricos también consideran la disparatada posibilidad de que la materia oscura incluya gravitones, partículas hipotéticas que trasmiten la gravedad y que se infiltran en nuestro universo procedentes de universos vecinos. Si nuestro universo estuviera sobre una membrana «flotando» dentro de un espacio de más dimensiones, la materia oscura podría explicarse por medio de las estrellas y galaxias corrientes de otras membranas próximas.

En 1933, el astrónomo Fritz Zwicky proporcionó pruebas de la existencia de la materia oscura mediante sus estudios de los movimientos de los límites de las galaxias, que sugerían que una cantidad significativa de masa galáctica era indetectable. A finales de la década de 1960, la astrónoma Vera Rupon observó que la mayoría de las estrellas de las galaxias espirales orbitan a una velocidad similar, un hecho que implica la existencia de materia oscura más allá de la ubicación de las estrellas en las galaxias. En 2005, los astrónomos de la universidad de Cardiff creyeron haber descubierto una galaxia en el cúmulo de Virgo formada casi completamente por materia oscura.

Según Freeman y McNamara, «la materia oscura nos recuerda, una vez más, que los humanos no somos esenciales para el universo […] Ni siquiera estamos hechos de la misma materia que la mayor parte del universo […] Nuestro universo está hecho de oscuridad».

VÉASE TAMBIÉN Los agujeros negros (1783), Los neutrinos (1956), Supersimetría (1971), La energía oscura (1998), El modelo de Randall-Sundrum (1999).

Una primera prueba de la existencia de la materia oscura procede de las observaciones del astrónomo Louise Volders, que en 1959 demostró que la rotación de la galaxia espiral M33 (representada aquí en una imagen ultravioleta del satélite Swift de la NASA) no respondía a la dinámica newtoniana estándar.

1933

La estrellas de neutrones

Fritz Zwicky (1898–1974), **Jocelyn Bell Burnell** (nacida en 1943), **Wilhelm Heinrich Walter Baade** (1893–1960)

Las estrellas se forman cuando una gran cantidad de gas de hidrógeno comienza a compactarse debido a la fuerza gravitatoria. A medida que la estrella se comprime, se calienta, produce luz, y se forma helio. Al final, la estrella agota su combustible de hidrógeno, comienza a enfriarse y entra en uno de los posibles «estados moribundos», como los **agujero negros** o alguno de sus parientes aplastados: las **enanas blancas**, en el caso de estrellas relativamente pequeñas o las estrellas de neutrones.

Más concretamente, cuando una estrella masiva termina de quemar su combustible nuclear, la región central se compacta debido a la gravedad y la estrella experimenta una explosión de supernova que elimina las capas exteriores. Las estrellas de neutrones, formadas casi por completo por las partículas subatómicas sin carga que llamamos neutrones, pueden crearse como consecuencia de esta compactación gravitacional. Las estrellas de neutrones no alcanzan el colapso gravitacional completo de los agujeros negros porque los neutrones se repelen debido al **principio de exclusión de Pauli**. La masa de una estrella de neutrones típica es de entre 1,4 y 2 veces la masa del Sol, pero su radio suele ser de tan solo unos 12 kilómetros. Es interesante señalar que las estrellas de neutrones están formadas de un material extraordinario conocido como *neutronio*, tan denso que un cubito del tamaño de un azucarillo contendría la masa de toda la población humana.

Los *púlsares* son estrellas de neutrones altamente magnéticas que rotan rápidamente; emiten una radiación electromagnética constante que, debido a su rotación, llega a la Tierra en forma de pulsos, en intervalos que oscilan entre milisegundos y varios segundos. Los pulsos de mayores frecuencias proceden de púlsares que dan más de 700 vueltas por segundo. Los púlsares Fueron descubiertos en 1967 por la estudiante de posgrado Jocelyn Bell Burnell, bajo la forma de fuentes de radio que parecían parpadear con una frecuencia constante. En 1933, solo un año después del descubrimiento del neutrón, los astrofísicos Fritz Zwicky y Walter Baade propusieron la existencia de estrellas formadas por esta partícula.

En la novela *El huevo del dragón* existen criaturas que viven en una estrella de neutrones con una gravedad tan potente que las cordilleras miden un centímetro de altura.

VÉASE TAMBIÉN Los agujeros negros (1783), El principio de exclusión de Pauli (1925), El neutrón (1932), Las estrellas enanas blancas y el límite de Chandrasekhar (1931).

En 2004 una estrella de neutrones experimentó un «temblor estelar» que provocó un brillo tan potente que cegó de forma temporal los satélites de rayos X. La deflagración tuvo su origen en los campos magnéticos giratorios de la estrella, capaces de combar la superficie de la estrella de neutrones. (Concepto artístico de la NASA.)

1934

La radiación de Cherenkov

Igor Yevgenyevich Tamm (1895–1971), **Pavel Alekseyevich Cherenkov** (1904–1990), **Ilya Mikhailovich Frank** (1908–1990)

La radiación de Cherenkov se emite cuando una partícula cargada, por ejemplo un electrón, atraviesa un medio transparente, por ejemplo cristal, o agua, a una velocidad mayor que la velocidad de la luz en ese medio. Uno de los ejemplos más habituales de esta radiación se da en los reactores nucleares, que suelen estar situados dentro de un estanque con agua que actúa como escudo. El núcleo del reactor puede presentarse bañado en un fantasmagórico brillo azulado provocado por la radiación de Cherenkov de las partículas que se producen a consecuencia de las reacciones nucleares. La radiación recibe su nombre del científico ruso Pavel Cherenkov, que estudió este fenómeno.

Cuando la luz atraviesa materiales transparentes se mueve más despacio que en el vacío debido a la interacción de los fotones con los átomos del medio. Pensemos, como símil, en un coche que viaja por una carretera en la que la policía lo detiene cada poco tiempo. No podrá avanzar tan deprisa como lo haría si no hubiese policía. En el cristal, o en el agua, la velocidad de la luz es el 70% de su velocidad en el vacío, y es posible que haya partículas cargadas que viajen más deprisa que la luz en ese medio.

En concreto, una partícula cargada que atraviesa ese medio desplaza, al moverse, algunos de los electrones con los que se encuentra en su trayecto. Los electrones atómicos desplazados emiten una radiación que forma una fuerte onda electromagnética que recuerda a la onda de proa que crean las lanchas motoras en el agua, o al estampido sónico de un avión que vuela a una velocidad mayor que la del sonido.

Dado que la forma de la radiación emitida es cónica, con un ángulo cónico que depende de la velocidad de la partícula y de la velocidad de la luz en el medio, la radiación de Cherenkov puede proporcionar información muy útil para la física de partículas acerca de la velocidad de una partícula se quiera estudiar. Cherenkov recibió el premio Nobel en 1958, junto a los físicos Igor Tamm e Ilya Frank, por su trabajo acerca de la radiación.

VÉASE TAMBIÉN La ley de refracción de Snell (1621), El *bremsstrahlung* o radiación de frenado (1909), El latigazo supersónico (1927), Estampido sónico (1947), Los neutrinos (1956).

Resplandor azul de la radiación de Cherenkov en el núcleo del reactor de pruebas avanzadas del laboratorio nacional de Idaho. El núcleo está sumergido en agua.

1934

La sonoluminiscencia

La sonoluminiscencia me recuerda a uno de esos «órganos luminosos» de los años 70, tan populares en las fiestas, que convertían la música en luces de colores que parpadeaban con el ritmo. Sin embargo, la luces de la sonoluminiscencia son, sin duda, mucho más calientes y breves que sus equivalentes psicodélicas.

La sonoluminiscencia hace referencia a la emisión de cortos destellos de luz provocados por la implosión de burbujas en un líquido que se estimula con ondas sonoras. Los investigadores alemanes H. Frenzel y H. Schultes descubrieron este efecto en 1934, mientras experimentaban con ultrasonidos en una cuba de líquido revelador fotográfico. Las fotografías presentaban pequeños puntos producidos por las burbujas del fluido, que emitían luz cuando se encendía la fuente de sonido. En 1989, el físico Lawrence Crum y su estudiante de posgrado Felipe Gaitán, crearon sonoluminiscencia estable en la que una única burbuja atrapada en una onda estacionaria acústica emitía un pulso de luz con cada compresión de la burbuja dentro de la onda.

En general, la sonoluminiscencia puede tener lugar cuando una onda sonora estimula una cavidad de gas que se forma en el líquido (un proceso denominado cavitación). Cuando la burbuja de gas implosiona, se produce una onda de choque supersónica y la temperatura de la burbuja se dispara (supera la temperatura en la superficie del Sol) y crea un plasma. El estallido puede durar menos de 50 picosegundos (la billonésima parte de un segundo) y produce luz azul, luz ultravioleta y rayos X como resultado de la colisión de las partículas en el plasma. La burbuja, en el momento de emitir luz, tiene aproximadamente una micra de diámetro, un tamaño similar al de una bacteria.

Se puede crear una temperatura de más de 20.000 K, suficiente como para llevar a ebullición un diamante. Algunos investigadores creen que si la temperatura pudiese incrementarse aún más, la sonoluminiscencia podría utilizarse para provocar la fusión termonuclear.

Un tipo de crustáceo, el camarón pistola, causa un fenómeno similar a la sonoluminiscencia. Cuando chasquea las pinzas crea una burbuja que implosiona, generando una onda de choque que a su vez produce un fuerte sonido que aturde a sus presas, así como una luz tenue que puede detectarse con tubos fotomultiplicadores.

VÉASE TAMBIÉN La triboluminiscencia (1620), La ley de Henry (1803), El plasma (1879).

Cuando un líquido se estimula con ultrasonidos, se forman y destruyen burbujas de gas. «La cavitación, que conduce al colapso implosivo de estas burbujas, crea temperaturas parecidas a las de la superficie solar…», escribe el químico Kenneth Suslick.

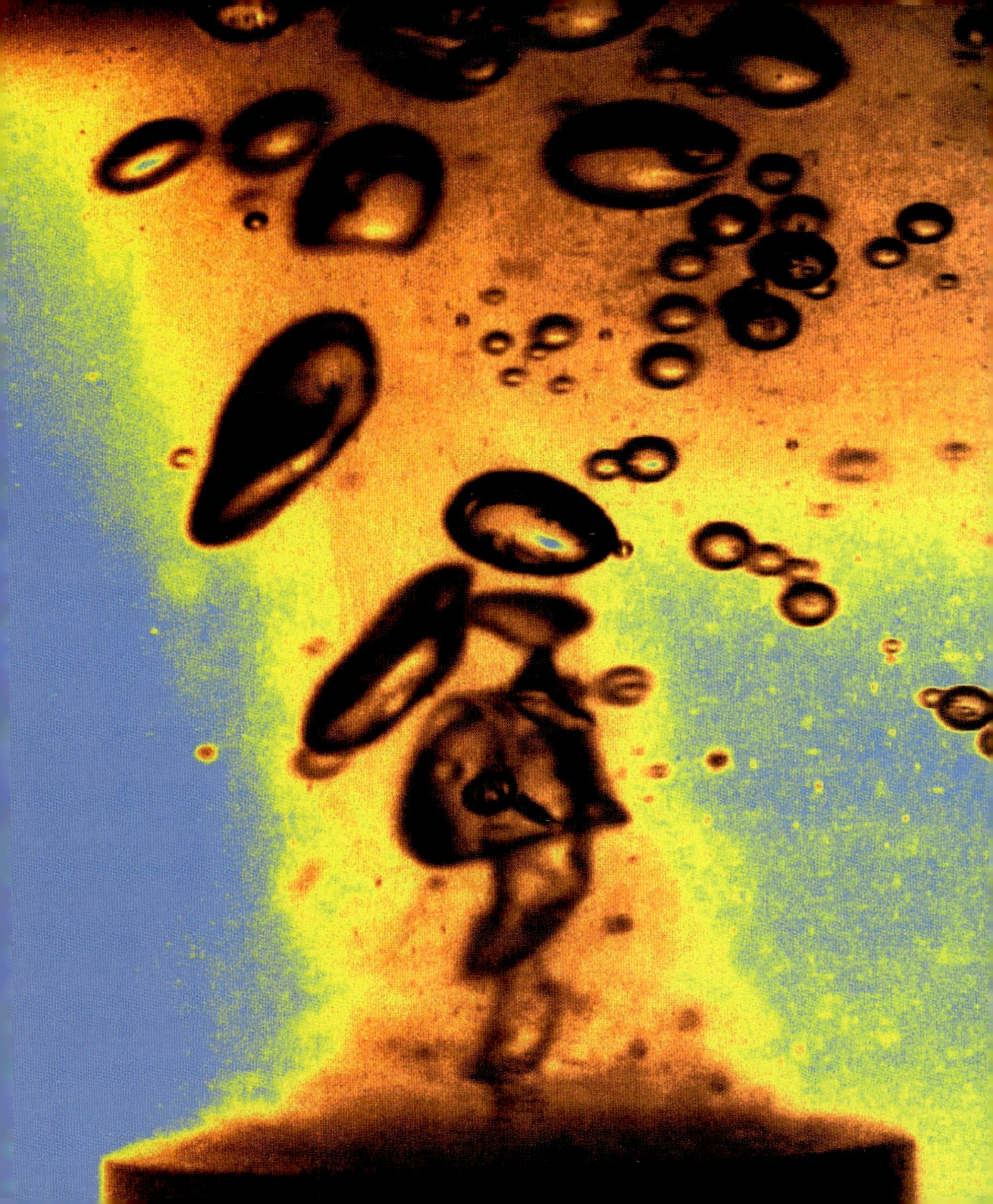

1935

La paradoja EPR

Albert Einstein (1879–1955), **Boris Podolsky** (1896–1966), **Nathan Rosen** (1909–1995), **Alain Aspect** (nacido en 1947)

El *entrelazamiento cuántico* hace referencia a la conexión íntima entre las partículas cuánticas, por ejemplo entre dos electrones o dos fotones. Una vez que dos partículas se *entrelazan*, ciertos cambios en una de ellas se reflejan de forma instantánea en la otra con independencia de que estén separadas por unos centímetros o por distancia interplanetarias. Este entrelazamiento se opone de tal forma a la intuición que Albert Einstein, que afirmó que era «espeluznante», creyó que era la prueba de que existía algún error en la teoría cuántica, más concretamente en la interpretación de Copenhague, que sugiere que los sistemas cuánticos, en ciertos contextos, existen en un limbo probabilístico y no alcanzan un estado definido hasta que alguien los observa.

En 1935, Albert Einstein, Boris Podolsky y Nathan Rosen publicaron un artículo sobre su célebre paradoja EPR. Imaginemos dos partículas emitidas por una fuente de tal forma que sus espines se encuentran en una superposición cuántica de estados opuestos, que llamaremos + y –. Ninguna de las partículas tiene un espín definido antes de que este se mida. Las partículas se separan, y una llega a Florida y la otra a California. Según el *entrelazamiento cuántico*, si los científicos de Florida miden el espín y resulta que es +, la partícula de California asume de forma *instantánea* el estado –, a pesar de que la velocidad de la luz prohíbe que exista una comunicación de información más rápida que la luz. Sin embargo, nótese que realmente no se ha establecido una comunicación así. En Florida no pueden utilizar el entrelazamiento para enviar mensajes a California porque en Florida no se manipula el espín de la partícula, cuyas probabilidades de encontrarse en un estado + o – se reparten al 50%.

En 1982, el físico Alain Aspect realizó experimentos con fotones emitidos en direcciones opuestas durante un único suceso de un mismo átomo, de modo que se aseguraba de que los dos fotones eran correlativos. Observó que la conexión instantánea de la paradoja EPR realmente tenía lugar incluso cuando las dos partículas estaban separadas por una distancia arbitrariamente grande.

En la actualidad el entrelazamiento cuántico se estudia en el campo de la criptografía cuántica para enviar mensajes que no puedan interceptarse sin dejar algún tipo de rastro. Se están desarrollando ordenadores cuánticos que llevan a cabo cálculos en paralelo con una velocidad mayor que la de los ordenadores tradicionales.

VÉASE TAMBIÉN El experimento de Stern y Gerlach (1922), El principio de complementariedad (1927), El gato de Schrödinger (1935), El teorema de Bell (1964), Los ordenadores cuánticos (1981), El teletransporte cuántico (1993).

Ilustración de la «fantasmal acción a distancia». Una vez que una pareja de partículas se entrelaza, un cierto cambio en una de ellas se refleja de forma instantánea en la otra, aunque las separen distancias interplanetarias.

El gato de Schrödinger

Erwin Rudolf Josef Alexander Schrödinger (1887–1961)

El gato de Schrödinger me hace pensar en fantasmas, o tal vez en zombis, esas criaturas que parecen vivas y muertas al mismo tiempo. En 1935, el físico austriaco Erwin Schrödinger publicó un artículo acerca de esta extraordinaria paradoja, cuyas sorprendentes consecuencias siguen asombrando e interesando a los científicos actuales.

Schrödinger había estado preocupado por la reciente *interpretación de Copenhague de la mecánica cuántica*, que afirmaba, a grandes rasgos, que un sistema cuántico (por ejemplo un electrón) existe bajo la forma de una nube de probabilidad hasta que se hace una observación. Parecía sugerir, en un nivel superior, que no tiene sentido preguntar qué estaban haciendo los átomos y las partículas antes de observarlos; de algún modo, el observador crea la realidad. Antes de ser observado, el sistema dispone de todas las posibilidades. ¿Cuáles serían las consecuencias para nuestra vida cotidiana?

Imaginemos que un gato vivo se coloca dentro de una caja junto a una fuente **radiactiva**, un **contador Geiger** y un frasco de cristal cerrado que contiene un veneno mortal. Cuando tiene lugar una desintegración radiactiva, el contador Geiger mide el suceso y pone en marcha un mecanismo que acciona un martillo que rompe el frasco y libera el veneno, que mata al gato. Imaginemos que la teoría cuántica predice una probabilidad de un 50% de que se produzca una desintegración radiactiva cada hora. Al cabo de una hora la probabilidad de que el gato esté vivo o muerto es la misma. Según algunas inferencias de la interpretación de Copenhague, daba la impresión de que el gato estaba al mismo tiempo vivo y muerto, una mezcla de dos estados que se conoce como superposición de estados. Algunos teóricos sugirieron que, si se abría la caja, el propio acto de observar «rompe la superposición» y hace que el gato esté vivo o muerto.

Para Schrödinger, el experimento demostraba la invalidez de la interpretación de Copenhague. Einstein pensaba lo mismo. Este experimento hipotético hizo que surgieran muchas preguntas. ¿Qué consideramos un observador válido? ¿El contador Geiger? ¿Una mosca? ¿Sería posible que el gato se observara a sí mismo haciendo que colapsara su propio estado? ¿Qué nos dice el experimento acerca de la naturaleza de la realidad?

VÉASE TAMBIÉN La radiactividad (1896), El contador Geiger (1908), El principio de complementariedad (1927), El efecto túnel (1928), La paradoja EPR (1935), Universos paralelos (1956), El teorema de Bell (1964), Inmortalidad cuántica (1987).

Cuando se abre la caja, el simple acto de la observación puede destruir la superposición, haciendo que el felino viva o muera. Aquí, por suerte, el gato de Schrödinger aparece vivo.

Los superfluidos

Pyotr Leonidovich Kapitsa (1894–1984), **Fritz Wolfgang London** (1900–1954), **John "Jack" Frank Allen** (1908–2001), **Donald Misener** (1911–1996)

El comportamiento inquietante de los superfluidos, parecido al de los líquidos con vida propia que parecen reptar en algunas películas de ciencia ficción, ha intrigado a los científicos durante décadas. Cuando se coloca dentro de un recipiente helio líquido en estado de superfluido, trepa por las paredes y sale del recipiente. Además, el superfluido permanece inmóvil si el recipiente gira. Da la impresión de que explora grietas y poros microscópicos introduciéndose en ellos, de modo que los recipientes tradicionalmente adecuados para fluidos tienen pérdidas con los superfluidos. Si colocamos una taza de café sobre la mesa con el líquido dando vueltas, este se detiene al cabo de unos pocos minutos. Si lo hiciésemos con helio superfluido y nuestros descendientes le echaran un vistazo dentro de mil años, el helio seguiría dando vueltas.

La superfluidez se observa en muchas sustancias, pero suele estudiarse en helio-4, el isótopo más común del helio, que se da en la naturaleza y que contiene dos protones, dos neutrones y dos electrones. Por debajo de una temperatura crítica extremadamente baja que se denomina temperatura lambda (-271 °C o 2,17 K), el helio-4 líquido adquiere de repente la capacidad de fluir sin fricción aparente, así como una conductividad térmica que es millones de veces superior a la del helio líquido normal y mucho mayor que la de los mejores conductores metálicos. El término *helio I* hace referencia al líquido por encima de -271 °C, mientras que *helio II* se utiliza para el líquido por debajo de esa temperatura.

La superfluidez fue descubierta en 1937 por los físicos Pyotr Kapitsa, John F. Allen y Don Misener. En 1938, Fritz London sugirió que el helio líquido por debajo de la temperatura lambda está formado por dos partes, un fluido normal con las características del helio I y un superfluido (con una viscosidad esencialmente igual a 0). La transición entre el fluido normal y el superfluido tiene lugar cuando los átomos constituyentes empiezan a ocupar el mismo estado cuántico, de forma que sus funciones de onda se solapan. Al igual que en el **condensado de Bose-Einstein**, los átomos pierden su identidad individual y se comportan como una entidad mayor, difusa. Dado que el superfluido no tiene viscosidad interna, un remolino que se forme en el interior seguirá girando, en principio, para siempre.

VÉASE TAMBIÉN Por qué resbala el hielo (1850), La ley de Stokes (1851), El descubrimiento del helio (1868), Superconductividad (1911), La boligoma (1943), El condensado de Bose-Einstein (1995).

Fotograma de la película de Alfred Leitner Helio líquido, superfluido *(1963). El helio líquido se encuentra en su fase de superfluido cuando una fina capa trepa por la pared interior del recipiente suspendido y resbala por el exterior hasta formar una gota en la parte inferior.*

La resonancia magnética nuclear

Isidor Isaac Rabi (1898–1988), **Felix Bloch** (1905–1983), **Edward Mills Purcell** (1912–1997), **Richard Robert Ernst** (nacido en 1933), **Raymond Vahan Damadian** (nacido en 1936)

«La investigación científica requiere herramientas muy potentes para desvelar los secretos de la naturaleza», escribe el premio Nobel Richard Ernst. «Las resonancias magnéticas nucleares (RMN) han demostrado ser una de las herramientas científicas que más información proporcionan, y sus aplicaciones cubren prácticamente todos los campos, desde la física del estado sólido a la ciencia de los materiales... e incluso la psicología, en un intento de comprender el funcionamiento del cerebro humano».

Un núcleo atómico que tenga al menos un neutrón o un protón desemparejado, puede actuar como un pequeño imán. Al aplicar un campo magnético externo, se ejerce una fuerza que puede verse como la causa de que los núcleos adquieran un movimiento de precesión similar al de una peonza. La diferencia de energía potencial entre los estados de espín nuclear puede incrementarse aumentando el campo magnético externo. Después de conectar este campo magnético externo, estático, se introduce una señal de radiofrecuencia, de la frecuencia adecuada, que puede inducir transiciones entre los estados de espín, de modo que algunos de los espines se sitúan en sus estados de mayor energía. Si la señal de radiofrecuencia se apaga, los espines regresan a los estados inferiores y producen a su vez una señal de radiofrecuencia en la frecuencia de resonancia asociada con el giro del espín. Estas señales de RMN arrojan información que van más allá de los núcleos específicos presentes en una muestra, ya que las señales se ven modificadas por el entorno químico inmediato. Así, los estudios con RMN pueden proporcionar muchísima información molecular.

La RMN fue descrita por primera vez por el físico Isidor Rabi en 1937. En 1945, los físicos Felix Bloch y Edward Purcell, junto con otros colegas, refinaron la técnica. En 1966, Richard Ernst desarrolló aún más la espectroscopia por transformada de Fourier y mostró el modo en que los pulsos de radiofrecuencia podían utilizarse para crear un espectro de señales de RMN como una función de la frecuencia. En 1971, el médico Raymond Damadian mostró que la velocidad de relajación del hidrógeno del agua en las células malignas podía ser diferente de la de las células normales, con lo que abrió la posibilidad de utilizar la RMN en el diagnóstico médico. A comienzos de la década de 1980, los métodos con RMN comenzaron a utilizarse en las imágenes por resonancia magnética (IRM) para caracterizar los momentos magnéticos nucleares de los núcleos de hidrógeno ordinario de los tejidos corporales blandos.

VÉASE TAMBIÉN El descubrimiento del helio (1868), Los rayos X (1895), El núcleo atómico (1911), Superconductividad (1911).

Una angiografía real, mediante resonancia magnética, del sistema vascular cerebral. Este tipo de estudios se utiliza a menudo para detectar aneurismas cerebrales.

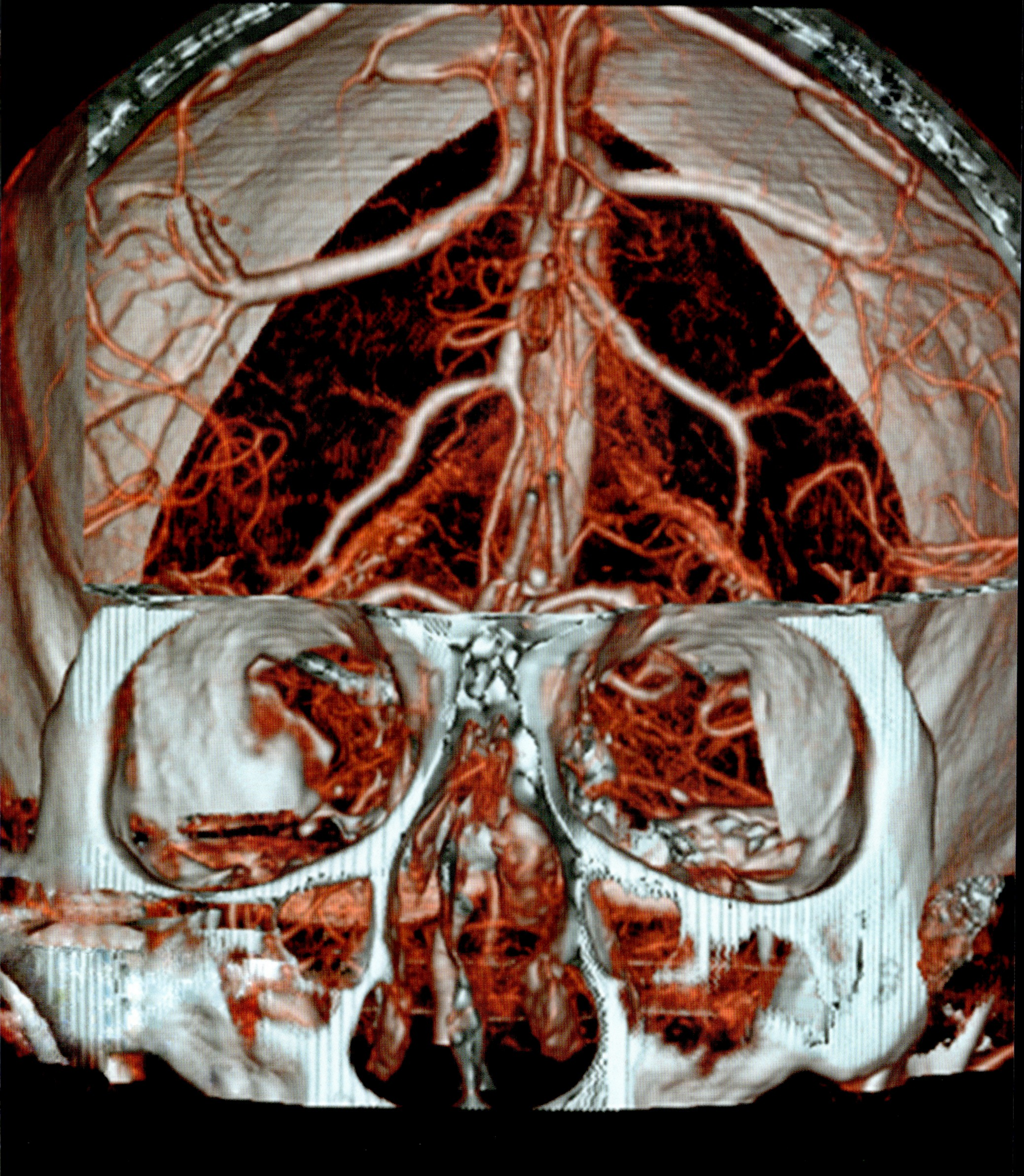

1942

La energía del núcleo atómico

Lise Meitner (1878–1968), **Albert Einstein** (1879–1955), **Leó Szilárd** (1898–1964), **Enrico Fermi** (1901–1954), **Otto Robert Frisch** (1904–1979)

La fisión nuclear es un proceso en el que el núcleo de un átomo (del uranio, por ejemplo) se divide en trozos más pequeños, lo que suele producir neutrones libres, núcleos más ligeros y mucha energía. Cuando los neutrones escapan y rompen otros átomos de uranio se genera una reacción en cadena, de modo que el proceso continúa. En un reactor nuclear, que se utiliza para producir energía, se modera este proceso para que la energía se libere con una velocidad controlada. En las armas nucleares, sin embargo, la reacción en cadena se produce a una velocidad muy alta, sin control. Los residuos de la fisión nuclear suelen ser, ellos mismos, radiactivos, lo que nos lleva a los problemas de basura nuclear asociados a los reactores nucleares.

En 1942, en una pista de squash detrás del estadio de la universidad de Chicago, el físico Enrico Fermi y sus colaboradores produjeron una reacción nuclear en cadena utilizando uranio. Fermi se había basado en el trabajo de los físicos Lise Meitner y Otto Frisch, que en 1939 mostraron cómo el núcleo de uranio se rompía en dos pedazos, liberando una energía tremenda. En el experimento de 1942 unas barras de metal absorbieron los neutrones, permitiendo que Fermi controlara la velocidad de la reacción. Según Alan Weisman, «menos de tres años después, en un desierto de Nuevo México, hicieron justo lo contrario. En esta ocasión, la intención era que la reacción nuclear, que incluía plutonio, quedara completamente fuera de control. Se liberó una energía inmensa; el hecho se repitió dos veces más en menos de un mes, en dos ciudades japonesas [...] Desde entonces, los seres humanos han combinado sentimientos de terror y fascinación ante la doble amenaza mortal de la fisión nuclear: una destrucción increíble seguida de una lenta tortura».

El proyecto Manhattan, liderado por Estados Unidos, fue el nombre clave de un proyecto que se llevó a cabo durante la Segunda Guerra Mundial para desarrollar la primera bomba atómica. La preocupación del físico Leó Szilárd ante la posibilidad de que los científicos alemanes crearan armas nucleares le llevó a dirigirse a Albert Einstein, que en 1939 escribió una carta al presidente Roosevelt alertándole del peligro. Cabe señalar que existe un segundo tipo de arma nuclear –la «bomba H»– que utiliza reacciones de fusión.

VÉASE TAMBIÉN La radiactividad (1896), $E = mc^2$ (1905), El núcleo atómico (1911), La energía del núcleo atómico (1942), Little Boy: la primera bomba atómica (1945), El tokamak (1956).

IZQUIERDA: *Lise Meitner formaba parte del equipo que descubrió la fisión nuclear (fotografía de 1906).* DERECHA: *Técnicos del calutrón (***espectrómetro de masas***) de la planta Y-12 en Oak Ridge, Tennessee, durante la Segunda Guerra Mundial. Los calutrones se utilizaban para refinar mineral de uranio y convertirlo en material fisible. Los técnicos trabajaron en secreto en el proyecto Manhattan, cuyo objetivo era construir una bomba nuclear.*

853
855

1943

La boligoma

«La colección de boligomas (Silly Putty) del Museo Nacional de Historia de Estados Unidos (Smithsonian Institution) cuenta muchas historias fascinantes acerca del modo en que este producto inusual se convirtió en todo un fenómeno en Estados Unidos», dice el responsable del archivo John Fleckner. «Nos interesamos por esta colección porque la boligoma es un caso digno de estudio desde el punto de vista de la invención, de los negocios, de la empresa y de la persistencia».

Creada por accidente en 1943, esta colorida sustancia con la que muchos estadounidenses jugaron en su infancia surgió cuando el ingeniero James Wrigh, de la General Electric Corporation, combinó ácido bórico con aceite de silicona. El material poseía, para su sorpresa, muchas características asombrosas, además de poder botar como una pelota de goma. Más tarde, el gurú de la publicidad Peter Hodgoson vio su potencial como juguete y lanzó con éxito la boligoma, que se presentaba para su venta en el interior de unos huevos de plástico. Los derechos pertenecen a Crayola.

En la actualidad se añaden otros materiales al polímero de silicona. Una de las recetas exige un 65% de dimetil siloxano, 17% de sílice, 9% de Thixatrol ST, 4% de polidimetilsiloxano, 1% de decametil ciclopentasiloxano, 1% de glicerina y 1% de dióxido de titanio. No solo bota, sino que además puede desgarrarse con un movimiento enérgico. Si se deja en reposo el tiempo suficiente puede fluir como un líquido e incluso formar un charco.

En 2009, unos estudiantes llevaron a cabo un experimento dejando caer una boligoma de más de veinte kilogramos desde el tejado de un edificio de once pisos de la universidad estatal de Carolina del Norte. Al llegar al suelo la bola se dividió en mil pedazos. La boligoma es un ejemplo de fluido no newtoniano con una viscosidad variable (puede depender, por ejemplo, de las fuerzas que se ejercen sobre él). La viscosidad de los fluidos newtonianos –como el agua, por ejemplo– depende de la temperatura y la presión, pero no de las fuerzas que actúan sobre ellos.

Las arenas movedizas son otro ejemplo de fluido no newtoniano. Si alguna vez se ve atrapado en ellas, muévase lentamente: las arenas movedizas se comportarán como un líquido y podrá escapar con más facilidad que si se mueve con rapidez, ya que los movimientos rápidos hacen que el comportamiento de las arenas movedizas se parezca más al de un sólido, del que es más difícil escapar.

VÉASE TAMBIÉN La ley de Stokes (1851), Los superfluidos (1937), La lámpara de lava (1963).

La boligoma y otros materiales similares como la plastilina son ejemplos de fluidos no newtonianos con características poco habituales y cuya viscosidad no es constante. La boligoma se comporta en ocasiones como un líquido viscoso, pero también puede actuar como un sólido elástico.

1945

El pájaro bebedor

Miles V. Sullivan (nacido en 1917)

«Si alguna vez ha existido una máquina de movimiento perpetuo, tiene que ser esta», señalan con humor Ed y Wood Sobey. «El pájaro se mueve, al parecer, sin aporte de energía. Pero realmente se trata de un ejemplo extraordinario de máquina de calor. El calor lo suministra una lámpara, o el sol».

Inventado en 1945 (y patentado en 1946) por el doctor Miles V. Sullivan, un científico de los laboratorios Bell de Nueva Jersey, el pájaro bebedor ha fascinado desde entonces a físicos y profesores. El misterio se ve incrementado por la cantidad de principios físicos que operan mientras el animal se balancea sin parar adelante y atrás en torno a un eje, introduciendo su pico en un vaso de agua para luego volverse a incorporar.

Veamos cómo funciona el pájaro: su cabeza está cubierta por un material similar al fieltro; dentro del cuerpo del animal hay una solución coloreada de cloruro de metileno, un líquido volátil que se evapora a una temperatura relativamente baja. No hay aire dentro del pájaro, de modo que su cuerpo se llena parcialmente de vapor de cloruro de metileno. El conjunto se mueve debido a la diferencia de temperatura entre la cabeza y la cola, que crea una diferencia de presión. Cuando la cabeza está mojada, el agua se evapora del fieltro y la enfría. Como resultado del enfriamiento, una parte del vapor de la cabeza se condensa y se vuelve líquido. La caída de presión en la cabeza, resultado del enfriamiento y la condensación, hace ascender líquido hacia la cabeza, volviéndola más pesada y haciendo que el animal se incline sobre el vaso de agua. Con el pájaro inclinado, un tubo interno permite que una burbuja de vapor procedente del cuerpo, ascienda y desplace una parte del líquido de la cabeza, que vuelve al cuerpo y hace que el pájaro vuelva a levantarse. El proceso se repite mientras el vaso contenga agua suficiente como para mojar la cabeza cada vez que el pájaro «bebe».

Estos pájaros que se balancean pueden aprovecharse para generar pequeñas cantidades de energía.

VÉASE TAMBIÉN El sifón (250 a. C.), Las máquinas de movimiento perpetuo (1150), La ley de los gases de Boyle (1662), La ley de Henry (1803), La máquina de Carnot (1824), El radiómetro de Crookes (1873).

Inventado en 1945 y patentado en 1946, el pájaro bebedor ha sido fuente de misterio y diversión para físicos y profesores. Su movimiento incesante se explica mediante diversos principios físicos.

Little Boy: la primera bomba atómica

J. Robert Oppenheimer (1904–1967), Paul Warfield Tibbets, Jr. (1915–2007)

El 16 de julio de 1945 el físico estadounidense J. Robert Oppenheimer presenció la primera detonación de una bomba atómica, en los desiertos de Nuevo México. Recordó una frase del *Bhagavad Gita*: «Me he convertido en Muerte, el destructor de mundos». Oppenheimer era el director científico del Proyecto Manhattan, el intento, durante la Segunda Guerra Mundial, de desarrollar la primera arma nuclear.

Las armas nucleares explotan como resultado de la *fisión nuclear*, de la fusión nuclear o de una combinación de ambos procesos. Las bombas atómicas suelen basarse en la fisión nuclear, en la que ciertos isótopos de uranio o de plutonio se dividen en átomos más ligeros liberando neutrones y energía en una reacción en cadena. Las bombas termonucleares (o bombas de hidrógeno) basan una parte de su poder destructivo en la *fusión*. A temperaturas muy altas los isótopos de hidrógeno se combinan para formar elementos más pesados y liberar energía. Estas temperaturas extremas se consiguen mediante una bomba de fisión que comprime y calienta el combustible de la fusión.

«Little Boy» era el nombre de la bomba atómica que el bombardero *Enola Gay* –pilotado por el coronel Paul Tibbets–, arrojó sobre la ciudad japonesa de Hiroshima el 6 de agosto de 1945. La bomba medía 3 metros de longitud y contenía 64 kilogramos de uranio enriquecido. Se utilizaron cuatro radioaltímetros para conocer la altitud de la bomba una vez lanzada fuera del avión. Cuando dos altímetros cualesquiera detectaran la altura convenida, explotaría una carga de cordita en la bomba, lanzando una masa de uranio-235 a través de un cilindro contra otra masa para provocar una reacción nuclear autosostenida. Tras la explosión, Tibbets recordaba «una nube espantosa [...] borboteando hacia arriba, creciendo de forma terrible e increíblemente alta». Transcurrido un cierto tiempo llegaron a morir hasta 140.000 personas: la mitad, más o menos, a causa de la explosión, y la otra mitad debido a los efectos graduales de la radiación. Oppenheimer señaló más tarde que «las cosas profundas de la ciencia no se descubren porque sean útiles; se descubren porque es posible descubrirlas».

VÉASE TAMBIÉN Un reactor nuclear prehistórico (2000 millones a. C.), El generador electrostático de Von Guericke (1660), La ley de Graham (1829), La dinamita (1866), La radiactividad (1896), La energía del núcleo atómico (1942), El tokamak (1956), El pulso electromagnético (1962).

Little Boy en el foso de montaje, agosto de 1945. Su longitud era de aproximadamente 3 metros. Es posible que acabara matando a unas 140.000 personas.

1946

La nucleosíntesis estelar

Fred Hoyle (1915–2001)

«Sé humilde, porque estás hecho de estiércol. Sé noble, porque estás hecho de estrellas». Este antiguo proverbio serbio nos recuerda que ningún elemento más pesado que el hidrógeno y el helio existiría en cantidades significativas en el universo si no se hubieran producido en estrellas que terminaron muriendo, explotando y dispersando sus elementos en el universo. Aunque los elementos ligeros como el helio y el hidrógeno se crearon en los primeros momentos del **Big Bang**, la posterior nucleosíntesis (creación de núcleos atómicos) de los elementos más pesados precisaba de estrellas masivas y de sus reacciones de fusión nuclear durante largos períodos de tiempo. Las explosiones de supernova crearon rápidamente elementos aún más pesados, debido a una intensa sucesión de reacciones nucleares durante la explosión del núcleo estelar. Los elementos muy pesados, como el oro y el plomo, se crean en las temperaturas extremadamente altas y en el flujo de neutrones de la explosión de una supernova. La próxima vez que vea un anillo de oro, piense en las explosiones de supernova de las estrellas masivas.

El trabajo teórico pionero sobre el mecanismo que creó los núcleos pesados en las estrellas fue realizado en 1946 por el astrónomo Fred Hoyle, que mostró el modo en que núcleos muy calientes podían combinarse para formar hierro.

Escribo esto en mi oficina, mientras toco la calavera de un tigre de dientes de *sable*. Sin estrellas no habría calaveras. Como hemos mencionado, muchos elementos –como el calcio de los huesos– se crearon por primera vez en las estrellas. Cuando estas murieron, fueron arrojados al espacio. Sin estrellas, el tigre que atraviesa la sabana se desvanece como un fantasma. No hay átomos de hierro para su sangre, ni oxígeno para su respiración, ni carbono para sus proteínas y su ADN. Los átomos que se crearon en la muerte de esas antiguas estrellas cruzaron grandes distancias y terminaron formando los elementos en los planetas que se juntaron alrededor de nuestro Sol. Sin estas explosiones de supernova no existirían las ciénagas cubiertas de niebla, ni los ordenadores, ni los trilobites, ni Mozart, ni las lágrimas de una niña. Si las estrellas no explotaran, tal vez existiría el paraíso, pero no hay duda que no existiría la Tierra.

VÉASE TAMBIÉN El Big Bang (13.700 millones a. C.), Las líneas de Fraunhofer (1814), $E= mc^2$ (1905), El núcleo atómico (1911), El tokamak (1956).

25 de febrero de 2007: la Luna pasa frente al Sol en una imagen captada por la nave STEREO–B de la NASA en cuatro longitudes de onda de luz ultravioleta extrema. La Luna parece más pequeña de lo habitual porque la sonda se encuentra más lejos del Sol que la Tierra.

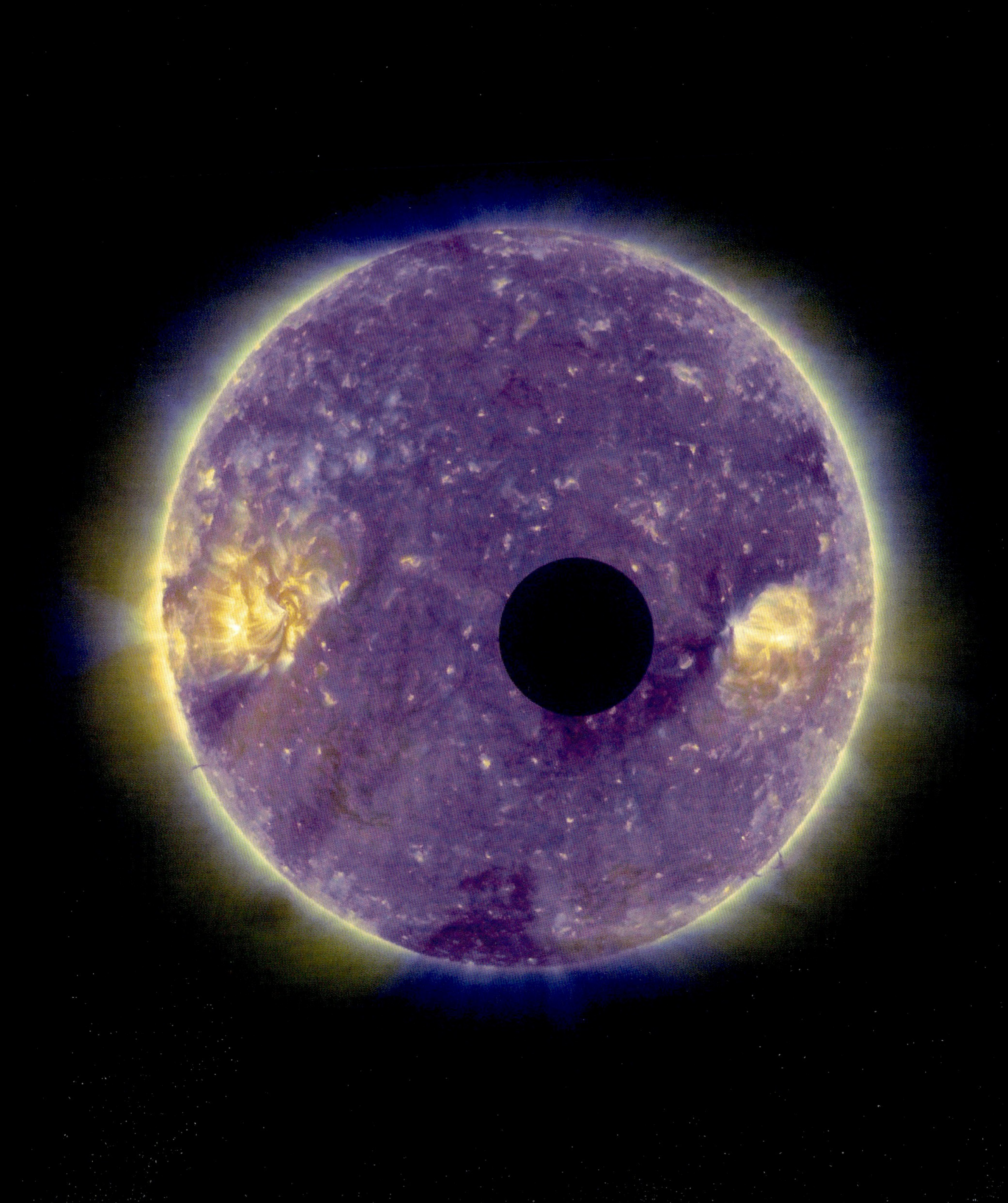

1947

El transistor

Julius Edgar Lilienfeld (1882–1963), **John Bardeen** (1908–1991), **Walter Houser Brattain** (1902–1987), **William Bradford Shockley** (1910–1989)

Dentro de mil años, cuando nuestros descendientes reflexionen acerca de la historia de la humanidad, señalarán el 16 de diciembre de 1947 como el comienzo de la Era de la Información, el día en que dos físicos de los laboratorios Bell Telephone –John Bardeen y Walter Brattain– conectaron dos electrodos superiores con una pieza de germanio especialmente tratado colocado sobre un tercer electrodo (una placa de metal unida a una fuente de voltaje). Cuando se introdujo una pequeña corriente a través de uno de los electrodos superiores, otra corriente mucho más fuerte fluyó a través de los otros dos. Había nacido el transistor.

A pesar de la magnitud del descubrimiento, la reacción de Bardeen fue bastante comedida. Aquella noche, al entrar en su casa por la puerta de la cocina, le murmuró a su esposa: «Hoy hemos descubierto algo importante». No dijo nada más. Su colega William Shockley –que también destacó por sus investigaciones sobre semiconductores– comprendió el gran potencial del aparato; más tarde, enfadado porque los laboratorios Bell lo habían dejado fuera de la patente (solo aparecían los nombres de Bardeen y Brattain), Shockley creó un diseño mejor.

Un transistor es un aparato semiconductor que puede utilizarse como amplificador o conmutador de señales eléctricas. La conductividad de un material semiconductor puede controlarse mediante la introducción de una señal eléctrica. Dependiendo de su diseño específico, si se aplica un voltaje o una corriente a dos de los terminales del transistor, se cambia la corriente que fluye por el otro terminal.

Según los físicos Michael Riordan y Lillian Hoddeson, «es difícil imaginar un aparato más crucial para la vida moderna que el microchip y el transistor del que surgió. La gente de todo el mundo no se para a pensar en sus enormes beneficios: teléfonos móviles, cajeros automáticos, relojes de pulsera, calculadoras, ordenadores, radios de coche, televisiones, terminales de fax, fotocopiadoras, semáforos y miles de aparatos electrónicos más. Sin duda, el transistor es el artefacto más importante del siglo XX, y la 'célula nerviosa' de nuestra era electrónica». En el futuro, los transistores muy rápidos hechos de grafeno (láminas de átomos de carbono) y nanotubos de carbono empezarán a ser prácticos. Finalmente, señalemos que en 1925 el físico Julius Lilienfeld fue realmente la primera persona que patentó una versión rudimentaria del transistor.

VÉASE TAMBIÉN La válvula de vacío (1906), El efecto túnel (1928), Los circuitos integrados (1958), Los ordenadores cuánticos (1981), Las *buckyesferas* (1985).

El radio transistor Regency TR–1, anunciado en octubre de 1954, fue el primer aparato práctico de estas características que se construyó en grandes cantidades. La imagen muestra la patente de Richard Koch, empleado de la empresa que fabricó el TR–1.

June 30, 1959 R. C. KOCH 2,892,931

TRANSISTOR RADIO APPARATUS

Filed March 25, 1955 2 Sheets-Sheet 1

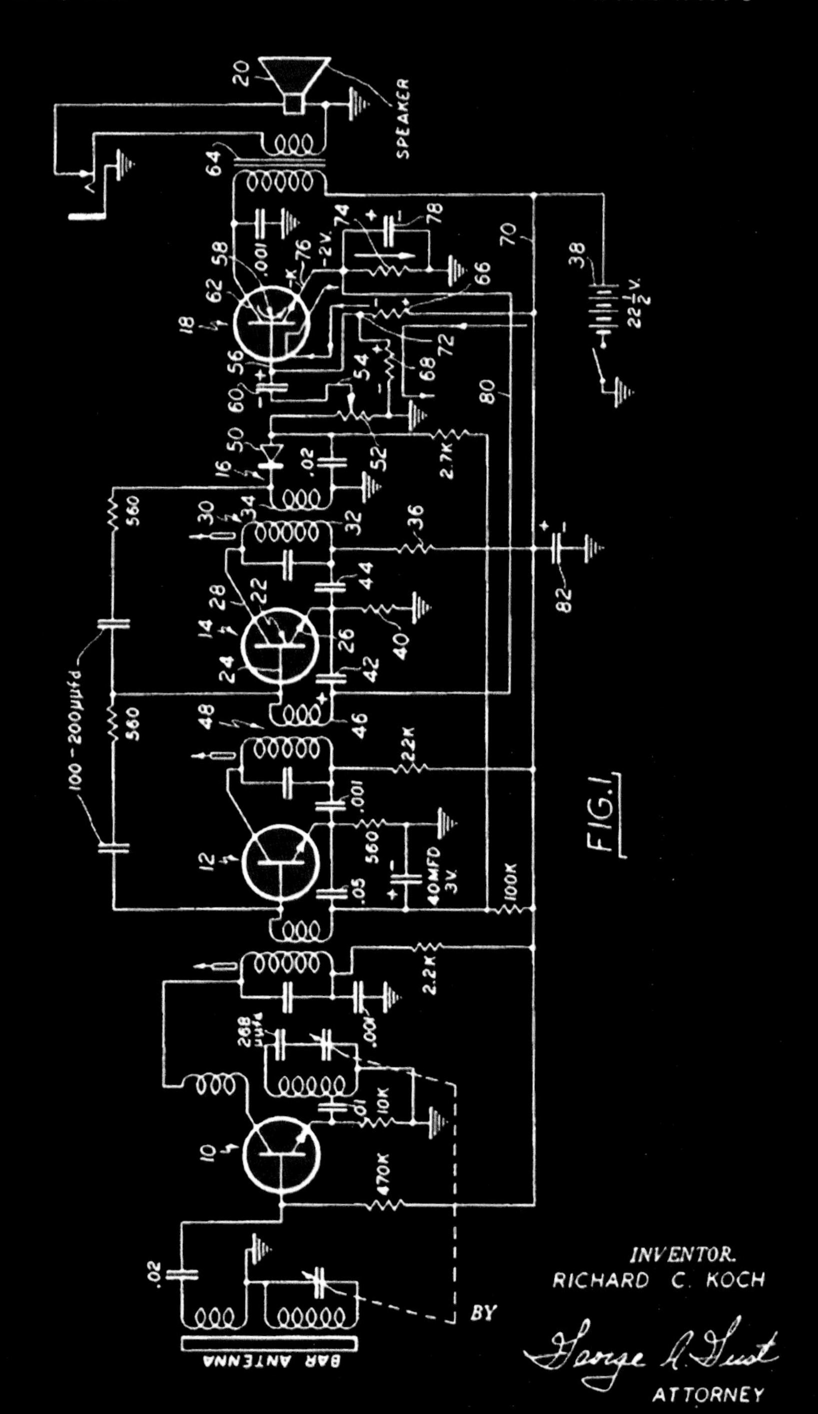

1947

Estampido sónico

Charles Elwood "Chuck" Yeager (nacido en 1923)

El término *estampido sónico* suele hacer referencia al sonido provocado por el vuelo de los aviones supersónicos. El estampido tiene lugar como resultado de la enorme compresión del aire desplazado, que crea una onda de choque. Los truenos son ejemplos de estampidos sónicos naturales: se generan cuando el relámpago ioniza el aire provocando su expansión supersónica. El restallido de un látigo se produce como consecuencia de un pequeño estampido sónico, cuando el extremo del látigo se mueve a una velocidad mayor que la del sonido.

Para visualizar el fenómeno ondulatorio de un estampido sónico imaginemos una lancha motora que deja a su paso una estela en forma de V. Si colocamos la mano en el agua, cuando la estela golpea nuestra mano sentimos una bofetada. Cuando un avión viaja a una velocidad superior a la velocidad del sonido o Mach 1 (1.062 kilómetros por hora en el aire frío por el que suelen desplazarse los aviones), las ondas de choque aéreas toman la forma de un cono que se estira detrás del aparato. Cuando el lateral del cono alcanza nuestro oído, escuchamos una potente explosión. Las ondas de choque no se crean solo en el morro del avión, sino también en otros salientes, como la cola y la parte frontal de las alas. El estampido se genera en cada uno de los instantes en los que el avión viaja a una velocidad de Mach 1 o superior.

En la década de 1940 se especuló acerca de la imposibilidad de «romper la barrera del sonido», dado que los pilotos que intentaron forzar sus máquinas en Corea para viajar a velocidades mayores que Mach 1 experimentaron grandes sacudidas y algunos fallecieron cuando sus aviones se despedazaron. La primera persona que rompió la barrera del sonido de forma oficial fue el estadounidense Chuck Yeager, el 14 de octubre de 1947, en un avión Bell X-1. En tierra, esta barrera no se rompió hasta 1997: lo hizo un coche británico a reacción. Yeager se encontró con los mismos problemas que los pilotos de Corea cuando se aproximaba a Mach 1, pero luego experimentó un extraño silencio a medida que se adelantaba al ruido y a la onda de choque que su propio avión generaba.

VÉASE TAMBIÉN El efecto Doppler (1842), La ecuación del cohete de Tsiolkovsky (1903), El latigazo supersónico (1927), La radiación de Cherenkov (1934), El tornado más rápido del mundo (1999).

La singularidad de Prandtl–Glauert, que se manifiesta como un cono de vapor, rodea en ocasiones a un avión que supera la velocidad del sonido. En la imagen, un caza F/A–18 Hornet rompe la barrera del sonido sobre el océano Pacífico.

1947

El holograma

Dennis Gabor (1900–1979)

La holografía, el proceso por el cual se puede grabar y posteriormente reproducir una imagen tridimensional, se inventó en 1947. El físico Dennis Gabor recibió el premio Nobel por su descubrimiento. En el discurso de aceptación del premio dijo: «No necesito escribir una sola ecuación ni mostrar una gráfica abstracta. En la holografía se pueden introducir tantas matemáticas como se desee, por supuesto, pero lo esencial se puede explicar y comprender partiendo de argumentos físicos».

Pensemos en un objeto, por ejemplo en un melocotón. Los hologramas pueden almacenarse en una película fotográfica como un registro del melocotón desde muchos puntos de vista. Para producir un holograma de transmisión se utiliza un divisor de rayos que divide la luz **láser** en un rayo de referencia y un rayo objeto. El primero no interacciona con el melocotón y es dirigido hacia la película con un espejo. El rayo objeto apunta al melocotón. La luz que sale reflejada del melocotón se encuentra con el rayo de referencia creándose un patrón de interferencia en la película. En este patrón de rayas y espirales no hay nada que sea reconocible. Después de revelar la película se puede reconstruir en el espacio una imagen tridimensional del melocotón si se dirige luz hacia el holograma con el mismo ángulo que se ha utilizado para el rayo de referencia. Las franjas ligeramente espaciadas de la película del holograma crean los efectos de difracción o refracción de la luz que forman la imagen tridimensional.

«Cuando ves el primer holograma», escriben los físicos Joseph Kasper y Steven Feller, «sientes perplejidad e incredulidad. Es posible que coloques la mano en el lugar en el que parece estar situada la imagen y que encuentres que allí no hay nada que se pueda tocar».

Los *hologramas de transmisión* emplean luz que atraviesa la película revelada desde atrás, mientras que en los *hologramas de reflexión* la luz ilumina la película con la fuente lumínica frente a ella. Para ver algunos hologramas hace falta luz láser, mientras que los *hologramas arcoíris* (por ejemplo los de las tarjetas de crédito, que tienen una capa reflectante) pueden verse sin necesidad de láser. La holografía también puede utilizarse para almacenar ópticamente grandes cantidades de datos.

VÉASE TAMBIÉN La ley de la refracción de Snell (1621), La ley de Bragg (1912), El láser (1960).

Holograma en el billete de 50 euros. Los hologramas de seguridad son muy difíciles de falsificar.

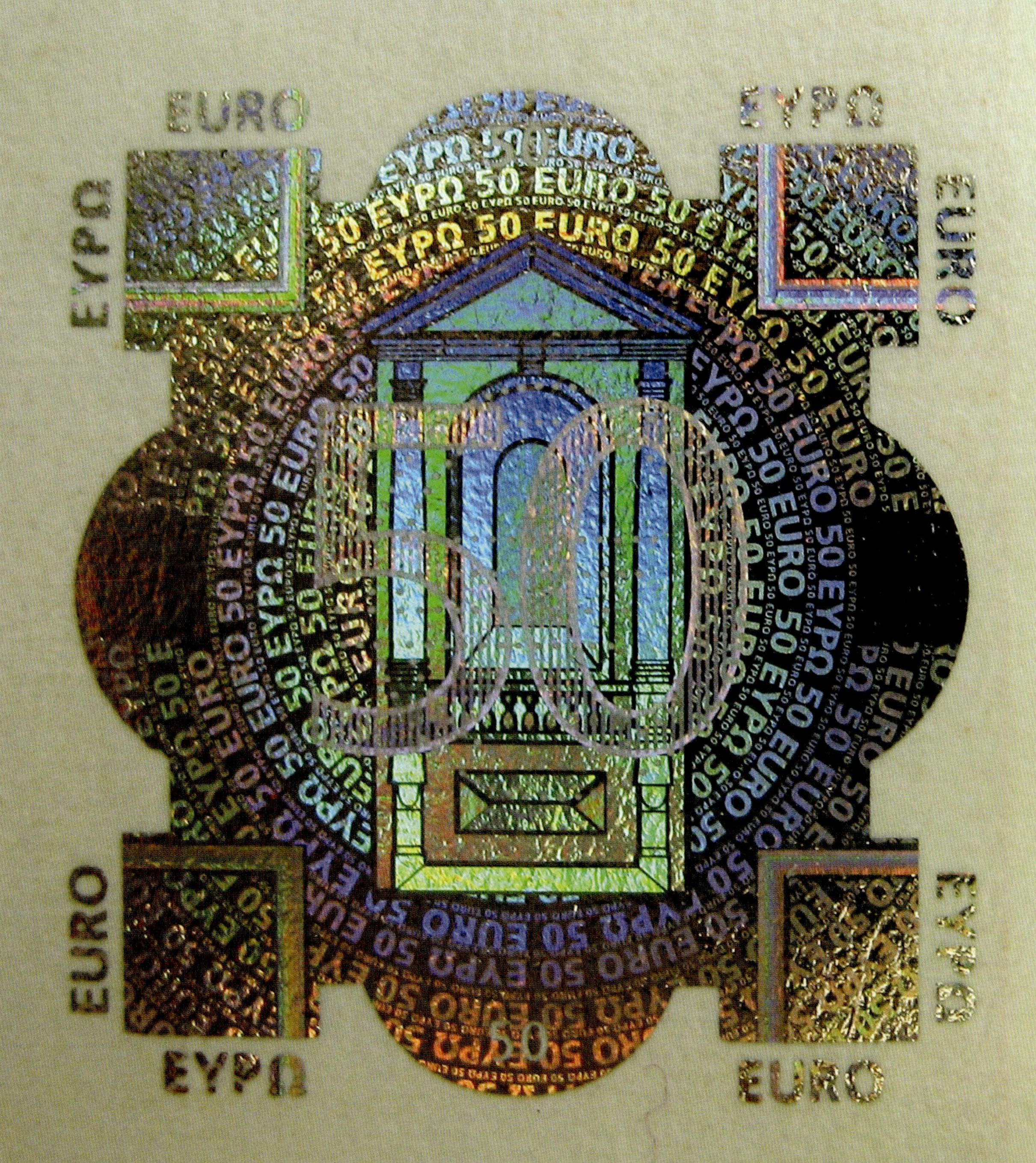

EURO
EYPΩ
EYPΩ
EURO
EURO
EYPΩ
EYPΩ
EURO
50

1948

La electrodinámica cuántica

Paul Adrien Maurice Dirac (1902–1984), **Sin-Itiro Tomonaga** (1906–1979), **Richard Phillips Feynman** (1918–1988), **Julian Seymour Schwinger** (1918–1994)

«Es posible que la electrodinámica cuántica sea la teoría más precisa que se ha realizado acerca de los fenómenos naturales», escribe el físico Brian Greene. «Por medio de la electrodinámica cuántica los físicos han sido capaces de consolidar el papel de los fotones como 'los paquetes de luz más pequeños posibles', así como de revelar sus interacciones con partículas cargadas eléctricamente como los electrones, y todo ello en un marco matemáticamente completo, predecible y convincente». La electrodinámica cuántica describe de forma matemática las interacciones de la luz con la materia y las de las partículas cargadas entre ellas.

El físico inglés Paul Dirac puso en 1928 los pilares de la electrodinámica cuántica y la teoría se refinó y desarrolló a finales de la década de 1940 gracias a los físicos Richard P. Feynman, Julian S. Schwinger y Sin-Itiro Tomonaga. La electrodinámica cuántica se basa en la idea de que las partículas cargadas (los electrones, por ejemplo) interactúan mediante la emisión y absorción de fotones, que son las partículas que transmiten las fuerzas electromagnéticas. Estos fotones son «virtuales» y no pueden detectarse, y sin embargo proporcionan la «fuerza» de la interacción cuando las partículas implicadas modifican su velocidad y su dirección al absorber o liberar la energía de un fotón. Las interacciones pueden representarse gráficamente, y comprenderse, mediante el uso de los intrincados diagramas de Feynman. Estos dibujos, además, ayudan a los físicos a calcular la probabilidad de que tengan lugar interacciones concretas.

Según la teoría de la electrodinámica cuántica, cuantos más fotones virtuales se intercambien en una interacción (es decir, cuanto más complejo es el proceso), menos probable será que tenga lugar. La exactitud de las predicciones de la electrodinámica cuántica es asombrosa. Por ejemplo, la predicción de la fuerza del campo magnético de un electrón está tan cerca del valor experimental que si se midiera la distancia entre Nueva York y Los Ángeles con la misma exactitud, el error sería menor que el grosor de un pelo humano.

La electrodinámica cuántica ha sido la plataforma de lanzamiento de muchas teorías posteriores, como la cromodinámica cuántica, que comenzó a principios de la década de 1960 y está relacionada con las fuerzas fuertes que mantienen unidos a los quarks mediante el intercambio de unas partículas denominadas gluones. Los **quarks** son partículas que se combinan para formar otras partículas subatómicas como los protones y los neutrones.

VÉASE TAMBIÉN El electrón (1897), El efecto fotoeléctrico (1905), El modelo estándar de la física de partículas (1961), Los quarks (1964), La teoría del todo (1984).

Diagrama de Feynman que representa la aniquilación de un electrón y un positrón para crear un fotón que se desintegra en una nueva pareja electrón–positrón. A Feynman le gustaban tanto sus diagramas que pintó algunos en el lateral de su furgoneta.

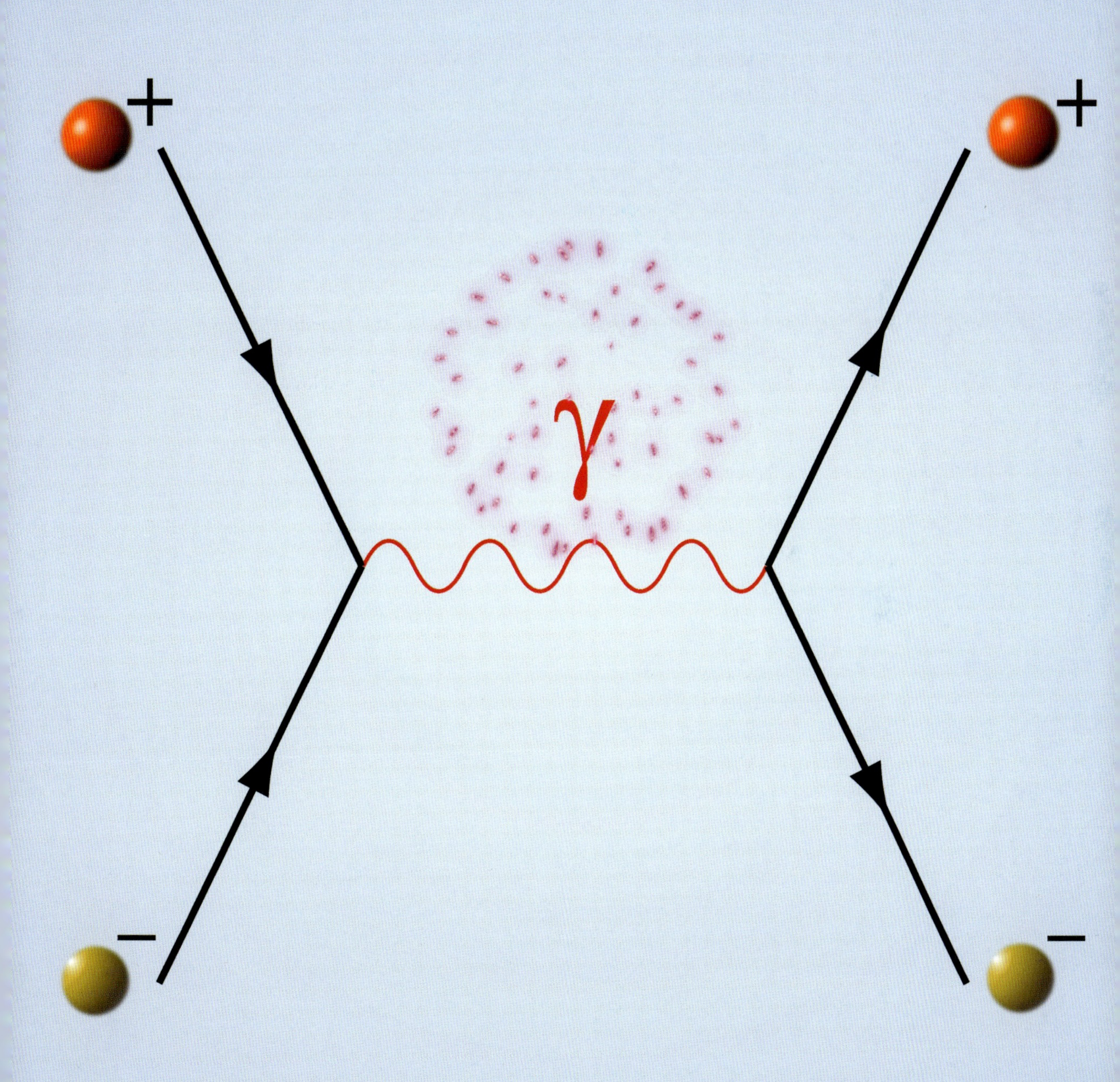
+
+
γ
−
−

1948

Tensegridad

Kenneth Snelson (nacido en 1927), **Richard Buckminster "Bucky" Fuller** (1895–1983)

Heráclito de Efeso, el filósofo de la antigua Grecia, escribió que el mundo es una «armonía de tensiones». Una de las materializaciones más misteriosas de esta filosofía la constituyen los sistemas de tensegridad, que Buckminster Fuller, su inventor, describió como «islas de compresión en un océano de tracción».

Imaginemos una estructura compuesta solamente por varillas rígidas y cables. Los cables conectan las varillas por sus extremos, que nunca se tocan. La estructura es estable a pesar de la fuerza de la gravedad. ¿Cómo es posible que se mantenga una estructura de aspecto tan endeble?

La integridad estructural de este tipo de construcciones se mantiene gracias a un equilibrio entre las fuerzas de tensión (como la tracción que ejerce un cable) y las fuerzas de compresión (como las que tienden a comprimir las varillas). Encontramos otro ejemplo de estas fuerzas cuando al presionar hacia el interior los dos extremos de un muelle longitudinal lo comprimimos; si tiramos de los extremos hacia el exterior, creamos más tensión.

En los sistemas de tensegridad, las varillas rígidas que soportan la compresión tienden a estirar (o tensar) los cables que soportan la tensión, que a su vez comprimen las varillas. Si la tensión de uno de los cables aumenta, es posible que lo hagan también todas las tensiones de la estructura, que se equilibran con un incremento en la compresión de las varillas. Las fuerzas que actúan en todas las direcciones de una estructura de tensegridad suman, en conjunto, una fuerza neta que es igual a cero. Si no fuera así, la estructura saldría disparada (como una flecha disparada por un arco) o se desmoronaría.

En 1948, el artista Kenneth Snelson realizó una estructura de *tensegridad* con forma de cometa, que tituló «X-Piece». Más tarde, Buckminster Fuller acuñó el término tensegridad para este tipo de estructuras. Fuller reconoció que la fuerza y eficiencia de sus enormes cúpulas geodésicas procedían de una estabilidad estructural similar que distribuye y equilibra las tensiones mecánicas en el espacio.

Somos, hasta cierto punto, sistemas de tensegridad en los que los huesos sufren una compresión que se equilibra gracias a los tendones, que a su vez sufren tensión. El citoesqueleto de una célula animal microscópica también se parece a un sistema de tensegridad. De hecho, las estructuras de tensegridad reproducen algunos de los comportamientos que se han observado en las células vivas.

VÉASE TAMBIÉN El armazón (2500 a. C.), El arco (1850 a. C.), El perfil en doble T (1844), La pila de libros (1955).

Un diagrama de la patente número 3.695.617 de Estados Unidos (1972), «Rompecabezas con estructura de tensegridad», de G. Mogilner y R. Johnson. Las columnas rígidas se muestran en verde oscuro. Uno de los objetivos consiste en tratar de liberar la esfera interior desplazando las columnas.

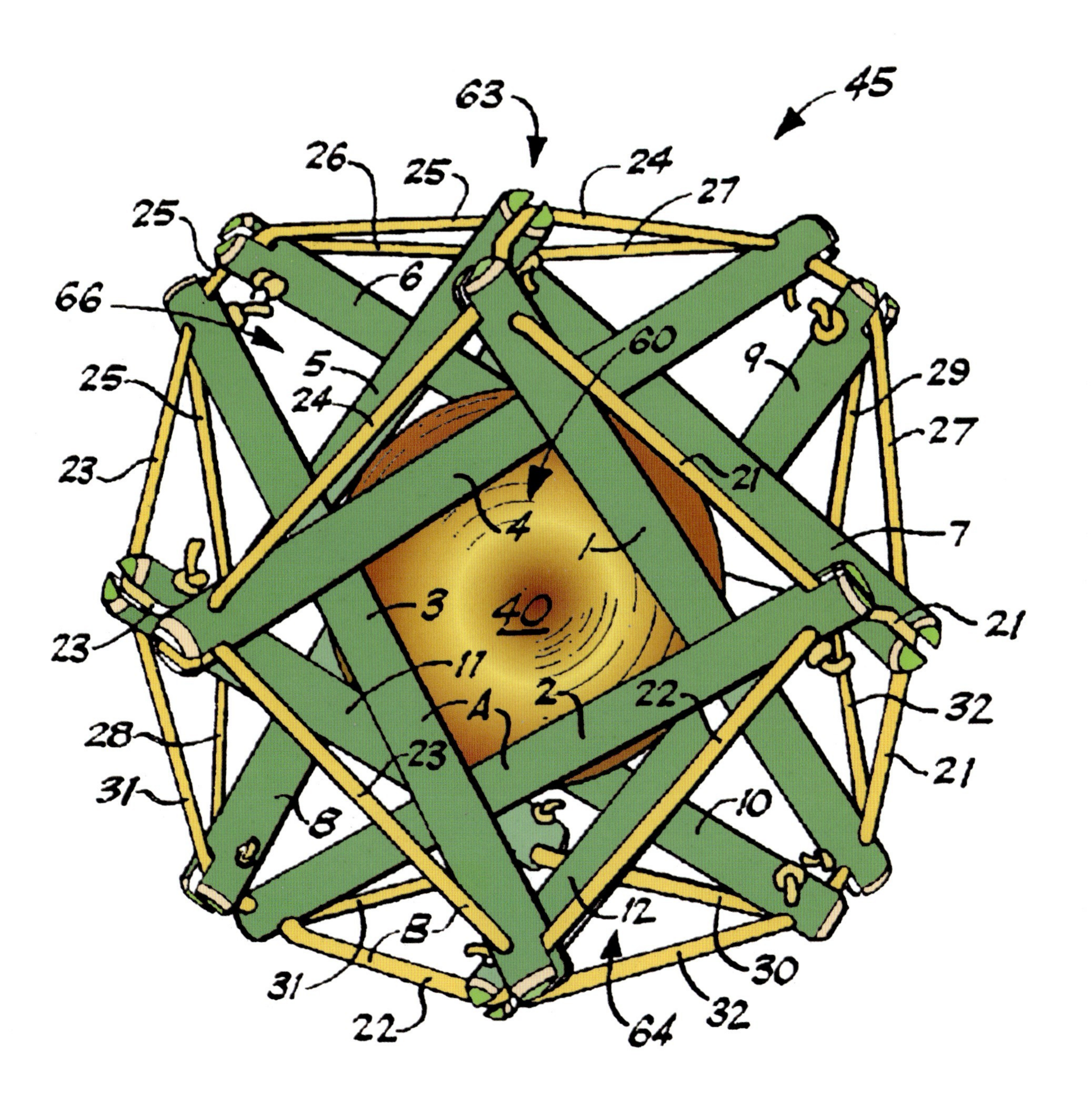

63
45
26
25
24
27
25
6
66
60
5
9
25
24
29
27
23
21
4
7
3
40
21
23
11
2
22
A
32
28
23
21
31
8
10
12
B
30
31
22
32
64

1948

El efecto Casimir

Hendrik Brugt Gerhard Casimir (1909–2000), **Evgeny Mikhailovich Lifshitz** (1915–1985)

El efecto Casimir suele hacer referencia a una extraña fuerza de atracción que aparece entre dos placas paralelas y sin carga en el vacío. Una forma de entender este efecto es imaginando la naturaleza del vacío en el espacio según la teoría cuántica de campos. «La física moderna asume que el vacío, lejos de estar vacío» escriben los físicos Stephen Reucroft y John Swain, «está lleno de ondas electromagnéticas fluctuantes que no pueden eliminarse por completo; como un océano cuyas olas, siempre presentes, no pueden detenerse. La presencia de estas ondas, que se dan en todas las longitudes de onda posibles, implica que el espacio vacío contiene una cierta cantidad de energía llamada *energía del punto cero*».

Si las dos placas paralelas se aproximan mucho –hasta tan solo unos pocos nanómetros de separación–, las ondas de mayor longitud no caben entre ellas, de modo que la energía de vacío entre ellas será menor que en el exterior de las placas, haciendo que las placas se atraigan. Podemos imaginar que las propias placas prohíben cualquier fluctuación que no se «ajuste» al espacio que las separa. El físico Hendrik Casimir fue el primero en predecir la existencia de esta atracción en 1948.

Se han propuesto distintas aplicaciones teóricas del efecto Casimir, desde su utilización como «densidad de energía negativa» para mantener abiertos agujeros de gusano transitables entre distintas regiones del espacio y el tiempo, hasta su uso para desarrollar dispositivos de levitación (después de que el físico Evgeny Lifshitz propusiera de forma teórica que este efecto puede provocar fuerzas de repulsión). Es posible que los investigadores que trabajan en aparatos robóticos micromecánicos o nanomecánicos deban tener en cuenta el efecto Casimir a la hora de diseñar sus diminutas máquinas.

En la teoría cuántica el vacío es un mar de fantasmales *partículas virtuales* que entran y salen de la existencia. Desde este punto de vista se puede comprender el efecto Casimir si nos damos cuenta de que existen menos fotones virtuales entre las placas porque algunas longitudes de onda están prohibidas. La presión excesiva de los fotones externos a las placas hace que estas tiendan a juntarse. Debemos señalar que las fuerzas de Casimir también pueden interpretarse desde otros puntos de vista que no están relacionados con la energía del punto cero.

VÉASE TAMBIÉN El tercer principio de la termodinámica (1905), La máquina del tiempo de agujero de gusano (1988), Resurrección cuántica en 100 billones de años.

La esfera que muestra esta imagen de un microscopio electrónico de barrido tiene un diámetro ligeramente superior a una décima de milímetro. Se desplaza, debido al efecto Casimir, hacia una placa lisa que no vemos. Las investigaciones acerca del efecto Casimir ayudan a predecir mejor el funcionamiento de componentes micromecánicos. (Imagen cedida por Umar Mohideen.)

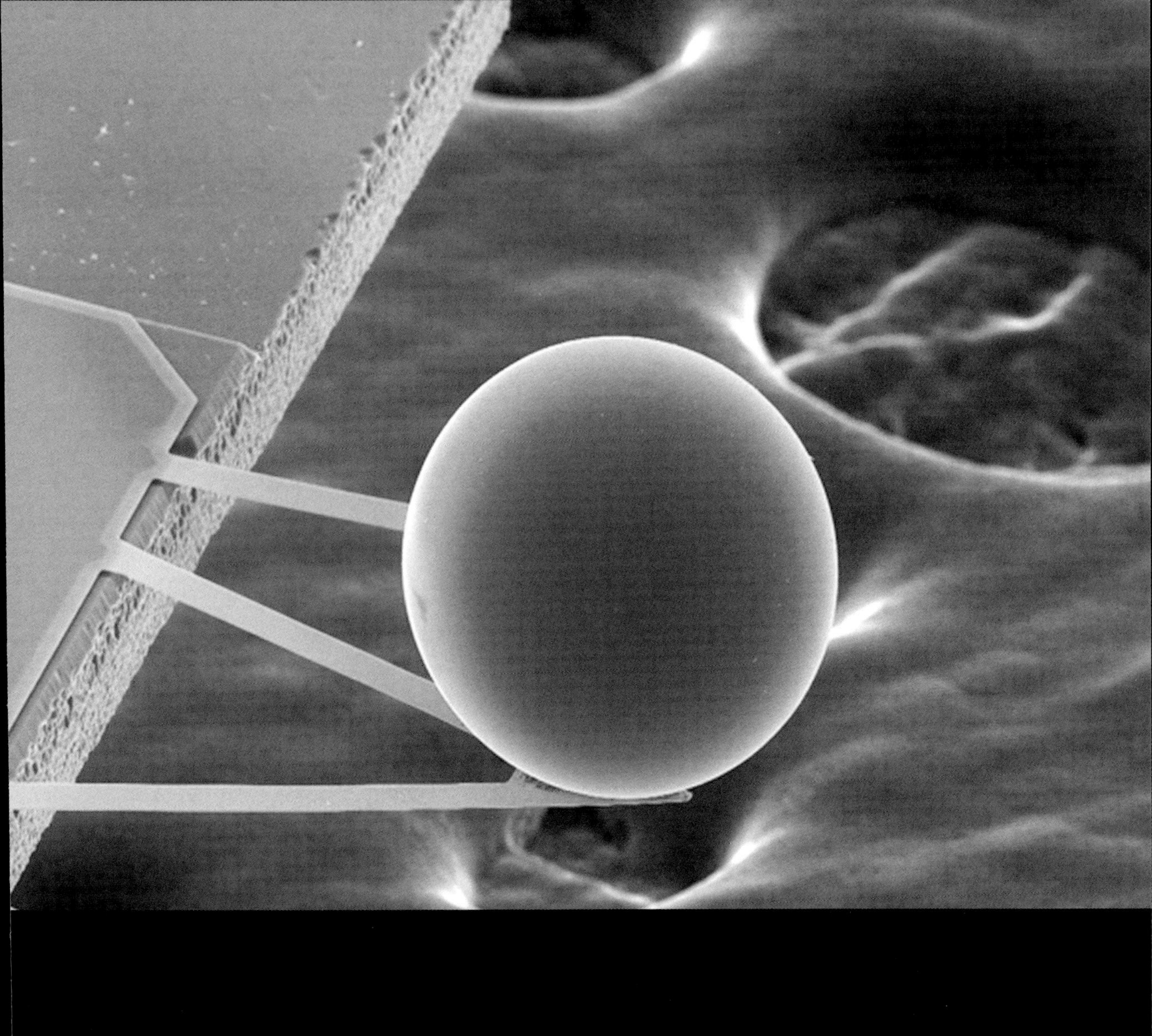

1949

Viajes en el tiempo

Albert Einstein (1879–1955), **Kurt Gödel** (1906–1978), **Kip Stephen Thorne** (nacido en 1940)

¿Qué es el tiempo? ¿Es posible viajar en el tiempo? Durante siglos estas preguntas han fascinado a filósofos y científicos. En la actualidad sabemos con certeza que es posible viajar en el tiempo. Los científicos han demostrado, por ejemplo, que los objetos que viajan a grandes velocidades envejecen más lentamente que los objetos estáticos ubicados en el sistema de referencia de un laboratorio. Si pudiésemos desplazarnos en un cohete cuya velocidad fuera próxima a la de la luz, al regresar a la Tierra habríamos viajado miles de años hacia el futuro. Esta dilatación temporal se ha demostrado de distintas formas. En la década de 1970, por ejemplo, se utilizaron relojes atómicos colocados en aviones que revelaron una ligera deceleración del tiempo respecto al de los relojes situados en tierra. El tiempo, además, avanza más lentamente en la proximidad de regiones con masas muy grandes.

Aunque pueda parecer más difícil, la construcción teórica de máquinas para viajar al pasado por distintos procedimientos no parece violar ninguna de las leyes conocidas de la física. Casi todos estos métodos se basan en fuerzas gravitacionales extremas o en agujeros de gusano («atajos» hipotéticos que atraviesan el espacio y el tiempo). Para Isaac Newton el tiempo era como un río que fluye siempre en la misma dirección y que nada puede desviar. Einstein demostró que el río puede curvarse, aunque nunca podría formar un bucle (una metáfora para el viaje al pasado). En 1949, el matemático Kurt Gödel llegó más lejos y mostró que el río sí que podría llegar a formar un bucle. Concretamente, encontró una solución inquietante para las ecuaciones de Einstein que permitía viajar al pasado en un universo rotatorio. Por primera vez en la historia el viaje al pasado encontraba cimientos matemáticos.

A lo largo de la historia los físicos han observado que a menudo, si un fenómeno no está prohibido de forma expresa, con el tiempo se comprueba que ocurre. En la actualidad proliferan los diseños de máquinas del tiempo en los mejores laboratorios científicos, con conceptos tan extraordinarios como las **máquinas del tiempo de agujero de gusano** de Thorne, los bucles de Gott relacionados con cuerdas cósmicas, las conchas de Gott, los cilindros de Tipler y van Stockum y los anillos de Kerr. Es posible que en los próximos siglos nuestros descendientes exploren el espacio y el tiempo hasta extremos que ahora no podemos siquiera imaginar.

VÉASE TAMBIÉN Los taquiones (1967), La máquina del tiempo de agujero de gusano (1988), La teoría espacial de la relatividad (1905), La teoría general de la relatividad (1915), La conjetura de protección de la cronología (1992).

Si el tiempo es como el espacio, ¿podría ser que en cierto sentido el pasado siguiera existiendo «allá atrás» igual que sigue existiendo nuestro hogar aunque nos hayamos ido? Si usted pudiese viajar al pasado, ¿a qué personaje histórico le gustaría conocer?

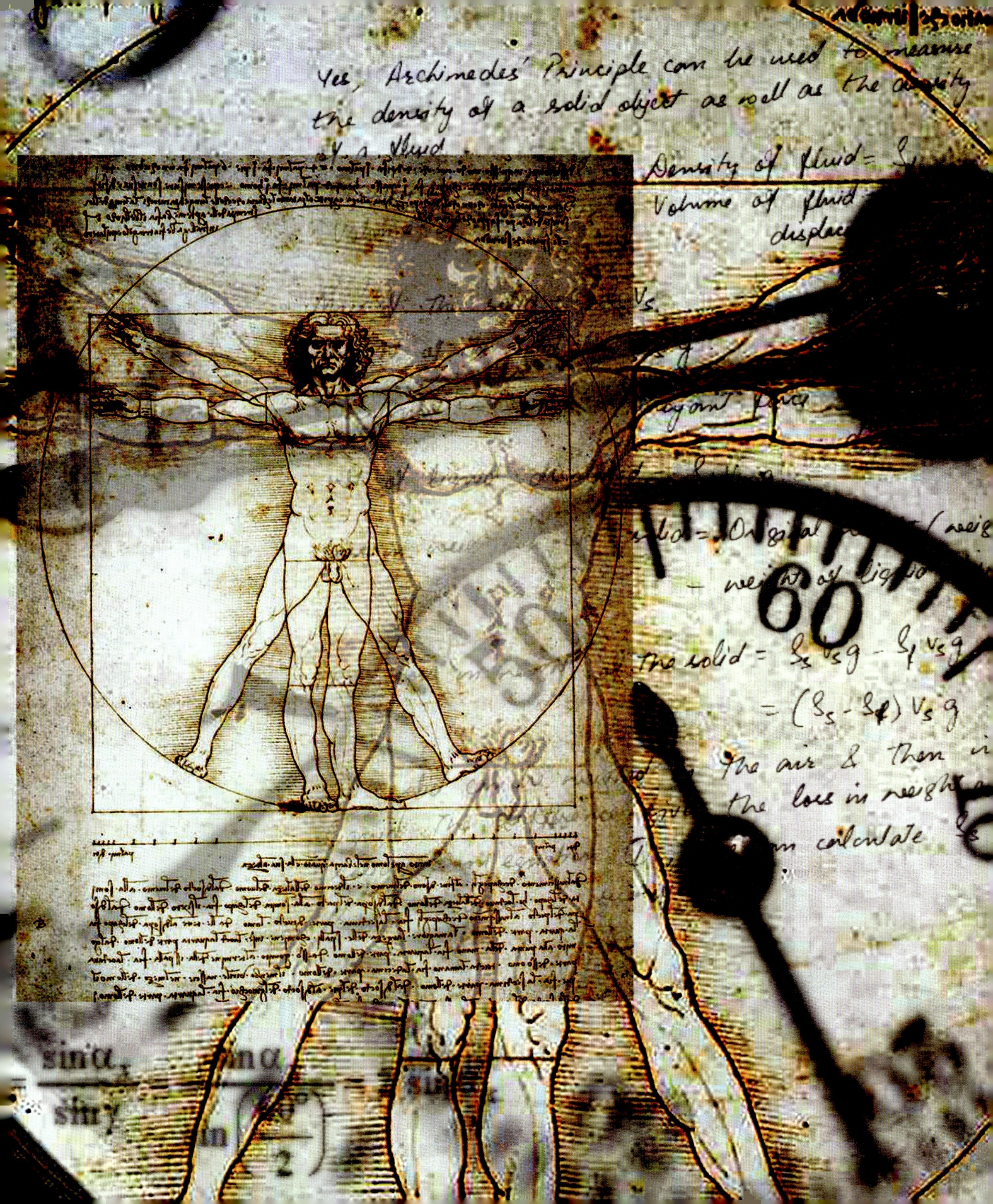
Yes, Archimedes' Principle can be used to measure
the density of a solid object as well as the density
Density of fluid =
Volume of fluid
60
the air & then
the loss in weight
calculate

1949

El carbono 14

Willard Frank Libby (1908–1980)

«Si usted estuviese interesado en descubrir la edad de las cosas, el lugar perfecto sería la universidad de Chicago en los años 40», escribe Bill Bryson. «Willard Libby estaba trabajando en el método de datación por radiocarbono, que permitiría que los científicos obtuvieran una estimación precisa de la edad de huesos y otros restos orgánicos, algo que no habían sido capaces de hacer hasta entonces…»

La datación por radiocarbono consiste en la medición de la cantidad de un elemento radiactivo, el carbono-14 (^{14}C), en una muestra que contenga carbono. El método se basa en el hecho de que el ^{14}C se crea en la atmósfera cuando los rayos cósmicos chocan con átomos de nitrógeno. Así, el ^{14}C se incorpora a las plantas, con las que los animales se alimentan después. La proporción de ^{14}C en el cuerpo de un animal vivo coincide aproximadamente con la de la atmósfera. El ^{14}C se desintegra de forma exponencial y se convierte en nitrógeno-14. Cuando el animal muere cesa el suministro de ^{14}C procedente del medio, de modo que sus restos van perdiendo ^{14}C lentamente. Si se conoce la cantidad de ^{14}C presente en una muestra, se puede calcular su antigüedad siempre que no sea superior a 60.000 años. En las muestras más antiguas, la cantidad de ^{14}C es demasiado pequeña como para medirla con precisión. El período de semidesintegración del ^{14}C es de aproximadamente 5.730 años, lo que significa que cada 5.730 años la cantidad de ^{14}C de una muestra se reduce a la mitad. Dado que la cantidad de ^{14}C atmosférico sufre pequeñas variaciones con el tiempo, se hacen pequeñas calibraciones para mejorar la precisión de la medida. Además, como consecuencia de los ensayos armamentísticos con bombas atómicas, el ^{14}C atmosférico aumentó en la década de 1950. Se puede utilizar un **espectrómetro de masas** para detectar la proporción de ^{14}C en muestras que solo contienen unos pocos miligramos.

Antes de que existiera este método era muy difícil obtener dataciones fiables para acontecimientos anteriores a la Primera Dinastía de Egipto (año 3000 a. C.) Resultaba muy frustrante para los arqueólogos, deseosos de saber, por ejemplo, en qué momento pintaron los cromañones las cuevas de Lascaux o cuándo terminó la última glaciación.

VÉASE TAMBIÉN La brújula olmeca (1000 a. C.), El reloj de arena (1338), La radiactividad (1896), El espectrómetro de masas (1898), Los relojes atómicos (1955).

El carbono es muy común, así que hay muchos materiales potencialmente válidos para su estudio con radiocarbono; por ejemplo, esqueletos hallados en excavaciones arqueológicas, carbón, cuero, madera, polen, cuernos…

1950

La paradoja de Fermi

Enrico Fermi (1901–1954), **Frank Drake** (nacido en 1930)

En el Renacimiento, los textos antiguos recuperados y los nuevos saberes inundaron la Europa medieval con la luz de la transformación intelectual, el asombro, la creatividad, la exploración y la experimentación. Imaginemos las consecuencias de establecer contacto con una raza alienígena. La riqueza de la información científica, técnica y sociológica de los extraterrestres alimentaría un Renacimiento mucho más profundo. Dado que nuestro universo es muy extenso y antiguo (se calcula que solo en nuestra Vía Láctea existen 250 mil millones de estrellas), el físico Enrico Fermi se preguntó en 1950 por qué ninguna civilización extraterrestre se había puesto en contacto todavía con nosotros. Existen muchas respuestas posibles, por supuesto. Es posible que exista una vida alienígena desarrollada pero que no seamos conscientes de su presencia. Además, pudiera ser que los alienígenas inteligentes fuesen tan escasos que nunca llegásemos a establecer contacto con ellos. La paradoja de Fermi, tal y como la conocemos hoy, ha dado lugar a muchos ensayos académicos que tratan de abordar esta cuestión desde diversos campos (física, astronomía y biología).

En 1960, el astrónomo Frank Drake sugirió una fórmula para calcular el número de civilizaciones extraterrestres de nuestra galaxia con las que podríamos entrar en contacto:

$$N = R^{*} \times f_p \times n_e \times f_l \times f_i \times f_c \times L$$

Donde N es el número de civilizaciones alienígenas en la Vía Láctea con las que la comunicación podría ser posible (la tecnología alienígena, por ejemplo, podría producir ondas de radio detectables); R^{*} es la tasa anual media de formación de estrellas en nuestra galaxia; f_p es la fracción de esas estrellas que tiene planetas (se han detectado cientos de planetas extrasolares); n_e es el número medio de planetas «tipo Tierra» (que potencialmente pueden albergar vida) por cada estrella con planetas; f_l es la fracción de estos n_e planetas que realmente alberga alguna forma de vida; f_i es la proporción de f_l que realmente alberga vida *inteligente*; f_c es la proporción de civilizaciones que desarrollan una tecnología capaz de lanzar al espacio exterior signos detectables de su existencia; L es la cantidad de tiempo durante la cual esas civilizaciones lanzan al espacio señales que podemos detectar; Dado que muchos de los parámetros son muy difíciles de calcular, la ecuación no resuelve la paradoja, sino que más bien nos hace conscientes de su complejidad.

VÉASE TAMBIÉN La ecuación del cohete de Tsiolkovsky (1903), Viajes en el tiempo (1949), La esfera de Dyson (1960), El principio antrópico (1961), Vivir en una simulación (1967), La conjetura de protección de la cronología (1992), Aislamiento cósmico de 100.000 millones de años.

Dado que nuestro universo es muy antiguo y extenso, el físico Enrico Fermi se preguntó en 1950 por qué todavía no habíamos entrado en contacto con ninguna civilización extraterrestre.

1954

La célula fotoeléctrica

Alexandre-Edmond Becquerel (1820–1891), **Calvin Souther Fuller** (1902–1994)

El químico británico George Porter dijo en cierta ocasión: «No tengo ninguna duda de que seremos capaces de aprovechar la energía del Sol [...] Si los rayos de sol fuesen armas bélicas, dispondríamos de energía solar desde hace siglos». De hecho, los intentos de crear energía a partir del Sol de forma eficiente tienen una larga historia. Ya en 1839 el físico francés Edmund Becquerel descubrió, a los diecinueve años, el *efecto fotovoltaico*, por el que ciertos materiales producen pequeñas cantidades de corriente eléctrica cuando se ven expuestos a la luz. Sin embargo, el avance más importante en tecnología solar no tuvo lugar hasta 1954, cuando tres científicos de los laboratorios Bell, Daryl Chapin, Calvin Fuller y Gerald Pearson, inventaron la primera célula fotoeléctrica práctica de silicio, que convertía luz solar en energía eléctrica. Su eficacia era de tan solo del 6% en luz solar directa, pero en 2009 la eficacia de las células fotoeléctricas llegó a superar el 30%.

Es posible que usted haya visto paneles solares en los tejados de algunos edificios o como fuente de alimentación de señales informativas en las carreteras. Dichos paneles contienen células fotovoltaicas compuestas normalmente por dos capas de silicio. La célula dispone además de un revestimiento antirreflectante que incrementa la absorción lumínica. Para asegurar que las células fotovoltaicas crean una corriente eléctrica útil se añaden pequeñas cantidades de fósforo a la capa superior de silicio y de boro a la inferior. Estos añadidos hacen que la capa superior contenga más electrones que la inferior. Cuando las dos capas se unen, los electrones de la superior se desplazan hacia la inferior, muy cerca de la separación entre ambas, creando así un campo eléctrico en la zona de contacto. Cuando los fotones solares alcanzan la célula, chocan con los electrones libres de las dos capas. El campo eléctrico empuja hacia la capa superior a los electrones que han alcanzado la zona de contacto. Este «empujón» o «fuerza» puede utilizarse para desplazar electrones de la célula hasta unas tiras metálicas conductoras anexas con el objetivo de generar electricidad. Para alimentar un hogar, esta electricidad de corriente continua se convierte en corriente alterna por medio de un aparato llamado inversor.

VÉASE TAMBIÉN El espejo ustorio (212 a. C.), La pila de Volta (1800), La pila de combustible (1839), El efecto fotoeléctrico (1905), La energía del núcleo atómico (1942), El tokamak (1956), La esfera de Dyson (1960).

IZQUIERDA: *Paneles solares que se utilizan para alimentar las instalaciones de un viñedo.* DERECHA: *Paneles solares en un tejado doméstico.*

1955

La pila de libros

Martin Gardner (1914–2010)

Un día, mientras paseábamos por una biblioteca, nos fijamos en una pila de libros apoyada en el borde de una mesa. Nos preguntamos si sería posible escalonar un montón de libros de forma que el volumen superior se encontrara muy lejos –digamos un metro y medio– del inferior, que reposa sobre la mesa. Una pila así, ¿caería por su propio peso? Imaginaremos, para simplificar, que todos los libros son idénticos y que solo podemos colocar un ejemplar en cada nivel; dicho de otro modo, cada libro se apoya en un solo libro como máximo.

Este problema ha intrigado a los físicos al menos desde comienzos del siglo XIX. En 1955 recibió el nombre de *La torre inclinada de Lira* en la revista *American Journal of Physics* y volvió a tomar protagonismo cuando en 1964 Martin Gardner lo comentó para la revista *Scientific American*.

La pila de n libros no se derrumbará si la proyección de su centro de masas está situada sobre la mesa. Dicho de otro modo, el centro de masas de todos los libros por encima de cualquier ejemplar B debe estar situado en un eje vertical que «pase» a través de B. Sorprendentemente, no existe ningún límite para la distancia horizontal que la pila puede sobresalir del borde de la mesa. Martin Gardner denominó *paradoja de la compensación infinita* a esta longitud arbitrariamente grande. Para que el conjunto sobresalga una distancia equivalente a la longitud de 3 libros, necesitaremos la abrumadora cantidad de 227 libros. Para una longitud de 10 libros, necesitaremos 272.400.600 ejemplares, y para una longitud de 50, más de $1{,}5 \times 10^{44}$. La fórmula para la distancia, medida en longitudes de libro, que se puede alcanzar con n ejemplares es: $0{,}5 \times (1 + 1/2 + 1/3 + \ldots + 1/n)$. Esta serie armónica diverge muy lentamente; así, un pequeño incremento en la distancia requiere muchos más libros. Estudios posteriores arrojan resultados fascinantes para este problema si, por ejemplo, eliminamos la restricción de un solo libro por nivel.

VÉASE TAMBIÉN El arco (1850 a. C.), El armazón (2500 a. C.), La tensegridad (1948).

¿Es posible escalonar un montón de libros de forma que el primero de ellos esté sobre la mesa y el último muy alejado horizontalmente? ¿O caerán por su propio peso?

1955

Observar un átomo aislado

Max Knoll (1897–1969), **Ernst August Friedrich Ruska** (1906–1988), **Erwin Wilhelm Müller** (1911–1977), **Albert Victor Crewe** (1927–2009)

«La investigación del doctor Crewe abrió una nueva ventana al mundo liliputiense de los ladrillos fundamentales de la naturaleza» escribe el periodista John Markoff, «y nos ofrece una nueva herramienta, muy poderosa, para comprender la arquitectura de todas las cosas, desde los tejidos orgánicos hasta las aleaciones de metales».

El mundo nunca había «visto» un átomo por medio de un microscopio de electrones antes de que Albert Crewe, profesor de la universidad de Chicago, utilizara la primera versión exitosa de su *microscopio electrónico de transmisión y barrido* (también conocido como STEM). Aunque la idea de una partícula elemental ya había sido propuesta en el siglo v a. C. por el filósofo griego Demócrito, los átomos eran demasiado pequeños y no podían observarse por medio de microscopios ópticos. En 1970, Crewe publicó en la revista *Science* un artículo fundamental titulado «La visibilidad de los átomos individuales», en el que presentaba pruebas fotográficas de átomos de uranio y torio.

«Tras asistir a un congreso en Inglaterra, se olvidó de comprar un libro para el viaje en el aeropuerto; en el avión sacó un bloc de notas y esbozó dos formas de mejorar los microscopios existentes», escribe Markoff. Más tarde, Crewe diseñó una fuente mejorada de electrones (un cañón de emisión de campo) para barrer la muestra.

Los microscopios de electrones utilizan un rayo de electrones para iluminar las muestras. En el *microscopio electrónico de transmisión*, inventado en torno a 1933 por Max Knoll y Ernst Ruska, los electrones atraviesan una delgada muestra seguida por una lente magnética creada por una bobina portadora de corriente. El *microscopio electrónico de barrido* se sirve de lentes eléctricas y magnéticas colocadas antes de la muestra para focalizar los electrones en un pequeño punto que a continuación se barre por toda la superficie. El STEM es un híbrido de ambas técnicas.

En 1955, el físico Erwin Müller utilizó un *microscopio de iones en campo* para observar átomos. El aparato utilizaba un campo eléctrico grande, aplicado a una punta metálica afilada en un gas. Los átomos del gas que llegaban a la punta se ionizaban y podían ser detectados. Según el físico Peter Nellist, «dado que es más probable que el proceso se dé en lugares concretos de la superficie de la punta, en los niveles de la estructura atómica, la imagen resultante representa la estructura atómica subyacente de la muestra».

VÉASE TAMBIÉN El generador electrostático de Von Guericke (1660), *Micrografía* (1665), La teoría atómica (1808), La ley de Bragg (1912), El efecto túnel (1928), La resonancia magnética nuclear (1938).

Imagen de una aguja de tungsteno muy afilada, obtenida por medio de un microscopio de campo iónico. Las pequeñas formas redondeadas son átomos individuales. Algunas de las formas alargadas son producto del movimiento de los átomos cuando se toma la imagen (el proceso dura aproximadamente 1 segundo).

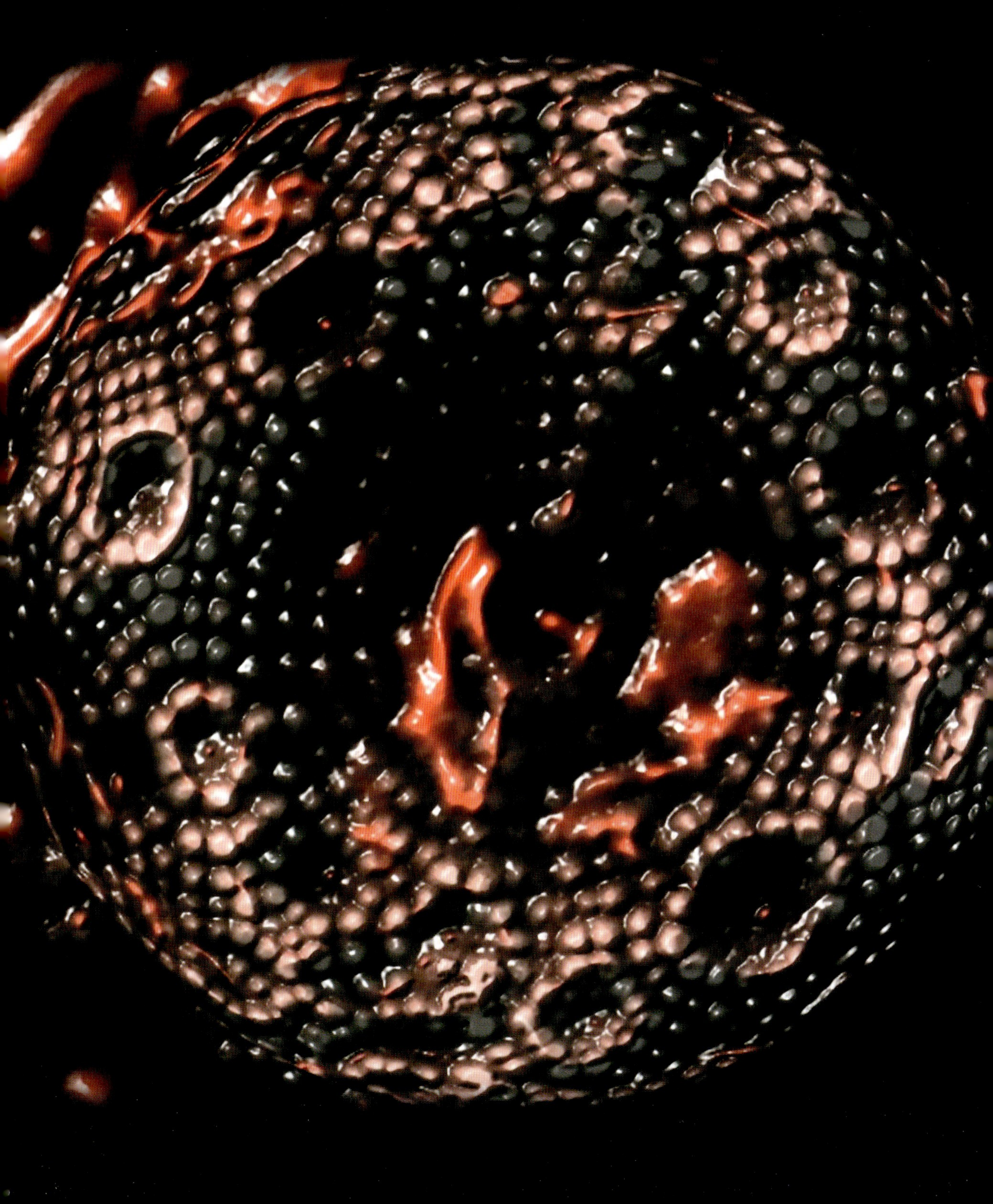

1955

Los relojes atómicos

Louis Essen (1908–1997)

A lo largo de los siglos los relojes se han hecho cada vez más precisos. Los primeros relojes mecánicos, como el reloj del siglo XIV del castillo de Dover, se desviaban varios minutos al día. Con la generalización de los relojes de péndulo a comienzos del siglo XVII, el tiempo pudo empezar a medirse también en minutos. A comienzos del siglo XX, la precisión diaria de los cristales vibrantes de cuarzo llegó a la fracción de segundo. En la década de 1980, los relojes de átomos de cesio se desviaban menos de un segundo cada 3.000 años, y en 2009 un reloj conocido como NIST-F1 –un reloj atómico de fuente de cesio— alcanzó una precisión de un segundo por cada 60 millones de años.

Los relojes atómicos son tan precisos porque se basan en el cálculo de sucesos periódicos relacionados con dos estados energéticos distintos de un átomo. Los átomos idénticos de un mismo isótopo (átomos con el mismo número de nucleones) son iguales en cualquier parte; así, se pueden construir relojes que funcionan de forma independiente y que miden los mismos intervalos temporales entre sucesos. Un tipo común es el reloj de cesio, en el que una frecuencia de microondas hace que los átomos lleven a cabo una transición entre dos estados de energía. Los átomos de cesio empiezan a emitir fluorescencia a una frecuencia natural de resonancia del átomo de cesio (9.192.631.770 Hz, o ciclos por segundo), que es la frecuencia que se utiliza para definir el segundo. Se combinan las medidas de muchos relojes de cesio en todo el mundo y se establece la media para definir una escala de tiempo internacional.

Encontramos un ejemplo importante del uso de los relojes atómicos en los sistemas de posicionamiento global (GPS). Este sistema por satélite permite que sus usuarios conozcan su posición en la tierra. Los satélites deben enviar pulsos de radio medidos con la precisión necesaria para que los dispositivos receptores calculen las posiciones con exactitud.

En 1955, el físico inglés Louis Essen creó el primer reloj atómico preciso, basado en las transiciones energéticas del átomo de cesio. Existen laboratorios en todo el mundo que investigan y experimentan constantemente con relojes que utilizan otros átomos y métodos con el objetivo de incrementar la precisión y disminuir los costes.

VÉASE TAMBIÉN El reloj de arena (1338), El reloj de péndulo de torsión (1841), La fluorescencia de Stokes (1852), Viajes en el tiempo (1949), El carbono 14 (1949).

En 2004 los científicos del Instituto Nacional de Estándares y Tecnología (NIST) dieron a conocer un diminuto reloj atómico cuyo mecanismo interno tenía el tamaño de un grano de arroz. El reloj incluía un láser y una cámara llena de vapor de átomos de cesio.

1956

Universos paralelos

Hugh Everett III (1930–1982), **Max Tegmark** (nacido en 1967)

En la actualidad hay muchos físicos eminentes que sugieren la existencia de otros universos, paralelos al nuestro, que podemos imaginar como las capas de un pastel, como las burbujas de un batido o como las ramas de un árbol que se bifurcan de forma infinita. En algunas de esas teorías estos universos pueden llegar a detectarse por la filtración gravitacional de uno de los universos a un universo vecino. La luz de las estrellas lejanas, por ejemplo, puede verse distorsionada por la gravedad de objetos invisibles ubicados en universos paralelos, separados tan solo por unos milímetros. La idea de la existencia de muchos universos no es tan inverosímil como parece. El investigador estadounidense Davis Raub publicó en 1998 un cuestionario al que habían respondido 72 destacados físicos: el 58% (entre ellos Stephen Hawking) creía en alguna de las teorías de universos múltiples.

Existen muchos tipos de esas teorías. En 1956, la tesis doctoral de Hugh Everett III, cuyo título era «La teoría de la función de onda universal», esbozaba una teoría en la que el universo se «bifurca» de manera continua en incontables mundos paralelos. Esta teoría, conocida como la interpretación de los universos paralelos de la mecánica cuántica, afirma que, cada vez que el universo se enfrenta a una elección en el nivel cuántico, en realidad sigue todos los caminos posibles. Si la teoría es cierta, es posible que, de algún modo, «existan» todo tipo de mundos extraños. A veces se utiliza el término «multiverso» para sugerir la idea de que el universo que observamos de forma inmediata es solo una parte de una realidad que comprende el multiverso, el conjunto de universos posibles.

Si nuestro universo es *infinito*, entonces pueden existir copias idénticas de nuestro universo visible, con una copia exacta de nuestro planeta y de cada lector de este libro. Según el físico Max Tegmark, la más cercana de estas copias idénticas de nuestro universo visible se encuentra a una distancia de entre 10 y 10^{100} metros. No solo existen infinitas copias de cada uno de nosotros: además hay infinitas copias de *variantes* de cada persona. La caótica teoría de la **inflación cósmica** sugiere, además, la creación de distintos universos en los que tal vez existan innumerables copias de cada persona, pero con alteraciones fantásticamente hermosas y terribles.

VÉASE TAMBIÉN La teoría ondulatoria de la luz (1801), El gato de Schrödinger (1935), El principio antrópico (1961), Vivir en una simulación (1967), Inflación cósmica (1980), Los ordenadores cuánticos (1981), Inmortalidad cuántica (1987), La conjetura de protección de la cronología (1992).

Algunas interpretaciones de la mecánica cuántica postulan que cada vez que el universo encuentra una bifurcación en el nivel cuántico, sigue todos los caminos posibles. La idea de multiverso *implica que nuestro universo observable forma parte de una realidad formada por muchos universos.*

1956

Los neutrinos

Wolfgang Ernst Pauli (1900–1958), **Frederick Reines** (1918–1998), **Clyde Lorrain Cowan, Jr.** (1919–1974)

En 1993 el físico Leon Laderman escribió: «Los neutrinos son mis partículas favoritas. Casi no tienen propiedades: no tienen masa (o es muy pequeña) ni carga eléctrica [...] y, por si esto fuera poco, sobre ellos no actúa ninguna interacción fuerte. Para describirlos se utiliza un adjetivo eufemístico: 'escurridizos'. No se puede decir que existan del todo, y pueden atravesar millones de kilómetros de plomo en estado sólido con apenas alguna pequeña posibilidad de que se vean involucrados en una colisión que podamos medir».

En 1930, el físico Wolfgang Pauli predijo las propiedades esenciales del neutrino (carga nula, masa muy pequeña) para explicar la pérdida de energía que tiene lugar en ciertas formas de desintegración radiactiva. Sugirió la posibilidad de que unas partículas fantasmales que escapaban a la detección se llevaran la energía perdida. Los neutrinos se detectaron por primera vez en 1956, en los experimentos llevados a cabo por los físicos Frederick Reines y Clyde Cowan en un reactor nuclear de California del Sur.

Cada segundo, decenas de miles de millones de neutrinos procedentes del Sol atraviesan cada centímetro cuadrado de nuestro cuerpo, pero en la práctica ninguno interacciona con nosotros. Según el **modelo estándar de la física de partículas** los neutrinos no tienen masa; sin embargo, en 1998, el detector de neutrinos Super–Kamiokande, en Japón, se utilizó para comprobar que en realidad tienen una masa minúscula. El detector se sirvió de un gran volumen de agua rodeado por detectores para la **radiación de Cherenkov** emitida por las colisiones de los neutrinos. Dado que los neutrinos interaccionan con la materia de forma muy débil, los detectores deben ser enormes si se quiere incrementar la probabilidad de detección. Además, los detectores se ubican bajo tierra para protegerlos de otras formas de radiación de fondo, por ejemplo de los **rayos cósmicos.**

En la actualidad conocemos tres sabores, o clases, de neutrinos y sabemos que son capaces de oscilar entre los tres sabores cuando atraviesan el espacio. Durante años los científicos se preguntaron por qué detectaban una cantidad tan pequeña de los neutrinos esperados procedentes de las reacciones de fusión que producen la energía en el Sol. Sin embargo, el flujo de neutrinos solares solo es bajo en *apariencia*, porque los detectores de un sabor de neutrinos detectan con dificultad los otros sabores.

VÉASE TAMBIÉN La radiactividad (1896), La radiación de Cherenkov (1934), El modelo estándar de la física de partículas (1961), Los quarks (1964).

En el laboratorio Fermi, próximo a Chicago, utilizan protones procedentes de un acelerador para producir un intenso haz de neutrinos que permite observar las oscilaciones de estas partículas en un detector situado a distancia. En la imagen mostramos los «cuernos» que sirven para enfocar las partículas que se desintegran produciendo neutrinos.

1956

El tokamak

Igor Yevgenyevich Tamm (1895–1971), **Lev Andreevich Artsimovich** (1909–1973), **Andrei Dmitrievich Sakharov** (1921–1989)

Las reacciones de fusión que se dan en el Sol inundan la Tierra de luz y energía. ¿Podemos aprender a generarlas directamente en la Tierra y así disponer de una energía de fusión más directa para las necesidades humanas? En el Sol, cuatro núcleos de hidrógeno (cuatro protones) se fusionan para formar un único núcleo de helio, menos masivo que los núcleos de hidrógeno de los que procede. Esta diferencia de masa se convierte en energía de acuerdo con la ecuación de Einstein: $E = mc^2$. Las presiones y temperaturas necesarias para esta fusión, enormes, reciben la ayuda de la aplastante gravedad del Sol.

Los científicos quieren crear reacciones de fusión nuclear en la Tierra mediante la generación de densidades y temperaturas lo bastante altas como para que gases formados por isótopos de hidrógeno (deuterio y tritio) se conviertan en un plasma de núcleos y electrones flotando en libertad; entonces, los núcleos resultantes podrían fusionarse para producir helio y neutrones liberando energía. Por desgracia, ningún recipiente material puede soportar las temperaturas extremas que exige la fusión. Una posible solución reside en un aparato denominado *tokamak*, que se sirve de un complejo sistema de campos magnéticos para confinar y apretar los plasmas en el interior de un recipiente hueco, con forma de rosquilla. Este plasma caliente puede crearse mediante compresión magnética, microondas, electricidad y rayos de partículas neutras procedentes de aceleradores. El plasma, entonces, circula por el tokamak sin tocar sus paredes. En la actualidad se está construyendo en Francia el tokamak más grande del mundo, el ITER.

Los investigadores siguen perfeccionando sus tokamaks con el objetivo de crear un sistema que genere más energía de la necesaria para que el sistema funcione. Si se llegara a construir un tokamak así, los beneficios serían enormes. En primer lugar, las pequeñas cantidades necesarias de combustible son fáciles de conseguir. Y además, la fusión no presenta los importantes problemas de basura radiactiva de los actuales reactores de fisión, en los que el núcleo de un átomo, por ejemplo de uranio, se divide en partes más pequeñas liberando una gran cantidad de energía.

Los físicos soviéticos Igor Yevgenyevich Tamm y Andrei Sakharov inventaron el tokamak en la década de 1950. Lev Artsimovich lo perfeccionó. En la actualidad los científicos estudian además la posible utilización de un *confinamiento inercial* del plasma por medio de rayos láser.

VÉASE TAMBIÉN El plasma (1879), $E = mc^2$ (1905), La energía del núcleo atómico (1942), La nucleosíntesis estelar (1946), La célula fotoeléctrica (1954), La esfera de Dyson (1960).

Fotografía del NSTX, un innovador aparato de fusión magnética basado en la idea de un tokamak esférico y construido por el Laboratorio de Física de Plasma de Princeton, en colaboración con el laboratorio nacional de Oak Ridge, la Universidad de Columbia y la Universidad de Washington, en Seattle.

1958

Los circuitos integrados

Jack St. Clair Kilby (1923–2005), Robert Norton Noyce (1927–1990)

«Da la impresión de que el circuito integrado estaba destinado a inventarse» escribe la historiadora de la tecnología Mary Bellis. «Dos inventores independientes, cada uno de los cuales desconocía las actividades del otro, inventaron sendos circuitos integrados, casi idénticos, prácticamente a la vez».

En electrónica, un circuito integrado, o microchip, es un circuito electrónico miniaturizado cuya construcción se basa en dispositivos semiconductores. Se utilizan en innumerables equipos electrónicos, desde las máquinas de café hasta los aviones de combate. La conductividad de los materiales semiconductores puede controlarse mediante la introducción de un campo eléctrico. Con la invención del circuito integrado monolítico (formado por un único cristal), los transistores, resistencias, condensadores y todas las conexiones, tradicionalmente separados, pueden colocarse en un único cristal (o chip) fabricado con un material semiconductor. Si se compara con el ensamblaje manual de los circuitos diferenciados formados por componentes individuales, como resistencias y transistores, el circuito integrado puede fabricarse de forma más eficaz gracias al proceso de fotolitografía, que se basa en la transferencia selectiva de formas geométricas desde una plantilla a una superficie, por ejemplo una oblea de silicona. La velocidad operativa también es mayor en los circuitos integrados porque los componentes son pequeños y están estrechamente compactados.

El físico Jack Kilby inventó el circuito integrado en 1958. El físico Robert Noyce también lo inventó, de forma independiente, seis meses después. Noyce utilizó silicona para el material semiconductor; Kilby utilizó germanio. En 2009, un chip del tamaño de un sello podía contener 1.200 millones de transistores. Los avances en capacidad y densidad, junto al descenso del coste, hicieron que el físico Gordon Moore afirmara que «si la industria del automóvil avanzara tan deprisa como la de los semiconductores, un Rolls Royce consumiría un litro de gasolina cada 250.000 kilómetros, y sería más barato tirarlo que aparcarlo».

Cuando Kilby inventó el circuito integrado acababa de empezar a trabajar en Texas Instruments. Fue en vacaciones, a finales de julio, y la empresa estaba casi vacía. En septiembre, Kilby ya había construido un modelo que funcionaba, y el 6 de febrero la empresa registró la patente.

VÉASE TAMBIÉN Las leyes de Kirchhoff de las redes eléctricas (1845), El transistor (1947), Los rayos cósmicos (1910), Los ordenadores cuánticos (1981).

El conjunto exterior de los microchips (como el gran rectángulo de la izquierda) alberga los circuitos integrados con sus diminutos componentes, como los transistores. La carcasa protege el circuito integrado, mucho más pequeño, y proporciona los medios para conectar el chip con la placa de circuitos.

R58
JP1
U18

1959

La cara oculta de la luna

John Frederick William Herschel (1792–1871), **William Alison Anders** (nacido en 1933)

Las peculiares fuerzas gravitatorias entre la Tierra y la Luna hacen que esta última tarde tanto en rotar alrededor de su eje como en orbitar alrededor de la Tierra; por eso la cara del satélite que vemos es siempre la misma. Cuando se hace referencia a esa otra parte que nunca puede verse desde la Tierra, suele hablarse de «cara oculta de la luna». En 1870 el famoso astrónomo Sir John Herschel escribió que el lado alejado de la Luna podía contener un océano de agua normal. Algo después los aficionados a los platillos volantes especularon acerca de la posibilidad de que esa zona albergara una base extraterrestre oculta. ¿Qué secretos escondía en realidad?

En 1959, por fin, la sonda soviética Luna 3 fotografió la zona y pudimos echarle un primer vistazo. En 1960, la Academia soviética de las ciencias publicó el primer atlas del otro lado de la luna. Los físicos sugirieron que la cara oculta podría albergar un gran radiotelescopio protegido de las interferencias de las ondas de radio terrestres.

En realidad la cara oculta no está siempre oscura: la cara que vemos y la cara oculta reciben una cantidad similar de luz. Curiosamente, el aspecto de ambas caras es muy distinto. La cara dirigida hacia nosotros, en concreto, contiene muchos y extensos «maria» (áreas relativamente lisas que los antiguos astrónomos confundieron con mares). Por el contrario, la cara más alejada presenta un aspecto desolado, lleno de cráteres. Una de las razones de esta disparidad procede del aumento en la actividad volcánica en la cara más próxima hace unos 3.000 millones de años, que creó las lavas de basalto, relativamente suaves, de los *maria*. Es posible que la corteza de la cara oculta sea más gruesa, y por tanto es posible que fuera capaz de retener el material incandescente del interior. Los científicos siguen debatiendo acerca de las posibles causas.

En 1968 los humanos lograron ver directamente la cara oculta de la Luna en el transcurso de la misión espacial estadounidense *Apolo* 8. El astronauta William Anders, que orbitó el satélite, describió la visión: «La parte de atrás se parece a un montón de arena en el que jugaban mis hijos. Está todo devastado, sin definición, es solo un montón de baches y agujeros».

VÉASE TAMBIÉN El telescopio (1608), El descubrimiento de los anillos de Saturno (1610).

La cara oculta de la luna, con su extraña superficie abrupta y devastada, parece muy distinta de la cara que vemos desde la Tierra. Los astronautas de la misión Apolo 16 tomaron esta fotografía en 1972, desde su órbita lunar.

1960

La esfera de Dyson

William Olaf Stapledon (1886–1950), **Freeman John Dyson** (nacido en 1923)

En 1937 el filósofo y escritor británico Olaf Stapledon describió una inmensa estructura artificial en su novela *Hacedor de estrellas*: «A medida que los eones avanzaban [...] muchas estrellas sin planetas naturales terminaron rodeadas por anillos concéntricos de mundos artificiales. En algunos casos los anillos interiores contenían decenas, y los exteriores miles, de globos adaptados a la vida a cierta distancia concreta del Sol».

En 1960, influenciado por esta novela, el físico Freeman Dyson publicó un artículo técnico en la prestigiosa revista *Science* acerca de un hipotético caparazón esférico que podría rodear a una estrella y retener un alto porcentaje de su energía. Dichas estructuras serían convenientes a medida que las civilizaciones tecnológicas progresaran, con el fin de cubrir sus enormes necesidades energéticas. En realidad, Dyson pensaba en un enjambre de objetos artificiales orbitando alrededor de una estrella, pero los escritores de ciencia ficción, los físicos, los profesores y los estudiantes se han preguntado desde entonces acerca de las hipotéticas propiedades de un caparazón rígido con una estrella en el centro y cuya superficie interior estaría potencialmente habitada por extraterrestres.

En una de sus materializaciones, la esfera de Dyson tendría un radio igual a la distancia de la Tierra al Sol, de modo que su área superficial sería 550 millones de veces la de la Tierra. Es interesante señalar que la atracción gravitatoria neta de la estrella central sobre el caparazón sería cero, con lo que este último podría derivar de forma peligrosa a menos que pudiesen hacerse ajustes en su posición. De modo similar, cualquier objeto o criatura presente en la superficie interna de la esfera no sufriría ninguna atracción gravitatoria hacia la esfera. En una idea parecida, las criaturas podrían habitar un planeta y el caparazón podría utilizarse para captar la energía de la estrella. Los cálculos originales de Dyson estimaban que en el sistema solar existía suficiente materia, no solo en los planetas, como para crear una esfera así de tres metros de espesor. Dyson especuló además acerca de la posibilidad de que los terrícolas detectaran una esfera de Dyson lejana que irradiara —en forma de energía fácilmente definible— la luz que absorbiera de su estrella interior. Los investigadores ya han investigado la posible existencia de construcciones similares mediante la búsqueda de sus señales infrarrojas.

VÉASE TAMBIÉN Las dimensiones del Sistema Solar (1672), La paradoja de Fermi (1950), La célula fotoeléctrica (1954), El tokamak (1956).

Representación artística de una esfera de Dyson que podría rodear una estrella y capturar un alto porcentaje de su energía. Los rayos que se ven en la imagen representan la captación de energía en la superficie interna de la esfera.

El láser

Charles Hard Townes (nacido en 1915), **Theodore Harold «Ted» Maiman** (1927–2007)

«La tecnología láser se ha vuelto muy importante en un amplio abanico de aplicaciones prácticas» escribe el experto Jeff Hecht, «desde la medicina y la electrónica de consumo hasta las telecomunicaciones y la tecnología militar. Los láseres, además, son herramientas vitales en las investigaciones más punteras: 18 personas recibieron el premio Nobel por investigaciones relacionadas con el láser; esas investigaciones incluyen el descubrimiento mismo del láser, la holografía, el enfriamiento por láser y el **condensado de Bose–Einstein**».

La palabra láser es el acrónimo de «light amplification by estimulated emission of radiation» (amplificación de luz mediante emisión estimulada de radiación); los láseres se sirven de un proceso subatómico conocido como *emisión estimulada*, estudiado por primera vez por Albert Einstein en 1917. En la emisión estimulada, un fotón (una partícula de luz) de una energía apropiada hace que un electrón caiga a un nivel energético inferior, y el resultado es la creación de otro fotón, del que se dice que es coherente con el primero: tiene su misma fase, frecuencia, polarización y dirección de desplazamiento. Si los fotones se reflejan de modo que atraviesan una y otra vez los mismos átomos, puede tener lugar una amplificación y se emite un intenso rayo de radiación. Los láseres pueden crearse de modo que emitan radiación electromagnética de distinto tipo; así, existen láseres ultravioletas, infrarrojos, de rayos X... El rayo resultante puede estar muy colimado. Los científicos de la NASA hicieron rebotar rayos láser generados en la Tierra en unos reflectores que los astronautas colocaron en la Luna. En la superficie lunar el rayo tiene una anchura aproximada de 2,5 kilómetros, una dispersión bastante pequeña si se compara con el haz de luz normal de una linterna.

En 1953 el físico Charles Townes produjo, junto a algunos estudiantes, el primer láser de microondas (o *máser*), aunque no era capaz de lograr una emisión continúan de radiación. Theodore Maiman creó el primer láser práctico y operativo en 1960 mediante un régimen por impulsos. En la actualidad las aplicaciones más comunes incluyen los reproductores de DVD y CD, las comunicaciones con fibra óptica, los lectores de códigos de barras y la impresión láser. Otros usos destacados son la cirugía sin sangrado y, en el ámbito militar, la señalización del blanco de un arma. Continúan las investigaciones para conseguir láseres capaces de destruir tanques o aviones.

VÉASE TAMBIÉN La óptica de Brewster (1815), El holograma (1947), El condensado de Bose–Einstein (1995).

Un ingeniero óptico estudia la interacción de varios láseres que se instalarán en un sistema armamentístico en desarrollo cuyo objetivo es defenderse de ataques con misiles balísticos. El directorio estadounidense de energía dirigida lleva a cabo investigaciones sobre diversas tecnologías relacionadas con rayos energéticos.

1960

La velocidad límite

Joseph William Kittinger II (nacido en 1928)

Es posible que muchos lectores conozcan el truculento mito de la moneda asesina. Si se dejara caer una moneda desde el Empire State Building de Nueva York, esta adquiriría velocidad suficiente como para incrustarse en el cerebro de un transeúnte y matarlo.

Por fortuna para la gente que pasea, la física de la velocidad límite nos libra de fallecer de forma tan espantosa. La moneda alcanza su velocidad máxima, unos 80 kilómetros por hora, a los 152 metros de caída. La velocidad de una bala es diez veces mayor. Es poco probable que la moneda mate a nadie, así que el mito es poco creíble. Además, las corrientes ascendentes ralentizan la caída y la forma de una moneda no se parece a la de una bala, de modo que lo más probable es que apenas atraviese la piel. Cuando un objeto se desplaza por un medio, como el aire o el agua, se enfrenta a una fuerza de rozamiento que lo ralentiza. Para los objetos en caída libre en el aire esta fuerza depende del cuadrado de la velocidad, del área del objeto y de la densidad del aire. Cuanta más velocidad adquiere un objeto, mayor es la fuerza de resistencia. A medida que la moneda se acelera, la fuerza de rozamiento aumenta de tal modo que el objeto termina cayendo con una velocidad constante que conocemos como velocidad límite. Esto tiene lugar cuando la fuerza de rozamiento del medio con el objeto, debida a la viscosidad, iguala a la fuerza de la gravedad.

La velocidad límite de los paracaidistas se sitúa en unos 190 kilómetros por hora si extienden los brazos y las piernas. Si adoptan una posición aerodinámica, con la cabeza hacia abajo, alcanzan una velocidad aproximada de 240 kilómetros por hora.

La mayor velocidad límite alcanzada por un ser humano en caída libre la logró en 1960 el militar estadounidense Joseph Kittinger II: se calcula que llegó a los 988 kilómetros por hora gracias a la altitud (y, por lo tanto, a la menor densidad del aire) de su salto desde un globo. Su caída comenzó a 31.300 metros y abrió el paracaídas a los 5.500.

VÉASE TAMBIÉN La aceleración de la caída de los cuerpos (1638), La velocidad de escape (1728), El principio de Bernoulli (1738), El efecto de la pelota de béisbol (1870), La Súper Bola Mágica (1965).

Los paracaidistas alcanzan una velocidad límite de aproximadamente 190 kilómetros por hora si extienden piernas y brazos.

1961

El principio antrópico

Robert Henry Dicke (1916–1997), **Brandon Carter** (nacido en 1942)

Según el físico James Trefil, «a medida que mejora nuestro conocimiento acerca del cosmos se hace más patente que si el universo se hubiera estructurado de una forma ligeramente distinta, no estaríamos aquí para verlo. Es como si estuviera hecho para nosotros, un jardín del Edén con un diseño insuperable».

Esta afirmación es fuente de continuo debate, y el principio antrópico fascina por igual a científicos y legos; el primero en tratarlo con detalle por escrito fue el astrofísico Robert Dicke, en 1961; más tarde fue desarrollado, entre otros, por el físico Brandon Carter. Este controvertido principio gira en torno a la observación de que algunos parámetros físicos parecen ajustados para permitir el desarrollo de las formas de vida. Debemos nuestras vidas al carbono, por ejemplo, que se fabricó por primera vez en las estrellas, antes de la formación de la Tierra. Las reacciones nucleares que facilitan la producción de carbono dan la impresión, al menos para algunos investigadores, de ser las «justas» para facilitar este proceso.

Si todas las estrellas del universo fueran más pesadas que tres veces nuestro Sol, solo vivirían unos 500 millones de años y la vida pluricelular no tendría tiempo de desarrollarse. Si la velocidad de expansión del universo un segundo después del Big Bang hubiera sido un poco más pequeña, tan solo una cienmilbillonésima parte más pequeña, el universo hubiera vuelto a contraerse antes de alcanzar su tamaño actual. Por otra parte, el universo podría haberse expandido con una velocidad mayor, de modo que los protones y los electrones nunca se hubiesen unido para formar átomos de hidrógeno. Un cambio extremadamente pequeño en la fuerza de la gravedad o en las interacciones nucleares débiles podría evitar la evolución de las formas de vida avanzadas.

Podrían existir un número infinito de universos aleatorios (sin diseño); el nuestro es, simplemente, uno que permite la vida basada en el carbono. Algunos investigadores han especulado con la idea de que unos universos–madre dan a luz otros universos que heredan un conjunto de leyes físicas similares a las de sus progenitores en un proceso que recuerda a la evolución de las características biológicas de la vida terrestre. Los universos con muchas estrellas pueden vivir mucho y tienen, por tanto, la oportunidad de tener muchos hijos llenos de estrellas; así, es posible que nuestro universo estelar no sea tan raro después de todo.

VÉASE TAMBIÉN Universos paralelos (1956), La paradoja de Fermi (1950), Vivir en una simulación (1967).

Si los valores de ciertas constantes físicas fundamentales fuesen un poco distintos, la vida inteligente basada en el carbono hubiera tenido grandes dificultades para desarrollarse. Para algunas personas religiosas esto parece indicar que el universo se configuró para permitir nuestra existencia.

1961

El modelo estándar de la física de partículas

Murray Gell-Mann (nacido en 1929), **Sheldon Lee Glashow** (nacido en 1932), **George Zweig** (nacido en 1937)

«En la década de 1930 los físicos habían aprendido a construir toda la materia a partir de solo tres tipos de partículas: electrones, neutrones y protones» escribe Stephen Battersby. «Pero empezó a aparecer toda una procesión de extras inesperados: neutrinos, el positrón y el antiprotón, piones y muones, así como kaones, lambdas y sigmas… a mediados de la década de 1960 se habían detectado un centenar de partículas supuestamente fundamentales. Todo un lío».

Un modelo matemático denominado modelo estándar explica en su mayor parte, mediante una combinación de teoría y experimentos, la física de partículas observada hasta ahora por los físicos. Según este modelo las partículas elementales se agrupan en dos clases: *bosones* (partículas que suelen transmitir fuerzas) y *fermiones*. Entre estos últimos encontramos diversos tipos de **quarks** (cada protón y cada **neutrón** están formados por 3 quarks) y de leptones (por ejemplo el **electrón** y el **neutrino**). Los neutrinos, descubiertos en 1956, son muy difíciles de detectar porque tienen una masa minúscula (aunque distinta de cero) y atraviesan la materia ordinaria sin sufrir apenas alteraciones. Sabemos de la existencia de muchas de estas partículas subatómicas gracias al estudio de los fragmentos resultantes de las colisiones de átomos en los aceleradores de partículas.

El modelo estándar explica las interacciones como el resultado de partículas materiales que intercambian partículas bosónicas (mediadoras de fuerzas, entre ellas fotones y gluones). La partícula de Higgs es la única partícula fundamental de entre las que predice el modelo estándar que todavía no se ha observado, y desempeña un papel importante en explicar por qué otras partículas elementales tienen masa. Se cree que la fuerza de la gravedad se genera mediante el intercambio de los gravitones, que no tienen masa, pero estas partículas todavía no se han detectado de forma experimental. De hecho, el modelo estándar es incompleto porque no incluye la fuerza de la gravedad. Algunos físicos están trabajando para incorporar la gravedad al modelo y así obtener una gran teoría unificada.

En 1964 los físicos Murray Gell-Mann y George Zweig propusieron el concepto de quark, pocos años después de la formulación de Gell-Mann de un sistema de clasificación de partículas conocido como la Vía Óctuple (1961). En 1960 las teorías de unificación del físico Sheldon Glashow supusieron un primer paso hacia el modelo estándar.

VÉASE TAMBIÉN La teoría de cuerdas (1919), El neutrón (1932), Los neutrinos (1956), Los quarks (1964), La partícula de Dios (1964), Supersimetría (1971), La teoría del todo (1984), El gran colisionador de hadrones (2009).

El Cosmotrón. Fue el primer acelerador que emitió partículas con energías del orden de los GeV (miles de millones de electronvoltios). El cosmotrón sincrotrón alcanzó su nivel máximo de energía (3.3 GeV) en 1953, y se utilizó para el estudio de partículas subatómicas.

1962

El pulso electromagnético

En *One Second After*, la exitosa novela de William R. Forstchen, la explosión de una bomba nuclear a gran altitud desata un catastrófico pulso electromagnético que inutiliza de forma instantánea todos los aparatos eléctricos, incluyendo los de los aviones, marcapasos, coches, teléfonos móviles..., sumiendo a los Estados Unidos en una «literal y metafórica oscuridad». Los alimentos escasean, la sociedad se vuelve violenta y las poblaciones arden, todo como consecuencia de un hecho completamente verosímil.

La expresión pulso electromagnético suele hacer referencia a la descarga de radiación electromagnética que resulta de una explosión nuclear y que inhabilita diversos tipos de dispositivos electrónicos. En 1962, Estados Unidos efectuó una prueba nuclear 400 kilómetros por encima del océano Pacífico. La prueba, denominada *Starfish Prime*, provocó daños eléctricos en Hawai, a 1.445 kilómetros de distancia. La luz de las calles se apagó; saltaron las alarmas antirrobo; la señal de microondas de una compañía telefónica resultó dañada. En la actualidad se calcula que si una única bomba nuclear explotara sobre Kansas, a 400 kilómetros de altura, toda la parte continental de Estados Unidos se vería afectada debido a la gran fuerza del campo magnético terrestre sobre este país. Afectaría incluso al suministro de agua, que suele depender de bombas eléctricas.

Tras la explosión nuclear el pulso electromagnético comienza con una intensa y breve ráfaga de rayos gamma (radiación electromagnética de alta energía). Los rayos gamma interaccionan con los átomos de las moléculas del aire liberándose electrones por medio de un proceso denominado **efecto Compton**. Los electrones ionizan la atmósfera y generan un potente campo eléctrico. La fuerza y el efecto del pulso electromagnético dependen mucho de la altitud a la que detone la bomba y de la fuerza del campo magnético terrestre en la zona.

Nótese que también es posible crear pulsos menos potentes sin armas nucleares, por ejemplo por medio de *generadores de compresión de flujo mediante explosivos*, que son, en esencia, generadores eléctricos normales alimentados por una explosión de combustible convencional.

Los equipos electrónicos pueden protegerse del pulso electromagnético si se colocan dentro de una jaula de Faraday, un escudo metálico capaz de desviar la energía electromagnética directamente al suelo.

VÉASE TAMBIÉN El efecto Compton (1923), Little Boy: la primera bomba atómica (1945), Las erupciones de rayos gamma (1967), El programa de investigación de aurora activa de alta frecuencia (HAARP) (2007).

Vista lateral de un Boeing E-4 (Puesto de Mando Aerotransportado Avanzado) en el simulador de pruebas de pulsos electromagnéticos (base aérea de Kirtland, Nuevo México). Este avión está diseñado para que los pulsos electromagnéticos no dañen sus sistemas.

UNITED STATES OF AMERICA

1963

La teoría del caos

Jacques Salomon Hadamard (1865–1963), **Jules Henri Poincaré** (1854–1912), **Edward Norton Lorenz** (1917–2008)

En la mitología babilónica Tiamat era la diosa que personificaba el mar, así como la aterradora representación del caos primigenio. El caos simbolizaba lo desconocido, lo incontrolable. En la actualidad la teoría del caos es un campo en expansión que implica el estudio de un amplio abanico de fenómenos que son muy sensibles a los cambios en las condiciones iniciales. Aunque el comportamiento caótico suele parecer «aleatorio» e impredecible, en muchas ocasiones obedece a estrictas reglas matemáticas derivadas de ecuaciones que pueden formularse y estudiarse. Una importante herramienta de investigación, de gran ayuda en el estudio del caos, son los gráficos por ordenador. Desde esos juguetes que emiten luces intermitentes y sin orden aparente hasta las volutas y remolinos del humo, el comportamiento caótico suele ser irregular y desordenado; otros ejemplos son las pautas meteorológicas, ciertas actividades neurológicas y cardiacas, el mercado de valores y algunas redes informáticas. La teoría del caos también se ha aplicado con frecuencia a diversas áreas de las artes visuales.

En ciencia existen algunos ejemplos célebres y claros de sistemas físicos caóticos, como la convección térmica de los fluidos, el flameo aeroelástico en los aviones supersónicos, las reacciones químicas oscilantes, la dinámica de fluidos, el crecimiento poblacional, las partículas que chocan con una pared con vibración periódica, los movimientos de diversos rotores y péndulos, los circuitos eléctricos no lineales y el pandeo de vigas.

Los cimientos de la teoría del caos se establecieron alrededor del año 1900, cuando los matemáticos Jacques Hadamard y Henri Poincaré, entre otros, estudiaron las complejas trayectorias de los cuerpos en movimiento. A comienzos de la década de 1960, Edward Lorenz, investigador de meteorología del Instituto de Tecnología de Massachusetts, utilizó un sistema de ecuaciones para representar la convección atmosférica. Enseguida descubrió uno de los pilares del caos: a pesar de la simplicidad de las fórmulas, cambios minúsculos en las condiciones iniciales desembocaban en resultados muy distintos, impredecibles. En su artículo de 1963 Lorenz explicaba que el aleteo de una mariposa en un lugar del mundo podía afectar al clima de otro lugar a miles de kilómetros de distancia. En la actualidad hablamos del efecto mariposa para referirnos a esta sensibilidad.

VÉASE TAMBIÉN El demonio de Laplace (1814), La criticalidad autoorganizada (1987), El tornado más rápido del mundo (1999).

IZQUIERDA: *En la mitología babilónica Tiamat daba a luz a dragones y serpientes.* DERECHA: *La teoría del caos está relacionada con el estudio de un amplio abanico de fenómenos que son muy sensibles a los cambios en las condiciones iniciales. La imagen muestra un fragmento de un mandelbulb de Daniel White (el equivalente tridimensional del conjunto de* Mandelbrot, *que representa el complejo comportamiento de un sistema matemático sencillo).*

1963

Los cuásares

Maarten Schmidt (nacido en 1929)

«Los cuásares se encuentran, debido a su pequeño tamaño y a su prodigiosa emisión de energía, entre los objetos más desconcertantes del universo» escriben los científicos de hubblesite.org. «Los cuásares no son mucho mayores que nuestro sistema solar, y sin embargo vierten una cantidad de luz entre 100 y 1.000 veces mayor que *toda una galaxia* con sus cientos de miles de millones de estrellas».

Aunque han sido un misterio durante décadas, en la actualidad casi todos los científicos creen que los cuásares son galaxias muy lejanas y energéticas en cuyo centro hay un **agujero negro** extremadamente masivo que vomita energía a medida que absorbe espirales de material galáctico próximo. Los primeros cuásares se descubrieron gracias a radiotelescopios (instrumentos que reciben ondas de radio espaciales); no había ningún objeto visible que se correspondiera con las señales. A comienzos de la década de 1960 se asociaron por fin algunos objetos visualmente difusos con estas extrañas fuentes que recibieron el nombre de *fuentes de radio cuasiestelares* (en inglés *quasi–stellar radio sources*, de ahí su nombre). El espectro de estos objetos, que muestra las variaciones en la intensidad de su radiación en distintas longitudes de onda, resultó, en un principio, desconcertante. En 1963, sin embargo, el astrónomo estadounidense de origen holandés Maarten Schmidt hizo un descubrimiento increíble: las líneas espectrales eran, simplemente, las del hidrógeno, pero con un desplazamiento al rojo que las trasladaba hacia el final del espectro. Este desplazamiento al rojo, debido a la expansión del universo, implicaba que los cuásares formaban parte de galaxias extremadamente lejanas y antiguas (véanse los capítulos dedicados a la **ley de expansión del universo de Hubble** y al **efecto Doppler**).

En la actualidad se conocen más de 200.000 cuásares, que en su mayoría no presentan emisiones de radio detectables. Aunque los cuásares parecen borrosos porque se encuentran a grandes distancias (entre 780 y 28.000 millones de años luz), en realidad son los objetos más luminosos y energéticos que conocemos. Se calcula que pueden tragarse 10 estrellas cada año, o 600 planetas como el nuestro cada minuto, antes de «apagarse» cuando el gas y el polvo que los rodean se consumen. En ese momento la galaxia que alberga al cuásar se convierte en una galaxia normal. Es posible que los cuásares fueran muy comunes en los comienzos del universo, porque todavía no habían tenido tiempo de consumir toda la materia circundante.

VÉASE TAMBIÉN El telescopio (1608), Los agujeros negros (1783), El efecto Doppler (1842), La ley de expansión del universo de Hubble (1929), Las erupciones de rayos gamma (1967).

En el centro de esta galaxia (una creación artística), puede verse un cuásar, un agujero negro en formación que escupe energía. Los astrónomos han descubierto cuásares similares en el interior de varias galaxias lejanas gracias a dos telescopios espaciales de la NASA, Spizter y Chandra. Las emisiones de rayos X se representan mediante rayos blancos.

1963

La lámpara de lava

Edward Craven Walker (1918–2000)

La lámpara de lava (patente número 3.387.396 de Estados Unidos) es un recipiente de cristal iluminado, ornamental, con glóbulos flotantes. Aparece en este libro tanto por su popularidad como por el principio, simple pero importante, en que se basa. Muchos profesores han utilizado la lámpara de lava en las aulas, así como en experimentos y debates acerca de tópicos relacionados con la radiación térmica, la convección y la conducción.

El inglés Edward Craven Walker inventó la lámpara de lava en 1963. Según Ben Ikenson, «Walker, veterano de la Segunda Guerra Mundial, adoptó la jerga y el estilo de vida de los *hippies*. Mitad Thomas Edison, mitad Austin Powers, practicó el nudismo en la época psicodélica de Inglaterra; poseía, para abrirse camino, ciertas habilidades mercantiles bastante útiles. Al parecer, decía: 'Si compras mi lámpara, no tendrás que comprar drogas'».

Para fabricar una lámpara de lava hay que encontrar dos líquidos inmiscibles, es decir, que no puedan mezclarse (como el agua y el aceite). En una de sus variantes la lámpara se compone de una **bombilla incandescente** de 40 vatios en la parte inferior que calienta una botella de cristal alta y estrecha que contiene agua, y unos glóbulos hechos de una mezcla de cera y tetracloruro de carbono. A temperatura ambiente, la cera es un poco más densa que el agua. A medida que la base de la lámpara se calienta, la cera se expande más que el agua y se convierte en un fluido. Cuando la *densidad relativa* de la cera respecto del agua decrece, las gotas ascienden hasta la parte superior, donde los glóbulos de cera se enfrían y vuelven a caer. Una bobina metálica en la base de la lámpara distribuye el calor y ayuda a romper la **tensión superficial** de los glóbulos, de modo que estos vuelvan a mezclarse cuando están en el fondo.

Los movimientos complejos e impredecibles de las gotas de cera de la lámpara de lava se han utilizado como fuente de números aleatorios: este generador de números aleatorios se menciona en la patente número 5.732.138 de Estados Unidos, correspondiente a 1998.

Por desgracia, una lámpara de lava mató a Philipp Quinn en 2004, mientras intentaba calentarla en una cocinilla. La lámpara explotó y un trozo de cristal le atravesó el corazón.

VÉASE TAMBIÉN El principio de Arquímedes (250 a. C.), La ley de Stokes (1851), La tensión superficial (1866), La bombilla incandescente (1878), Luz negra (1903), La boligoma (1943), El pájaro bebedor (1945).

Las lámparas de lava sirven para ilustrar algunos principios físicos sencillos pero importantes, y muchos profesores las han utilizado para demostraciones en clase, experimentos y debates.

1964

La partícula de Dios

Robert Brout (nacido en 1928), **Peter Ware Higgs** (nacido en 1929), **François Englert** (nacido en 1932)

«En 1964, mientras caminaba por las Highlands escocesas» escribe Joanne Baker, «al físico Peter Higgs se le ocurrió una forma de proporcionar masa a las partículas. Se refirió a ella como 'su única gran idea'. Las partículas parecerían más masivas porque se ralentizan al atravesar un campo de fuerzas que en la actualidad conocemos como campo de Higgs, y cuyo responsable es el bosón de Higgs, al que el premio Nobel Leon Lederman denominó 'la partícula de Dios'».

Las partículas elementales se clasifican en dos grupos: *bosones* (partículas que transmiten fuerzas) y *fermiones* (partículas que forman la materia, por ejemplo los **quarks**, los **electrones** y los **neutrinos**). El bosón de Higgs es la única partícula del **modelo estándar** que todavía no ha sido observada, y los científicos tienen la esperanza de que el **gran colisionador de hadrones** (un acelerador europeo de partículas de alta energía) proporcione pruebas experimentales relacionadas con su existencia.

Imaginemos, para visualizar el campo de Higgs, un lago lleno de miel; la miel se adhiere a las partículas fundamentales sin masa que atraviesan el lago. El campo las convierte en partículas con masa. La teoría sugiere que en el universo primigenio todas las interacciones fundamentales (la fuerte, la electromagnética, la débil y la gravitatoria) constituían una única superfuerza, pero a medida que el universo se enfriaba surgieron las distintas interacciones diferenciadas. Los físicos han sido capaces de unificar la interacción débil y la electromagnética en una única interacción «electrodébil», y es posible que algún día seamos capaces de unificarlas todas. Más aún, los físicos Peter Higgs, Robert Brout y François Englert sugirieron la idea de que justo después del **Big Bang** ninguna partícula tenía masa. El bosón de Higgs y su campo asociado aparecieron a medida que el universo se enfriaba. Algunas partículas, por ejemplo los fotones de luz (que no tienen masa), pueden atravesar el pegajoso campo de Higgs sin cargarse de masa. Pero otras quedan atrapadas, como las hormigas en la melaza, y se vuelven pesadas.

Es posible que la masa del bosón de Higgs sea más de 100 veces superior a la del protón. Se necesita un gran colisionador de partículas para detectarlo, porque, cuanto más energética es una colisión, más masivas son las partículas que quedan después.

VÉASE TAMBIÉN El modelo estándar de la física de partículas (1961), La teoría del todo (1984), El gran colisionador de hadrones (2009).

El solenoide compacto de muones es un detector de partículas ubicado bajo tierra, en una gran caverna excavada en las instalaciones del ***gran colisionador de hadrones****. Este detector ayudará en la búsqueda del bosón de Higgs y en la adquisición de nuevos conocimientos acerca de la naturaleza de la* ***materia oscura****.*

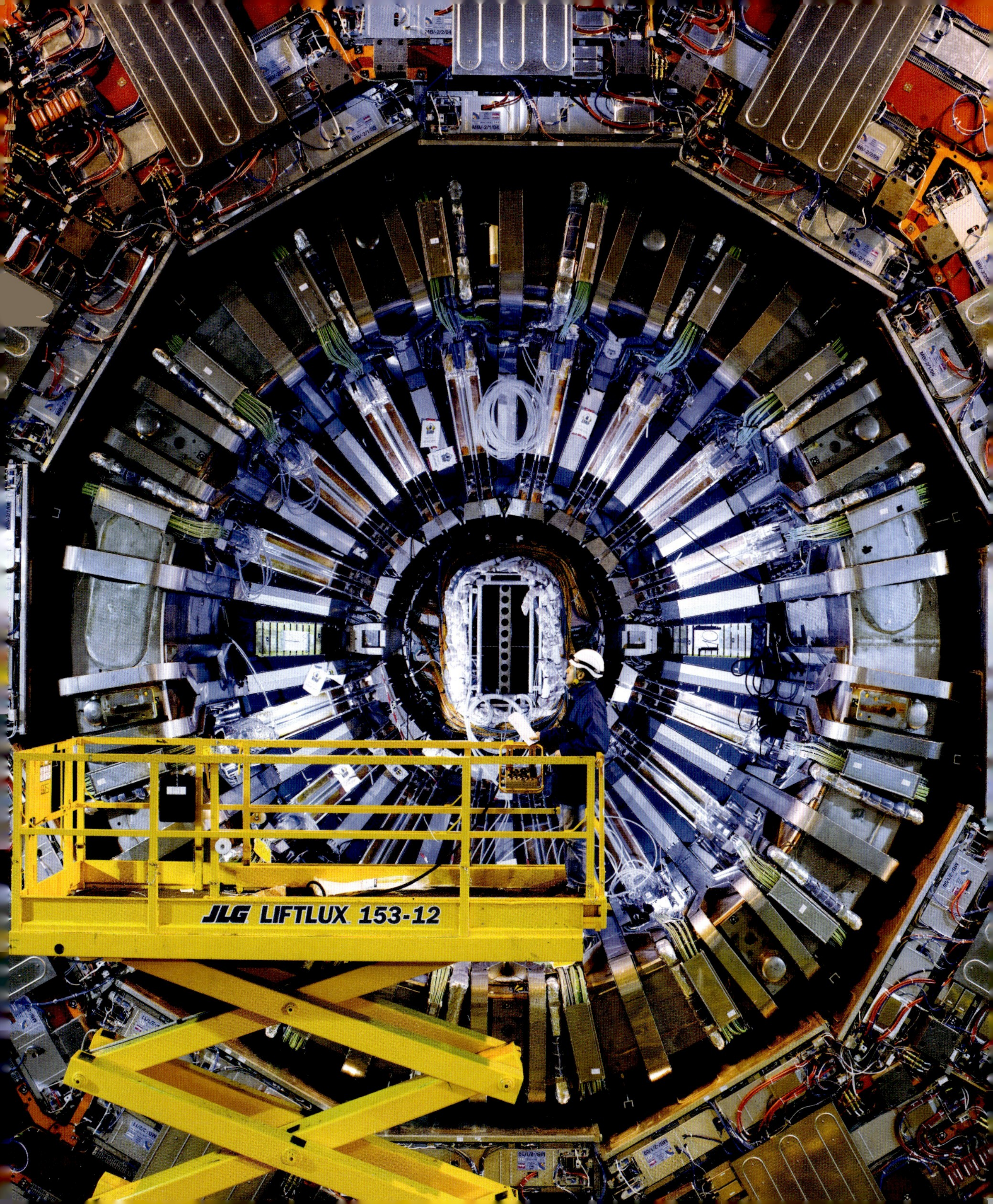
JLG LIFTLUX 153-12

1964

Los quarks

Murray Gell-Mann (nacido en 1929), **George Zweig** (nacido en 1937)

Bienvenidos al zoo de las partículas. En la década de 1960 los teóricos se dieron cuenta de que las pautas en las relaciones entre las diversas partículas elementales, por ejemplo protones y neutrones, podrían comprenderse si estas partículas no fuesen realmente elementales, sino objetos compuestos por otras partículas más pequeñas denominadas quarks.

Existen seis tipos, o *sabores*, de quarks, conocidos como *arriba, abajo, encanto, extraño, cima* y *fondo*. Solo los dos primeros, los más comunes en el universo, son estables. Los otros quarks, más pesados, se producen en colisiones de alta energía. (Nótese que existe otro tipo de partículas llamadas leptones —por ejemplo, los **electrones**— que no están compuestos por quarks).

En 1964 los físicos Murray Gell-Mann y George Zweig propusieron, de forma independiente, la existencia de los quarks; en 1995, los experimentos de los aceleradores de partículas ya habían proporcionado pruebas de las seis clases de quarks. Los quarks poseen una carga eléctrica fraccionada; la del quark arriba, por ejemplo, es +2/3, y la del quark abajo, −1/3. Los **neutrones** (que no tienen carga) están formados por dos quarks abajo y un quark arriba, mientras que el protón (cuya carga es positiva) está compuesto por dos quarks arriba y un quark abajo. Los quarks se encuentran enérgicamente ligados entre ellos mediante una fuerza de corto alcance denominada fuerza de color, mediada por los gluones, unas partículas portadoras de fuerza. La teoría que describe estas interacciones fuertes es la *cromodinámica cuántica*. Gell-Mann acuñó el término *quark* en homenaje a una frase absurda de la novela *Finnegans Wake*: «Tres quarks para Muster Mark».

Inmediatamente después del **Big Bang** el universo estaba lleno de un **plasma** de quarks y gluones, porque la temperatura era demasiado elevada para que se formasen hadrones (partículas como los protones y los neutrones). Según Judy Jones y William Wilson, «los quarks suponen una increíble bofetada intelectual. Implican que la naturaleza tiene tres caras [...] Los quarks por una parte, motas del infinito y, por otra, ladrillos del universo, representan la faceta más ambiciosa de la ciencia, y también la más escurridiza».

VÉASE TAMBIÉN El Big Bang (13.700 millones a. C.), El plasma (1879), El electrón (1897), El neutrón (1932), La electrodinámica cuántica o teoría cuántica del campo electromagnético (1948), El modelo estándar de la física de partículas (1961).

Los científicos utilizaron la fotografía (izquierda) de huellas de partículas en una cámara de burbujas del laboratorio nacional Brookhaven como prueba de la existencia de bariones encanto (ciertas partículas formadas por tres quarks). Un neutrino entra en la imagen desde la parte inferior (línea discontinua) y choca con un protón produciendo partículas adicionales que dejan huellas.

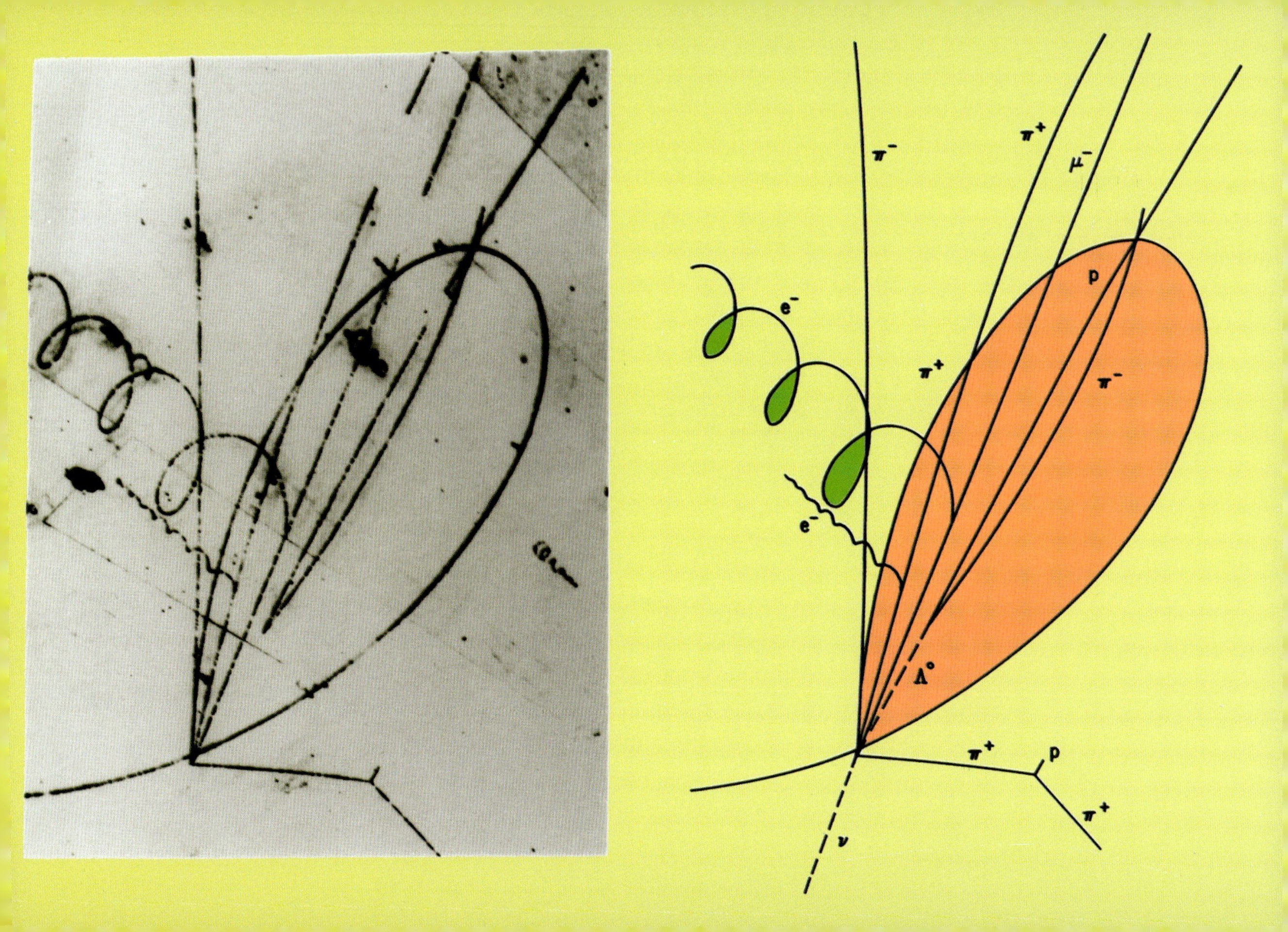

π^-
π^+
μ^-
p
e^-
π^+
π^-
e^-
Λ^0
π^+
p
π^+
ν

1964

La violación CP

James Watson Cronin (nacido en 1931), **Val Logsdon Fitch** (nacido en 1923)

Los lectores de este libro y su autor, los pájaros y las abejas, todos estamos vivos gracias a la violación CP y a diversas leyes físicas, así como a su aparente efecto sobre la proporción de materia y **antimateria** que se estableció en el **Big Bang**, el acontecimiento a partir del cual se desarrolló el universo. Como resultado de la violación CP se crean asimetrías con respecto a ciertas transformaciones del mundo subatómico.

Muchos conceptos físicos decisivos se manifiestan como una simetría, por ejemplo, en un experimento en el que cierta característica se conserva o permanece constante. La «C» de la *simetría CP* nos sugiere que las leyes físicas deberían ser iguales si una partícula se intercambiara con su antipartícula, como por ejemplo, si cambiamos el signo de la carga eléctrica y otros aspectos cuánticos (técnicamente la «C» hace referencia a la *simetría de conjugación de carga*). La simetría P, o de paridad, se refiere a una inversión de las coordenadas espaciales o, más concretamente, al cambio de las tres dimensiones espaciales x, y, z por –x, –y, –z. La conservación de la paridad significaría, por ejemplo, que las imágenes especulares de una reacción ocurran con la misma frecuencia que la propia reacción (por ejemplo, que en el núcleo atómico se produzcan desintegraciones de quarks *arriba* con tanta frecuencia como de quarks *abajo*).

En 1964 los físicos James Cronin y Val Fitch descubrieron que ciertas partículas, llamadas kaones neutros, no obedecían la conservación CP, por la cual se forma el mismo número de partículas que de antipartículas. Mostraron, en resumen, que las reacciones nucleares mediadas por la interacción débil (que rige la desintegración radiactiva de los elementos) violaba la combinación de simetrías CP. En este caso, los kaones neutros se pueden transformar en sus antipartículas (en las que cada quark es reemplazado por un antiquark de los otros) y viceversa, pero con distintas probabilidades.

En el Big Bang, la violación CP y otras interacciones que todavía no conocemos desempeñaron un papel en el predominio de la materia sobre la antimateria que se observa en el universo.

VÉASE TAMBIÉN El Big Bang (13.700 millones a. C.), La radiactividad (1896), La antimateria (1932), Los quarks (1964), La teoría del todo (1984).

A comienzos de la década de 1960 se utilizó un haz de rayos del sincrotrón de gradiente alterno del laboratorio nacional Brookhaven junto con los detectores de la imagen, para probar la violación de conjugación (C) y paridad (P) que otorgó el premio Nobel a James Cronin y Val Fitch.

1964

El teorema de Bell

John Stewart Bell (1928–1990)

En el capítulo dedicado a la **paradoja EPR** hablamos del *entrelazamiento cuántico*, que hace referencia a una conexión íntima entre las partículas cuánticas, por ejemplo entre dos electrones o dos fotones. Ninguna partícula tiene un espín definido antes de su medida. Una vez que una pareja de partículas se entrelaza, un determinado cambio en una de ellas se refleja de forma instantánea en la otra aunque una se encuentre en la Tierra, por ejemplo, y la otra haya viajado a la Luna. Este entrelazamiento choca hasta tal punto con la intuición que Albert Einstein pensó que era la prueba de que la teoría cuántica contenía algún error. Una de las posibilidades que se consideraron fue que dichos fenómenos se basaran en ciertas «variables locales ocultas», desconocidas y ajenas a la teoría mecánica cuántica tradicional, y que en realidad una partícula solo recibiera la influencia directa de su entorno inmediato. En resumen, Einstein no aceptaba que los sucesos lejanos pudieran tener un efecto instantáneo, más rápido que la luz, en sucesos locales.

En 1964, sin embargo, el físico John Bell demostró que ninguna teoría física con variables locales ocultas es capaz de reproducir todas las predicciones de la mecánica cuántica. De hecho, la no localidad de nuestro mundo físico parece derivarse tanto del teorema de Bell como de los resultados experimentales obtenidos desde comienzos de la década de 1980. Lo que Bell nos pide, en esencia, es que supongamos, en primer lugar, que tanto la partícula lunar como la partícula terrestre de nuestro ejemplo tienen valores *determinados*. ¿Es posible que esas partículas reproduzcan los resultados predichos por la mecánica cuántica para las diversas mediciones posibles de los científicos de la Tierra y de la Luna? Bell demostró matemáticamente que aparecería una distribución estadística de los resultados que entraría en contradicción con las predicciones de la mecánica cuántica. Así, es posible que las partículas no posean valores determinados. El resultado choca con las conclusiones de Einstein, así que la suposición de que el universo es «local» no puede ser cierta.

El teorema de Bell ha sido muy utilizado por filósofos, físicos y místicos. Según Fritjof Capra, «el teorema de Bell supuso un golpe demoledor para la postura de Einstein, ya que demostró que la idea de que la realidad consiste en regiones separadas, unidas por vínculos locales, es incompatible con la teoría cuántica [...] El teorema de Bell demuestra que el universo es fundamentalmente un lugar interconectado, interdependiente e inseparable».

VÉASE TAMBIÉN El principio de complementariedad (1927), La paradoja EPR (1935), El gato de Schrödinger (1935), Los ordenadores cuánticos (1981).

Filósofos, físicos y místicos han hecho un uso profuso del teorema de Bell, que parecía demostrar que Einstein se equivocaba y que el cosmos «es fundamentalmente un lugar interconectado, interdependiente e inseparable».

1965

La Súper Bola Mágica

«¡Bang, zamp, bonk!» exclamaba la revista *Life* en su edición del 3 de diciembre de 1965. «Quieras o no, la bola rebota por la sala haciendo carambolas, como si tuviese vida propia. Se trata de la Súper Bola, sin duda el esferoide más vivaz de la historia, que ha dado un brinco de saltamontes endemoniado para encaramarse a lo más alto de esas listas de modas estadounidenses que a veces preparan los psicólogos».

En 1965 el químico californiano Norman Stingley desarrolló, junto a la empresa Wham–O, una increíble bola construida a partir de un compuesto elástico denominado Zectron. Si se dejaba caer sobre una superficie dura, era capaz de alcanzar el 90% de la altura original en el primer bote, y de seguir rebotando durante un minuto (una pelota de tenis solo aguanta diez segundos). En el lenguaje de la física decimos que su coeficiente de restitución, e, definido como la razón entre las velocidades observadas antes y después de la colisión, está entre 0,8 y 0,9.

La Súper Bola se puso a la venta en Estados Unidos a comienzos del verano de 1965, y en otoño ya había seis millones rebotando por todo el país. McGeorge Bundy, consejero de seguridad nacional de Estados Unidos, envió cinco docenas a la Casa Blanca para entretener al personal.

El secreto de la Súper Bola está en el polibutadieno, un compuesto parecido al caucho formado por largas cadenas elásticas de átomos de carbono. Si se calienta el polibutadieno a altas presiones en presencia de azufre, un proceso químico llamado *vulcanización* convierte estas cadenas en un material más duradero. Los diminutos puentes de azufre limitan la flexibilidad de la Súper Bola de modo que, cuando rebota, gran parte de la energía regresa al movimiento. Se agregaron otras sustancias, por ejemplo diortotolilguanidina, para incrementar los enlaces cruzados entre cadenas.

¿Qué sucedería si dejásemos caer una superbola de 2,5 centímetros de diámetro desde lo alto del Empire State Building? Después de recorrer aproximadamente 100 metros (entre 25 y 30 pisos), alcanzaría una **velocidad límite** de 113 kilómetros por hora. Si suponemos que $e = 0{,}85$, su velocidad después de rebotar sería de 97 kilómetros por hora, de modo que alcanzaría 24 metros de altura, o siete pisos.

VÉASE TAMBIÉN El efecto de la pelota de béisbol (1870), Los hoyuelos de las pelotas de golf (1905), La velocidad límite (1960).

Si se deja caer desde la altura del hombro, la Súper Bola puede botar hasta casi el 90% de esa altura y, en una superficie dura, seguir botando durante un minuto. Su coeficiente de restitución se encuentra entre 0,8 y 0,9.

La radiación de fondo de microondas

Arno Allan Penzias (nacido en 1933), **Robert Woodrow Wilson** (nacido en 1936)

La radiación de fondo de microondas es una radiación electromagnética que llena todo el universo, un resto de la deslumbrante «explosión» a partir de la que se desarrolló nuestro universo hace 13.700 millones de años, el **Big Bang**. A medida que el universo se enfriaba y expandía, las longitudes de onda de los fotones de alta energía aumentaron (por ejemplo en las zonas del **espectro electromagnético** correspondientes a los rayos gamma y los **rayos X**) y tuvo lugar un corrimiento hacia las microondas de menor energía.

Alrededor de 1948 el cosmólogo George Gamow propuso, junto a algunos colegas, la posibilidad de detectar esta radiación de fondo; en 1965 Arno Penzias y Robert Wilson, físicos de los laboratorios de telefonía Bell de Nueva Jersey, detectaron un misterioso exceso de ruido de microondas asociado a un campo de radiación térmica de una temperatura cercana a –270 °C (3 K). Tras examinar diversas causas posibles de este «ruido» de fondo, entre ellas los excrementos de palomas acumulados en el amplio detector situado al aire libre, concluyeron que en realidad estaban observando la radiación más antigua del universo y una prueba de que el modelo del Big Bang era correcto. Nótese que, dado que los fotones de energía procedentes de las distintas partes del universo tardan un tiempo en llegar a la Tierra, siempre que miramos al espacio estamos mirando, además, hacia el pasado.

El satélite COBE, explorador del fondo cósmico que se lanzó en 1989, realizó medidas más precisas que arrojaron una temperatura de – 271,415 °C (2,735 K). Este satélite posibilitó, además, que los investigadores midieran pequeñas fluctuaciones en la intensidad de la radiación de fondo, que se corresponden con el despertar de ciertas estructuras del universo (por ejemplo las galaxias).

La suerte desempeña un papel importante en los descubrimientos científicos. Según Bill Bryson, «Penzias y Wilson no estaban buscando radiación de fondo, no supieron de qué se trataba cuando se encontraron con ella y no describieron ni interpretaron sus propiedades en ningún artículo, y sin embargo recibieron el premio Nobel de física en 1978». Si usted sintoniza su televisor en un canal sin señal, «alrededor de un 1% de la vibrante estática que se ve deriva de estos antiguos restos del Big Bang. La próxima vez que se queje de que no dan nada bueno en la tele, recuerde que tiene la opción de ver el nacimiento del universo».

VÉASE TAMBIÉN El Big Bang (13.700 millones a. C.), El telescopio (1608), El espectro electromagnético (1864), Los rayos X (1895), La ley de expansión del universo de Hubble (1929), Las erupciones de rayos gamma (1967), Inflación cósmica (1980).

La antena reflectora de bocina de los laboratorios Bell Telephone en Holmdel, New Jersey, se construyó en 1959 para trabajos innovadores relacionados con los satélites de comunicaciones. Penzias y Wilson descubrieron la radiación cósmica de fondo utilizando este equipo.

1967

Las erupciones de rayos gamma

Paul Ulrich Villard (1860–1934)

Las erupciones de rayos gamma son emisiones repentinas e intensas de rayos gamma (una forma de luz extremadamente energética). «Si pudiésemos ver los rayos gamma de forma directa» escriben Peter Ward y Donald Brownlee, «veríamos cómo el cielo se iluminaba aproximadamente una vez cada noche, pero nuestros sentidos naturales no son capaces de detectar estos fenómenos». Sin embargo, si uno de estos destellos tuviera lugar cerca de la Tierra, «un minuto después usted estaría muerto o a punto de morir a causa del envenenamiento por radiación». De hecho, los investigadores han sugerido que la extinción masiva que tuvo lugar hace 440 millones de años, durante el periodo Ordovícico, pudo estar causada por una erupción de rayos gamma.

Hasta hace poco las erupciones de rayos gamma eran uno de los grandes enigmas de la astronomía de altas energías. Se descubrieron por casualidad, en 1967, cuando unos satélites militares estadounidenses buscaban pruebas de la violación, por parte de los soviéticos, del tratado por el que se prohibían los ensayos nucleares en la atmósfera. Después de la erupción inicial, que suele durar unos pocos segundos, se detecta un resplandor más duradero en longitudes de onda más grandes. En la actualidad los físicos creen que la mayoría de estas erupciones proceden de los estrechos haces de intensa radiación que se liberan durante la explosión de una supernova, cuando el colapso de una estrella giratoria supermasiva forma un agujero negro. Hasta el momento todas las erupciones de rayos gamma que se han observado parecen tener su origen fuera de la Vía Láctea.

Los científicos no conocen con certeza el mecanismo exacto que podría provocar la liberación, en unos pocos segundos, de tanta energía como la que el Sol producirá en toda su vida. Los científicos de la NASA sugieren que el colapso de una estrella puede desembocar en una explosión cuya onda expansiva atraviese la estrella a una velocidad próxima a la de la luz. Los rayos gamma se producirían al chocar la onda expansiva con la materia del interior de la estrella.

En el año 1900 el químico Paul Villard descubrió los rayos gamma cuando estudiaba la **radiactividad** del radio. En 2009 los astrónomos detectaron una erupción de rayos gamma procedente de la explosión de una megaestrella que existió solo 630 millones de años después de que el **Big Bang** pusiera en marcha el universo (es decir, hace 13.700 millones de años); esta erupción es, por tanto, el objeto más distante que ha visto el ser humano, y un morador de una época que continúa casi inexplorada.

VÉASE TAMBIÉN El Big Bang (13.700 millones a. C.), El espectro electromagnético (1864), La radiactividad (1896), Los rayos cósmicos (1910), Los cuásares (1963).

Imagen de la estrella de Wolf-Rayet WR 124, y de la nebulosa que la rodea, obtenida por el telescopio espacial Hubble. Es posible que estas estrellas muy masivas, que pierden masa con rapidez debido a los fuertes vientos estelares, generen erupciones de rayos gamma de larga duración.

1967

Vivir en una simulación

Konrad Zuse (1910–1995), **Edward Fredkin** (nacido en 1934), **Stephen Wolfram** (nacido en 1959), **Max Tegmark** (nacido en 1967)

A medida que conocemos mejor el universo y que somos capaces de simular mundos complejos por medio de ordenadores, incluso los científicos más rigurosos empiezan a cuestionarse la naturaleza de la realidad. ¿Es posible que vivamos dentro de una simulación informática?

Ya hemos desarrollado en nuestro pequeño rincón del universo ordenadores con la capacidad de simular comportamientos vivos por medio de *software* y reglas matemáticas. Es posible que algún día creemos seres racionales que habiten espacios simulados tan complejos y llenos de vida como un bosque tropical. Tal vez seamos capaces de simular la propia realidad, y es posible que seres más avanzados ya lo estén haciendo en algún lugar del universo.

¿Y si el número de simulaciones es mayor que el número de universos? El astrónomo Martin Rees sugiere que si las simulaciones superasen en número a los universos «como sucedería si un único universo albergara muchos ordenadores que realizaran muchas simulaciones», sería probable que *nosotros* fuésemos una forma de vida artificial. Según Rees, «una vez que se acepta la idea de los multiversos [...], una consecuencia lógica es que algunos de estos universos serán capaces de simular partes de sí mismos, pudiendo llegar a darse una especie de regresión infinita; así que no sabemos dónde termina la realidad [...] y no conocemos nuestro lugar en esta amalgama de universos y universos simulados».

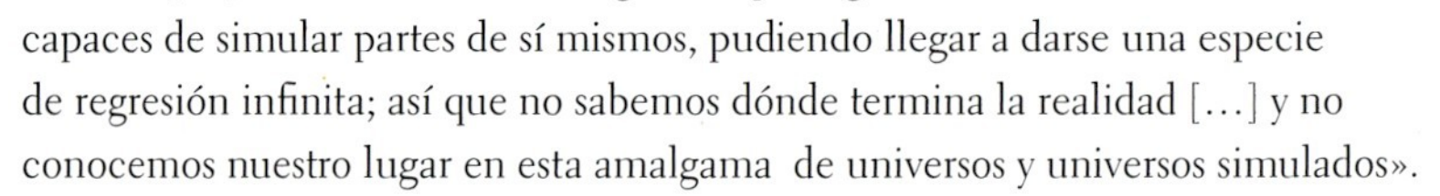

El astrónomo Paul Davies también ha señalado que «por último se crearán, en el interior de ciertos ordenadores, mundos completamente virtuales cuyos habitantes racionales no serán conscientes de que son productos simulados por una tecnología externa. Por cada mundo original habrá un número increíble de mundos virtuales disponibles, algunos de los cuales podrían incluir, incluso, máquinas que simulan sus propios mundos virtuales, y así hasta el infinito».

Otros investigadores, por ejemplo Konrad Zuse, Ed Fredkin, Stephen Wolfram y Max Tegmark, han sugerido la posibilidad de que el universo físico funcione mediante un autómata celular o una maquinaria informática diferenciada, o de que sea una construcción puramente matemática. El primero que propuso la hipótesis de que el universo es un ordenador digital fue el ingeniero alemán Zuse, en 1967.

VÉASE TAMBIÉN La paradoja de Fermi (1950), Universos paralelos (1956), El principio antrópico (1961).

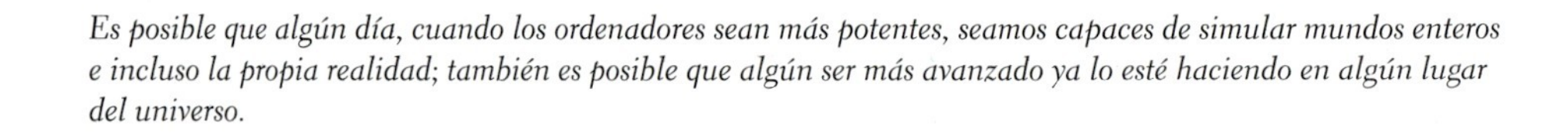

Es posible que algún día, cuando los ordenadores sean más potentes, seamos capaces de simular mundos enteros e incluso la propia realidad; también es posible que algún ser más avanzado ya lo esté haciendo en algún lugar del universo.

1967

Los taquiones

Gerald Feinberg (1933–1992)

Los taquiones son partículas subatómicas hipotéticas que viajan a una velocidad mayor que la luz. «Aunque la mayor parte de los físicos actuales sitúan la probabilidad de existencia de los taquiones solo un poco por encima de la existencia de los unicornios» escribe el físico Nick Herbert, «la investigación de las propiedades de estas partículas hipotéticas no ha sido completamente estéril». Dado que estas partículas serían capaces de viajar al pasado, Paul Nahim afirma con humor que «si se descubrieran los taquiones, el día anterior a esa ocasión memorable debería aparecer en los periódicos una noticia de los descubridores que anunciase: 'Los taquiones se descubrieron mañana'».

La teoría de la relatividad de Albert Einstein no descarta la posibilidad de que algunos objetos viajen a una velocidad mayor que la de la luz; lo que afirma, más bien, es que nada que viaje por debajo de esta velocidad puede llegar a superar los 299.000 kilómetros por segundo de la velocidad de la luz en el vacío. Sin embargo, pueden existir objetos más rápidos que la velocidad de la luz, siempre que no se hayan movido nunca más despacio que la luz. Con este marco de pensamiento podemos colocar todas las cosas que hay en el universo en tres clases: las que siempre viajan por debajo de la velocidad de la luz, las que viajan exactamente a esa velocidad (los fotones) y las que siempre la superan. En 1967 el físico estadounidense Gerald Feinberg acuñó el término *taquión* (del griego *tachys*, que significa deprisa) para estas partículas hipotéticas.

Una de las razones por las que los objetos no pueden comenzar con una velocidad menor que la de la luz y después superarla es la afirmación de la **relatividad especial** de que este proceso convertiría su masa en infinita. El aumento de la masa relativista es un fenómeno demostrado por la física de alta energía. Los taquiones no se enfrentan a esta contradicción porque nunca han viajado por debajo de la velocidad de la luz.

Es posible que los taquiones se crearan durante el Big Bang del que surgió nuestro universo. En unos pocos minutos estos taquiones se habrían sumergido en el pasado hasta llegar al origen del universo, en cuyo caos primordial se habrían perdido de nuevo. Los físicos creen que si se creasen taquiones en la actualidad, podrían detectarse en las lluvias de **rayos cósmicos** o en los registros de colisiones de partículas en laboratorio.

VÉASE TAMBIÉN La transformación de Lorentz (1904), La teoría especial de la relatividad (1905), Los rayos cósmicos (1910), Viajes en el tiempo (1949).

Los taquiones aparecen en la ciencia ficción. Si un alienígena hecho de taquiones se aproximara a nosotros desde su nave, lo veríamos llegar antes de verlo abandonar su propio vehículo. Su imagen abandonando la nave tardaría más en llegar hasta nosotros que su cuerpo, porque este último viaja más rápido que la luz.

1967

El péndulo de Newton

Edme Mariotte (c. 1620–1684), **Willem Gravesande** (1688–1742), **Simon Prebble** (nacido en 1942)

El péndulo de Newton ha fascinado a profesores y estudiantes de física desde que se hizo célebre a finales de la década de 1960. El actor inglés Simon Prebble lo diseñó y acuñó el nombre para la versión con marco de madera que vendía su empresa en 1967. Las versiones más comunes que se pueden conseguir en la actualidad consisten en cinco o siete bolas de metal suspendidas mediante alambres de modo que puedan oscilar a lo largo de un único plano de movimiento. Las bolas, todas del mismo tamaño, solo se tocan cuando están en reposo. Si se tira de una de ellas y se suelta, choca con las que están en reposo, se detiene, y en el otro extremo una única bola sale impulsada hacia arriba. Los movimientos conservan tanto el momento como la energía, aunque un análisis detallado incluye consideraciones más complejas acerca de las interacciones que se presentan.

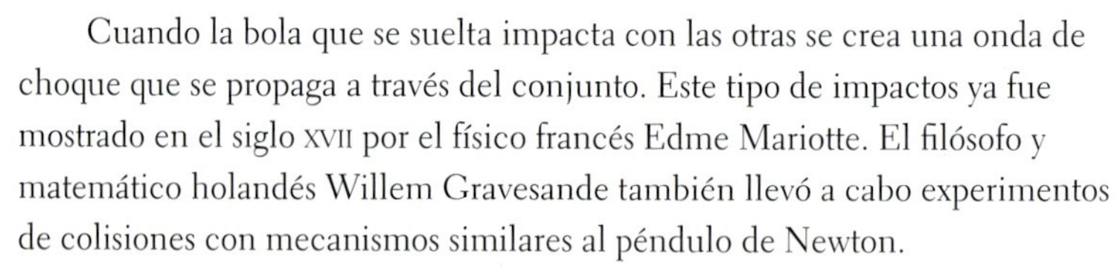

Cuando la bola que se suelta impacta con las otras se crea una onda de choque que se propaga a través del conjunto. Este tipo de impactos ya fue mostrado en el siglo XVII por el físico francés Edme Mariotte. El filósofo y matemático holandés Willem Gravesande también llevó a cabo experimentos de colisiones con mecanismos similares al péndulo de Newton.

En la actualidad los debates acerca del péndulo de Newton tienen que ver con sus distintos tamaños. Uno de los péndulos más grandes construidos consta de 20 bolas de bolos de casi 7 kilogramos cada una, suspendidas mediante cables de más de 6 metros. El caso opuesto se describe en un artículo, «A Quantum Newton's Cradle», publicado en 2006 en la revista *Nature*. Según sus autores, físicos de la universidad de Pensilvania que construyeron una versión cuántica del mecanismo, «la generalización del péndulo de Newton a las partículas de la mecánica cuántica le concede un aire fantasmal. Las partículas que colisionan no se limitan a rebotar, sino que también pueden transmitirse una a través de otra».

En la revista *American Journal of Physics*, dirigida a profesores de física, aparecen numerosas referencias al péndulo de Newton, señal de que sigue siendo interesante para fines pedagógicos.

VÉASE TAMBIÉN La conservación del momento lineal (1644), Las leyes del movimiento y la gravitación universal de Newton (1687), La conservación de la energía (1843), El péndulo de Foucault (1851).

El movimiento de las esferas del péndulo de Newton conserva tanto el momento como la energía, aunque un análisis detallado requiere consideraciones más complejas acerca de las interacciones entre las bolas.

1967

Los metamateriales

Victor Georgievich Veselago (nacido en 1929)

¿Será capaz la ciencia de crear, en algún momento, una capa como la que utilizaban los alienígenas romulanos de *Star Trek* para hacer sus naves invisibles? Los primeros pasos hacia ese difícil objetivo ya se han dado gracias a los *metamateriales*, materiales artificiales con estructuras a pequeña escala diseñadas para manipular las ondas electromagnéticas de formas poco convencionales.

Hasta el año 2001 el índice de refracción de todos los materiales conocidos era positivo. Ese año los científicos de la universidad de California, en San Diego, idearon un compuesto novedoso con un índice de refracción negativo que puede decirse que invertía la **ley de Snell**. Este extraño material era una mezcla de alambres, fibra de vidrio y anillos de cobre, capaz de enfocar la luz de formas nuevas. Las primeras pruebas revelaron que las microondas emergían de este material exactamente en dirección contraria a la que predice la ley de Snell. Es posible que estos materiales, que son algo más que una curiosidad, permitan desarrollar algún día nuevos tipos de antenas y de otros aparatos electromagnéticos. En teoría, una lámina de un material con índice de refracción negativo podría actuar como una superlente para crear imágenes excepcionalmente detalladas.

Aunque los primeros experimentos se llevaron a cabo principalmente con microondas, un equipo dirigido por el físico Henri Lezec obtuvo, en 2007, una refracción negativa con luz visible. Para crear un objeto que se comportara como si estuviese hecho de un material con refracción negativa, el equipo de Lezec construyó un prisma de metales estratificados perforados por un laberinto de canales a nanoescala. Era la primera vez que se ideaba una forma de lograr que la luz visible, en su paso de un material a otro, se doblara en una dirección opuesta a la tradicional. Algunos físicos sugieren la posibilidad de que este fenómeno desemboque algún día en microscopios ópticos que permitan ver objetos tan pequeños como las moléculas, y en la creación de aparatos que hagan invisibles los objetos. La primera persona que teorizó acerca de los metamateriales, en 1967, fue el físico soviético Victor Veslago. En 2008 los científicos describieron una estructura reticular que tenía un índice de refracción negativo para luz próxima a las frecuencias infrarrojas.

VÉASE TAMBIÉN La ley de la refracción de Snell (1621), El prisma de Newton (1672), Qué es el arco iris (1304), El color negro más negro (2008).

Interpretación artística de los metamateriales capaces de curvar la luz desarrollados por investigadores de la National Science Foundation. Un material laminado puede hacer que la luz se refracte, o se curve, de una forma que no se observa en los materiales naturales.

Habitaciones que no se pueden iluminar

Ernst Gabor Straus (1922–1983), **Victor L. Klee, Jr.** (1925–2007), **George Tokarsky** (nacido en 1946)

La novelista estadounidense Edith Wharton escribió en cierta ocasión que «existen dos formas de difundir la luz: ser la vela o ser el espejo en que se refleja». En física, la *ley de la reflexión* establece que en los reflejos especulares el ángulo con el que una onda se refleja en una superficie es igual al ángulo con el que incide en ella. Imaginemos que nos encontramos en una habitación oscura cuyas paredes, planas, están cubiertas por espejos. La habitación está llena de recovecos y pasillos laterales. Si se enciende una vela en algún lugar de la habitación, ¿seríamos capaces de verla con independencia del lugar que ocupemos nosotros, de la forma de la habitación o del pasillo en que nos encontremos? En términos billarísticos, ¿existe siempre una trayectoria posible para una bola entre dos puntos cualesquiera de una mesa de billar poligonal?

Si estamos confinados en una sala con forma de L, podríamos ver la vela con independencia de nuestra ubicación porque el rayo de luz puede rebotar en varias paredes antes de alcanzar el ojo. Sin embargo, ¿podemos imaginar una desconcertante habitación poligonal tan compleja que posea un punto inalcanzable para la luz? (consideraremos, para nuestro problema, que la fuente de luz es puntual y que tanto las personas como las velas son transparentes).

Este acertijo del matemático Victor Klee se publicó por primera vez en 1969 aunque procede de la década de 1950, cuando el matemático Ernst Straus reflexionó sobre estos problemas. Aunque parezca increíble, la respuesta no se encontró hasta 1995, cuando el matemático George Tokarsky, de la universidad de Alberta, publicó el plano de una habitación de 26 lados con las características descritas que no podía iluminarse completamente. Más tarde encontró un ejemplo de una extraña habitación de 24 lados, que es, hasta el momento, la cantidad mínima que se conoce para una sala que no se puede iluminar. Los físicos y los matemáticos no saben si existen o no habitaciones poligonales no iluminables con menos lados.

Existen otros problemas similares relacionados con la reflexión de la luz. En 1958 el físico matemático Roger Penrose mostró junto a un colega que pueden existir regiones no iluminadas en ciertos espacios con paredes curvas.

VÉASE TAMBIÉN El espejo ustorio (212 a. C.), La ley de la refracción de Snell (1621), La óptica de Brewster (1815).

En 1995 el matemático George Tokarsky descubrió esta habitación poligonal de 26 lados iniluminable. La habitación contiene un punto tal que, si se coloca una vela en él, hay otro punto que queda a oscuras.

1971

Supersimetría

Bruno Zumino (nacido en 1923), **Bunji Sakita** (1930–2002), **Julius Wess** (1934–2007)

«Los físicos han hecho aparecer, como por arte de magia, una teoría acerca de la materia que parece salida de *Star Trek*» escribe el periodista Charles Seife. «Esta teoría propone que cada partícula tiene un doble que todavía no se ha descubierto, un gemelo fantasmal, un *súper compañero* cuyas propiedades son muy distintas de las de las partículas que conocemos [...] Si la teoría de la supersimetría es correcta [...] estas partículas son probablemente la fuente de la exótica **materia oscura** que forma casi toda la masa del cosmos».

Según la teoría de la supersimetría, o SUSY (acrónimo de la denominación anglosajona), cada partícula del **modelo estándar** tiene una gemela supersimétrica más pesada. Así, los **quarks** (las diminutas partículas que se unen para formar otras partículas subatómicas, por ejemplo los protones y los neutrones) tendrían un compañero más pesado, el squark, abreviatura de quark supersimétrico. El compañero supersimétrico del electrón recibe el nombre de selectrón. Entre los pioneros de la SUSY se encuentran los físicos B. Sakita, J. Wess y B. Zumino.

El motivo de la existencia de la SUSY es en parte la pura estética teórica, ya que añade una simetría satisfactoria a las propiedades de las partículas conocidas. Si no existiera la SUSY, según Brian Greene, «sería como si Bach, después de desarrollar numerosas voces que se entrecruzan para colmar un dibujo genial de simetría musical, no hubiese compuesto el compás final de resolución». La SUSY también es una característica crucial de la **teoría de cuerdas**, en la que algunas de las partículas más básicas, por ejemplo los quarks y los electrones, pueden representarse mediante esas entidades inconcebiblemente pequeñas y esencialmente unidimensionales que llamamos cuerdas.

Según el periodista científico Anil Ananthaswamy, «la clave de este teoría reside en el hecho de que en la sopa energética del universo primordial las partículas y las antipartículas eran indistinguibles. Cada pareja coexistía bajo la forma de una única entidad sin masa. Sin embargo, a medida que el universo se expandía y enfriaba, esta supersimetría se vino abajo. Las compañeras y supercompañeras se fueron cada una por su lado y se convirtieron en partículas individuales, cada una con su masa característica».

Seife concluye: «Si estas compañeras siguen siendo indetectables, la teoría de la supersimetría será un mero pasatiempo matemático. Dará la impresión de que explica el universo pero, al igual que el modelo geocéntrico de Ptolomeo, no reflejará la realidad».

VÉASE TAMBIÉN La teoría de cuerdas (1919), El modelo estándar de la física de partículas (1961), La materia oscura (1933), El gran colisionador de hadrones (2009).

Según la teoría de la supersimetría (SUSY), cada partícula del modelo estándar tiene una masiva compañera «fantasma». En las condiciones muy energéticas del universo primigenio las partículas y sus supercompañeras eran indistinguibles.

1980

Inflación cósmica

Alan Harvey Guth (nacido en 1947)

La teoría del **Big Bang** afirma que hace 13.700 millones de años nuestro universo se encontraba en un estado de densidad y calor extremos, y que lleva expandiéndose desde entonces. Sin embargo, la teoría permanece incompleta porque no explica muchas características cósmicas observadas empíricamente. En 1980 el físico Alan Guth propuso que 10^{-35} segundos (la cienmilquintillonésima parte de un segundo) después del Big Bang el universo se expandió (o se infló), en tan solo 10^{-32} segundos, desde un tamaño menor que el de un protón hasta alcanzar el tamaño de un pomelo (un incremento de 50 órdenes de magnitud). En la actualidad la temperatura observada de la radiación de fondo del universo parece relativamente constante, a pesar de que las partes más alejadas de nuestro universo visible se encuentran tan alejadas que no parecen haber tenido ninguna relación entre ellas, salvo que invoquemos a la inflación para explicar que estas regiones se encontraban muy cerca en un principio (y habían alcanzado la misma temperatura) antes de separarse a una velocidad mayor que la de la luz.

La inflación explica, además, por qué el universo en su conjunto parece bastante «plano» (en esencia, por qué los rayos de luz paralelos siguen siendo paralelos si exceptuamos las desviaciones en las proximidades de cuerpos muy gravitacionales). Cualquier curvatura que existiera en el universo primigenio se habría enderezado, como cuando apretamos la superficie de una pelota hasta dejarla plana. La inflación terminó 10^{-30} segundos después del Big Bang, permitiendo que el universo continuara su expansión a un ritmo más pausado.

Las fluctuaciones cuánticas del mundo inflacionario microscópico, magnificadas hasta alcanzar escala cósmica, se convierten en la semilla de las estructuras más grandes del universo. Según el periodista científico George Musser, «el proceso de inflación no deja de asombrar a los cosmólogos. Implica que los cuerpos enormes, por ejemplo las galaxias, tienen su origen en diminutas fluctuaciones aleatorias. Los telescopios se convierten en microscopios, lo que permite que los físicos vean las raíces de la naturaleza mirando hacia el cielo». Para Alan Guth la teoría inflacionaria nos permite «plantearnos cuestiones tan fascinantes como si sigue habiendo otros big bangs muy lejos de aquí y si es posible, en principio, que una civilización enormemente avanzada sea capaz de recrear el Big Bang».

VÉASE TAMBIÉN El Big Bang (13.700 millones a. C.), La radiación de fondo de microondas (1965), La ley de expansión del universo de Hubble (1929), Universos paralelos (1956), La energía oscura (1998), El desgarramiento cósmico, Aislamiento cósmico (100.000 millones de años).

Un mapa de la sonda de microondas anisótropas Wilkinson que muestra una distribución relativamente uniforme de la radiación cósmica de fondo producida por el universo hace más de 13.000 millones de años. La teoría de la inflación sugiere que las irregularidades que se ven en la imagen son las semillas que se convirtieron en galaxias.

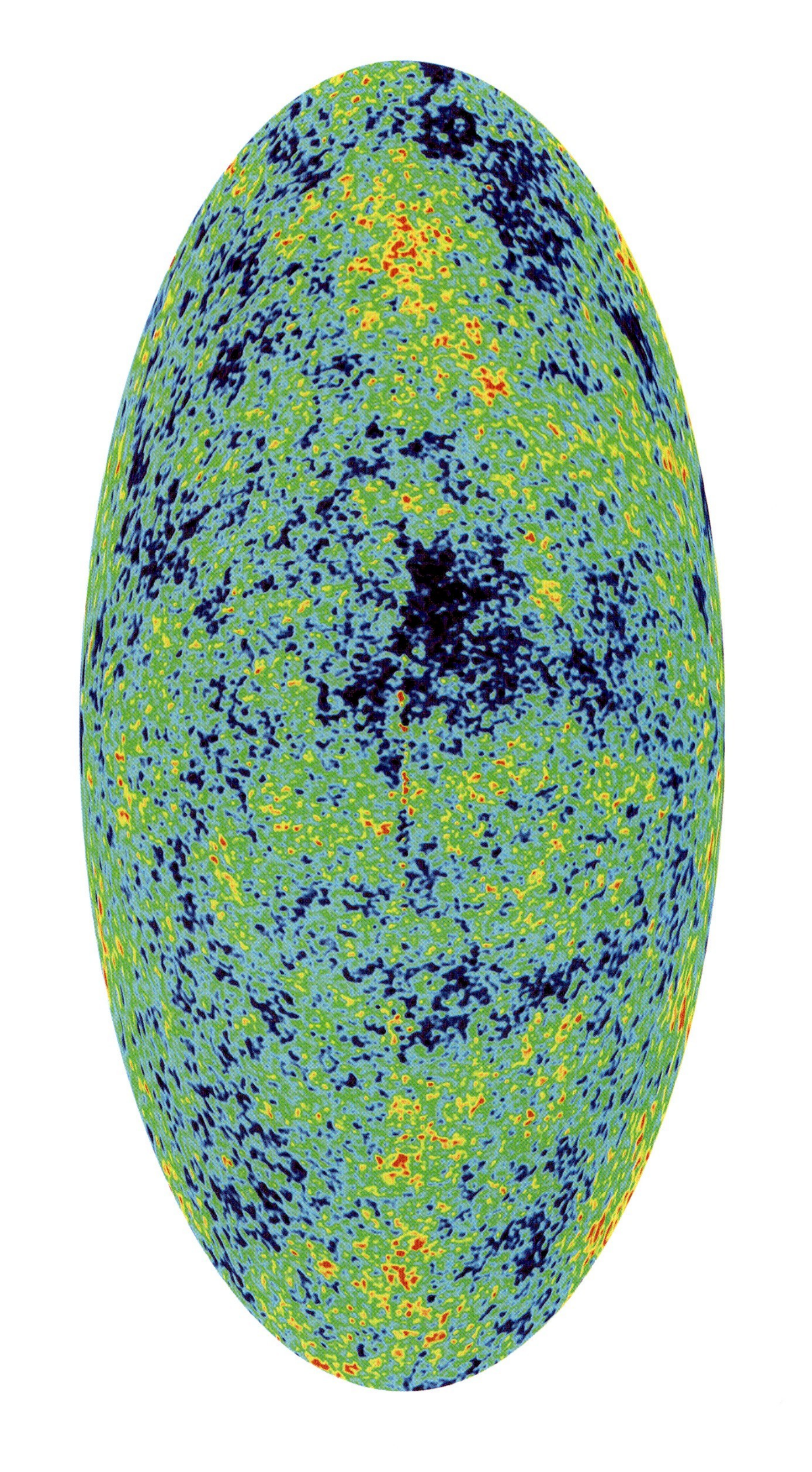

1981

Los ordenadores cuánticos

Richard Phillips Feynman (1918–1988), **David Elieser Deutsch** (nacido en 1953)

Uno de los primeros científicos en considerar la posibilidad de un ordenador cuántico fue el físico Richard Feynman, que se preguntó en 1981 cuál era el tamaño mínimo que podía alcanzar un ordenador. Sabía que cuando los ordenadores alcanzaran por fin el tamaño atómico, tendrían que hacer uso de las extrañas leyes de la mecánica cuántica. En 1985 el físico David Deutsch vislumbró el modo en que funcionaría un ordenador así y se dio cuenta de que los cálculos que precisaban un tiempo virtualmente infinito en un ordenador tradicional podrían realizarse con rapidez en un ordenador cuántico.

En lugar de utilizar el código binario habitual, que representa la información como ceros y unos, el ordenador cuántico se sirve de qubits, que en esencia son cero y uno a la vez. Los qubits están formados por los estados cuánticos de las partículas, por ejemplo, el estado de espín de los electrones individuales. Esta superposición de estados permite que un ordenador cuántico barra de forma efectiva todas las combinaciones posibles de qubits simultáneamente. Un sistema con 1000 qubits podría comprobar $2^{1.000}$ soluciones potenciales en un abrir y cerrar de ojos, lo que lo haría mucho más operativo que un ordenador convencional. Para hacerse una idea de la magnitud de $2^{1.000}$ (que equivale de forma aproximada a 10^{301}), pensemos en que el universo visible solo está formado por 10^{80} átomos.

Según los físicos Michael Nielsen e Isaac Chuang, «resulta tentadora la idea de despachar los ordenadores cuánticos como una moda tecnológica más que desaparecerá con el tiempo [...] Se trata de un error, porque la computación cuántica es un paradigma abstracto del procesamiento de la información que podría tener muchas posibles implantaciones tecnológicas *distintas*».

Existen muchas dificultades, por supuesto, a la hora de crear un ordenador cuántico práctico. Cualquier interacción o impureza circundante, por pequeña que fuera, podría interrumpir su funcionamiento. «En primer lugar, los ingenieros cuánticos tendrán que introducir la información en el sistema» escribe Brian Clegg, «después tendrán que ejecutar la operación y, por último, sacar los resultados. Ninguna de estas etapas es trivial [...] Es como si tratásemos de hacer un puzzle en la oscuridad y con las manos atadas detrás de la espalda».

VÉASE TAMBIÉN El principio de complementariedad (1927), La paradoja EPR (1935), Universos paralelos (1956), Los circuitos integrados (1958), El teorema de Bell (1964), El teletransporte cuántico (1993).

En 2009 los físicos del Instituto Nacional de Estándares y Tecnología dieron a conocer un procesamiento de información cuántica fiable en la trampa iónica que se muestra en la parte central izquierda de esta fotografía. Los iones quedan atrapados en la rendija oscura. Los científicos pueden desplazar los iones entre las seis zonas de la trampa modificando los voltajes que se aplican en cada uno de los electrones dorados.

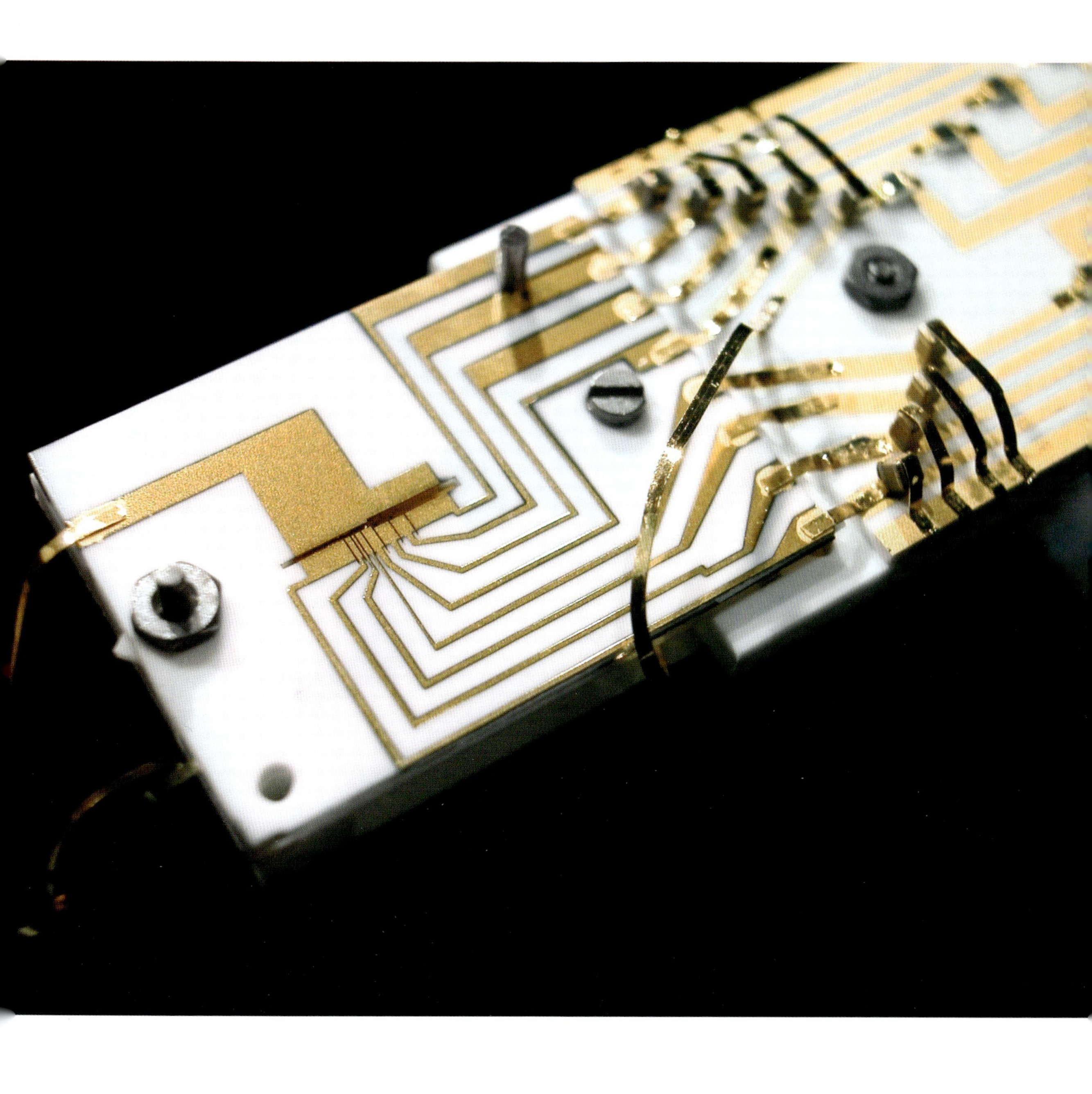

1982

Los cuasicristales

Sir Roger Penrose (nacido en 1931), **Dan Shechtman** (nacido en 1941)

Siempre me acuerdo de los exóticos cuasicristales cuando leo la descripción bíblica de un cristal «sobrecogedor» o «terrible» que se extiende sobre las cabezas de las criaturas vivientes (Ezequiel 1:22). En la década de 1980 los cuasicristales asombraron a los físicos con una sorprendente mezcla de orden y *no periodicidad* (es decir, carecen de simetría de traslación, de modo que una copia desplazada nunca coincide con la estructura original).

Nuestra historia comienza con las teselas de Penrose, dos formas geométricas simples que, cuando se colocan una junto a la otra, pueden cubrir un plano sin solaparse ni dejar huecos, y con una estructura que no se repite de forma periódica como en las teselaciones hexagonales de los suelos de algunos cuartos de baño. Las teselaciones de Penrose, que reciben su nombre del físico matemático Roger Penrose, poseen una simetría rotacional de orden cinco, la misma que muestran las estrellas de cinco puntas: si rotamos 72 grados toda la estructura de teselas, parece igual que al principio. Según Martin Gardner, «aunque es posible construir teselaciones de Penrose con un alto grado de simetría, la mayor parte de las estructuras son, al igual que el universo, una compleja mezcla de orden y de desviaciones inesperadas del orden. A medida que se expanden las estructuras dan la impresión de querer repetirse sin llegar a conseguirlo».

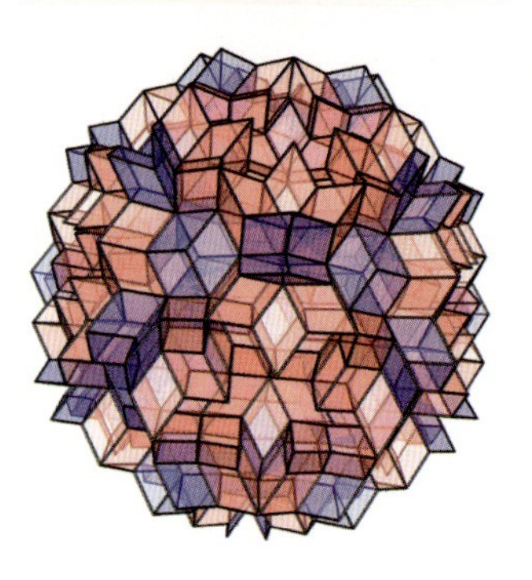

Antes del descubrimiento de Penrose los científicos creían, en su mayoría, que sería imposible construir cristales basados en una simetría de orden cinco, pero después se descubrieron los cuasicristales, que recuerdan a las estructuras de las teselas de Penrose y poseen propiedades notables. Así, por ejemplo, los *cuasicristales* pueden utilizarse como revestimientos deslizantes antiadherentes y los cuasicristales metálicos son malos conductores del calor.

A comienzos de la década de 1980 los científicos habían especulado acerca de la posibilidad de que la estructura atómica de algunos cristales se basara en una red no periódica. En 1982 el científico de materiales Dan Shechtman descubrió una estructura no periódica en la micrografía de electrones de una aleación de aluminio y manganeso, con una simetría de orden cinco evidente que recordaba a una teselación de Penrose. El descubrimiento resultó tan sorprendente que algunos llegaron a decir que era tan chocante como encontrar un copo de nieve de cinco lados.

VÉASE TAMBIÉN El «copo de nieve de seis puntas» de Kepler (1611), La ley de Bragg (1912).

IZQUIERDA (ARRIBA): *La simetría hexagonal de una colmena es periódica.* IZQUIERDA (ABAJO): *Una generalización de la teselación de Penrose y un modelo posible para los cuasicristales basado en una teselación icosaédrica construida a partir de dos romboedros (Imagen cedida por Edmun Hariss).* DERECHA: *Teselación de Penrose con dos sencillas formas geométricas que, cuando se colocan una junto a la otra, pueden cubrir un plano en un patrón sin huecos ni solapamientos que no se repite de forma periódica.*

1984

La teoría del todo

Michael Boris Green (nacido en 1946), **John Henry Schwarz** (nacido en 1941)

«Mi ambición consiste en llegar a ver toda la física reducida a una única fórmula tan sencilla y elegante que se pueda estampar con facilidad en la parte delantera de una camiseta», escribió el físico Leon Lederman. «Por primera vez en la historia de la física» escribe el físico Brian Greene, «disponemos de un marco capaz de explicar todas las características fundamentales con las que está construido el universo, que podría explicar además las propiedades de las partículas fundamentales y de las fuerzas por las cuales interaccionan e influyen unas sobre otras».

La teoría del todo unifica conceptualmente las cuatro interacciones fundamentales de la naturaleza, que son, en orden decreciente de fuerza: 1) *la interacción nuclear fuerte* (que mantiene unido el núcleo del átomo, reúne los quarks en partículas elementales y hace que las estrellas brillen), 2) la *interacción electromagnética* (entre cargas eléctricas y entre imanes), 3) la *interacción nuclear débil* (que rige la desintegración radiactiva de los elementos) y 4) la *interacción gravitatoria* (que mantiene unidos a la Tierra y el Sol). Alrededor de 1967 los físicos mostraron que dos interacciones, la electromagnética y la nuclear débil, podían unificarse en una sola, la *electrodébil*.

Aunque existe controversia, una candidata a teoría del todo es la teoría M, que postula que el universo tiene diez dimensiones espaciales y una temporal. La idea de dimensiones adicionales también puede ayudar a resolver el *problema de jerarquía* relacionado con el hecho de que la gravedad es mucho menos fuerte que las otras interacciones. Una solución sería que la gravedad se filtrara a otras dimensiones que no son nuestras tres dimensiones espaciales normales. Si la humanidad encontrara la teoría del todo, unificando las cuatro interacciones en una ecuación breve, los físicos podrían saber si las máquinas del tiempo son posibles y qué sucede en el centro de los agujeros negros, y nos concedería la capacidad, como señaló Stephen Hawking, de «leer la mente de Dios».

Este capítulo se ha datado en 1984 de forma arbitraria: se trata de la fecha de un decisivo descubrimiento de la teoría de las supercuerdas por parte de Michael Green y John Schwarz. La teoría M, una extensión de la **teoría de cuerdas**, se desarrolló en la década de 1990.

VÉASE TAMBIÉN El Big Bang (13.700 millones a. C.), Las ecuaciones de Maxwell (1861), La teoría de cuerdas (1919), El modelo de Randall-Sundrum (1999), El modelo estándar de la física de partículas (1961), La electrodinámica cuántica o teoría cuántica del campo electromagnético (1948), La partícula de Dios (1964).

Los aceleradores de partículas proporcionan información acerca de las partículas subatómicas que los científicos utilizan para desarrollar una teoría del todo. En la imagen se muestra el generador de Cockroft–Walton que se utilizaba en el laboratorio nacional Brookhaven para conseguir la aceleración inicial de los protones antes de inyectarlos en un acelerador lineal y en un sincrotrón.

1985

Las *buckyesferas*

Richard Buckminster "Bucky" Fuller (1895–1983), **Robert Floyd Curl, Jr.** (nacido en 1933), **Harold (Harry) Walter Kroto** (nacido en 1939), **Richard Errett Smalley** (1943–2005)

Siempre que pienso en las *buckyesferas* imagino, para reírme, un equipo de microscópicos futbolistas dando patadas a estas irregulares moléculas de carbono con forma de balón de fútbol y marcando goles en varios campos científicos. El buckminsterfullereno (o *buckyesfera*, o *buckyball* o, para abreviar, C_{60}), se compone de 60 átomos de carbono y fue construido en 1985 por los químicos Robert Curl, Harold Kroto y Richard Smalley. Cada átomo de carbono se encuentra en un vértice formado por un pentágono y dos hexágonos. A los descubridores del C_{60} su hallazgo les recordó a las estructuras con forma de jaula (por ejemplo la cúpula geodésica) del inventor Buckminster Fuller: de ahí procede su nombre. El C_{60} se descubrió después en muchos lugares, desde el hollín de las velas hasta los meteoritos, y los investigadores han sido capaces de colocar átomos concretos dentro de la estructura del C_{60}, como un pájaro en una jaula. Dado que el C_{60} acepta y dona electrones con facilidad, podría usarse algún día en baterías y aparatos electrónicos. Los primeros *nanotubos* cilíndricos hechos de carbono se obtuvieron en 1991: son tubos resistentes que podrían utilizarse algún día como cables eléctricos a escala molecular.

Da la impresión de que las *buckyesferas* siempre son noticia. Los investigadores han estudiado derivados para la administración dirigida de fármacos y para inhibir el VIH (virus de inmunodeficiencia humana). El C_{60} tiene interés teórico por diversas características mecanocuánticas y superconductoras. En 2009 el químico Junfeng Geng descubrió junto a algunos colegas formas adecuadas de fabricar *buckyalambres* a escala industrial, uniendo *buckyesferas* como las cuentas de un collar. Según la revista *Technology Review*, «los *buckyalambres* deberían estar disponibles para todo tipo de aplicaciones biológicas, eléctricas, ópticas y magnéticas [...] Da la impresión de que podrían ser recolectores de luz muy eficientes, por su extensa superficie y por el modo en que pueden conducir a los electrones liberados por los fotones. En electrónica, podrían funcionar como conexiones en placas base moleculares».

Los investigadores desarrollaron, también en 2009, un nuevo material muy conductivo formado por una red cristalina de *buckyesferas* de carga negativa, con iones de litio de carga positiva moviéndose por la estructura. Los experimentos con estas y otras estructuras relacionadas continúan para determinar si podrían llegar a utilizarse en el futuro como materiales «superiónicos» para baterías.

VÉASE TAMBIÉN La pila de Volta (1800), La hipótesis de De Broglie (1924), El transistor (1947).

El buckminsterfullereno (o buckyball, *o C_{60}) está compuesto por 60 átomos de carbono, cada uno de los cuales se encuentra en un vértice de un pentágono y dos hexágonos.*

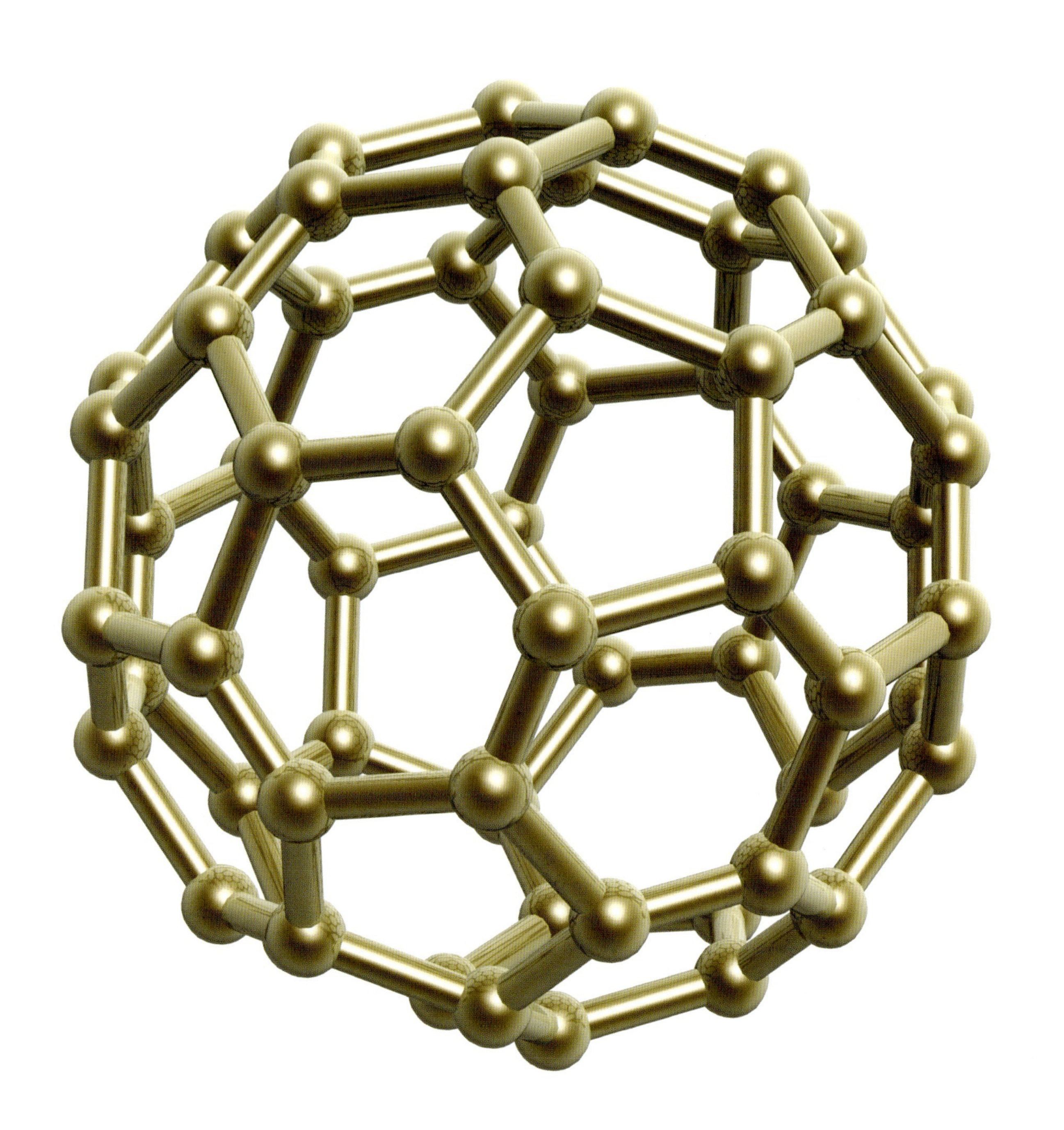

1987

Inmortalidad cuántica

Hans Moravec (nacido en 1948), **Max Tegmark** (nacido en 1967)

El alucinante concepto de la inmortalidad cuántica, así como otras ideas relacionadas que propusieron el investigador Hans Moravec (en 1987) y el físico Max Tegmark (algo después), se basa en una interpretación de la mecánica cuántica de la que ya hablamos en el capítulo dedicado a los **universos paralelos**. Esta teoría sostiene que cada vez que el universo («mundo») se enfrenta a una decisión en el nivel cuántico, sigue todos los caminos posibles, de forma que se divide en múltiples universos.

Según los defensores de la *inmortalidad cuántica*, la teoría del multiverso implica que tal vez podríamos vivir virtualmente para siempre. Supongamos, por ejemplo, que estamos en la silla eléctrica. En casi todos los universos paralelos la silla eléctrica nos matará. Sin embargo, existe un pequeño conjunto de universos paralelos en los que lograremos sobrevivir (es posible que falle algún componente eléctrico cuando se pulsa el interruptor). Podemos sobrevivir en uno de los universos en los que el aparato falla, y experimentarlo. Desde un punto de vista individual se vive eternamente.

Veamos un experimento imaginario (es mejor no intentarlo en casa): nos encontramos en un sótano, bajo un martillo que puede caer o no en función de la desintegración de un átomo radiactivo. Cada vez que se lleva a cabo el experimento la probabilidad de que el martillo nos rompa el cráneo es del 50%. Si la teoría de los universos paralelos es correcta, cada vez que hacemos el experimento nos dirigimos a un universo en el que el martillo nos mata y a otro universo en el que el martillo no cae. Aunque el experimento se pruebe mil veces, seguiremos encontrando que, por sorprendente que pueda parecer, seguimos vivos. Solo morimos en el universo en el que el martillo cae. Pero desde el punto de vista de las versiones en que sobrevivimos, el experimento se hace una y otra vez y seguimos vivos, porque en cada bifurcación del multiverso existe una versión en la que seguimos vivos. Si la teoría de los universos paralelos es correcta, es posible que nos demos cuenta, poco a poco, de que parece que no vamos a morir nunca.

VÉASE TAMBIÉN El gato de Schrödinger (1935), Universos paralelos (1956), Resurrección cuántica (100 billones de años).

Los defensores de la inmortalidad cuántica *afirman que podemos evitar para siempre al espectro de la muerte que nos acecha. Es posible que exista un pequeño conjunto de universos alternativos en los que vamos sobreviviendo, de modo que, desde nuestro punto de vista, vivimos eternamente.*

1987

La criticalidad autoorganizada

Per Bak (1948–2002)

«Pensemos en una serie de electrones, en un montón de granos de arena, en un cubo lleno de líquido, en una red elástica de muelles, en un ecosistema o en la comunidad de los corredores de bolsa» escribe el físico matemático Henrik Jensen. «Cada uno de estos sistemas está formado por muchos componentes que interaccionan por medio de algún tipo de intercambio de fuerzas o de información [...] ¿Existe algún mecanismo de simplificación que nos proporcione el comportamiento típico que comparten grandes clases de sistemas?»

En 1987 los físicos Per Bak, Chao Tang y Kurt Wiesenfel publicaron su concepto de la criticalidad autoorganizada, en parte como respuesta a este tipo de preguntas. Se utilizan a menudo, como ejemplo de criticalidad autoorganizada, las avalanchas de un montón de arena. Los granos de se dejan caer uno a uno para formar un montón que en algún momento alcanza un estadio estacionario crítico en el que la pendiente fluctúa en torno a cierto ángulo. En este momento cada grano que se añade es capaz de provocar una avalancha repentina de diversas magnitudes posibles. Aunque algunos modelos numéricos de montones de arena muestran la criticalidad autoorganizada, el comportamiento de los montones reales es, en ocasiones, ambiguo. En el célebre experimento de los montones de arroz, que se llevó a cabo en 1995 en la universidad de Oslo, estas construcciones mostraban la criticalidad autoorganizada si la longitud de los granos era muy superior a su anchura, pero no la presentaban si la forma era menos alargada. Así, es posible que la criticalidad autoorganizada sea sensible a pequeños detalles del sistema. Cuando Sara Grumbacher y algunos de sus colegas utilizaron diminutas esferas de hierro y cristal para estudiar los modelos de avalanchas, encontraron criticalidad autoorganizada en todos los casos.

La criticalidad autoorganizada se ha buscado en campos tan diversos como la geofísica, la biología evolutiva, la economía y la cosmología, y es posible que sea el vínculo entre diversos fenómenos complejos en los que un pequeño cambio desata en todo el sistema repentinas reacciones en cadena. Una de las claves tiene que ver con las distribuciones de ley de potencias. Esto significa, en el caso de los montones de arena, que hay muchas menos avalanchas grandes que avalanchas pequeñas. Podemos esperar, por ejemplo, una avalancha al día que implique a 1000 granos, pero 100 que impliquen a 10 granos, y así sucesivamente. Ciertas estructuras o comportamientos aparentemente complejos aparecen en sistemas muy distintos que pueden caracterizarse mediante reglas sencillas.

VÉASE TAMBIÉN Las olas gigantes (1826), El solitón (1834), La teoría del caos (1963).

IZQUIERDA: *Las investigaciones acerca de la criticalidad autoorganizada han estado vinculadas con la estabilidad de los montones de arroz.* DERECHA: *Los estudios han mostrado que las avalanchas de nieve pueden mostrar criticalidad autoorganizada. La relación entre la frecuencia de las avalanchas y su tamaño puede resultar útil a la hora de hacer valoraciones de riesgos.*

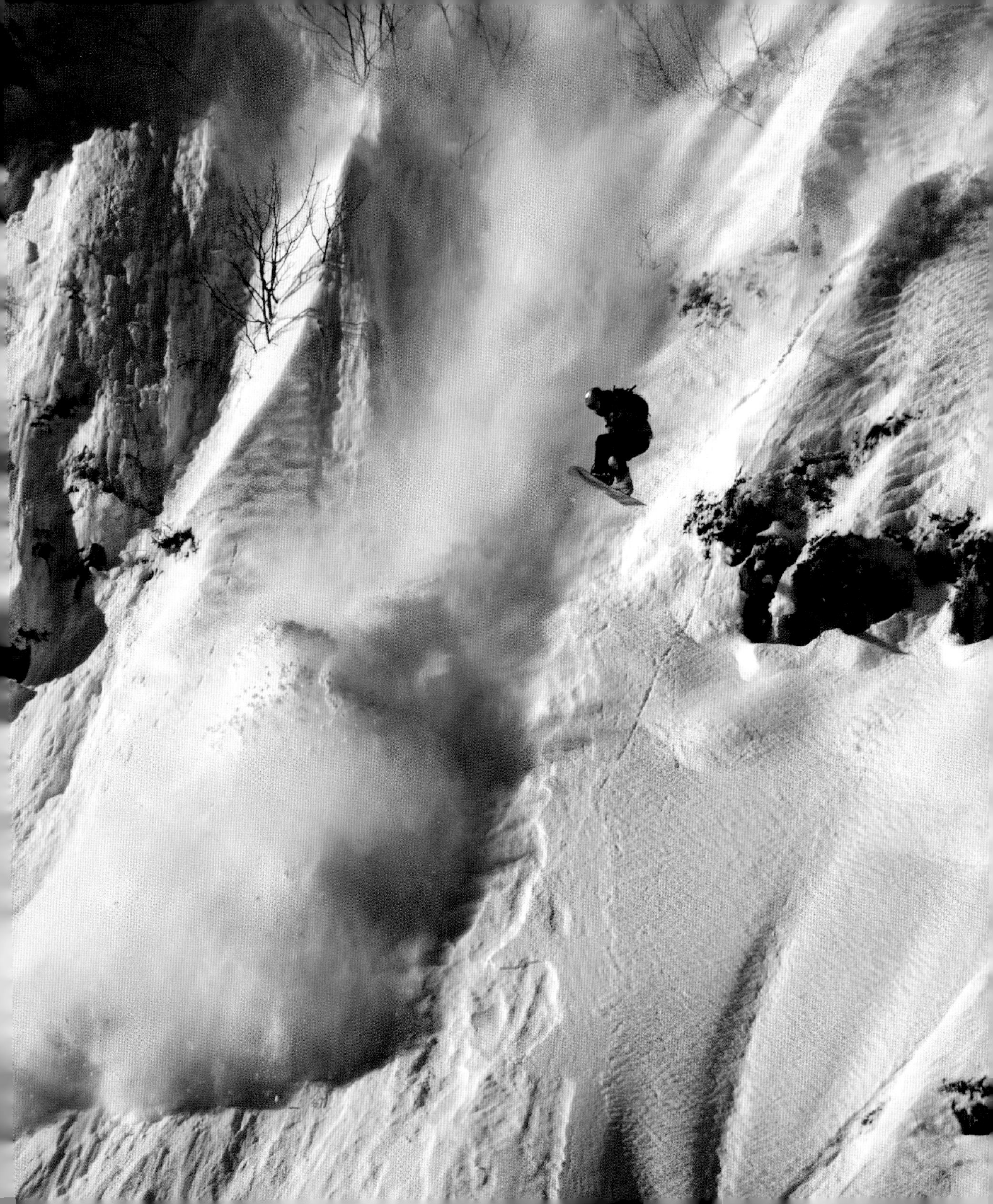

La máquina del tiempo de agujero de gusano

Kip Stephen Thorne (nacido en 1940)

Como ya vimos en el capítulo acerca de los **viajes en el tiempo**, la máquina del tiempo que Kurt Gödel propuso en 1949 trabajaba con grandes escalas espaciales (para que funcionara tenía que rotar todo el universo). En el otro extremo de estos aparatos están los agujeros de gusano cósmicos creados a partir de la espuma cuántica subatómica, tal y como sugirieron Kip Thorne y sus colegas en 1988, en un artículo en la prestigiosa revista *Physical Review Letters* en el que describen un agujero de gusano que conecta dos regiones cuyas salidas desembocan en distintos momentos temporales. Así, el agujero de gusano podría unir el pasado y el presente. Dado que el viaje a través del agujero de gusano es casi instantáneo, se podría utilizar para viajar atrás en el tiempo. A diferencia de la máquina del tiempo que describió H. G. Wells en la novela homónima, la máquina de Thorne necesita grandes cantidades de energía, una energía que nuestra civilización será incapaz de obtener durante muchos años. A pesar de todo, Thorne es optimista en su artículo: «Una civilización arbitrariamente desarrollada puede construir una máquina para viajar al pasado a partir de un único agujero de gusano».

El agujero de gusano atravesable de Thorne podría crearse agrandando los agujeros de gusano submicroscópicos que existen en la espuma cuántica que llena el espacio. Una vez agrandado, uno de los extremos se acelera hasta alcanzar grandes velocidades y se trae de vuelta. Otra posibilidad pasaría por colocar la boca de un agujero de gusano cerca de un cuerpo muy gravitatorio y después traerla de regreso. En ambos casos la dilatación temporal hace que el extremo del agujero de gusano desplazado envejezca menos que el extremo que no se ha movido respecto del laboratorio. Un reloj situado en el extremo acelerado, por ejemplo, señalaría el año 2012, mientras que otro situado en el extremo inmóvil señalaría el año 2020. Si montásemos en el extremo de 2020 llegaríamos a 2012. Sin embargo, no podríamos viajar a un momento anterior a la creación de esta máquina del tiempo. Una de las dificultades para crear la máquina del tiempo de agujero de gusano reside en que para mantener su «garganta» abierta se necesitaría una cantidad significativa de *energía negativa* (por ejemplo la que se relaciona con la llamada *materia exótica*), cuya creación es, en la actualidad, tecnológicamente inviable.

VÉASE TAMBIÉN Viajes en el tiempo (1949), El efecto Casimir (1948), La conjetura de protección de la cronología (1992).

Representación artística de un agujero de gusano espacial, que puede utilizarse como atajo en el espacio y como máquina del tiempo. Las zonas amarilla y azul son las bocas (aberturas) del agujero de gusano.

1990

El telescopio Hubble

Lyman Strong Spitzer, Jr. (1914–1997)

«Desde los primeros tiempos de la astronomía» escriben los amigos del Space Telescope Science Institute, «desde la época de Galileo, los astrónomos han compartido un único objetivo: ver más, ver más lejos, ver con mayor profundidad. El lanzamiento del telescopio espacial Hubble en 1990 supuso para la humanidad un gran avance en ese aspecto». Por desgracia, las observaciones de los telescopios terrestres se ven distorsionadas por la atmósfera de la Tierra, que hace que las estrellas parezcan titilar y que, además, absorbe parcialmente determinadas longitudes de onda de radiación electromagnética. El telescopio espacial Hubble (o HST, sus siglas en inglés) orbita mas allá de la atmósfera, por lo que puede captar imágenes de gran calidad.

La luz procedente del espacio incide en el espejo cóncavo principal del telescopio, de 2,4 metros de diámetro, y se refleja dirigiéndose a un espejo más pequeño que la focaliza a través de un agujero que hay en el centro del espejo principal. La luz se dirige entonces hacia varios instrumentos específicos que registran las luces visible, ultravioleta e infrarroja. Lanzado por la NASA desde un transbordador espacial, el telescopio tiene el tamaño de un autobús, está alimentado por paneles solares y utiliza **giroscopios** para estabilizar su órbita y apuntar a sus objetivos espaciales.

Muchas observaciones del HST han desembocado en importantes descubrimientos astrofísicos. Así, al poder realizar con el HST mediciones muy precisas de las distancias a estrellas variables cefeidas, los científicos fueron capaces de determinar la edad del universo con una exactitud sin precedentes. El HST ha descubierto discos protoplanetarios (seguramente el lugar de nacimiento de nuevos planetas), galaxias en diversas etapas evolutivas, equivalentes ópticos de las **erupciones de rayos gamma** en galaxias lejanas, la identidad de los **cuásares**, planetas que orbitan alrededor de otras estrellas y la existencia de **energía oscura**, que parece la causa de la expansión cada vez más rápida del universo. Los datos del HST demostraron el predominio de los agujeros negros gigantes en el centro de las galaxias, así como el hecho de que las masas de estos agujeros negros están en correlación con otras propiedades galácticas.

En 1946 el astrofísico estadounidense Lyman Spitzer, Jr. justificó y promovió la idea de un observatorio espacial. Su sueño se hizo realidad antes de su muerte.

VÉASE TAMBIÉN El Big Bang (13.700 millones a. C.), El telescopio (1608), La nebulosa protosolar (1796), El giroscopio (1852), Las dimensiones del universo según las estrellas variables cefeidas (1912), La ley de expansión del universo de Hubble (1929), Los cuásares (1963), Las erupciones de rayos gamma (1967), La energía oscura (1998).

Las diminutas figuras de los astronautas Steven L. Smith y John M. Grunsfeld reemplazan unos giroscopios en el interior del telescopio espacial Hubble (1999).

GODDARD
SPACE
FLIGHT
CENTER

La conjetura de protección de la cronología

Stephen William Hawking (nacido en 1942)

Si fuese posible viajar al pasado, ¿cómo se evitarían ciertas paradojas, como la posibilidad de que alguien asesine a su abuela e impida su propio nacimiento? Los viajes al pasado podrían no estar regidos por leyes físicas conocidas; tal vez estén permitidos por ciertas técnicas hipotéticas que emplean agujeros de gusano (atajos en el espacio y el tiempo) o altas gravedades (véase el capítulo acerca de los **viajes en el tiempo**). Si es posible viajar en el tiempo, ¿por qué no tenemos pruebas de la existencia de viajeros temporales? El novelista Robert Silverberg planteó con elocuencia el problema de los turistas del tiempo: «Si se lleva al extremo, la paradoja del público acumulativo arroja la imagen de miles de millones de viajeros del tiempo que se

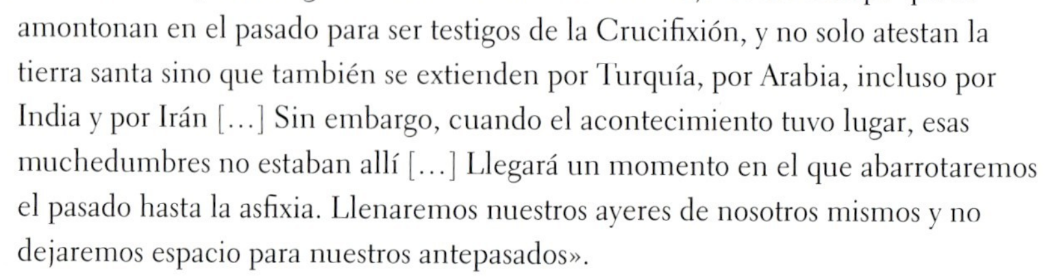

amontonan en el pasado para ser testigos de la Crucifixión, y no solo atestan la tierra santa sino que también se extienden por Turquía, por Arabia, incluso por India y por Irán [...] Sin embargo, cuando el acontecimiento tuvo lugar, esas muchedumbres no estaban allí [...] Llegará un momento en el que abarrotaremos el pasado hasta la asfixia. Llenaremos nuestros ayeres de nosotros mismos y no dejaremos espacio para nuestros antepasados».

Debido en parte al hecho de que nunca hemos visto a nadie procedente del futuro, el físico Stephen Hawking formuló la conjetura de protección de la cronología, que propone que las leyes de la física impiden la creación de una máquina del tiempo, sobre todo en la escala macroscópica. En la actualidad continúa el debate acerca de la naturaleza concreta y la validez real de esta conjetura. ¿Podrían evitarse las paradojas mediante una mera cadena de coincidencias que impidiera que alguien matase a su abuela aunque viajase al pasado? ¿O este viaje está prohibido por alguna ley fundamental de la naturaleza, por ejemplo alguna relacionada con los aspectos mecanocuánticos de la gravedad?

Si fuese posible viajar al pasado, a lo mejor nuestro pasado no se vería alterado porque cuando alguien se desplaza hacia atrás en el tiempo entra en un universo paralelo en el mismo instante de la llegada. El universo original permanecería intacto, pero el nuevo incluiría todos los actos y modificaciones introducidos por el viajero.

VÉASE TAMBIÉN Viajes en el tiempo (1949), La paradoja de Fermi (1950), Universos paralelos (1956), La máquina del tiempo de agujero de gusano (1988), Stephen Hawking en *Star Trek* (1993).

Stephen Hawking formuló la conjetura de protección de la cronología, que propone que las leyes de la física previenen la creación de una máquina del tiempo, sobre todo en la escala macroscópica. El debate acerca de la naturaleza exacta de esta conjetura aún no ha terminado.

1993

Teletransporte cuántico

Charles H. Bennett (nacido en 1943)

En *Star Trek*, cuando el capitán tenía que escapar de una situación peligrosa en un planeta, le pedía a un ingeniero de teletransporte de su nave que lo «teleportara». En unos segundos el capitán desaparecía del planeta y reaparecía en la nave. Hasta hace poco el teletransporte de materia era pura especulación.

En 1993, un grupo formado por Charles Bennett, experto en computación, y algunos colegas, propuso un modelo según el cual el estado cuántico de una partícula podría transmitirse hasta otro lugar por medio del entrelazamiento cuántico (del que ya hablamos en el capítulo dedicado a la **paradoja EPR**). Cuando dos partículas, por ejemplo dos fotones, están entrelazadas, un determinado cambio en una de ellas se refleja de forma instantánea en la otra con independencia de que las separen unos centímetros o distancias interplanetarias. Bennett propuso un método de escaneo y transmisión de parte de la información del estado cuántico de una partícula a su compañera en la distancia. El estado de la segunda partícula se modifica después por medio de la información de escaneado de modo que se encuentra en el estado de la partícula original. Al final la primera partícula ya no se encuentra en su estado original. En realidad transferimos el estado de una partícula, pero podemos pensar que la partícula original ha saltado de forma mágica a una nueva ubicación. Si dos partículas del mismo tipo tienen idénticas propiedades cuánticas, son indistinguibles. En este método de teletransporte hay un paso en el que la información se envía hasta el receptor por medios convencionales (por ejemplo un rayo láser), así que la velocidad del teletransporte no supera la de la luz.

En 1997 se consiguió teletransportar un fotón, y en 2009 el estado de un ión de iterbio a otro: estaban situados en recintos separados por un metro de distancia. Actualmente el teletransporte de seres humanos, o incluso de virus, está muy lejos de nuestra capacidad técnica.

El teletransporte cuántico podría llegar a ser útil para facilitar comunicaciones cuánticas de largo alcance en ordenadores cuánticos que realizan ciertas tareas (por ejemplo cálculos de codificación y búsquedas de información) con una velocidad mucho mayor que la de los ordenadores tradicionales. Estos ordenadores podían utilizar bits cuánticos que existen en una superposición de estados, como una moneda que fuera a la vez cara y cruz.

VÉASE TAMBIÉN El gato de Schrödinger (1935), La paradoja EPR (1935), El teorema de Bell (1964), Los ordenadores cuánticos (1981).

Se ha conseguido teletransportar un fotón. También se ha teletransportado información entre dos iones de iterbio situados en recintos aislados. ¿Será posible en un futuro teletransportar seres humanos?

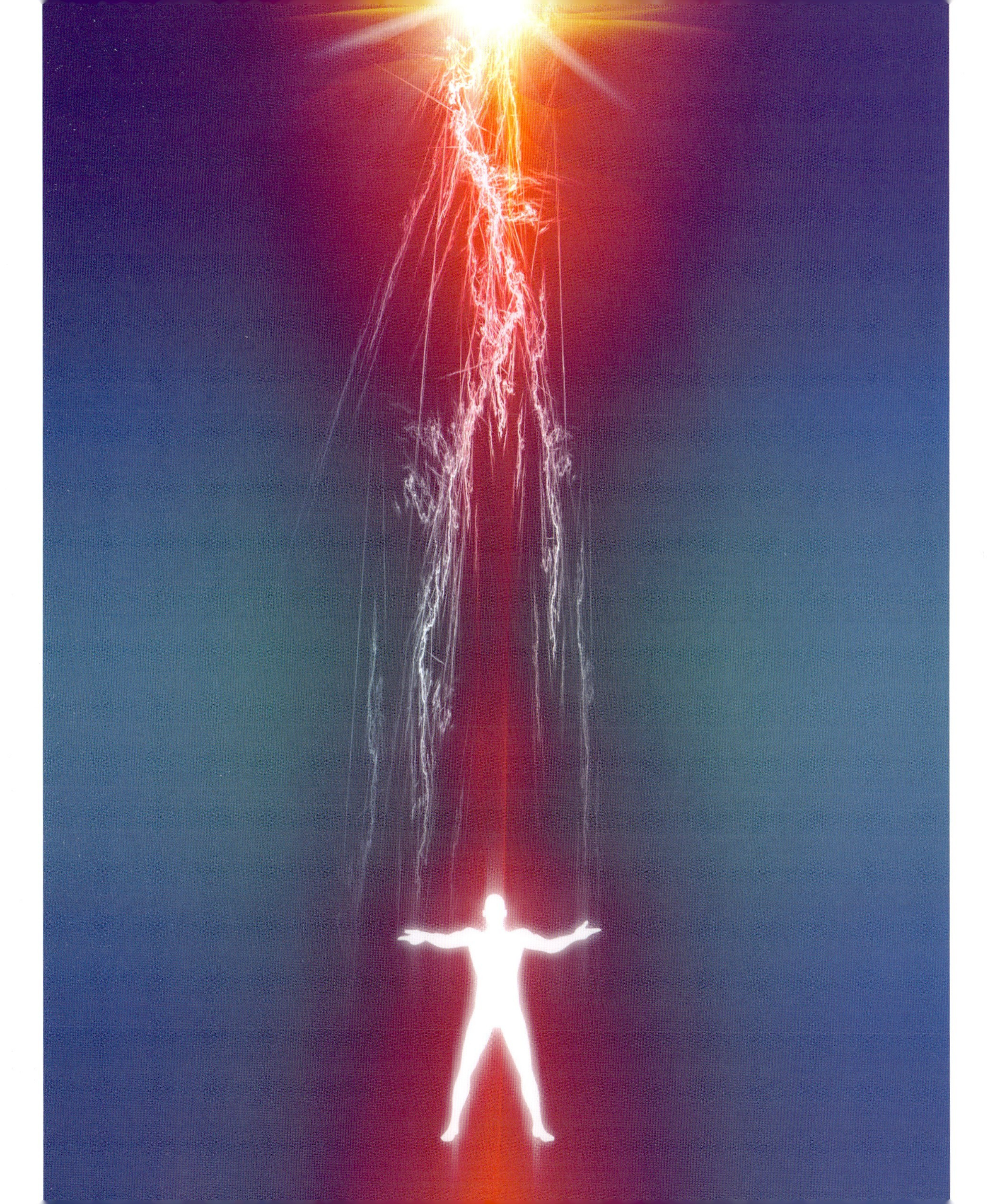

1993

Stephen Hawking en *Star Trek*

Stephen William Hawking (nacido en 1942)

Según las encuestas, el astrofísico Stephen Hawking es el «científico más famoso» del comienzo del siglo XXI. Es toda una fuente de inspiración, y por eso le dedicamos un capítulo de este libro. Al igual que Einstein, Hawking ya forma parte de la cultura popular y ha aparecido en muchos programas de televisión interpretándose a sí mismo (por ejemplo en *Star Trek*: la nueva generación). Es extremadamente raro que un gran científico se convierta en un icono cultural: el título de este capítulo celebra ese aspecto de su relevancia.

Muchos principios relacionados con los agujeros negros se atribuyen a Stephen Hawking. Pensemos, por ejemplo, en la velocidad de evaporación de un agujero negro de Schwarzschild de masa M, que puede formularse como $\mathrm{d}M/\mathrm{d}t = -C/M^2$, donde C es una constante y t es el tiempo. Otra de las leyes de Hawking afirma que la temperatura de un agujero negro es inversamente proporcional a su masa. Según el físico Lee Smolin, «un agujero negro con la masa del Everest no sería más grande que un núcleo atómico, pero brillaría con una temperatura mayor que la del centro de una estrella».

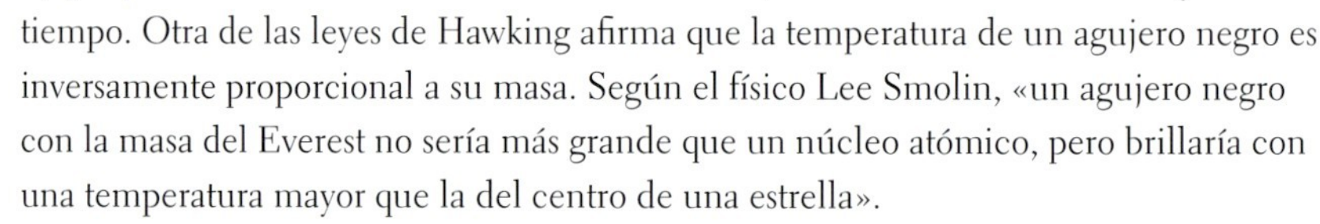

En 1974 Hawking concluyó que los agujeros negros debían crear y emitir térmicamente partículas subatómicas, un proceso conocido como radiación de Hawking. Aquel mismo año se convirtió en uno de los miembros más jóvenes de la Royal Society londinense. Los agujeros negros emiten esta radiación hasta que finalmente se evaporan y desaparecen. Entre 1979 y 2009 Hawking fue titular de la cátedra lucasiana de matemáticas de la universidad de Cambridge, un puesto que antes había ocupado Sir Isaac Newton. Hawking ha propuesto también la posibilidad de que el universo no tenga borde ni límite en el tiempo imaginario, de modo que «el modo en que comenzó el universo vino determinado por completo por las leyes de la ciencia». En la edición del 17 de octubre de 1988 de *Der Spiegel* escribió que dado que «es posible que el modo en que comenzó el universo esté determinado por las leyes de la ciencia… no sería necesario recurrir a Dios para decidir cómo comenzó el universo. No es una prueba de que Dios no existe, solo de que Dios no es necesario».

VÉASE TAMBIÉN Newton como fuente de inspiración (1687), Los agujeros negros (1783), Einstein como fuente de inspiración (1921), La conjetura de protección de la cronología (1992).

IZQUIERDA: *En* Star Trek, *Stephen Hawking juega al póquer con representaciones holográficas de Isaac Newton y Albert Einstein.* DERECHA: *El presidente de Estados Unidos Barack Obama habla con Stephen Hawking en la Casa Blanca antes de la ceremonia en la que este último recibió la Medalla Presidencial de la Libertad (2009). Hawking padece una enfermedad neuronal motora que lo mantiene paralizado casi por completo.*

1995

El condensado de Bose-Einstein

Satyendra Nath Bose (1894–1974), **Albert Einstein** (1879–1955), **Eric Allin Cornell** (nacido en 1961), **Carl Edwin Wieman** (nacido en 1951)

La materia fría de un condensado de Bose-Einstein (BEC) muestra una cualidad exótica en la que los átomos pierden su identidad y se funden en un misterioso colectivo. Para visualizar el proceso podemos imaginar una colonia de hormigas formada por 100 miembros. Si la temperatura desciende hasta 170 milmillonésimas Kelvin (más fría que los profundos confines del espacio interestelar), cada hormiga se convierte en una inquietante niebla que se extiende por toda la colonia. Cada niebla-hormiga se solapa con las demás, de modo que la colonia está ocupada por una única niebla muy densa. Ya no podemos distinguir los insectos individualmente. Sin embargo, si la temperatura aumenta, las nieblas se diferencian y volvemos a tener los 100 individuos, que vuelven a sus asuntos de hormiga como si nada hubiese sucedido.

El condensado de Bose-Einstein es un estado de agregación de la materia de un gas muy frío compuesto por bosones (partículas que pueden ocupar el mismo estado cuántico). A bajas temperaturas sus funciones de onda pueden solaparse, y en mayores escalas de tamaño se observan efectos cuánticos muy interesantes. Predicho por primera vez alrededor de 1925 por los físicos Satyendra Nath Bose y Albert Einstein, este condensado no se creó en laboratorio hasta 1995, cuando los físicos Eric Cornell y Carl Wieman enfriaron un gas de átomos de rubidio-87 (que son bosones) casi hasta el cero absoluto. Debido al principio de incertidumbre de Heisenberg (por el cual, a medida que disminuye la velocidad de los átomos de un gas, su posición se vuelve más incierta), los átomos se condensan en un «superátomo» gigante que se comporta como una única entidad, una especie de cubito de hielo cuántico. A diferencia de los cubitos reales, el BEC, muy frágil, se desestructura con facilidad para formar un gas normal. A pesar de esto, se estudia cada vez más en numerosas áreas de la física, como la teoría cuántica, los superfluidos, la ralentización de los pulsos de luz e incluso los modelos de agujeros negros.

Los investigadores pueden crear las temperaturas ultrafrías necesarias por medio de láseres y campos magnéticos que ralentizan y atrapan a los átomos. De hecho, el rayo láser es capaz de ejercer presión sobre los átomos, disminuyendo al mismo tiempo su velocidad y su temperatura.

VÉASE TAMBIÉN El principio de incertidumbre de Heisenberg (1927), Los superfluidos (1937), El láser (1960).

En el número del 14 de julio de 1995 de la revista Science *los investigadores del laboratorio JILA informaron de la creación de un condensado de Bose-Einstein. Estos gráficos muestran representaciones sucesivas de la condensación (caracterizado con un pico azul). El laboratorio JILA está dirigido por el Instituto Nacional de Estándares y Tecnología y por la universidad de Colorado.*

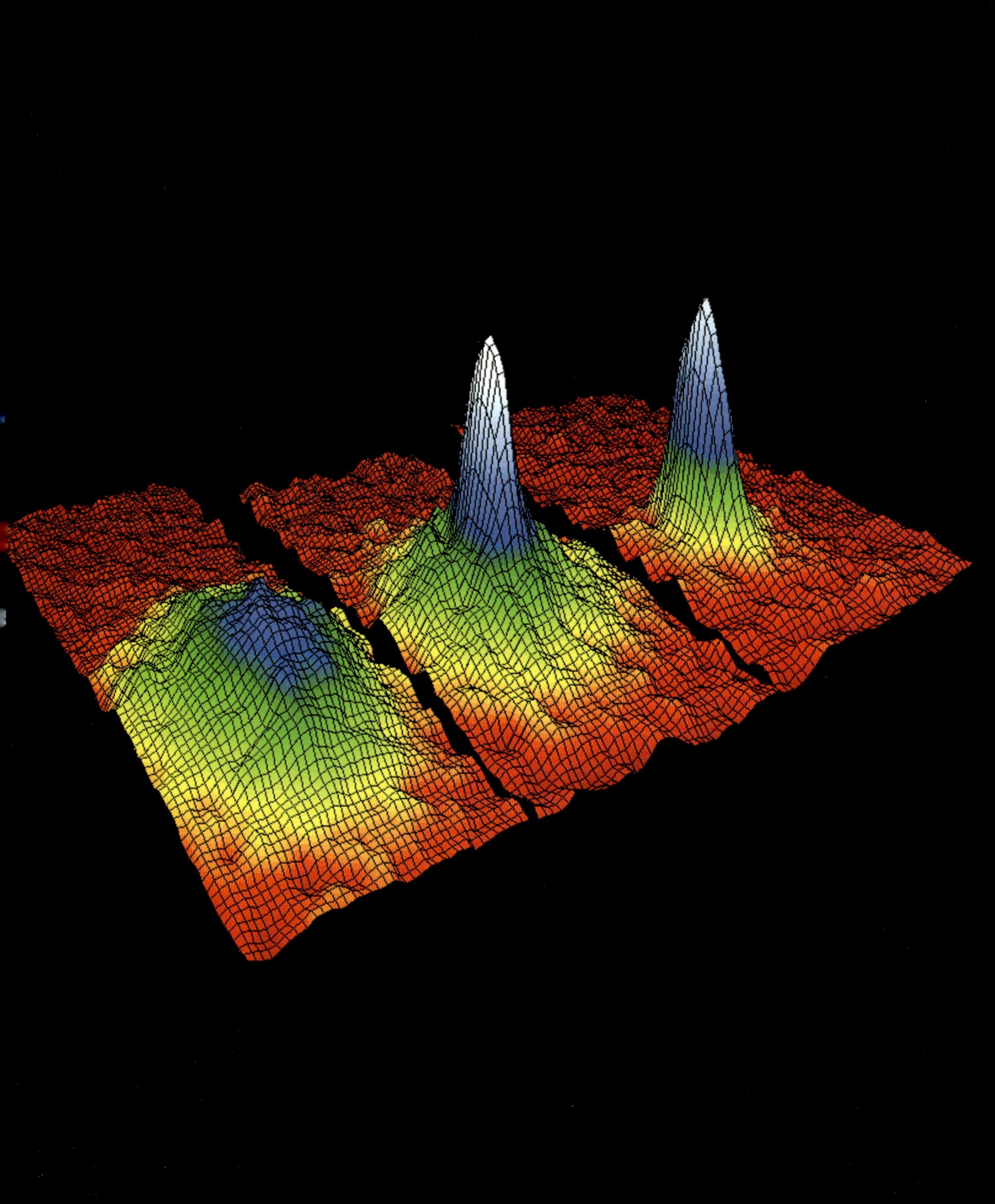

1998

La energía oscura

«Hace cinco mil millones de años al universo le sucedió algo extraño» escribe el periodista científico Dennis Overbye. «Como si Dios hubiese encendido una máquina de antigravedad, la expansión del cosmos se aceleró, y las galaxias empezaron a alejarse con una velocidad aún mayor». Parece que la causa es la energía oscura, una forma energética que posiblemente impregna todo el espacio y que hace que la expansión cósmica se acelere. La abundancia de energía oscura la convierte en la responsable de tres cuartas partes de la masa–energía total del universo. Según el astrofísico Neil deGrasse Tyson y el astrónomo Donald Goldsmith, «si los cosmólogos fuesen capaces de explicar de dónde procede la energía oscura [...] podrían afirmar que habían desvelado un secreto fundamental del universo».

Las pruebas de la existencia de la energía oscura llegaron en 1998, en las observaciones astrofísicas de ciertos tipos de supernovas (estrellas en explosión) distantes que se alejan de nosotros cada vez con mayor velocidad. Aquel mismo año, el cosmólogo Michael Turner acuñó el término *energía oscura*.

Si la aceleración del universo persiste, las galaxias que no pertenecen a nuestro supercúmulo de galaxias dejarán de ser visibles, porque su velocidad de alejamiento será mayor que la velocidad de la luz. Algunas teorías aseguran que la energía oscura podría exterminar el universo en un gran **desgarramiento cósmico**, cuando se destruya la materia en todas sus formas (sean átomos o planetas). Sin embargo, incluso sin este gran desgarramiento, el universo podría convertirse en un lugar solitario (véase el capítulo acerca del **aislamiento cósmico**). Según Tyson, «al final, la energía oscura socavará la capacidad de comprensión del universo de las generaciones futuras. A menos que los astrofísicos contemporáneos de toda la galaxia recopilen unos registros notables, los astrofísicos futuros no sabrán nada acerca de las galaxias externas [...] La energía oscura les negará el acceso a capítulos enteros del libro del universo [...] En la actualidad también nosotros echamos de menos algunas piezas básicas de lo que un día fue el universo, haciendo que tengamos que buscar a tientas respuestas que podríamos no hallar nunca».

VÉASE TAMBIÉN La ley de expansión del universo de Hubble (1929), La materia oscura (1933), La radiación de fondo de microondas (1965), Inflación cósmica (1980), El desgarramiento cósmico, Aislamiento cósmico (100.000 millones de años).

La sonda espacial aceleración/supernova (SNAP), en la que colaboran la NASA y el departamento estadounidense de energía, es un proyecto de observatorio espacial para medir la expansión del universo y para dilucidar la naturaleza de la energía oscura.

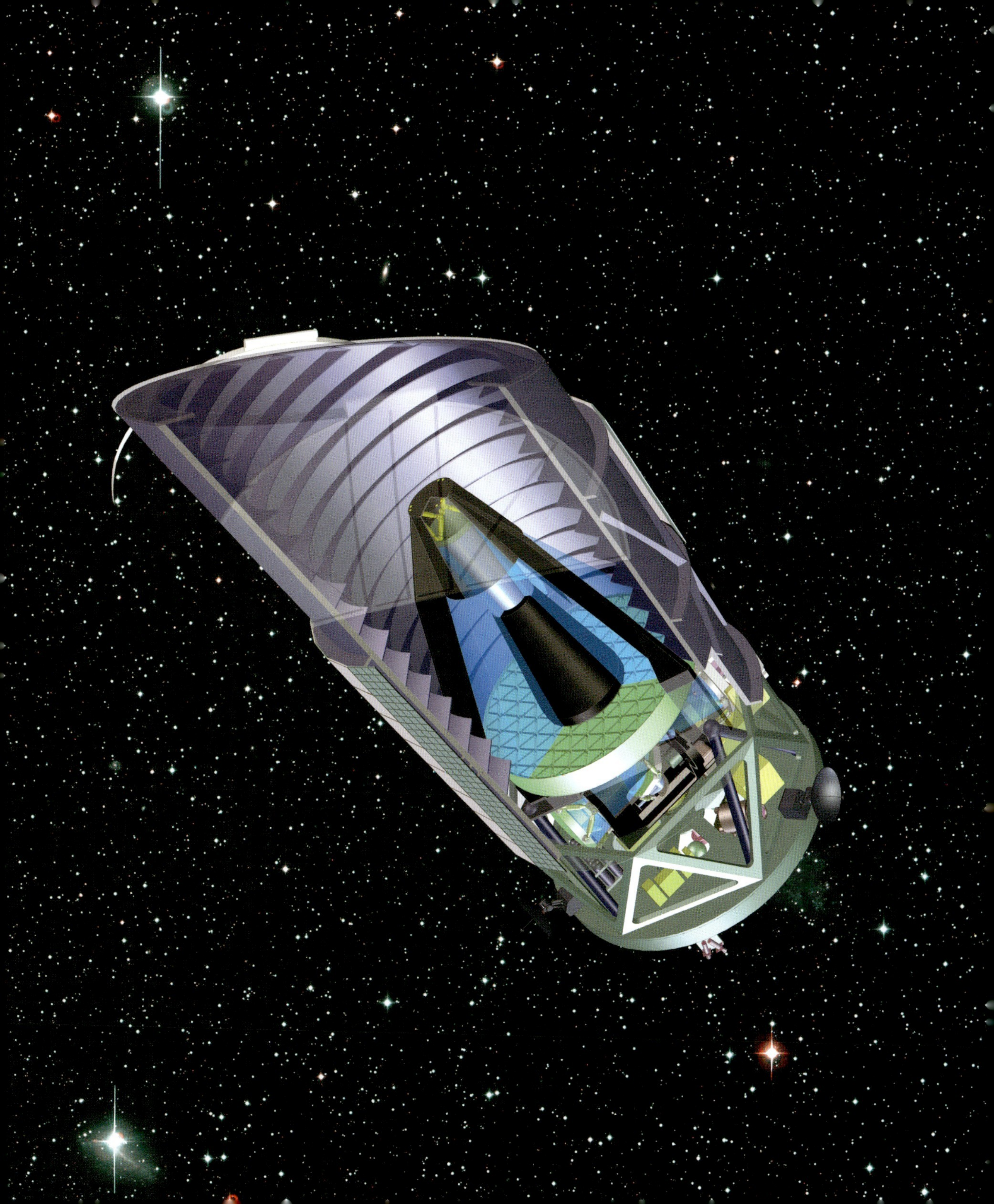

1999

El modelo de Randall-Sundrum

Lisa Randall (nacida en 1962), **Raman Sundrum** (nacido en 1964)

La teoría de branas de Randall y Sundrum (RS) trata de afrontar el *problema de la jerarquía* en física, que tiene que ver con la pregunta de por qué la fuerza de la gravedad parece mucho más débil que las otras interacciones fundamentales (la interacción electromagnética y las interacciones nucleares fuerte y débil). Puede que la gravedad nos parezca fuerte, pero debemos recordar que las fuerzas electrostáticas generadas al frotar un globo infantil son suficientes para mantenerlo pegado a una pared, desafiando la gravedad de todo un planeta. Según la teoría RS, es posible que la gravedad sea más débil porque se concentra en otra dimensión.

Podemos señalar, como prueba del interés global que provocó el artículo de los físicos Lisa Randall y Raman Sundrum publicado en 1999 «A Large Mass Hierarchy from a Small Extra Dimension» («La jerarquía de una gran masa procedente de una pequeña dimensión adicional»), que entre 1999 y 2004 la doctora Randall fue el físico teórico más citado en todo el mundo, por este y otros trabajos. Randall fue, además, la primera mujer con una plaza en propiedad en el departamento de física de la universidad de Princeton. Una forma de hacerse una idea de la teoría RS es imaginar que nuestro mundo ordinario, con sus tres dimensiones espaciales evidentes y su dimensión temporal, es como una gran cortina de ducha, lo que los físicos denominan una *brana*. Las personas somos como gotas de agua que pasan su vida pegadas a la cortina, desconocedoras de que muy cerca, en otra dimensión espacial, puede haber otra cortina. Esta *brana oculta* podría ser la principal ubicación de los gravitones, las partículas elementales responsables de la gravedad. Los otros tipos de partículas del **modelo estándar**, por ejemplo los **electrones** y los protones, se encuentran en la *brana visible* en la que reside nuestro universo visible. La gravedad es en realidad tan fuerte como las otras interacciones, pero se diluye al «filtrarse» en nuestra brana visible. Los fotones, responsables de que veamos, están atrapados en la brana visible, y por eso no somos capaces de ver la brana oculta.

Hasta el momento nadie ha descubierto un gravitón. Sin embargo, es posible que los aceleradores de partículas de alta energía sean capaces de permitir que los científicos identifiquen esta partícula, que también podría proporcionar pruebas de la existencia de dimensiones adicionales.

VÉASE TAMBIÉN La teoría general de la relatividad (1915), La teoría de cuerdas (1919), Universos paralelos (1956), El modelo estándar de la física de partículas (1961), La teoría del todo (1984), La materia oscura (1933), El gran colisionador de hadrones (2009).

El ATLAS es un detector de partículas ubicado en las instalaciones del **gran colisionador de hadrones**. *Se utiliza para buscar posibles pruebas relacionadas con el origen de la masa y con la existencia de dimensiones adicionales.*

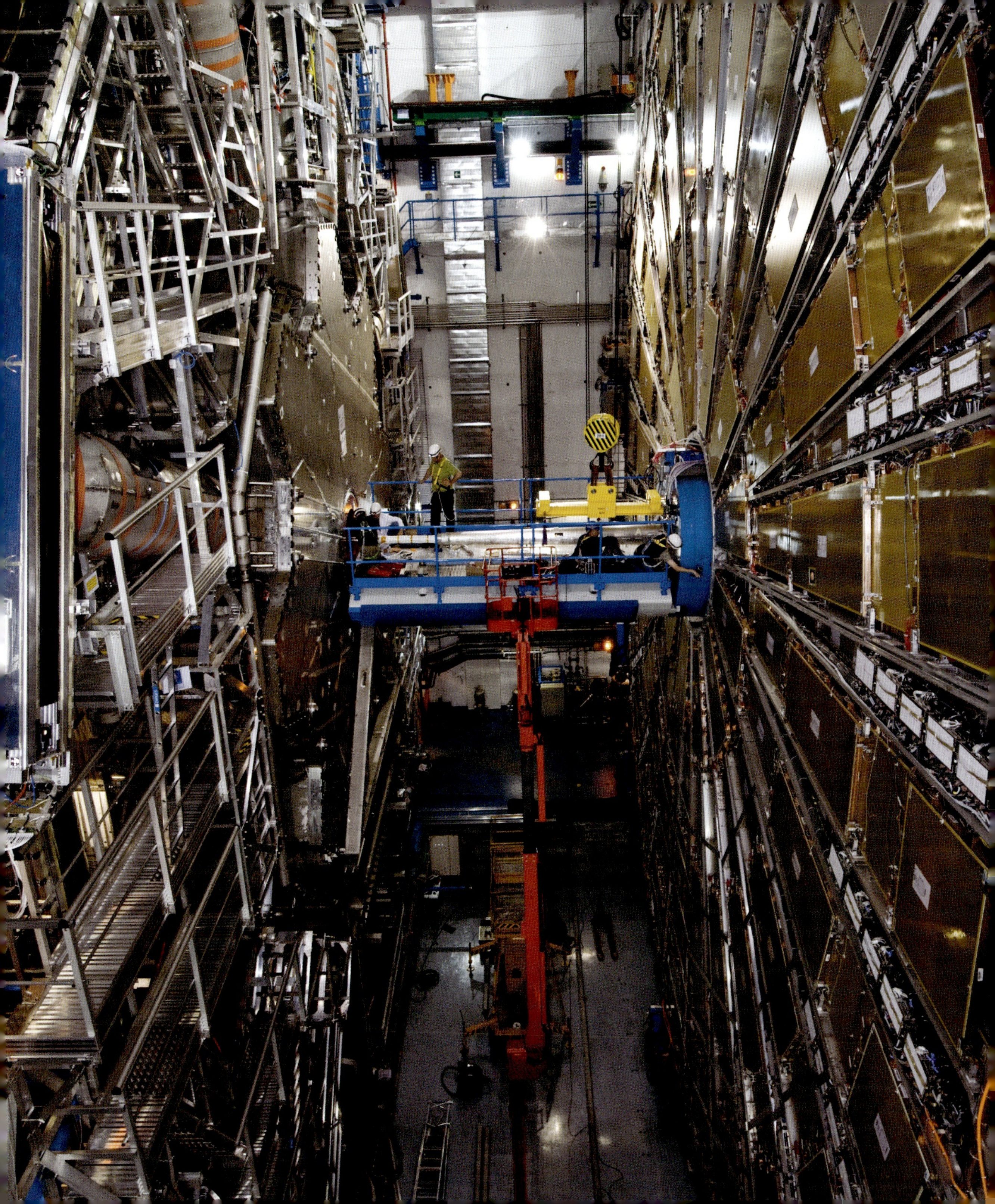

El tornado más rápido del mundo

Joshua Michael Aaron Ryder Wurman (nacido el 1 de octubre de 1960)

El viaje ficticio de Dorothy en *El mago de Oz* no era mera fantasía. Los tornados son una de las fuerzas más destructivas de la naturaleza. Cuando los pioneros americanos viajaron a las llanuras centrales de Estados Unidos y se encontraron con tornados por primera vez, vieron búfalos adultos volando por los aires. La presión relativamente baja del interior del vórtice de un tornado genera frío y condensación, haciendo que la tormenta pueda verse con su forma de embudo.

El 3 de mayo de 1999 los científicos registraron la mayor velocidad de un viento de tornado cerca del suelo: 512 kilómetros por hora. Un equipo dirigido por el meteorólogo Joshua Wurman comenzó a seguir una *tormenta supercelular*, es decir, una tormenta acompañada de un mesociclón (una intensa corriente de aire que rota a la vez que asciende, localizada a unos pocos kilómetros de altura). Por medio de un equipo de radar **Doppler** situado sobre un camión, Wurman disparó pulsos de microondas contra la tormenta de Oklahoma. Las ondas rebotaron en la lluvia y en otras partículas, modificando su frecuencia y proporcionando a los investigadores una estimación precisa de la velocidad del viento unos 30 metros por encima del suelo.

Las tormentas suelen caracterizarse por corrientes de aire ascendente. Los científicos siguen estudiando por qué estas corrientes se convierten en remolinos de aire en algunas tormentas, pero no en otras. Las corrientes de aire ascienden desde el suelo e interaccionan con los vientos de mayor altura que soplan desde otra dirección. El embudo que se forma está vinculado con la zona de baja presión, a medida que el aire y el polvo se precipitan al interior del vórtice. El aire de los tornados es ascendente; sin embargo el embudo comienza a formarse en la nube tormentosa y crece en dirección al suelo.

La mayor parte de los tornados tienen lugar en el «callejón de los tornados», en la franja central de Estados Unidos. Los tornados pueden crearse por el aire que se calienta cerca del suelo, que queda atrapado bajo el aire más frío localizado por encima, en la atmósfera. El aire más pesado y frío se derrama alrededor de la zona cálida, mientras que la región más caliente y ligera asciende con rapidez para reemplazar al aire frío. En Estados Unidos los tornados se forman a veces cuando el aire tibio y húmedo procedente del Golfo de México choca con el aire fresco y seco procedente de las Montañas Rocosas.

VÉASE TAMBIÉN El barómetro (1643), Las olas gigantes (1826), El efecto Doppler (1842), Las leyes meteorológicas de Buys-Ballot (1857).

Tornado observado por el equipo VORTEX–99 el 3 de mayo de 1999, en Oklahoma.

2007

El programa de investigación de aurora activa de alta frecuencia (HAARP)

Oliver Heaviside (1850–1925), **Arthur Edwin Kennelly** (1861–1939), **Marchese Guglielmo Marconi** (1874–1937)

Según los textos de los teóricos de la conspiración, el programa de investigación de aurora activa de alta frecuencia, o HAARP, es la herramienta antimisiles definitiva (y secreta), o un medio de alterar el clima y las comunicaciones mundiales, o un método para controlar las mentes de millones de personas. La verdad, aunque menos aterradora, es igual de fascinante.

El HAARP es un proyecto experimental financiado por la DARPA (Agencia de Investigación de Proyectos Avanzados de Defensa) y por la fuerza aérea y la marina estadounidenses. Su objetivo consiste en facilitar el estudio de la ionosfera, una de las capas más externas de la atmósfera (comienza aproximadamente 80 kilómetros por encima del suelo). Sus 180 antenas, localizadas en un terreno de 4.000 metros cuadrados en Alaska, entraron en funcionamiento pleno en 2007. El HAARP utiliza un sistema de transmisión de alta frecuencia que emite a la ionosfera 3,6 millones de vatios de ondas de radio, cuyos efectos de calentamiento pueden estudiarse con los instrumentos sensibles situados en tierra, en las instalaciones del HAARP.

El interés por el estudio de la ionosfera se debe a sus efectos en los sistemas de comunicaciones (tanto civiles como militares). En esta región de la atmósfera la luz solar crea partículas cargadas (véase el capítulo dedicado al **plasma**). Se eligió Alaska, en parte, debido a que su ionosfera muestra una gran variedad de condiciones dignas de estudio, entre ellas las manifestaciones de la aurora (véase el capítulo dedicado a la **aurora boreal**). La señal del HAARP se puede ajustar para estimular reacciones en la baja ionosfera, provocando una radiación de corrientes aurorales que devuelve a la Tierra ondas de baja frecuencia. Estas ondas penetran en las profundidades oceánicas y podrían ser utilizadas por la marina para dirigir su flota de submarinos, por sumergidos que estos se encuentren.

En 1901 Guglielmo Marconi hizo una demostración de comunicación transatlántica, y la gente se preguntaba cómo era posible que las ondas de radio fuesen capaces de seguir la curvatura terrestre. En 1902 los ingenieros Oliver Heaviside y Arthur Kennelly sugirieron de forma independiente que en la atmósfera superior existía una capa conductora que reflejaba las ondas de radio y las enviaba de vuelta a la Tierra. En la actualidad la ionosfera facilita las comunicaciones de largo alcance, pero también puede dar lugar a apagones en las comunicaciones debido a los efectos de las erupciones solares en esta capa.

VÉASE TAMBIÉN El plasma (1879), La aurora boreal (1621), El rayo verde (1882), El pulso electromagnético (1962).

IZQUIERDA: *El conjunto de antenas de alta frecuencia del HAARP.* DERECHA: *Las investigaciones de HAARP pueden conducir a mejorar los métodos de comunicación con los submarinos que navegan bajo la superficie oceánica.*

2008

El color negro más negro

Todos los materiales fabricados por el ser humano reflejan algo de luz, incluso el asfalto y el carbón, pero esto no ha impedido que algunos sueñen con un material negro perfecto, que absorba todos los colores y no refleje nada. En 2008 comenzaron a circular informes acerca de un grupo de científicos estadounidenses que había obtenido «el negro más negro», un supernegro, la sustancia más oscura conocida hasta entonces por la ciencia. El exótico material se creó a partir de nanotubos de carbono, que parecen láminas de carbono, de solo un átomo de espesor, dobladas en forma de cilindro. En teoría, un material negro perfecto absorbería luz de cualquier longitud de onda y en cualquier ángulo de incidencia.

Los investigadores del instituto politécnico Rensselaer y de la Universidad Rice habían construido y estudiado una alfombra microscópica de nanotubos. En cierto modo podemos pensar que la «aspereza» de esta alfombra se ajusta para minimizar la reflectancia lumínica.

La alfombra negra contenía diminutos nanotubos que reflejaban solo el 0,045% de toda la luz incidente. Este negro es 100 veces más oscuro que la pintura negra. Este «negro definitivo» podría utilizarse algún día para capturar la energía solar de forma más eficaz, o para diseñar instrumentos ópticos más sensibles. Para limitar la reflexión de la luz que incide en la superficie, los investigadores concibieron la superficie de la alfombra irregular y áspera. Una porción significativa de la luz queda «atrapada» en los pequeños huecos que existen entre las hebras no demasiado apretadas de la alfombra.

Las primeras pruebas con el material supernegro se llevaron a cabo con luz visible. Sin embargo, los materiales que bloquean otras longitudes de onda de radiación electromagnética, o que las absorben en gran parte, podrían llegar a tener aplicaciones militares en la creación de objetos difíciles de detectar.

La búsqueda del negro más negro no se detiene nunca. En 2009, investigadores de la universidad de Leiden demostraron que una fina capa de nitruro de niobio (NbN) absorbe casi el 100% de la luz en ciertos ángulos de visión. Investigadores japoneses desarrollaron, también en 2009, una hoja de nanotubos de carbono que absorbía casi todos los fotones de un amplio rango de longitudes de onda.

VÉASE TAMBIÉN El espectro electromagnético (1864), Los metamateriales (1967), Las *buckyesferas* (1985).

En 2008 los científicos crearon el material más oscuro que se conocía en aquel momento, una alfombra de nanotubos de carbono 100 veces más oscura que la pintura de un coche deportivo negro. La búsqueda del negro más negro continúa.

2009

El gran colisionador de hadrones

Según el periódico británico *The Guardian*, «en la física de partículas lo increíble busca lo inimaginable. Para localizar los fragmentos más pequeños del universo hay que construir la máquina más grande del mundo. Para recrear las primeras millonésimas de segundo de la creación hay que concentrar energía a una escala impresionante». Según Bill Bryson, «la física de partículas desvela los secretos del universo con un método increíblemente directo: arrojando unas partículas contra otras con violencia y viendo cuál es el resultado. El proceso se ha comparado con disparar un reloj suizo contra otro y deducir cómo funcionaban del examen de los restos».

Construido por el CERN (la organización europea para la investigación nuclear), el gran colisionador de hadrones, o LHC, es el acelerador de partículas más grande del mundo y el de mayor energía. Se diseñó principalmente para efectuar colisiones entre haces opuestos de protones (el protón es un tipo de hadrón). Los rayos recorren el anillo circular del LHC, dentro de un vacío continuo, guiados por potentes electroimanes, y las partículas adquieren más energía en cada vuelta. La temperatura de los imanes, dotados de **superconductividad**, se controla mediante un sistema de refrigeración de helio líquido. Cuando se encuentran en estado superconductor, los cables y conexiones conducen la corriente con muy poca resistencia.

En LHC, ubicado en el interior de un túnel de 27 kilómetros de circunferencia que cruza la frontera entre Francia y Suiza, podría hacer posible que los físicos comprendan mejor el bosón de Higgs (conocido también como la **partícula de Dios**), una partícula hipotética que podría explicar por qué las partículas tienen masa. El LHC también puede utilizarse para encontrar partículas predichas por la **supersimetría**, que sugiere la existencia de compañeras más pesadas para las partículas elementales (los selectrones, por ejemplo, son las compañeras que se predicen para los electrones). Además, el LHC podría ser capaz de proporcionar pruebas de la existencia de dimensiones espaciales adicionales a las tres habituales. Con la colisión de rayos el LHC recrea, en cierto modo, algunas de las condiciones presentes inmediatamente después del **Big Bang**. Los equipos de físicos analizan las partículas que se crean en las colisiones por medio de detectores especiales. En 2009 se registraron las primeras colisiones entre protón y protón en el LHC.

VÉASE TAMBIÉN La superconductividad (1911), La teoría de cuerdas (1919), El ciclotrón (1929), El modelo estándar de la física de partículas (1961), La partícula de Dios (1964), Supersimetría (1971), El modelo de Randall-Sundrum (1999).

Montaje del calorímetro del detector ATLAS del colisionador. Los ocho imanes toroidales rodean al calorímetro que se colocará en medio del detector. Este calorímetro mide la energía de las partículas que se producen cuando los protones colisionan en el centro del detector.

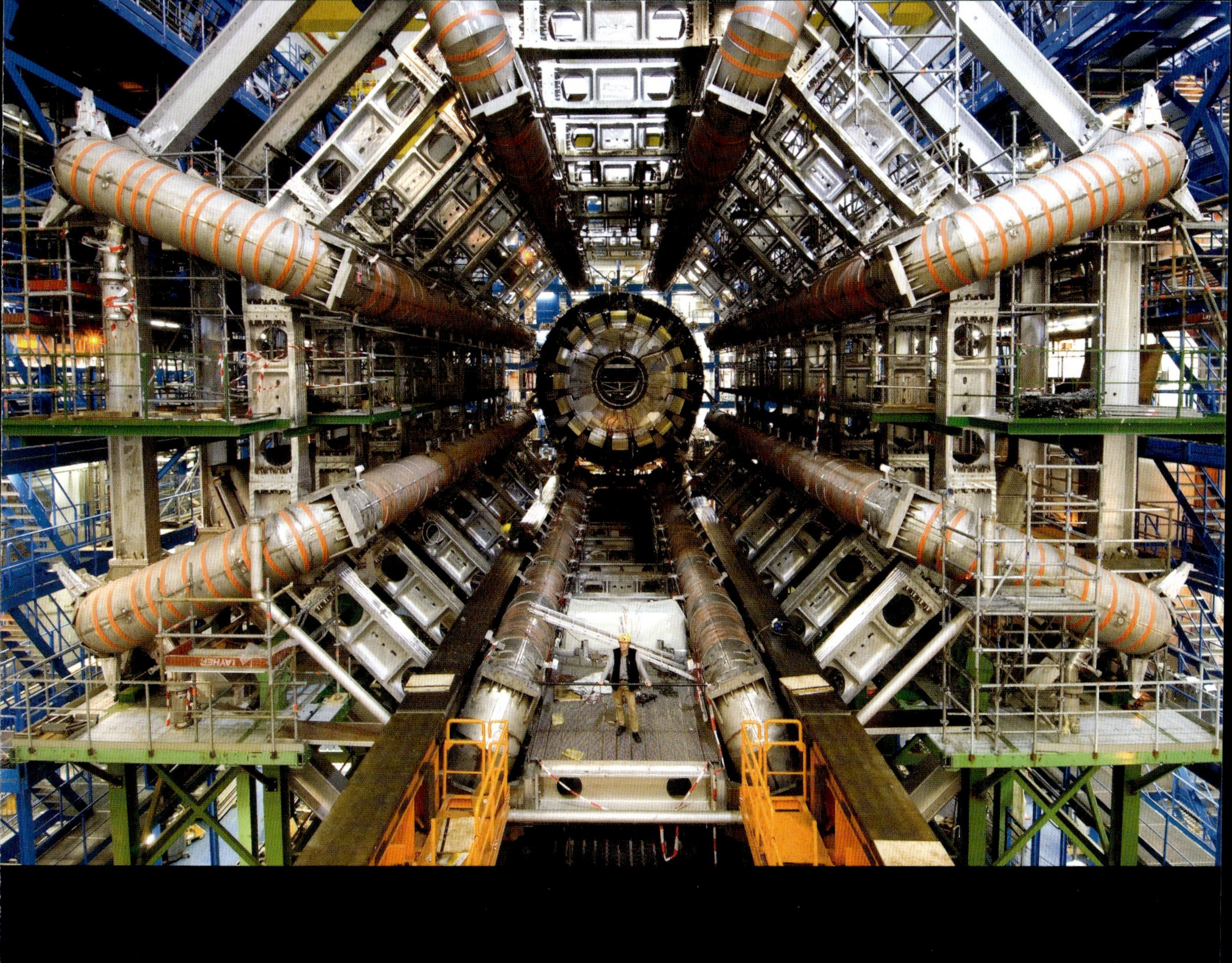

El desgarramiento cósmico

Robert R. Caldwell (nacido en 1965)

El destino final del universo está determinado por muchos factores, entre ellos el grado hasta el que la **energía oscura** conduce la expansión cósmica. Una posibilidad es que la aceleración siga aumentando de forma constante, como un coche que aumenta su velocidad en un kilómetro por hora por cada kilómetro que viaja. Al final todas las galaxias se separarán entre ellas a una velocidad cercana a la de la luz, de modo que cada galaxia quedará sola en un universo oscuro (véase el capítulo dedicado al **aislamiento cósmico**). Por último, todas las estrellas se apagarán, como las velas que se consumen poco a poco en una tarta. En otros escenarios, sin embargo, las velas de la tarta se separan, desgarradas, cuando la energía oscura termina destruyendo todo en un «gran desgarramiento» en el que la materia (desde las partículas subatómicas hasta los planetas y estrellas) se hace trizas. Si el efecto repulsivo de la energía oscura se apagara de algún modo, en el cosmos predominaría la gravedad y el universo colapsaría en un «Big Crunch» o gran implosión.

En 2003 el físico Robert Caldwell publicó, junto a sus colegas del Dartmouth College, su hipótesis del gran desgarramiento, según la cual el universo se expande cada vez más rápidamente. Al mismo tiempo, nuestro universo *observable* se contrae y termina alcanzando un tamaño subatómico. Aunque no conocemos con exactitud la fecha de esta desaparición cósmica, el artículo de Caldwell desarrolla un ejemplo para un universo que desaparece aproximadamente dentro de unos 22.000 millones de años.

Si el gran desgarramiento termina teniendo lugar, unos 60 millones de años antes del final del universo la gravedad será tan débil que no será capaz de mantener unidas las galaxias individuales. Unos tres meses antes del desgarramiento final, el sistema solar habrá perdido su vínculo gravitatorio. La Tierra explota 30 minutos antes del final. Los átomos se rompen 10^{-19} segundos antes de que todo termine. La fuerza nuclear que forma **neutrones** y protones a partir de los **quarks** ha sido superada por fin.

Nótese que en 1917, para explicar por qué la gravedad de los cuerpos del universo no hacía que el universo se contrajera, Albert Einstein sugirió la idea de una repulsión antigravitatoria bajo la forma de una *constante cosmológica*.

VÉASE TAMBIÉN El Big Bang (13.700 millones a. C.), La ley de expansión del universo de Hubble (1929), Inflación cósmica (1980), La energía oscura (1998), Aislamiento cósmico (100.000 millones de años).

En el gran desgarramiento se destruirán los planetas, las estrellas y toda la materia.

Aislamiento cósmico

Clive Staples "Jack" Lewis (1898–1963), **Gerrit L. Verschuur** (nacido en 1937), **Lawrence M. Krauss** (nacido en 1954)

Puede que las posibilidades de que una raza extraterrestre establezca contacto con nosotros sean muy pequeñas. El astrónomo Gerrit Verschuur cree que si las civilizaciones alienígenas se encuentran, como la nuestra, en su infancia, en este momento en nuestro universo visible no existen más de 10 o 20, todas ellas en soledad y separadas unas de otras por 2.000 años luz. «Estamos, efectivamente solos en la Galaxia» dice Vershuur. De hecho, C. S. Lewis, el teólogo anglicano seglar, propuso que las grandes distancias que separaban a la vida inteligente en el universo eran una cuarentena divina para «evitar que la infección espiritual de una especie en desgracia se propague».

El contacto con otras galaxias será todavía más difícil en el futuro. Incluso en el caso de que el gran desgarramiento cosmológico no tuviese lugar, la expansión de nuestro universo podría alejar a unas galaxias de otras con una velocidad mayor que la de la luz, haciendo que sean invisibles para nosotros. Nuestros descendientes verán que viven en una mancha de estrellas como resultado de una gravedad que agrupará unas pocas galaxias cercanas para formar una supergalaxia. Es posible que esta mancha se sitúe entonces en una negrura infinita y aparentemente estática. El cielo no será negro por completo porque las estrellas de la supergalaxia serán visibles, pero los telescopios que observen más allá no serán capaces de ver nada. Según los físicos Lawrence Krauss y Robert Scherrer, dentro de 100.000 millones de años una Tierra estéril podría «flotar con tristeza» a través de la supergalaxia, una «isla de estrellas incrustadas en un enorme vacío». Por último, la propia supergalaxia desaparecerá al colapsar en un agujero negro.

Si no nos encontramos nunca con visitantes alienígenas quizás es porque la vida capaz de viajar por el espacio es extremadamente escasa y porque los vuelos interestelares son extremadamente difíciles. Otra posibilidad es que existan signos de vida alienígena a nuestro alrededor pero que no seamos conscientes de ello. En 1973 John A. Ball propuso la «hipótesis del zoo». Según este radioastrónomo, «el zoo (o reserva natural) perfecto sería aquel en el que la fauna no interacciona con los cuidadores ni es consciente de su existencia».

VÉASE TAMBIÉN Los agujeros negros (1783), La galaxia del Ojo Negro (1779), La materia oscura (1933), La paradoja de Fermi (1950), La energía oscura (1998), El universo se desvanece (100 billones de años), El desgarramiento cósmico.

*Esta imagen de las galaxias Antennae, tomada por el **telescopio Hubble**, es un bello ejemplo de dos galaxias en proceso de colisión. Es posible que nuestros descendientes vivan en una mancha estelar, resultado de la acumulación en una única supergalaxia de unas pocas galaxias cercanas atraídas por la gravedad.*

El universo se desvanece

Fred Adams (nacido en 1961), **Stephen William Hawking** (nacido en 1942)

El poeta Robert Frost escribió: «Algunos dicen que el mundo terminará con fuego, algunos dicen que con hielo». El destino último de nuestro universo depende de su forma geométrica, del comportamiento de la **energía oscura**, de la cantidad de materia y de otros factores. Los astrofísicos Fred Adams y Gregory Laughlin han descrito el oscuro final que tendrá lugar cuando nuestro cosmos, actualmente lleno de estrellas, evolucione hasta convertirse en un vasto mar de partículas subatómicas. Las estrellas, las galaxias e incluso los agujeros negros se desvanecerán.

En una de las opciones posibles la muerte del universo necesita muchos actos. En la era actual, la energía generada por las estrellas conduce los procesos astrofísicos. La edad de nuestro universo ronda los 13.700 millones de años, pero casi todas las estrellas acaban de empezar a brillar. Por desgracia, todas estarán muertas dentro de 100 billones de años, y la formación estelar se detendrá porque las galaxias se habrán quedado sin gas (la materia prima para hacer estrellas nuevas). En ese momento la era estelar llegará a su fin.

En la *segunda era* el universo continúa su expansión mientras las reservas de energía caen en picado, al igual que las galaxias, y la materia se apiña en los centros galácticos. Las enanas marrones, objetos que no disponen de masa suficiente para brillar como las estrellas, sobreviven. En ese momento la gravedad ya habrá reunido los restos consumidos de las estrellas muertas, y estos objetos agotados habrán formado otros objetos superdensos, por ejemplo enanas blancas, estrellas de neutrones y agujeros negros. Por último, las enanas blancas y las estrellas de neutrones desaparecerán también debido a la desintegración de los protones.

La *tercera era*, la era de los agujeros negros, es aquella en la que la gravedad ha convertido a galaxias enteras en agujeros negros invisibles y supermasivos. Mediante un proceso de radiación energética, descrito por el astrofísico Stephen Hawking en la década de 1970, los agujeros terminan disipando su increíble masa. Esto significa que un agujero negro con una masa equivalente a la de una galaxia grande se evaporará por completo en un período comprendido entre 10^{98} y 10^{100} años.

Cuando caiga el telón sobre la era de los agujeros negros, ¿qué quedará? ¿Qué llenará el solitario vacío cósmico? ¿Podrá sobrevivir alguna criatura? Al final, nuestro universo consistirá en un mar difuso de electrones.

VÉASE TAMBIÉN Los agujeros negros (1783), Stephen Hawking en *Star Trek* (1993), La energía oscura (1998), El desgarramiento cósmico.

Visión artística de dos enanas marrones unidas gravitacionalmente, descubiertas en 2006.

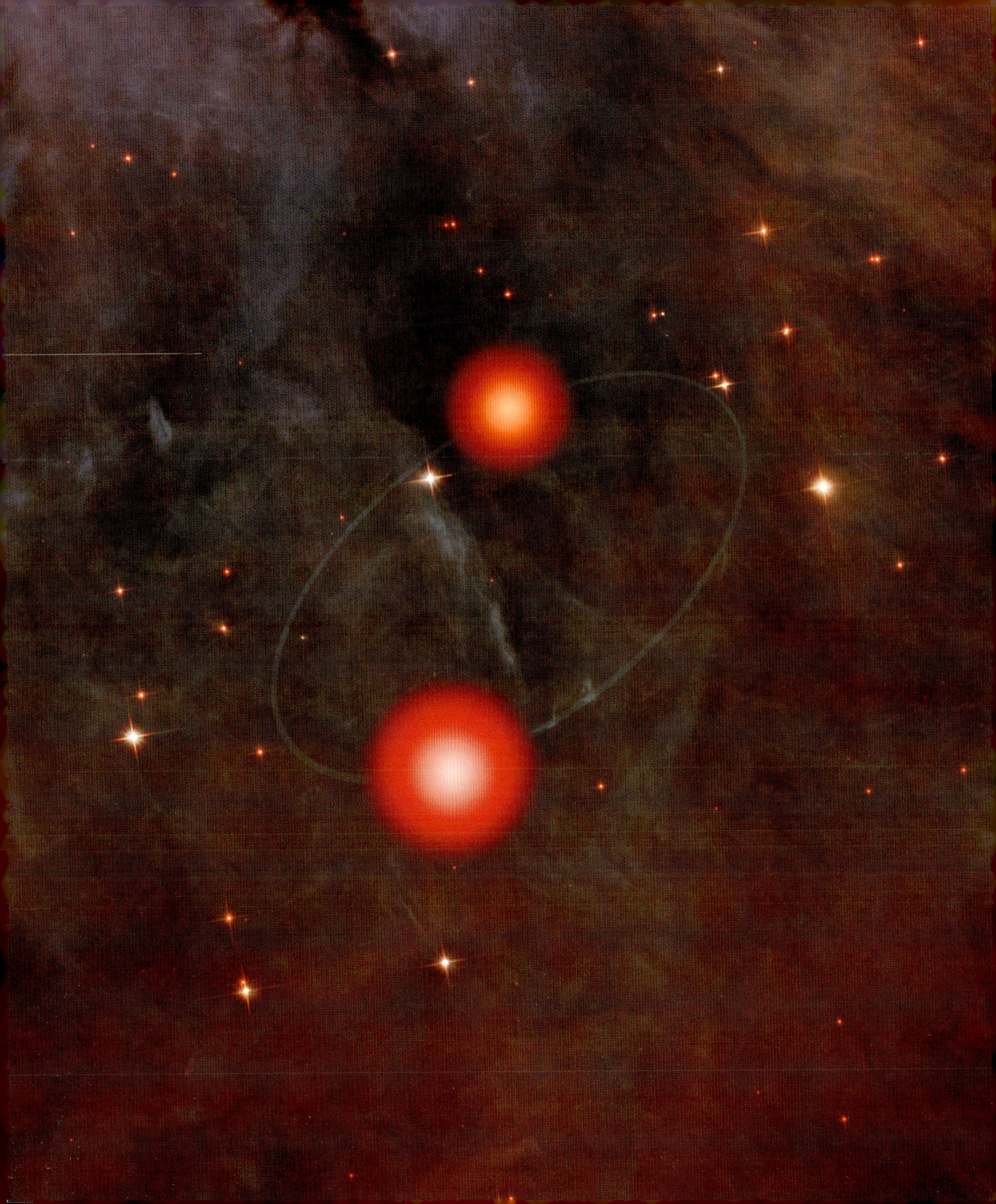

Resurrección cuántica

Ludwig Eduard Boltzmann (1844–1906)

Como ya hemos visto en los capítulos anteriores, no conocemos el destino del universo, y algunas teorías proponen la creación continua de universos que «brotan» del nuestro. Pero vamos a centrarnos en nuestro universo. Una posibilidad es que siga expandiéndose para siempre y que la densidad de partículas sea cada vez menor. Parece un final triste, ¿no? Sin embargo, la mecánica cuántica nos dice que incluso en este universo vacío existirán fluctuaciones aleatorias de campos energéticos residuales. Las partículas brotarán en el vacío como si salieran de la nada. Se trata normalmente de una actividad pequeña y las grandes fluctuaciones son escasas. Pero el caso es que las partículas *emergen*, y si transcurre el tiempo suficiente acabará apareciendo algo grande, por ejemplo un átomo de hidrógeno, o incluso una molécula pequeña como el etileno ($H_2C{=}CH_2$). Puede que no parezca demasiado impresionante, pero si el futuro es infinito podemos esperar, y casi cualquier cosa podría saltar a la existencia. La materia que emerja será en su mayor parte amorfa, pero de vez en cuando aparecerán unas pocas hormigas, planetas, gente o unos cerebros del tamaño de Júpiter hechos de oro. Si disponemos de una cantidad *infinita* de tiempo, incluso *nosotros* podríamos reaparecer, según la física Katherine Freese. Es posible que la resurrección cuántica nos espere a todos. Seamos felices.

En la actualidad algunos investigadores serios contemplan incluso la posibilidad de que el universo esté siendo invadido por cerebros de Boltzmann, cerebros desnudos que flotan libremente en el espacio exterior. Los *cerebros de Boltzmann* son, por supuesto, objetos altamente improbables, y la posibilidad de que haya existido alguno en los 13.700 millones de años de nuestro universo es virtualmente cero. Según los cálculos del físico Tom Banks, la probabilidad de que las fluctuaciones térmicas generen un cerebro son del número e elevado a -10^{25}. Sin embargo, si se dispone de un espacio infinitamente grande durante un tiempo infinitamente largo, estos observadores conscientes y espeluznantes acabarán existiendo. Cada vez existe más literatura acerca de las implicaciones de los cerebros de Boltzmann; el pistoletazo de salida lo dio una publicación del año 2002 en la que los investigadores Lisa Dyson, Matthew Kleban y Leonard Susskind parecían sugerir que el observador inteligente *típico* puede surgir a partir de fluctuaciones térmicas más fácilmente que de la cosmología y la evolución.

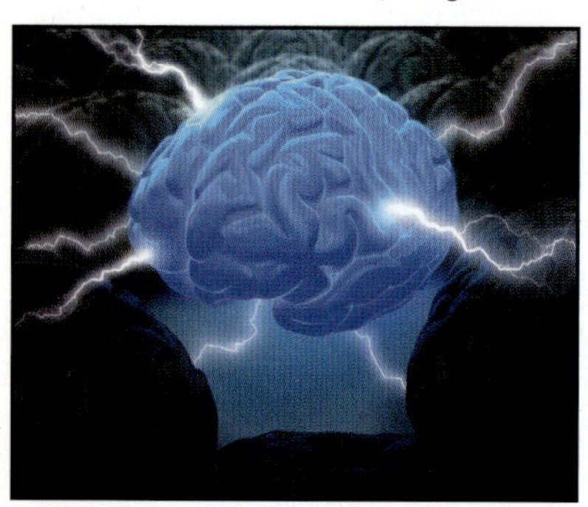

VÉASE TAMBIÉN El efecto Casimir (1948), Inmortalidad cuántica (1987).

Los cerebros de Boltzmann, o inteligencias incorpóreas producidas térmicamente, pueden llegar a dominar nuestro universo algún día y superar en número a todas las inteligencias producto de la evolución natural que hayan existido hasta entonces.

Notas y lecturas rccomendadas

He recopilado la siguiente lista, que identifica parte del material del que me serví en la investigación y redacción de este libro, junto a otras fuentes para las citas. Muchos lectores ya saben que las páginas web aparecen y desaparecen. En ocasiones cambian de dirección o se desvanecen por completo. Las páginas web enumeradas aquí me proporcionaron valiosa información de referencia durante la escritura de este libro.

Si en alguna ocasión he pasado por alto un momento interesante o decisivo de la historia de la física al que usted cree que no he prestado la debida atención, hágamelo saber enviándome un correo electrónico a través de mi página, pickover.com. Explíqueme la idea y la influencia que usted cree que ha tenido en la física. Es posible que futuras ediciones de este libro proporcionen más detalles acerca de maravillas físicas como los exoplanetas, los satélites geoestacionarios, las cáusticas, los termómetros, el efecto Zeeman, el efecto Stark, la ecuación de onda $\partial^2 u/\partial t^2 = c^2\nabla^2 u$ (estudiada entre otros por Jean le Rond d'Alembert y Leonhard Euler), la mecánica matricial, el descubrimiento del mesón (una partícula formada por un quark y un antiquark), el efecto Lamb, el borrador cuántico, el (primer) teorema de Noether y la ecuación del calor $\partial u/\partial t = \alpha\nabla^2 u$.

Lecturas generales

Baker, J., *50 Physics Ideas You Really Need to Know*, Londres: Quercus, 2007.

Tallack, P., ed., *The Science Book*, Londres: Weidenfeld & Nicolson, 2001.

Trefil, J., *The Nature of Science*, NY: Houghton Mifflin, 2003.

Nave, R., «Hyperphysics», *tinyurl.com/lq5r*.

Wikipedia, www.wikipedia.org

Libros de Pickover

En muchas ocasiones he utilizado mis propios libros para la información de referencia de diferentes capítulos; sin embargo, para ahorrar espacio, no suelo citarlos de nuevo en las entradas que vienen a continuación. Como ya mencioné en los agradecimientos, *De Arquímedes a Hawking* proporcionó información para muchos de los capítulos relacionados con leyes físicas; el lector que quiera un tratamiento más detallado puede recurrir a ese libro.

Pickover, C., *Black Holes: A Traveler's Guide*, Hoboken, NJ: Wiley, 1996.

Pickover, C., *The Science of Aliens*, NY: Basic Books, 1998.

Pickover, C., *Time: A Traveler's Guide*, NY: Oxford University Press, 1998.

Pickover, C., *Surfing Through Hyperspace*, Oxford University Press, 1999.

Pickover, C., *The Stars of Heaven*, NY: Oxford University Press, 2001.

Pickover, C., *From Arquimedes to Hawking*, NY: Oxford University Press, 2008.

Pickover, C., *The Math Book*, NY: Sterling, 2009.

Introducción

American Physical Society, *tinyurl.com/ycmemtm*.

Simmons, J., *Doctors and Discoveries*, Boston, MA: Houghton Mifflin, 2002.

13.700 millones a. C., El Big Bang

Chown, M., *The Magic Furnace*, NY: Oxford University Press, 2001.

NASA, *tinyurl.com/ycuyjj8*.

Hawking, S., *A Brief History of Time*, NY: Bantam Books, 1988.

3.000 millones a. C., Diamantes negros

Las ideas acerca del origen de los carbonados son controvertidas y siguen existiendo muchas hipótesis.

Garai l, J., et al., *Astrophysical J.* **653**: L153; 2006.

Tyson, P., *tinyurl.com/3jbk8*.

2.000 millones a. C., Un reactor nuclear prehistórico

Uno de los personajes del libro de Zelazny reflexiona: «¿Quién sabe qué animal debe su origen a la pila atómica que una vez ardió aquí?»

30.000 a. C., El *átlatl* o lanzadardos

Tanto el *átlatl* como el dardo flexible funcionan como muelles que almacenan energía. El átlatl actúa además como palanca, permitiendo que el cazador suministre una potencia 200 veces mayor que la de un dardo lanzado con la mano (el alcance, por su parte, se multiplica por 6).

Elpel, T., *tinyurl.com/ydyjhsb*.

3000 a. C., El reloj de sol

La separación de las marcas puede calcularse a partir de una fórmula sencilla que incluye un valor para la latitud geográfica en la que está colocado el reloj.

2500 a. C., El armazón

Entre las décadas de 1870 y 1930 los puentes de armazón eran comunes en Estados Unidos, y todavía existen algunos en funcionamiento. Los armazones se utilizan también en ciertas máquinas, por ejemplo en grúas y alas de aviones.

Moffett, M., Fazio, M., Wodehouse, L., *A World History of Architecture*, Londres: Lawrence King Publishing, 2003.

1850 a. C., El arco

Las fuerzas de un arco suelen aproximar las dovelas, no alejarlas. Uno de los puentes en arco más antiguos que existen es el puente micénico de Kazarma, en Grecia (1300 a. C.)

1000 a. C., La brújula olmeca

Carlson, J., *Science*, **189**: 753; 1975.

341 a. C., La ballesta

Gedgaud, J., *tinyurl.com/y989tq8*.

Wilson, T., *tinyurl.com/lcc6mw*.

250 a. C., La batería de Bagdad

BBC, *tinyurl.com/6oal*.

250 a. C., El principio de Arquímedes

El principio de Arquímedes tiene diversas aplicaciones; puede utilizarse, por ejemplo, para calcular la presión en un líquido en función de la profundidad.

250 a. C., El tornillo de Arquímedes

Hasan, H., *Arquímedes*, NY: Rosen Publishing Group, 2006.

Rorres, C., *tinyurl.com/yfe6hlg*.

240 a. C., Eratóstenes y la medición de la Tierra

Hubbard, D., *How to Measure Anything*, Hoboken, NJ, 2007.

230 a. C., La polea

Haven, K., *100 Greatest Science Inventions of All Time*, Westport, CT: Libraries Unlimited, 2005.

125 a. C., El mecanismo de Anticitera

El mecanismo estaba rodeado por una caja de madera del tamaño de una caja de zapatos. Se han utilizado escáneres tridimensionales de rayos X para reconstruir el funcionamiento de los engranajes.

Marchant, J., *tinyurl.com/ca8ory.*

50, La eolípila de Herón
Quart. J. Sci., *tinyurl.com/yamqwjc.*

78, El fuego de San Telmo
Callahan, P., *Tuning in to Nature*, Londres: Routledge and Kegan Paul, 1977.

1132, El cañón
El vuelo de las balas de cañón y de otros proyectiles se ve afectado por muchos factores, entre ellos la resistencia del aire, el viento, la densidad del medio, la rotación del proyectil e incluso, para tiempos de vuelo muy largos, la rotación de la Tierra (efecto Coriolis). Con el objetivo de maximizar el alcance, algunas armas de combate se disparan con ángulos mayores que 45 grados (así se aprovecha la menor densidad del aire a grandes alturas).

Bernal, J., *Science in History*, Cambridge, MA: MIT Press, 1971.

Kelly, J., *Gunpowder*, NY: Basic Books, 2004.

1200, El fundíbulo
En el sitio de Lisboa, en 1147, dos máquinas eran capaces de lanzar una piedra cada quince segundos. El uso de los fundíbulos decayó de forma progresiva con la utilización del cañón y la pólvora.

1304, Qué es el arco iris
Lee, R., Fraser, A., *The Rainbow Bridge*, University Park: PA, 2001.

1338, El reloj de arena
Mills, A., et al., *Eur. J. Phys.* 17: 97; 1996.

1543, El universo heliocéntrico
O'Connor, J., Robertson, E., *tinyurl.com/yhmuks4.*

1596, *Mysterium Cosmographicum*
Gingerich, O., *Dictionary of Scientific Biography*, Gillispie, C., ed., NY: Scribner, 1970.

1600, *De Magnete*
Keithley, J., The Story of *Electrical and Magnetic Measurements*, Hoboken, NJ: Wiley–IEEE Press, 1999.
Reynolds J., Tanford, C., in Tallack, P., ed., *The Science Book*, Londres: Weidenfeld & Nicolson, 2001.

1608, El telescopio
Lang, K., *tinyurl.com/yad22mv.*

Brockman, J., ed., *The Greatest Inventions of the Past 2000 Years*, NY: Simon & Schuster, 2000.

1609, Las leyes de Kepler
Gingerich, O., *Dictionary of Scientific Biography*, Gillispie, C., ed., NY: Scribner, 1970.

1610, El descubrimiento de los anillos de Saturno
Courtland, R., *tinyurl.com/yf4dfdb.*
Sagan, C., *Pale Blue Dot*, NY: Ballantine, 1997.

1611, El «copo de nieve de seis puntas» de Kepler
En los copos de nieve pueden surgir otras simetrías, por ejemplo de orden 3.

1621, La aurora boreal
Angot, A., *The Aurora Borealis*, Londres: Kegan Paul, 1896.
Hall, C., Pederson, D., Bryson, G., *Northern Lights*, Seattle, WA: Sasquatch Books, 2001.

1638, La aceleración de la caída de los cuerpos
Otros pioneros en la investigación de la aceleración de los cuerpos en caída fueron Nicole Oresme y Domingo de Soto.

Cohen, I., *The Birth of a New Physics*, NY: Norton, 1985.

1660, El generador electrostático de Von Guericke
Brockman, J., ed., *The Greatest Inventions of the Past* 2000 Years, NY: Simon & Schuster, 2000.
Gurstelle, W., *Adventures from the Technology Underground*, NY: Three Rivers Press, 2006.

1662, La ley de los gases de Boyle
La ley de Boyle se denomina en ocasiones ley de Boyle–Mariotte, porque el físico francés Edme Mariotte (1620–1684) la descubrió de forma independiente (aunque no la publicó hasta 1676).

1665, *Micrografía*
Westfall, R., *Dictionary of Scientific Biography*, Gillispie, C., ed., NY: Scribner, 1970.

1669, La ley de la fricción de Amontons
La zona de contacto verdadera entre un objeto y otra superficie es un pequeño porcentaje de la zona de contacto aparente. La zona de contacto verdadera, formada por diminutas asperezas, aumenta a medida que aumenta la carga. Leonardo da Vinci no publicó sus descubrimientos; en un principio, por lo tanto, no se le reconocieron sus ideas.

1672, Las dimensiones del Sistema Solar
Kepler había logrado ordenar los planetas en función de la distancia, pero no calculó esas distancias.
Haven, K., *100 Greatest Science Inventions of All Time*, Westport, CT: Libraries Unlimited, 2005.

1672, El prisma de Newton
Douma, M., *http://tinyurl.com/ybu2k7j.*

1673, La curva isócrona
Darling, D., *The Universal Book of Mathematics*, Hoboken, NJ: Wiley, 2004.

Pickover, C., *The Math Book*, NY: Sterling, 2009

1687, Newton como fuente de inspiración
Cropper, W., *Great Physicists*, NY: Oxford University Press, 2001.
Gleick, J., *Isaac Newton*, NY: Vintage, 2004.
Koch, R., Smith, C., *New Scientist*, 190: 25; 2006.
Hawking, S., *Black Holes and Baby Universes*, NY: Bantam, 1993

1744, La botella de Leiden
La forma original de la botella de Leiden estaba parcialmente llena de agua. Más tarde se descubrió que la botella de cristal no era necesaria y que dos placas podían separarse mediante un vacío y almacenar carga. Georg Matthias Bose (1710–1761) también inventó algunos prototipos de la botella de Leiden. En vista de la efectividad de la botella para almacenar carga se consideró que era un *condensador* de carga eléctrica.

McNichol, T., *AC/DC*, San Francisco, CA: Jossey–Bass, 2006.

1752, La cometa de Benjamin Franklin
Más detalles sobre las controversias acerca de los experimentos de Franklin, así como información acerca de los experimentos que precedieron a los suyos, en I. B. Cohen y W. Isaacson.

Chaplin, J., *The First Scientific American*, NY: Basic Books, 2006.

Hindle, B., prólogo a *Ben Franklin's Science*, de I. B. Cohen, Cambridge: MA, Harvard University Press, 1996.

Isaacson, W., *Benjamin Franklin*, NY: Simon & Schuster, 2003.

1761, El efecto de gota negra en el tránsito de Venus
Dado que Mercurio, que carece virtualmente de atmósfera, también muestra el efecto de gota negra, sabemos que este efecto no necesita de una atmósfera en el cuerpo observado.
Bergman, T., *Philos. Trans.*, 52: 227; 1761.
Pasachoff, J., Schneider, G., Golub, L., *Proc. IAU Colloquium*, 196: 242; 2004.
Shiga, D., *tinyurl.com/yjjbtte.*

1766, La ley de Bode
Neptuno y Plutón tienen distancias orbitales medias de 30,07 y 39,5, y presentan enormes discrepancias con los valores predichos, que son 38,8 y 77,2, respectivamente (curiosamente, 38,8 no se aleja del valor real para Plutón, 39,5, como si la ley de Bode se saltara la órbita de Neptuno).

1777, Las figuras de Lichtenberg
Hickman, B., *tinyurl.com/ybneddf.*

1779, La galaxia del Ojo Negro
Lord Rosse construyó en 1845 un nuevo telescopio y catalogó un gran número de galaxias. En la actualidad sabemos que una galaxia es una colección de estrellas, restos estelares, gas, polvo y materia oscura unida por la gravedad.
O'Meara, S., *Deep-Sky Companions*, NY: Cambridge University Press, 2007.
Darling, D., *tinyurl.com/yhulfpd.*

1783, Los agujeros negros
La física cuántica sugiere que en el espacio se crean parejas efímeras de partículas que oscilan entre la existencia y la inexistencia en pequeñas escalas temporales. El proceso de emisión de partículas en un agujero negro implica la creación de parejas de partículas virtuales justo en el borde del horizonte del agujero negro. Las fuerzas de marea del agujero negro separan la pareja de fotones virtuales, proporcionándoles energía. El agujero negro se traga a un miembro de la pareja, y el otro sale despedido al universo.

1796, La nebulosa protosolar
Entre las primeras teorías relacionadas con la hipótesis nebular encontramos las ideas del teólogo y místico cristiano Emanuel Swedenborg (1734).

1800, La pila de Volta
Brain, M., Bryant, C., *tinyurl.com/a2vpe.*

Guillen, M., Five Equations that Changed the World, NY: Hyperion, 1995.

1801, La teoría ondulatoria de la luz
Tallack, P., ed., *The Science Book*, Londres: Weidenfeld & Nicolson, 2001.
Moring, G., *The Complete Idiot's Guide to Understanding Einstein*, NY: Alpha, 2004.

1807, El análisis de Fourier
Pickover, C., *The Math Book*, NY: Sterling, 2009.
Ravetz, J., Grattan-Guiness, I., *Dictionary of Scientific Biography*, Gillispie, C., ed., NY: Scribner, 1970.
Hassani, S., *Mathematical Physics*, NY: Springer, 1999.

1814, El demonio de Laplace
Markus, M., *Charts for Prediction and Chance*, Londres: Imperial College Press, 2007.

1815, La óptica de Brewster
Los antiguos griegos ya conocían algún tipo de caleidoscopio.
Baker, C., *Kaleidoscopes*, Concord, CA: C&T Publishing, 1999.
Land, E., *J. Opt. Soc. Am.* **41:** 957; 1951.

1816, El estetoscopio
A. Leared y G. P. Camman inventaron el estetoscopio binaural (con dos «olivas» o auriculares) a comienzos de la década de 1850. Nótese que, cuanto más rígida sea la membrana, más altas serán la frecuencia de oscilación y la eficiencia a altas frecuencias. La capacidad de captación de sonido de la membrana que se coloca en el pecho es aproximadamente proporcional a su diámetro. Los grandes diámetros son más eficientes, además, a la hora de captar bajas frecuencias.
La piel se puede transformar en un diafragma tenso si se presiona con fuerza la campana. Las frecuencias más altas disminuyen si los tubos son demasiado largos. Otros principios físicos de los estetoscopios se detallan en Constant, J., *Bedside Cardiology*, NY: Lippincott Williams & Wilkins, 1999.
Porter, R., *The Greatest Benefit to Mankind*, NY: Norton, 1999.

1824, El efecto invernadero
Friedman, T., *Hot, Flat and Crowded*, NY: Farrar, Straus and Giroux, 2008.
Gonzalez, J., Werthman, T., Sherer, T., *The Complete Idiot's Guide to Geography*, NY: Alpha, 2007.
Sagan, C., Billions and Billions, NY: Ballantine, 1998.
Tallack, P., ed., *The Science Book*, Londres: Weidenfeld & Nicolson, 2001.

1826, Las olas gigantes
Lehner, S., Foreword to Smith, C., *Extreme Waves*, Washington DC: Joseph Henry Press, 2006.

1827, El movimiento browniano
Otros pioneros de la investigación del movimiento browniano fueron T. N. Thiele, L. Bachelier y J. Ingenhousz.

1834, El solitón
Se puede utilizar el desarrollo de Fourier de un solitón para mostrar el modo en que la dispersión lineal de la forma se ve equilibrada por efectos no lineales, de modo que no se da la dispersión usual de una onda tradicional.
Girvan, R., *tinyurl.com/ychluer.*

1835, Gauss y el monopolo magnético
La forma tradicional de las ecuaciones de Maxwell permite la carga eléctrica, pero no la carga magnética; sin embargo, se pueden extender las ecuaciones para que incluyan cargas magnéticas. Algunas teorías modernas asumen la existencia de monopolos.
En 2009 se detectaron monopolos magnéticos en hielo de espín, pero su origen es distinto del predicho por el trabajo de Dirac, y es poco probable que contribuyan al desarrollo de una teoría unificada de la física de partículas.

1839, La pila de combustible
En 1959 el ingeniero F. Bacon mejoró la pila de combustible al demostrar el modo de crear cantidades significativas de electricidad. Nótese, además, que en un coche alimentado con una pila de combustible el hidrógeno *no se quema*. Las pilas de combustible de hidrógeno utilizan una membrana de intercambio de protones que permite el tránsito de los protones procedentes del hidrógeno.

Las pilas de combustible de óxido sólido generan potencia a partir de aire caliente e hidrocarburos. No se necesita un catalizador costoso como el platino. La oxidación del combustible forma agua y electrones. El electrolito es el óxido sólido (cerámica).

1840, La ley de Poiseuilley
A veces se denomina ley de Hagen-Poiseuille como deferencia al físico alemán G. Hagen, que hizo descubrimientos similares en 1839.

1840, La ley de Joule
En realidad, el físico alemán J. Von Mayer (1814-1878) descubrió el equivalente mecánico del calor antes que Joule; sin embargo, el manuscrito de Von Mayer al respecto estaba mal redactado y pasó inadvertido. A consecuencia de la multitud de elogios que recibió el trabajo de Joule, Von Mayer sufrió una crisis nerviosa, intentó suicidarse y tuvo que ser ingresado.

1841, El reloj de péndulo de torsión
Hack, R., *Hughes*, Beverly Hills, CA: Phoenix Books, 2007.

1842, El efecto Doppler
Seife, C., *Alpha and Omega*, NY: Viking, 2003.

1843, La conservación de la energía
Angier, N., The *Canon*, NY: Houghton Mifflin, 2007.

Trefil, J., *The Nature of Science*, NY: Houghton Mifflin, 2003.

1844, El perfil en doble T
La ecuación de Euler-Bernoulli se introdujo alrededor de 1750 para cuantificar la relación entre la carga aplicada y la curvatura de una viga. Parece que en 1848, en Francia, F. Zores había construido vigas de hierro forjado con perfil doble T.
Peterson, C., *tinyurl.com/y9mv4vo.*
Gayle, M., Gayle, C., *Cast-Iron Architecture in America*, NY: Norton, 1998.
Kohlmaier, G., von Sartory, B., Harvey, J., *Houses of Glass*, Cambridge, MA: MIT Press, 1991.

1846, El descubrimiento de Neptuno
En 2003 se descubrieron algunos documentos que sugerían que la historia tradicional de la maravillosa predicción de Adam acerca de la ubicación de Neptuno era exagerada, y

que sus «predicciones» cambiaban con frecuencia.
Kaler, J., *The Ever–Changing Sky*, NY: Cambridge University Press, 2002.

1850, El segundo principio de la termodinámica
El físico francés S. Carnot se dio cuenta en 1824 de que la eficiencia de la conversión de calor a trabajo mecánico dependía de la diferencia de temperatura entre objetos fríos y calientes. Otros científicos, por ejemplo C. Shannon y R. Landauer, han mostrado que tanto el segundo principio como el concepto de entropía también sirven para las comunicaciones y para la teoría de la información. En 2010 algunos científicos de la universidad de Twente realizaron un experimento en el que hicieron rebotar unas bolitas en las aspas de un aparato parecido a un molino de viento. Un lado de cada aspa era más blando que el otro, y el molino presentó un movimiento neto. La máquina no viola el segundo principio, por supuesto: la energía de las bolitas se pierde en gran parte en calor y sonido.

1850, Por qué resbala el hielo
El trabajo de Michael Faraday se publicó en 1859, pero muchos investigadores dudaron de su explicación.

1851, El péndulo de Foucault
Davis, H., *Philosophy and Modern Science, Bloomington*, IN: Principia Press, 1931.

1852, El giroscopio
En la actualidad existen pequeños giroscopios que se sirven de un elemento vibrátil para señalar la dirección y el movimiento de un objeto. Los elementos que vibran tienden a seguir vibrando en el mismo plano cuando su soporte rota.
Hoffmann, L., *Every Boy's Book of Sport and Pastime*, Londres: Routledge, 1897.

1861, Las ecuaciones de Maxwell
Las teorías y fórmulas matemáticas han predicho fenómenos que solo se confirmaron muchos años después de su proposición teórica. Las ecuaciones de Maxwell, por ejemplo, predicen las ondas de radio. Las cuatro ecuaciones del conjunto se encuentran, con una notación ligeramente distinta, en su artículo de 1861 «On Physical Lines of Force» («Sobre las líneas físicas de fuerza»). Nótese que se pueden extender las ecuaciones de Maxwell para permitir la posibilidad de «cargas magnéticas» (monopolos magnéticos) análogas a las cargas eléctricas, por ejemplo $\nabla \cdot \mathbf{B} = 4\pi\rho_m$, donde ρ_m es la densidad de estas cargas magnéticas.
Crease, R., *tinyurl.com/dxstsw.*
Feynman, R., The Feynman Lectures on Physics, Reading, MA: Addison Wesley, 1970.

1867, La dinamita
20 años después de que Nobel la patentara en 1867, en todo el mundo se habían fabricado aproximadamente 66.000 toneladas de dinamita.
Bown, S., *A Most Damnable Invention*, NY: St. Martin's, 2005.
Bookrags, *http://tinyurl.com/ybr78me.*

1867, El demonio de Maxwell
Maxwell formuló su idea en 1867 y la dio a conocer en su libro *Theory of Heat* en 1871. En 1929 Leo Szilard ayudó a desterrar este demonio por medio de distintos argumentos relacionados con el gasto de energía necesario para obtener información acerca de las moléculas.
Leff, H., Rex, A. *Maxwell's Demon 2*, Boca Raton, FL: CRC Press, 2003.

1868, El descubrimiento del helio
Al principio se ridiculizó a Janssen y Lochyer porque no se había descubierto ningún otro elemento basándose tan solo en pruebas extraterrestres. El helio puede generarse mediante desintegración radiactiva.
Garfinkle, D., Garfinkle, R., *Three Steps to the Universe, Chicago*, IL: University of Chicago Press, 2008.

1870, El efecto de la pelota de béisbol
En 1959 L. Briggs dirigió experimentos en túneles de viento. La textura áspera de la pelota de béisbol ayuda a crear el remolino de aire. La caída de la pelota sigue una curva de vuelo continua, pero la componente vertical de la velocidad es mucho mayor cerca del bateador debido a la gravedad y a la rotación. Se cree que el primer lanzamiento con este efecto en un partido lo efectuó C. Cummings en 1867, en Worcester, Massachusetts.

Adair, R., *The Physics of Baseball*, NY: HarperCollins, 2002

1878, La bombilla incandescente.

El tungsteno es un metal con un punto de fusión muy alto (3.422 °C). Las luces incandescentes tienen muchas ventajas: por ejemplo, es fácil hacerlas funcionar con bajos voltajes.

1879, El efecto Hall
Al atravesar un conductor, la electricidad produce un campo magnético que puede medirse con el sensor Hall sin interrumpir el flujo de corriente. Los sensores de efecto Hall se utilizan en las brújulas electrónicas.

1880, El efecto piezoeléctrico
G. Lippmann predijo en 1881 el efecto piezoeléctrico inverso, en el que un campo eléctrico aplicado al cristal produce la tensión en el cristal. Aparte de los cristales, el efecto piezoeléctrico puede tener lugar en sólidos cerámicos, sólidos no metálicos preparados mediante calentamiento y enfriamiento.
McCarthy, W., *Hacking Matter*, NY: Basic Book, 2003.

1880, Las tubas de guerra
Self, D., *tinyurl.com/yfbgv97.*
Stockbridge, F., *Pop. Sci.*, **93**: 39; 1918.

1882, El galvanómetro
J. Schweigger (en 1825) y C. L. Nobilli (en 1828) también desarrollaron los galvanómetros de bobina móvil. Otros nombres importantes en la historia de los galvanómetros son M. Deprez y A. Ampère.
Wilson, J., *Memoirs of George Wilson*, Londres: Macmillan, 1861.

1887, El experimento de Michelson–Morley
En 2009 algunos físicos llevaron a cabo en Alemania un experimento cien millones de veces más preciso que la medición de 1887 por medio de láseres y otras tecnologías avanzadas.
Trefil, J., *The Nature of Science*, NY: Houghton Mifflin, 2003.

1889, El nacimiento del kilogramo
Brumfiel, G., *tinyurl.com/n5xajq.*

1889, El nacimiento del metro
Cole, K., *First You Build a Cloud, NY: Harvest*, 1999
Galison, P., *Einstein's Clocks, Poincaré's Maps*, NY: Norton, 2003

1890, La gradiometría de Eötvös
Király, P., *tinyurl.com/ybxumh9.*

1891, La bobina de Tesla
PBS, *tinyurl.com/ybs88x2.*
Warren, J., *How to Hunt Ghosts*, NY: Fireside, 2003.

1892, El termo
Levy, J., *Really Useful*, NY: Firefly, 2002.

1895, Los rayos X
En 2009 los físicos pusieron en marcha el primer láser de rayos X. Era capaz de generar pulsos de rayos X muy breves (de hasta 2 millonésimas de nanosegundo). Antes del trabajo de Röntgen, N. Tesla comenzó sus observaciones de los rayos X (en aquel momento no se conocían y no tenían nombre).
Haven, K., *100 Greatest Science Inventions of All Time*, Westport, CT: Libraries Unlimited, 2005.

1895, La ley de Curie
La ley de Curie solo se cumple para un rango limitado de valores de B_{ext}. La temperatura de Curie para el hierro es de 1.043 K.

1896, La radiactividad
Hazen, R., Trefil, J., *Science Matters*, NY: Anchor, 1992.
Battersby, S., in Tallack, P., ed., *The Science Book*, Londres: Weidenfeld & Nicolson, 2001.

1897, El electrón
AIP, *tinyurl.com/42snq*
Sherman, J., *J. J. Thomson and the Discovery of Electrons, Hockessin*, DE: Mitchell Lane, 2005.

1898, El espectrómetro de masas
Al cambiar la fuerza del campo magnético los iones con distintos valores de m/z pueden dirigirse hacia la ventana que conduce al detector. A. Dempster desarrolló en 1918 el primer espectrómetro de masas moderno, cuya precisión era mucho mayor que la de los aparatos anteriores.
Davies, S., en *Defining Moments in Science*, Steer, M., Birch, H. e Impney, A., eds., NY: Sterling, 2008.

1903, Luz negra
Rielly, E., *The 1960s*, Westport, CT: Greenwood Press, 2003.

Stover, L., *Bohemian Manifesto*, NY: Bulfinch, 2004.

1903, La ecuación del cohete de Tsiolkovski
Tsiolkovski defendió también el uso de combustibles líquidos (en especial del oxígeno líquido y de los hidrocarburos) para conseguir mayores velocidades de evacuación.

Kitson, D., en *Defining Moments in Science*, Steer, M., Birch, H. e Impney, A., eds., NY: Sterling, 2008.

1904, La transformación de Lorentz
En 1905 Einstein llegó a la transformación de Lorentz por medio de suposiciones de su teoría especial de la relatividad, así como del hecho de que la velocidad de la luz en el vacío es constante para cualquier sistema de referencia inercial. Otros físicos que trabajaron con esta transformación fueron G. FitzGerald, J. Larmor y W. Voigt.

1905, $E = mc^2$
Farmelo, G., *It Must be Beautiful*, Londres: Granta, 2002.

Bodanis, D., *E = mc2*, NY: Walker, 2005.

1905, El efecto fotoeléctrico
Lamb, W., Scully, M., *Jubilee Volume in Honor of Alfred Kastler* (París: Presses Universitaires de France, 1969.
Kimble, J., et al., Phys. Rev. Lett. **39:** 691; 1977.

1905, El tercer principio de la termodinámica
Trefil, J., *The Nature of Science*, NY: Houghton Mifflin, 2003.

1908, El contador Geiger
Bookrags, *tinyurl.com/y89j2yz.*

1910, Los rayos cósmicos
Cuando interaccionan con el gas y la radiación interestelares en el interior de una galaxia, los rayos cósmicos producen rayos gamma, que pueden llegar a los detectores terrestres.
Observatorio Pierre Auger, *tinyurl.com/y8eleez.*

1911, La superconductividad
Rutherford dirigió el experimento de la lámina de oro junto a H. Geiger y E. Marsden en 1909.

Gribbin, J., *Almost Everyone's Guide to Science*, New Haven, CT: Yale University Press, 1999.

1911, La calle de vórtices de Von Kármán
Chang, I., *Thread of the Silkworm*, NY: Basic Books, 1996.
Hargittai, I., *The Martians of Science*, NY: Oxford University Press, 2006

1912, Las dimensiones del universo según las estrellas variables cefeidas
Leavitt, H., Pickering, E., *Harvard College Observatory Circular*, 173; 1, 1912.

1913, El modelo atómico de Bohr
Max Born, Werner Heisenberg y Pascual Jordan crearon la mecánica matricial (una formulación de la mecánica cuántica) en 1925.
Goswami, A., The Physicists' View of Nature, Vol. 2, NY: Springer, 2002.
Trefil, J., *The Nature of Science*, NY: Houghton Mifflin, 2003.

1913, El experimento de la gota de aceite de Millikan
Millikan también irradió gotas con rayos X para cambiar la ionización de sus moléculas y, así, su carga total.
Tipler, P., Llewellyn, R., *Modern Physics*, NY: Freeman, 2002.

1919, La teoría de cuerdas
Véanse las notas de **la teoría del todo.**

Atiyah, M., *Nature*, **438,** 1081; 2005.

1921, Einstein como fuente de inspiración
Levenson, T., *Discover*, **25:** 48; 2004.
Ferren, B., *Discover*, **25:** 82; 2004.

1922, El experimento de Stern y Gerlach
En el experimento de Stern y Gerlach se utilizó un átomo *neutro*; si se hubieran utilizado iones reales, o electrones libres, las desviaciones que pretendían estudiarse (debidas a los dipolos magnéticos atómicos) habrían quedado oscurecidas por otras desviaciones mayores, debidas a la carga eléctrica.
Gilder, L., *The Age of Entanglement*, NY: Knopf, 2008.

1923, Las luces de neón
Hughes, H., West, L., *Frommer's 500 Places to See Before They Disappear*. Hoboken, NJ: Wiley, 2009.

Kaszynski, W., *The American Highway*, Jefferson, NC: McFarland, 2000.

1924, La hipótesis de De Broglie
Baker, J., *50 Physics Ideas You Really Need to Know*, Londres: Quercus, 2007.

1925, El principio de exclusión de Pauli
Massimi, M., *Pauli's Exclusion Principle*, NY: Cambridge University Press, 2005.

Watson, A., *The Quantum Quark*, NY: Cambridge University Press, 2005.

1926, La ecuación de onda de Schrödinger
Max Born interpretó ψ como amplitud de probabilidad.
Miller, A., en Farmelo, G., *It Must be Beautiful*, Londres: Granta, 2002.
Trefil, J., *The Nature of Science*, NY: Houghton Mifflin, 2003.

1927, El principio de complementariedad
Cole, K., *First You Build a Cloud*, NY: Harvest, 1999

Gilder, L., *The Age of Entanglement*, NY: Knopf, 2008.

Wheeler, J., *Physics Today*, 16: 30; 1963.

1927, El latigazo supersónico
McMillen, T, Goriely, A., *Phys. Rev. Lett.*, 88: 244301–1; 2002.
McMillen, T, Goriely, A., *Physica D*, 184: 192; 2003.

1928, La ecuación de Dirac
Wilczek, F., en Farmelo, G., *It Must Be Beautiful*, NY: Granata, 2003.
Freeman, D., en Cornwell, J., *Nature's Imagination*, NY: Oxford University Press, 1995..

1929, La ley de expansión del universo de Hubble
Huchra, J., *tinyurl.com/yc2vy38.*

1929, El ciclotrón
Dennison, N., en *Defining Moments in Science*, Steer, M., Birch, H. e Impney, A., eds., NY: Sterling, 2008.
Herken, G., *Brotherhood of the Bomb*, NY: Henry Holt, 2002.

1931, Las estrellas enanas blancas y el límite de Chandrasekhar
Las enanas blancas pueden incorporar material de estrellas cercanas para incrementar su masa. Cuando su masa se acerca al límite de Chandrasekhar, la estrella aumenta la velocidad de fusión; el proceso puede desembocar en una explosión de supernova de tipo 1a, que destruye la estrella.

1932, El neutrón
En la desintegración beta del neutrón

libre este se convierte en un protón; en el proceso emite un electrón y un antineutrino.
Cropper, W., *Great Physicists*, NY: Oxford University Press, 2001.
Oliphant, M., *Bull. Atomic Scientists*, 38: 14; 1982.

1932, La antimateria
En 2009 los investigadores detectaron positrones en tormentas eléctricas.
Baker, J., 50 *Physics Ideas You Really Need to Know*, Londres: Quercus, 2007.
Kaku, M., *Visions*, NY: Oxford University Press, 1999.

1933, La materia oscura
Las observaciones astronómicas del modo en que los grupos de galaxias forman lentes gravitatorias, que afectan a los objetos de fondo, también sugieren la existencia de la materia oscura.
McNamara, G., Freeman, K., *In Search of Dark Matter*. NY: Springer, 2006.

1933, Las estrellas de neutrones
Los neutrones de las estrellas de neutrones se crean a partir de electrones y protones, durante el proceso de aplastamiento. Se ha determinado, por medio del telescopio espacial de rayos gamma Fermi, que los *púlsares* emiten fuertemente en las longitudes de onda gamma, así como en el rango de las ondas de radio.

1935, La paradoja EPR
Aunque en este capítulo hemos utilizado el espín, la paradoja puede ejemplificarse con otras cantidades observables, por ejemplo la polarización de los fotones.

1935, El gato de Schrödinger
Moring, G., *The Complete Idiot's Guide to Understanding Einstein*, NY: Alpha, 2004.

1937, Los superfluidos
Se ha conseguido superfluidez con dos isótopos de helio, uno de rubidio y uno de litio. El helio-3 se convierte en superfluido a una temperatura lambda distinta que la del helio-4, y por motivos diferentes. Para presiones normales, ninguno de los dos isótopos se vuelve sólido en las temperaturas más bajas obtenidas

1938, La resonancia magnética nuclear
Ernst, R., Foreword to *NMR in Biological Systems*, Chary, K., Govil, G., eds., NY: Springer, 2008

1942, La energía del núcleo atómico
Weisman, A., *The World Without US*, NY: Macmillan, 2007.

1943, La boligoma
En ocasiones se discute el mérito de la invención de la boligoma; se menciona, por ejemplo, a E. Warrick de la Dow Corning Corporation.
Fleckner, J., *tinyurl.com/ydmubcy*.

1945, El pájaro bebedor
Sobey, E., Sobey, W., *The Way Toys Work*, Chicago, IL: Chicago Review Press, 2008.

1945, Little Boy: la primera bomba atómica
Una destrucción estructural severa afectó a un radio de 1,6 kilómetros del lugar de la detonación. La segunda bomba atómica, Fat Man, se lanzó tres días después sobre Nagasaki. Fat Man utilizaba plutonio 239 y un mecanismo de implosión (similar a la bomba Trinity, que se probó en Nuevo México). Japón se rindió seis días después del bombardeo de Nagasaki

1947, El transistor
Riordan, M., Hoddeson, L., *Crystal Fire*, NY: Norton, 1998.

1947, Estampido sónico
La velocidad del avión influye en la anchura del cono de ondas de choque.

1947, El holograma
Las teorías de Gabor acerca del holograma fueron anteriores a la disponibilidad de fuentes de luz láser.
Se puede conseguir la ilusión de movimiento en un holograma mediante la exposición repetida de una película holográfica utilizando un objeto en diferentes posiciones. Es interesante señalar que una película holográfica puede romperse en pedacitos, y aun así el objeto original puede reconstruirse y verse a partir de cada pedazo. El holograma es un registro de información acerca de la fase y la amplitud de la luz reflejada desde el objeto.
Kasper, J., Feller, S., *The Complete Book of Holograms*, Hoboken, NJ: Wiley, 1987.

1948, La electrodinámica cuántica o teoría cuántica del campo electromagnético
El desplazamiento de Lamb es una pequeña diferencia energética entre dos estados del átomo de hidrógeno provocada por la interacción entre el electrón y el vacío. El corrimiento observado condujo al grupo de renormalización y a una teoría moderna de la electrodinámica cuántica.
Greene, B., The *Elegant Universe*, NY: Norton, 2003.
QED, Britannica, *tinyurl.com/yaf6uuu*.

1948, La tensegridad
En 1949 B. Fuller construyó un icosaedro basado en la tensegridad. Estructuras similares fueron exploradas tempranamente por K. Ioganson. Es posible que algunos barcos antiguos se basaran en la tensegridad por medio de cuerdas que interaccionaban con puntales verticales. Fuller hizo además muchas patentes importantes con tensegridad. El citoesqueleto celular se compone de puntales y cables que unen los receptores de la superficie de la célula con puntos de conexión en su núcleo central.

1948, El efecto Casimir
En 1996 el físico S. Lamoreaux midió el efecto con precisión. Uno de los primeros experimentos fue dirigido en 1958 por M. Sparnaay.
Reucroft, S., Swain, J. *tinyurl.com/yajqouc*.
Klimchitskaya, G., et al.,
http://www.scientificamerican.com/article.cfm?id=what–is–the–casimir–effec *tinyurl.com/yc2eq4q*.

1949, El carbono 14
Para datar piedras muy antiguas se utilizan otros métodos, por ejemplo la datación mediante potasio–argón.
Bryson, B., *A Short History of Everything*, NY: Broadway, 2003.

1954, La célula fotoeléctrica
La adición de impurezas (por ejemplo fósforo) al silicio se conoce como *dopaje*. El silicio dopado con fósforo se denomina de tipo N (negativa). El silicio es un semiconductor, y el dopaje puede modificar su conductividad de forma drástica. En las células fotoeléctricas se utilizan otros materiales, por ejemplo arseniuro de galio. Los satélites se alimentan mediante placas solares.

1955, La pila de libros
Walker, J., *The Flying Circus of Physics*, Hoboken, NJ: Wiley, 2007..

1955, Observar un átomo aislado
Véase el capítulo dedicado al efecto túnel para más información acerca del microscopio de efecto túnel. El microscopio de fuerza atómica es otro tipo de microscopio de sonda de barrido de gran resolución: las fuerzas entre la superficie de la muestra y la sonda provocan una desviación en una micropalanca.
Crewe, A., Wall, J., Langmore, J., *Science*, 168: 1338; 1970.
Markoff, J., *tinyurl.com/ya2vg4q*.
Nellist, P., *tinyurl.com/ydvj5qr*.

1955, Los relojes atómicos
En 2010 los «relojes ópticos» que utilizaban átomos (por ejemplo aluminio-27) que oscilan en la frecuencia de la luz se encontraban entre los más precisos.

1956, Los neutrinos
Otra fuente de neutrinos son los reactores nucleares. Además existen neutrinos atmosféricos, producidos por las interacciones entre núcleos atómicos y rayos cósmicos, y neutrinos que se crearon en el Big Bang. El reciente observatorio de neutrinos Ice Cube es un telescopio que se encuentra en las profundidades del hielo antártico.

Lederman, L., Teresi, D., *The God Particle* (Boston, MA: Mariner, 2006)..

1956, El tokamak
El deuterio y el tritio (isótopos del hidrógeno) se utilizan como combustible en las reacciones de fusión. Los neutrones resultantes abandonan el tokamak y son absorbidos por las paredes, creando calor. Los residuos no se pueden utilizar para crear armas nucleares. Uno de los campos magnéticos se produce por medio de corrientes eléctricas externas que circulan por las bobinas que envuelven la «rosquilla». Una corriente eléctrica que circula alrededor del toro, en el plasma, genera un campo magnético menor.

1958, Los circuitos integrados
Bellis, M., *tinyurl.com/y93fp7u.*

Miller, M., *tinyurl.com/nab2ch.*

1960, El láser
Entro los investigadores vinculados con el desarrollo del láser encontramos a Nikolay Basov, Aleksandr Prokhorov, Gordon Gould y muchos otros

1961, El principio antrópico
Hawking, S., *A Brief History of Time*, NY: Bantam Books, 1988.
Trefil, J., *The Nature of Science*, NY: Houghton Mifflin, 2003.

1961, El modelo estándar de la física de partículas
El descubrimiento de S. Glashow de un modo de combinar la interacción electromagnética y la interacción nuclear débil fue uno de los primeros pasos que condujeron al modelo estándar. Otras figuras clave fueron S. Weinberg y A. Salam.
En cuanto a las partículas subatómicas, debemos señalar que Hideki Yukawa predijo en 1935 la existencia del mesón (más tarde llamado pión), el portador de la interacción nuclear fuerte que mantiene unidos los núcleos atómicos. Los gluones están implicados en las interacciones entre quarks y, de forma indirecta, en el vínculo entre protones y neutrones.
Battersby, S., in Tallack, P., ed., The Science Book, Londres: Weidenfeld & Nicolson, 2001.

1962, El pulso electromagnético
Publishers Weekly, tinyurl.com/yc8fxmw.

1963, La teoría del caos
Pickover, C., *The Math Book*, NY: Sterling, 2009.

1963, Los cuásares
Hubblesite, *tinyurl.com/yadj3by.*

1963, La lámpara de lava
Ikenson, B., *Patents*, NY: Black Dog & Leventhal, 2004.

1964, La partícula de Dios
El desarrollo del mecanismo de Higgs está relacionado con muchos otros físicos importantes, entre ellos F. Englert, R. Brout, P. Anderson, G. Guralnik, C. R. Hagen, T. Kibble, S. Weinberg y A. Salam.
Baker, J., *50 Physics Ideas You Really Need to Know*, Londres: Quercus, 2007

1964, Los quarks
Jones, J., Wilson, W., *An Incomplete Education*, NY: Ballantine, 1995

1964, La violación CP
La violación CP parece insuficiente para explicar la asimetría materia–antimateria en el Big Bang. Los experimentos con aceleradores podrían mostrar otras fuentes de esta violación, distintas de las descubiertas en 1964.

1964, El teorema de Bell
Albert, D., Galchen, R., *tinyurl.com/yec7zoe.*
Kapra, F., *The Tao of Physics, Boston*, MA: Shambhala, 2000.

1965, La Súper Bola Mágica
Smith, W., tinyurl.com/ykay4hh.

1965, La radiación de fondo de microondas
En 1965 R. Dicke, P. J. E. Peebles, P. G. Roll y D. T. Wilkinson interpretaron los resultados de A. Penzias y R. Wilson y señalaron la radiación de fondo como marca del Big Bang. El satélite WMAP, lanzado en 2001, ofreció detalles adicionales acerca de estas fluctuaciones. El globo BOOMERANG, que voló por la estratosfera de la Antártida en 1997, 1998 y 2003, también proporcionó observaciones de esta radiación.
Bryson, B., *A Short History of Everything*, NY: Broadway, 2003

1967, Las erupciones de rayos gamma
Ward, P., Brownlee, D., *The Life and Death of Planet Earth*. NY: Macmillan, 2003.
Melott, A., et al., Intl. J. Astrobiol. 3: 55; 2004.
NASA, *tinyurl.com/4prwz.*

1967, Vivir en una simulación
Davies, P., *tinyurl.com/yfyap9t.*
Reese, M., *tinyurl.com/yke5b7w.*

1967, Los taquiones
Otros individuos asociados con la idea de los taquiones son A. Sommerfeld, G. Sudarshan, O.–M. Bilaniuk y V. Deshpande. Los taquiones pierden energía al aumentar su velocidad. Es extraño. Cuando pierden toda su energía viajan a una velocidad infinita, de modo que ocupan de forma simultánea todos los puntos de la trayectoria. Las partículas que viven en este extraño estado de omnipresencia se denominan «trascendentes».
Herbert, N., *Faster Than Light*, NY: New American Library, 1989.
Nahin, P., *Time Machines*, NY: Springer, 1993

1967, El péndulo de Newton
Kinoshital, T., et al., *Nature*, **440:** 900; 2006.

1969, Habitaciones que no se pueden iluminar
Darling, D., *UBM*, Wiley, 2004.
Pickover, C., *The Math Book*, NY: Sterling, 2009.
Stewart, I., *Sci. Am.* 275: 100; 1996.
Stewart, I., *Math Hysteria*, OUP, 2004.

1971, Supersimetría
Otros pioneros de la supersimetría son H. Miyazawa, J. L. Gervais, Y. Golfand, E. P. Likhtman, D. V. Volkov, V. P. Akulov y J. Wess. La partícula más ligera de la SUSY es un candidato posible para la materia oscura. La SUSY sugiere que para toda partícula subatómica conocida el universo debería tener una partícula portadora de una interacción y viceversa.
Seife, C., *Alpha and Omega*, NY: Viking, 2003.
Greene, B., *The Elegant Universe*, NY: Norton, 2003.
Ananthaswamy, A., tinyurl.com/yh3fjr2.

1980, Inflación cósmica
P. Steinhardt y A. Albrecht contribuyeron también a la teoría de la inflación. La teoría de la inflación sugiere por qué no se han descubierto monopolos magnéticos: es posible que se formaran en el Big Bang y que se dispersaran durante el periodo de inflación; su densidad disminuyó hasta el punto de hacerlos indetectables.
Guth, A., *The Inflationary Universe*, NY: Perseus, 1997.
Musser, G., *The Complete Idiot's Guide to String Theory*, NY: Alpha, 2008.

1981, Los ordenadores cuánticos
Otros nombres importantes relacionados con la computación cuántica son C. Bennett, G. Brassard y P. Shor.
Clegg, B., *The God Effect*, NY: St. Martins, 2006.
Kaku, M., *Visions*, NY: Oxford University Press, 1999.

Press, 1999.
Kurzweil, R., *The Singularity is Near*, NY: Viking, 2005.
Nielsen M., Chuang, I., *Quantum Computation and Quantum Information*, NY: Cambridge University Press, 2000.

1982, Los cuasicristales
En 2007 la revista Science publicó pruebas de una teselación parecida a las de Penrose procedente del arte islámico medieval (cinco siglos antes de su descubrimiento en occidente). R. Ammann descubrió estas teselaciones, de forma independiente, aproximadamente en la misma época que Penrose.
Pickover, C., *The Math Book*, NY: Sterling, 2009.
Gardner, M., *Penrose Tiles to Trapdoor Ciphers*, Freeman, 1988.
Lu, P., Steinhardt, P., *Science*, **315**: 1106; 2007.
Penrose, R., *Bull. of the Inst. Math. Applic.*, **10**: 266;1974.
Senechal, M., *Math. Intell.*, **26**: 10; 2004.

1984, La teoría del todo
Nótese que en las teorías cuánticas modernas las interacciones son el resultado de intercambios de partículas. Un intercambio de fotones entre dos electrones, por ejemplo, genera la interacción electromagnética. Se creía que en el Big Bang las cuatro interacciones eran una sola, que se había separado en cuatro cuando el universo se enfrió. En 2007 el físico A. Garrett Lisi pensó que E8 (una entidad matemática multidimensional) explicaba el modo en que las partículas fundamentales pueden proceder de distintos aspectos de las simetrías de E8.
Greene, B., *The Elegant Universe*, NY: Norton, 2003.
Kaku, M., *Visions*, NY: Oxford University Press, 1999.
Lederman, L., Teresi, D., *The God Particle* (Boston, MA: Mariner, 2006).

1985, Las buckyesferas
El grafeno, que recuerda a una rejilla hexagonal de átomos de carbono, tiene muchas aplicaciones potenciales, debido, en parte, al hecho de que los electrones, en ciertas condiciones, viajan más rápido en este material que en el silicio.
Technology Review, *tinyurl.com/nae4o7*.

1987, Inmortalidad cuántica
B. Marchal también ha perfilado la teoría de la inmortalidad cuántica.

1987, La criticalidad autoorganizada
B. Mandelbrot, en su estudio de los fractales, también centró su atención en muchos ejemplos de correlaciones de leyes de potencias. Es mejor estudiar este comportamiento complejo en conjunto, en lugar de centrarse en el comportamiento de sus componentes.
Frette, V., et al., *Nature*, **379**: 49; 1996.
Grumbacher, S., et al., *Am. J. Phys.*, **61**: 329; 1993.
Jensen, H., *Self-Organized Criticality*, NY: Cambridge, 1998.

1988, La máquina del tiempo de agujero de gusano
Un bucle de retorno de partículas virtuales podría circular por el agujero de gusano y destruirlo, antes de que pudiera utilizarse como máquina del tiempo.

1992, La conjetura de protección de la cronología
Silverberg, R., *Up the Line*, NY: Del Ray, 1978.

1992, El teletransporte cuántico
Véase también el trabajo de G. Brassard, L. Smolin, W. Wootters, D. DiVincenzo. C. Crépeau, R. Jozsa, A. Peres y otros. En 2010 los científicos teletransportaron información entre fotones en el espacio libre, a una distancia de casi dieciséis kilómetros.

1993, Stephen Hawking en Star Trek
Smolin, L., *Three Roads to Quantum Gravity*, NY: Basic Books, 2001.

1995, El condensado de Bose-Einstein
W. Ketterle creó un condensado de sodio-23 que le permitió observar la interferencia mecanocuántica entre dos condensados diferentes

1998, La energía oscura
Overbye, D., *http://tinyurl.com/y99ls7r*.
Tyson, N., *The Best American Science Writing 2004*, D. Sobel, ed., NY: Ecco, 2004.
Tyson, N., Goldsmith, D., *Origins*, NY: Norton, 2005.

2007, El programa de investigación de aurora activa de alta frecuencia (HAARP)
Los efectos del HAARP se disipan pronto en la atmósfera: solo duran entre unos segundos y unos pocos minutos. En el mundo existen instalaciones similares para el estudio de la ionosfera, pero el tamaño del HAARP lo hace único. Sus antenas miden más de veinte metros. Nótese que las señales que transmiten y reciben los satélites atraviesan la ionosfera.
Streep, A., *tinyurl.com/4n4xuf*.

2008, El color negro más negro
Yang, Z., et al., *Nano Lett.* 8: 446; 2008..

2009, El gran colisionador de hadrones
El acelerador *LHC* es un sincrotrón.
Bryson, B., *tinyurl.com/yfh46jm*.

36.000 millones de años, El desgarramiento cósmico
En la actualidad los físicos no saben por qué tendría que existir la energía oscura, y algunos han considerado explicaciones como las dimensiones ocultas y los universos paralelos que afectan al nuestro. En la opción del gran desgarramiento, la energía oscura se conoce también como *energía fantasma*. En otro modelo el universo se contrae 10^{-27} segundos antes del gran desgarramiento y genera incontables universos separados, más pequeños.
Caldwell, R., Kamionkowski, M., Weinberg, N., *Phys. Rev. Lett.*, **91**: 071301; 2003

100.000 millones de años, Aislamiento cósmico
Krauss, L., Scherrer, R., *Scient. Amer.*, **298**: 47; 2008.
Verschuur, G., *Interstellar Matters*, NY: Springer, 1989.

100 billones de años, El universo se desvanece
Según el físico Andreo Linde el proceso de inflación eterna implica una «autoreproducción» eterna del universo, con fluctuaciones cuánticas que llevan a la producción de universos separados. Según afirma, «la existencia de este proceso implica que el universo en conjunto no desaparecerá nunca. Algunas de sus partes colapsarán y es posible que la vida en nuestra región del universo desaparezca, pero la vida aparecerá una y otra vez en otras regiones…»

Adams, F., Laughlin, G., *The Five Ages of the Universe*, NY, Free Press, 2000.

100 billones de años, Resurrección cuántica
Los cosmólogos también denominan a estos cerebros «observadores peculiares», en contraste con los observadores tradicionales del cosmos. Los debates acerca del significado de un observador típico en un universo infinito siguen abiertos. Si los átomos de otro universo se unieran de forma que su aspecto y su pensamiento fueran *idénticos* a los de una persona, *¿serían* esa misma persona? Las fluctuaciones aleatorias podrían desembocar incluso en un nuevo Big Bang.

Índice

Créditos fotográficos

Muchas de las imágenes que se muestran en este libro son antiguas y raras, así que fue difícil conseguirlas en una versión clara y legible, y en ocasiones me he tomado la libertad de utilizar técnicas de tratamiento de imágenes para eliminar suciedad y rasgaduras, para mejorar zonas poco nítidas y, alguna vez, para agregar algo de color a una imagen en blanco y negro (para realzar detalles o hacerla más atractiva a la vista). Espero que los puristas me disculpen estos ligeros toques artísticos y comprendan que mi objetivo era crear un libro seductor que resultara interesante desde un punto de vista estético para un público amplio. Las ilustraciones deberían transmitir mi amor por la diversidad y la profundidad increíbles de la física y su historia.

Imágenes © Clifford A. Pickover: páginas 111, 399, 469

NASA Imágenes: p. 19 NASA/WMAP Science Team; p. 21 NASA; p. 75 NASA; p. 81 NASA/JPL/Space Science Institute and D. Wilson, P. Dyches, and C. Porco; p, 107 NASA/JPL; p. 113 NASA/JPL-Caltech/T. Pyle (SSC/Caltech); p. 119 NASA; p. 133 NASA and The Hubble Heritage Team (AURA/STScI); p. 141 NASA/JPL-Caltech/T. Pyle (SSC); p. 185 HiRISE, MRO, LPL (U. Arizona), NASA; p. 189 NASA/JPL-Caltech/R. Hurt (SSC); p. 191 NASA/JPL-Caltech; p. 223 NASA; p. 267 NASA/JPL/University of Texas Center for Space Research; p. 281 NASA/JPL; p. 289 NASA; p. 301 NASA, ESA and The Hubble Heritage Team (STScI/AURA); p. 307 NASA; p. 315 Bob Cahalan, NASA GSFC; p. 319 NASA, the Hubble Heritage Team, and A. Riess (STScI); p. 359 R. Sahai and J. Trauger (JPL), WFPC2 Science Team, NASA, ESA; p. 367 NASA/Swift Science Team/Stefan Immler; p. 369 NASA; p. 391 NASA/Wikimedia; p. 427 Apollo 16 Crew, NASA; p. 443 NASA/JPL-Caltech; p. 457 NASA; p. 459 NASA, Y. Grosdidier (U. Montreal) et al., WFPC2, HST; p. 473 NASA, WMAP Science Team; p. 489 NASA; p. 513 NASA, ESA, and the Hubble Heritage Team (STScI/AURA)-ESA/Hubble Collaboration; p. 515 NASA, ESA, and A. Feild (STScI)

Con el permiso de Shutterstock.com: p. 5 © Eugene Ivanov; p. 17 © Catmando; p. 18 © Maksim Nikalayenka; p. 27 © Sean Gladwell; p. 31 © Roman Sigaev; p. 33 © zebra0209; p. 42 © Zaichenko Olga; p. 43 © Andreas Meyer; p. 49 © lebanmax; p. 56 © Hintau Aliaksei; p. 57 © Tischenko Irina; p. 61 © William Attard McCarthy; p. 65 © Lagui; p. 67 © Graham Prentice; p. 69 © Chepko Danil Vitalevich; p. 76 © Mike Norton; p. 79 © Christos Georghiou; p. 86 © Roman Shcherbakov; p. 93 © Tobik; p. 95 © Graham Taylor; p. 97 © Steve Mann; p. 101 © Rich Carey; p. 105 © Harper; p. 109 © YAKOBCHUK VASYL; p. 115 © Awe Inspiring Images; p. 117 © Tatiana Popova; p. 129 © Patrick Hermans; p. 135 © Andrea Danti; p. 145 © STILLFX; p. 149 © Tischenko Irina; p. 151 © Ulf Buschmann; p. 153 © ynse; p. 155 © jon le-bon; p. 158 (lower) © Sebastian Kaulitzki; p. 159 © Solvod; p. 160 © Bill Kennedy; p. 163 © Martin KubÃ?Â¡t; p. 164 © Brian Weed; p. 165 © Norman Chan; p. 167 © Noel Powell, Schaumburg; p. 169 © Oleg Kozlov; p. 171 © Ronald Sumners; p. 173 © Kenneth V. Pilon; p. 175 © Mana Photo; p. 176 © S1001; p. 177 © Teodor Ostojic; p. 179 © anotherlook; p. 180 © Kletr; p. 187 © Awe Inspiring Images; p. 192 © Elena Elisseeva; p. 193 © Sebastian Kaulitzki; p. 195 © coppiright; p. 197 © bezmaski; p. 199 © Jim Barber; p. 203 © iofoto; p. 209 © Diego Barucco; p. 211 © Tischenko Irina; p. 212 © Mark Lorch; p. 213 © kml; p. 215 © Ellas Design; p. 217 © Gorgev; p. 220 © Jose Gil; p. 225 © Shchipkova Elena; p. 227 © John R. McNair; p. 229 © Johnathan Esper; p. 230 © Joseph Calev; p. 231 © Mark William Penny; p. 233 © Dmitri Melnik; p. 234 © Konstantins Visnevskis; p. 239 © Stephen McSweeny; p. 241 © nadiya_sergey; p. 245 © Yellowj; p. 247 © Allison Achauer; p. 249 © ErickN; p. 251 © nikkytok; p. 253 © Tatiana Belova; p. 257 © Scott T Slattery; p. 261 © Jessmine; p. 263 © WitR; p. 265 © Chad McDermott; p. 271 © Maridav; p. 273 © Lee Torrens; p. 279 © Jhaz Photography; p. 283 © beboy; p. 285 © Marcio Jose Bastos Silva; p. 287 © ex0rzist; p. 293 © patrick hoff; p. 299 © FloridaStock; p. 305 © Alex; p. 309 © Perry Correll; p. 313 © Chepe Nicoli; p. 320 © immelstorm; p. 321 © Mopic; p. 323 © 1236997115; p. 327 © Mark R.; p. 329 © Ivan Cholakov Gostock-dot-net; p. 335 © Norman Pogson; p. 339 © Alegria; p. 341 © EML; p. 344 © garloon; p. 347 © Eugene Ivanov; p. 361 © Geoffrey Kuchera; p. 375 © -baltik-; p. 377 © Olga Miltsova; p. 381 © Carolina K. Smith, M.D.; p. 385 © Kesu; p. 387 © Ken Freeman; p. 405 © JustASC; p. 407 © Vladimir Wrangel; p. 409 © photoBeard; p. 410 © Dwight Smith; p. 411 © Otmar Smit; p. 413 © 2happy; p. 419 © Sandy MacKenzie; p. 425 © Sandro V. Maduell; p. 433 © Joggie Botma; p. 435 © red-feniks; p. 440 © f. AnRo brook; p. 445 © Huguette Roe; p. 453 © argus; p. 455 © Todd Taulman; p. 460 © Bruce Rolff; p. 461 © Tonis Pan; p. 463 © Alperium; p. 464 © ErickN; p. 465 © Martin Bech; p. 470 © Petrunovskyi; p. 471 © Andrejs Pidjass; p. 476 (upper) © Tischenko Irina; p. 481 © sgame; p. 483 © Linda Bucklin; p. 484 © Elena Elisseeva; p. 485 © Evgeny Vasenev; p. 487 © edobric; p. 490 © Mopic; p. 491 © Tischenko Irina; p. 493 © Markus Gann; p. 494 © Anton Prado PHOTO; p. 505 © danilo ducak; p. 507 © Olaru Radian-Alexandru; p. 511 © sdecoret; p. 516 © iDesign; p. 517 © Jurgen Ziewe

Otras imágenes: p. 28 ©istockphoto.com/akaplummer; p. 29 ©istockphoto.com/SMWalker; p. 35 Wikimedia/Ryan Somma; p. 39 Stan Sherer; p. 51 Wikimedia/Björn Appel; p. 53 Rien van de Weijgaert, www.astro.rug.nl/~weygaert; p. 55 John R. Bentley; p. 71 Sage Ross/Wikimedia; p. 77 © Allegheny Observatory, University of Pittsburgh; pp. 82-83 Wikimedia/Beltsville Agricultural Research Center, US Dept. of Agriculture/E. Erbe, C. Pooley; p. 85 N. C. Eddingsaas & K. S. Suslick, UIUC; p. 87 Shelby Temple; p. 89 US Air Force/J. Strang; p. 91 Softeis/Wikimedia; p. 99 Joan O'Connell Hedman; p. 127 Jan Herold/Wikimedia; p. 131 Bert Hickman, Stoneridge Engineering, www.capturedlightning.com; p. 134 Teja Krašek, http://tejakrasek.tripod.com; p. 137 © Bettmann/CORBIS; p. 147 Wikimedia; p. 161 Mark Warren, specialtyglassworks.com; p. 168 Wikimedia; p. 181 J. E. Westcott, US Army photographer; p. 186 Wikimedia; p. 201 Wikimedia; p. 205 © Justin Smith/Wikimedia/CC-By-SA-3.0; p. 219 Stéphane Magnenat/Wikimedia; p. 221 Hannes Grobe/AWI/Wikimedia; p. 235 John Olsen, openclipart.org; p. 237 US Navy; p. 243 ©istockphoto.com/iceninephoto; p. 259 Mila Zinkova; p. 269 ©istockphoto.com/isle1603; p. 275 Heinrich Pniok/Wikimedia; p. 277 ©istockphoto.com/PointandClick; p. 297 U.S. Army/Spc. Michael J. MacLeod; p. 303 Wikimedia; p. 311, 317 Courtesy of Brookhaven National Laboratory; p. 331 Wikimedia; p. 333 Frank Behnsen/Wikimedia; p. 337 Lawrence Berkeley National Laboratory/Wikimedia; p. 349 ©istockphoto.com/STEVECOLEccs; p. 353 Randy Wong/Sandia National Laboratories; p. 357 NARA; p. 363, 365 Courtesy of Brookhaven National Laboratory; p. 371 Idaho National Laboratory; p. 373 K. S. Suslick and K. J. Kolbeck, University of Illinois; p. 379 Alfred Leitner/Wikimedia; p. 382 Wikimedia; p. 383 Ed Westcott/US Army/Wikimedia; p. 389 NARA/Wikimedia; p. 395 U.S. Navy photo by Ensign John Gay/Wikimedia; p 397 Heike Löchel/Wikimedia; p. 403 Courtesy of Umar Mohideen, University of California, Riverside, CA; p. 415 Courtesy the American Institute of Physics/M. Rezeq et al., J. Chem. Phys.; p. 417 NIST; p. 421 Fermilab National Accelerator; p. 423 Courtesy Princeton Plasma Physics Laboratory; p. 431 The Air Force Research Laboratory's Directed Energy Directorate; p. 437 Courtesy of Brookhaven National Laboratory; p. 439 National Archive/U.S. Air Force; p. 441 Daniel White; p. 447 CERN; p. 449, 451 Courtesy of Brookhaven National Laboratory; p. 467 Keith Drake/NSF; p. 475 J. Jost/NIST; p. 476 (lower) courtesy of Edmund Harriss; p. 477 Wikimedia; p. 479 Courtesy of Brookhaven National Laboratory; p. 495 Official White House Photostream; p. 497 NIST/JILA/CU-Boulder/Wikimedia; p. 499 Lawrence Berkeley National Lab; p. 501 CERN; p. 503 OAR/ERL/NOAA's National Severe Storms Laboratory (NSSL); p. 504 HAARP/US Air Force/Office of Naval Research; p. 509 CERN